电路

同步辅导与习题详解

主编 侯路通
总策划 云图智作中心

【本书适用于邱关源第6版】

北京理工大学出版社
BEIJING INSTITUTE OF TECHNOLOGY PRESS

版权专有　侵权必究

图书在版编目（CIP）数据

电路同步辅导与习题详解手写笔记 / 侯路通主编. —北京：北京理工大学出版社，2023.3

ISBN 978-7-5763-2193-7

Ⅰ.①电… Ⅱ.①侯… Ⅲ.①电路-高等学校-教学参考资料 Ⅳ.①TM13

中国国家版本馆CIP数据核字（2023）第044913号

出版发行 / 北京理工大学出版社有限责任公司	
社　　址 / 北京市海淀区中关村南大街5号	
邮　　编 / 100081	
电　　话 /（010）68914775（总编室）	
（010）82562903（教材售后服务热线）	
（010）68944723（其他图书服务热线）	
网　　址 / http://www.bitpress.com.cn	
经　　销 / 全国各地新华书店	
印　　刷 / 三河市兴达印务有限公司	
开　　本 / 787毫米×1092毫米　1/16	
印　　张 / 31.5	责任编辑/时京京
字　　数 / 786千字	文案编辑/时京京
版　　次 / 2023年3月第1版　2023年3月第1次印刷	责任校对/刘亚男
定　　价 / 99.80元	责任印制/李志强

图书出现印装质量问题，请拨打售后服务热线，本社负责调换

前　言

四年前，本科入学山大，初识电气，懵懵懂懂；

四年后，硕士就读清华，专攻电机，踌躇满志。

作舟无涯学海自强不息，颐养浩然之气厚德载物。

荣幸之至，得与云图合作写书，精心打磨数月，终于完稿，作此前言。

笔者年方22岁，是个"00后"，但鉴于本书是电路的辅导书，读者多为大一大二的本科生，或是备战考研的考生。所以对于大家来说，我也算是一个过来人，也算是有一点谈不上丰富的人生经历。

我参加了2018年的高考，略感失手，最后填报了山东大学（简称"山大"）电气工程及其自动化专业。从那之后，我开始慢慢接触电气工程，其中，电路应该是我所学的第一门专业基础课。将它定性为专业基础课，一方面是它带有一定的专业性而不同于高等数学等公共课，另一方面是它为其他的专业课（例如电机学、电力系统分析等）打下了必要的基础。这门课成绩的重要性不仅体现在学分重，还体现在许多院校的电气/控制考研中，电路作为专业课占150分。

山大本科四年的学习，算是为我打下了还不错的基础。我本科的平均成绩在90+，本来可以有保研资格的我，综合考虑之后选择了放弃保研，踏上寂寂考研路。清华电机系的专业课是827电路原理，所以在准备考研的半年多的时间里，我又重新系统地学习了电路，并做了大量的练习，可以说经历了考研的磨炼之后，我对电路有了更深刻的理解和更全面的把握。

我参加了2022年的考研，一战成硕，最后以初试第二名、总成绩第二名的成绩上岸清华电机系。我一度认为，能够影响别人是一件很酷的事情，于是我开始分享我的经验、我的观点，很庆幸自己收获了许多小伙伴的关注和支持，同时也收到了云图写书的邀请。这一切对我来说，既是机遇，也是挑战，而我选择了抓住机遇、迎接挑战。写书的过程很是艰苦，几番易稿之后，终于出版，也就是大家手头上的这本书。

如果我当年高考不是那个分数，也许我会去另一个学校读另一个专业；如果我选择了稳妥保研，那我也不会有考研的经历；如果我上岸之后没有做自媒体，那我就不会被云图发现。所以，没有什么是命中注定，一切都是刚刚好，我们相聚于这本书，便是缘分。

我的电路功底全部沉淀于此书，本书共有18章，所以可以戏称"电路18讲"，内容和《电路（第6版）》（原著邱关源，主编罗先觉）对应。每个章节都分为三个模块，并且均含有"手写笔记"以帮助大家理解和记忆。其中，"划重点"部分中包含本章最重要的知识点，"斩题型"部分中针对本章的常见题型总结出解题套路，"解习题"部分给出参考教材课后习题的详细解答。另外，本书还会配有相关课程，供读者学习和参考。

考研也好，普通的期末考试也罢，很多人喜欢用"上岸"这个词，仔细一想，这个词还挺恰当。因为，准备考试的过程亦是一个奋力游向彼岸的过程。这个过程中可能会有所挣扎甚至濒临崩溃，但是它同时又是有一个确切的目标的，这个目标或难或易，都在吸引着你为之前行。找准目标，不懈努力，我们终将上岸，阳光万里。

笔者水平有限，书中难免存在待商榷之处，敬请各位读者批评指正。

感谢阅读，祝好。

电路通

目 录

第一章　电路模型和电路定律　　1

划重点 1
斩题型 4
解习题 6

第二章　电阻电路的等效变换　　23

划重点 23
斩题型 26
解习题 27

第三章　电阻电路的一般分析　　50

划重点 50
斩题型 53
解习题 53

第四章　电路定理　　78

划重点 78
斩题型 82
解习题 84

第五章　含有运算放大器的电阻电路　　122

划重点 122
斩题型 123
解习题 123

第六章　储能元件　　132

- 划重点 132
- 斩题型 134
- 解习题 134

第七章　一阶电路和二阶电路的时域分析　　141

- 划重点 141
- 斩题型 147
- 解习题 151

第八章　相量法　　211

- 划重点 211
- 斩题型 213
- 解习题 213

第九章　正弦稳态电路的分析　　232

- 划重点 232
- 斩题型 235
- 解习题 236

第十章　含有耦合电感的电路　　267

- 划重点 267
- 斩题型 271
- 解习题 273

第十一章　电路的频率响应　　298

- 划重点 298
- 斩题型 301

| 解习题 | 302 |

第十二章　三相电路　318

划重点	318
斩题型	322
解习题	322

第十三章　非正弦周期电流电路和信号的频谱　338

划重点	338
斩题型	340
解习题	341

第十四章　线性动态电路的复频域分析　358

划重点	358
斩题型	364
解习题	365

第十五章　电路方程的矩阵形式　416

划重点	416
斩题型	422
解习题	423

第十六章　二端口网络　442

划重点	442
斩题型	446
解习题	447

第十七章　非线性电路　467

| 划重点 | 467 |

| 斩题型 | 469 |
| 解习题 | 469 |

第十八章 均匀传输线 　　　　483

划重点	483
斩题型	487
解习题	488

第一章　电路模型和电路定律

1-1 电路和电路模型

对电路建模，由理想电路元件构成电路模型。

1-2 电流和电压的参考方向

一、参考方向的定义

→ 电压、电流的参考方向可以任意选取，但是实际方向是确定的。

对于一条电路支路，可以<u>任意选取</u>电流、电压的参考方向。对于电流和电压，都是有"实际方向"的。如果沿着实际方向看电流、电压的量值，则为正值；如果沿着相反方向，则为负值。所以，如果参考方向与实际方向相同，则量值为正，反之为负。

> **电路一点通**
>
> 在做题目时，如果原题电路没有标明参考方向，则需要自己定义参考方向，这个定义是任意的，一般这样选取参考方向：电流方向从左向右、从上到下，电压上正下负、左正右负。

二、关联参考方向和非关联参考方向

流过元件的电流的参考方向是从标以电压正极性的一端指向负极性的一端，即两者的参考方向一致，则把电压和电流的这种参考方向称为关联参考方向；不一致则为非关联参考方向。

> **电路一点通**
>
> 对于图 1-1 的例子，是关联参考方向还是非关联参考方向呢？
>
>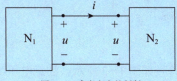
>
> 图 1-1　参考方向的判断
>
> 答案：对于 N_1，是非关联参考方向；对于 N_2，是关联参考方向。也就是说，判断是否为关联参考方向，一定要指明研究对象，不能脱离研究对象谈参考方向。

1-3 电功率和能量

一、电功率

电路元件的瞬时功率表达式：

如吸收负功率，则等价于发出正功率 $p(t) = u(t)i(t)$ *如发出负功率，则等价于吸收正功率*

如果取关联参考方向，则上式为元件吸收功率；如果取非关联参考方向，则为元件发出功率。

二、能量

在 t_0 到 t 的时间段内，元件吸收能量是对瞬时功率的积分值，即

$$W(t) = \int_{t_0}^{t} uidt$$

式中，u 和 i 取关联参考方向，若 $W > 0$，则元件吸收能量，反之则释放能量。

可以用能量表达式来判断电路元件是无源元件还是有源元件。若恒有 $W = \int_{-\infty}^{t} uidt \geq 0$，则元件为无源元件；若存在 t 使得 $W = \int_{-\infty}^{t} uidt < 0$，则元件为有源元件。

1-4 电路元件

这里的电路元件是指集总参数元件。很多电路初学者不懂什么是集总参数，笔者在本科学习电路过程中也没有搞明白，后来才知道集总电路是相对分布参数而言的，具体可参照本书第十八章的内容。

电路中的四个基本物理量：电压、电流、电荷、磁链，不同的元件能把这四个物理量联系起来。

1-5 电阻元件

一、欧姆定律、线性电阻和非线性电阻

如果电压、电流取关联参考方向，则欧姆定律：$u = Ri$；若取非关联参考方向，则 $u = -Ri$。

电阻的倒数为电导 G，$G = \dfrac{1}{R}$。符合欧姆定律的电阻为线性电阻，ui 曲线是一条直线；不符合欧姆定律的电阻为非线性电阻。

二、一些特例

短路：无论电流为何值，电压值始终为 0，即 $R = 0$ 或 $G = \infty$。

开路：无论电压为何值，电流值始终为 0，即 $R = \infty$ 或 $G = 0$。

1-6 电压源和电流源（独立电源）

一、理想电压源

端电压为关于时间的函数，符号如图 1-2 所示，注意电压源不能短路。

若电压源短路，则由 KVL，$U_S = 0$，矛盾！

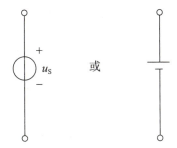

图 1-2 理想电压源

二、理想电流源

发出电流为关于时间的函数，符号如图 1-3 所示，注意电流源不能开路。

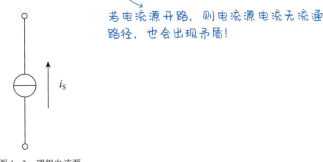

图 1-3 理想电流源

1-7 受控电源（非独立电源）

由于其输出是电压量或电流量，且输出量受电路某部分的电压或电流控制，所以称为受控源。

如果控制量是某个电压量，输出量是电压，则为电压控制电压源（VCVS）；如果控制量是某个电压量，输出量是电流，则为电压控制电流源（VCCS）；如果控制量是某个电流值，输出量是电压，则为电流控制电压源（CCVS）；如果控制量是某个电流值，输出量是电流，则为电流控制电流源（CCCS）。

1-8 基尔霍夫定律

一、适用范围

基尔霍夫定律适用于集总参数电路，不适用于分布参数电路。

二、电路中的一些基本概念

支路：二端元件为支路。

结点：支路的连接点。

回路：支路构成的闭合路径。

路径：由支路构成的两结点间的一条通路。

网孔：平面电路中，内部不含任何支路的回路。

三、基尔霍夫电流定律（KCL）

内容：集总电路中，任何时刻，对任一结点所有流出结点的支路电流的代数和恒为 0。

<u>列写</u>：对任一结点，有 $\sum i = 0$

式中，如果电流的参考方向是流出结点，则取"＋"号，流入结点则取"－"号。

<u>本质</u>：由电荷守恒推导出的<u>电流连续性定理</u>。

<u>推广</u>：集总参数电路中，KCL 不只是对于任意一个结点成立，<u>也对任意的闭合面成立</u>。

四、基尔霍夫电压定律（KVL）

<u>内容</u>：在集总电路中，任何时刻、沿任一回路，所有支路电压的代数和恒等于 0。

<u>列写</u>：对任一回路，有 $\sum u = 0$

式中，如果支路电压的参考方向与回路绕行方向一致，则取"＋"号，不一致则取"－"号。

<u>本质</u>：电路每一个结点只有一个电位，沿某一回路的电压降之和必为 0。

<u>推广</u>：KVL 也可以在不闭合的"假想回路"中成立，例如对于图 1-4 中电路，如果 AB 间电压用 U_{AB} 表示，也可以列写 KVL：$U_1 + U_{AB} - U_2 - U_3 = 0$。

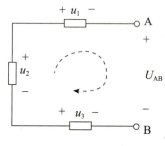

图 1-4 假想回路的 KVL

 斩题型

题型1 关联参考方向的判断和功率的计算

电流电压是否为关联参考方向，关键是看电流、电压两个参考方向之间的关系。为方便起见，可设电压正极性端到负极性端的方向为正方向，如图 1-5 所示。

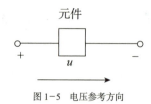

图 1-5 电压参考方向

如果电流参考方向与电压参考方向一致，也就是电流箭头指向同电压降落方向一致，则为关联参考方向，否则为非关联参考方向。

计算功率时，先看电压、电流的参考方向是否为关联参考方向，而不先关注电压、电流的实际方向及电压、电流的正负。如果是关联参考方向，将参考方向下的电压、电流值相乘，即为元件吸收的功率，如果此值为正，则吸收功率；若为负，则发出功率。如果是非关联参考方向，同样将参考方向下的电压、电流值相乘，即为元件吸收的功率，如果此值为正，则发出功率；若为负，则吸收功率。

上述关系可用图1-6所示流程图表示。

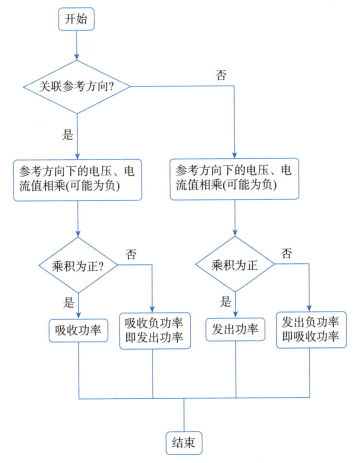

图1-6 关联参考方向的判断和功率的计算

题型2 列写KCL/KVL

1. 列写KCL步骤

（1）标定支路电流参考方向：若电路图中没有参考方向，一般标定从上到下、从左到右为关联参考方向。

（2）选取结点：注意一个电路图的独立结点数为总结点数 n 减1，即可以列 $n-1$ 个独立方程，对于第 n 个结点KCL自动成立。在做题时，未必要列出 $n-1$ 个独立的KCL方程，只要做出题目即可。技巧：选取KCL结点时，可以避开无伴电压源的支路两端结点，因为无伴电压源的电流一般不易确定。

（3）列写：如果看电流实际方向，流入结点/闭合面的电流等于流出结点/闭合面的电流；如果看电流参考方向，参考方向为流入结点/闭合面的电流之和，等于流出结点/闭合面的电流之和。

注意参考方向下，电流可能有正有负。

2. 列写 KVL 步骤

（1）标定支路电压参考方向：如电路图中没有参考方向，一般标定上正下负、左正右负为参考方向。

（2）选取回路和绕行方向：注意一个电路图的独立回路数为网孔数，即可以列 $b-n+1$ 个独立方程（b 为支路数，n 为结点数，这里稍作了解，后续章节会讲到），对于其余回路 KVL 自动成立。回路的绕行方向可以任意选取为顺时针或逆时针。在做题时，未必要列出 $b-n+1$ 个独立的 KVL 方程，只要做出题目即可。技巧：选取 KVL 回路时，可以避开含有无伴电流源的回路，因为无伴电流源的电压一般不易确定。

（3）列写：沿回路的电压降之和为 0。

解习题

1-1 题 1-1 图中：

（1）u，i 的参考方向是否关联？

（2）ui 乘积表示什么功率？

（3）如果在题 1-1（a）图中 $u>0$、$i<0$，题 1-1（b）图中 $u>0$、$i>0$，则元件实际是发出还是吸收功率？

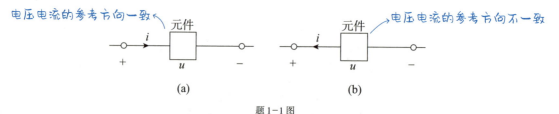

题 1-1 图

解：（1）题 1-1（a）图中参考方向关联，题 1-1（b）图中参考方向非关联。

（2）题 1-1（a）图中表示元件吸收的瞬时功率，题 1-1（b）图中表示元件发出的瞬时功率。

（3）题 1-1（a）图元件吸收负功率，实际发出功率；题 1-1（b）图元件发出正功率，实际发出功率。

1-2 在题 1-2（a）与（b）图中，对于 N_A 与 N_B，u、i 的参考方向是否关联？此时乘积 ui 对 N_A 与 N_B 分别意味着什么功率？

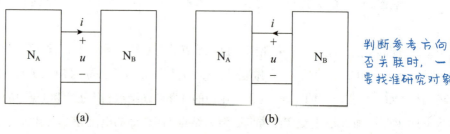

题 1-2 图

解： 题 1-2（a）图中，N_A 的 u、i 参考方向非关联，N_B 的 u、i 参考方向关联，乘积 ui 是 N_A

发出的瞬时功率，也是 N_B 吸收的瞬时功率。

题 1-2（b）图中，N_A 的 u、i 参考方向关联，N_B 的 u、i 参考方向非关联，乘积 ui 是 N_A 吸收的瞬时功率，也是 N_B 发出的瞬时功率。

1-3 在题 1-3（a）图中，已知 $I_1=500\ \text{mA}$，$I_S=100\ \text{mA}$，$U=30\ \text{V}$。求 N_A 与 N_B 以及电流源所吸收的功率。在题 1-3（b）图中，已知 $U_2=10\ \text{V}$，$I_1=2\ \text{A}$，$U_S=30\ \text{V}$。求 N_A 与 N_B 以及电压源所吸收的功率。

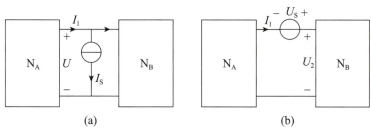

题 1-3 图

解： 在题 1-3（a）图中：

N_A 吸收的功率：

$$P_A = -UI_1 = -30 \times 0.5 = -15\ \text{W}$$

N_B 吸收的功率：

$$P_B = U(I_1 - I_S) = 30 \times 0.4 = 12\ \text{W}$$

电流源吸收的功率：

$$P_{I_S} = UI_S = 30 \times 0.1 = 3\ \text{W}$$

在题 1-3（b）图中：

N_A 吸收的功率：

$$P_A = -(U_2 - U_S)I_1 = -(-20) \times 2 = 40\ \text{W}$$

N_B 吸收的功率：

$$P_B = U_2 I_1 = 10 \times 2 = 20\ \text{W}$$

电压源吸收的功率：

$$P_{U_S} = -U_S I_1 = -30 \times 2 = -60\ \text{W}$$

1-4 求解电路以后，校核所得结果的方法之一是核对电路中所有元件的功率平衡，即一部分元件发出的总功率应等于其他元件吸收的总功率。试校核题 1-4 图中电路所得解答是否正确。

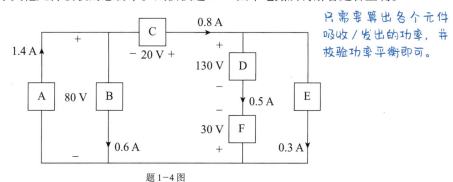

题 1-4 图

解：元件 A 发出功率：
$$p_A = 80 \times 1.4 = 112 \text{ W}$$

元件 B 吸收功率：
$$p_B = 80 \times 0.6 = 48 \text{ W}$$

元件 C 发出功率：
$$p_C = 20 \times 0.8 = 16 \text{ W}$$

元件 D 吸收功率：
$$p_D = 130 \times 0.5 = 65 \text{ W}$$

元件 E 吸收功率：
$$p_E = (130 - 30) \times 0.3 = 30 \text{ W}$$

元件 F 发出功率：
$$p_F = 30 \times 0.5 = 15 \text{ W}$$

发出总功率：
$$p_1 = p_A + p_C + p_F = 143 \text{ W}$$

吸收总功率：
$$p_2 = p_B + p_D + p_E = 143 \text{ W}$$

各元件发出总功率等于吸收总功率，电路所得解答正确。

1-5 在指定的电压 u 和电流 i 的参考方向下，写出题 1-5 图所示各元件的 u 和 i 的约束方程（即 VCR）。

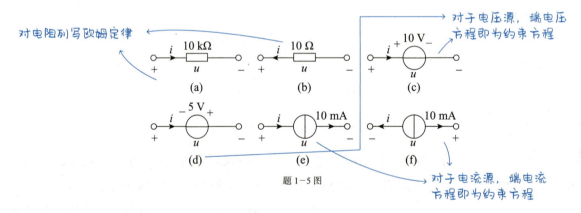

题 1-5 图

解：（a）关联参考方向，由欧姆定律，有 $u = 10 \times 10^3 i$。

（b）非关联参考方向，由欧姆定律，有 $u = -10i$。

（c）独立电压源，实际电压方向与参考电压方向相同，即 $u = 10 \text{ V}$。

（d）独立电压源，实际电压方向与参考电压方向相反，即 $u = -5 \text{ V}$。

（e）独立电流源，实际电压方向与参考电压方向相同，即 $i = 10 \text{ mA}$。

（f）独立电流源，实际电压方向与参考电压方向相反，即 $i = -10 \text{ mA}$。

1-6 试求题 1-6 图中各电路中电压源、电流源及电阻的功率（需说明是吸收还是发出）。

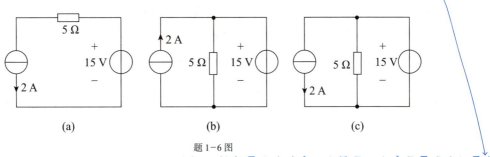

题 1-6 图

解：（a）如题解 1-6（a）图所示选取电压、电流参考方向。

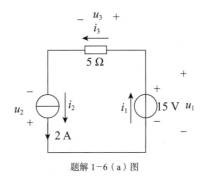

题解 1-6（a）图

对于电压源，非关联参考方向，发出功率：
$$p_1 = 15 \times 2 = 30 \text{ W}$$

对于电阻，由欧姆定律，$u_3 = 5 \times 2 = 10 \text{ V}$，取关联参考方向，吸收功率：
$$p_3 = 10 \times 2 = 20 \text{ W}$$

由 KVL，$u_1 + u_2 - u_3 = 0$，解得 $u_2 = -5 \text{ V}$，电流源取非关联参考方向，发出功率：
$$p_2 = -5 \times 2 = -10 \text{ W}$$

吸收功率为 10 W。

（b）如题解 1-6（b）图所示选取电压、电流参考方向。

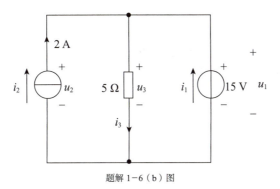

题解 1-6（b）图

电流源两端电压、电阻两端电压均与电压源电压相等，为 15 V。

电流源取非关联参考方向，发出功率：

$$p_2 = 15 \times 2 = 30 \text{ W}$$

对于电阻，由欧姆定律，$i_3 = 15 \div 5 = 3 \text{ A}$，取关联参考方向，吸收功率：

$$p_3 = 15 \times 3 = 45 \text{ W}$$

由 KCL，$i_3 = i_1 + i_2$，解得 $i_1 = 1 \text{ A}$，电压源取非关联参考方向，发出功率：

$$p_1 = 15 \times 1 = 15 \text{ W}$$

（c）如题解 1-6（c）图所示选取电压、电流参考方向。

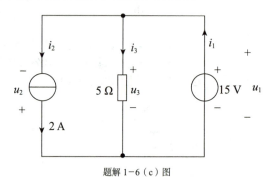

题解 1-6（c）图

$u_2 = -15 \text{ V}$，$u_3 = 15 \text{ V}$，由欧姆定律，有

$$i_3 = 15 \div 5 = 3 \text{ A}$$

电流源取非关联参考方向，发出功率：

$$p_2 = -15 \times 2 = -30 \text{ W}$$

即吸收功率 30 W。

电阻取关联参考方向，吸收功率：

$$p_3 = 15 \times 3 = 45 \text{ W}$$

由 KCL，有

$$i_1 = i_2 + i_3 = 5 \text{ A}$$

电压源取非关联参考方向，发出功率：

$$p_3 = 15 \times 5 = 75 \text{ W}$$

1-7 以电压 U 为纵轴，电流 I 为横轴，取适当的电压、电流标尺，在同一坐标上：画出以下元件及支路的电压、电流关系（仅画第一象限）。

（1）$U_S = 10 \text{ V}$ 的电压源，如题 1-7（a）图所示；→ 电压源，UI 图像为垂直于 U 轴的直线

（2）$R = 5 \Omega$ 线性电阻，如题 1-7（b）图所示；→ 线性电阻，UI 图像为过原点直线

（3）U_S、R 的串联组合，如题 1-7（c）图所示。

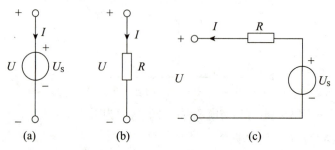

题 1-7 图

解：（1）VCR：$U = U_S$，题解 1-7（a）图为一条平行于横轴的直线：

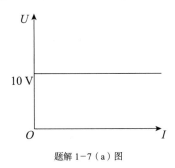

题解 1-7（a）图

（2）VCR：由欧姆定律，$U = 5I$，题解 1-7（b）图为一条过原点的直线：

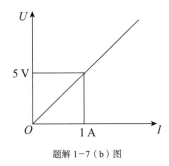

题解 1-7（b）图

（3）由 KCL，$U = U_S - IR$，题解 1-7（c）图为一条倾斜直线：

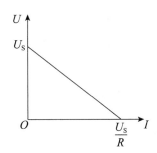

题解 1-7（c）图

1-8 题 1-8 图中的电流 I 均为 2 A。

（1）求各图中支路电压；

（2）求各图中电源、电阻及支路的功率，并讨论功率平衡关系。

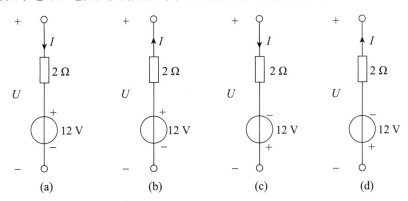

题 1-8 图

解：（1）求各支路电压。

（a） $U = 2I + 12 = 16\text{ V}$

（b） $U = -2I + 12 = 8\text{ V}$

（c） $U = 2I - 12 = -8\text{ V}$

（d） $U = -2I - 12 = -16\text{ V}$

（2）功率关系。

（a）电源吸收功率： $12 \times 2 = 24\text{ W}$

电阻吸收功率： $2^2 \times 2 = 8\text{ W}$

支路吸收功率： $16 \times 2 = 32\text{ W}$

（b）电源发出功率： $12 \times 2 = 24\text{ W}$

电阻吸收功率： $2^2 \times 2 = 8\text{ W}$

支路吸收功率： $8 \times 2 = 16\text{ W}$

（c）电源发出功率： $12 \times 2 = 24\text{ W}$

电阻吸收功率： $2^2 \times 2 = 8\text{ W}$

支路吸收功率 $-8 \times 2 = -16\text{ W}$

即发出功率 16 W。

（d）电源吸收功率： $12 \times 2 = 24\text{ W}$

电阻吸收功率 $2^2 \times 2 = 8\text{ W}$

支路发出功率： $-16 \times 2 = -32\text{ W}$

即吸收功率 32 W。

功率平衡关系：支路吸收功率等于电阻吸收功率和电源吸收功率之和。

1-9 试求题 1-9 图中各电路的电压 U，并分别讨论其功率平衡。

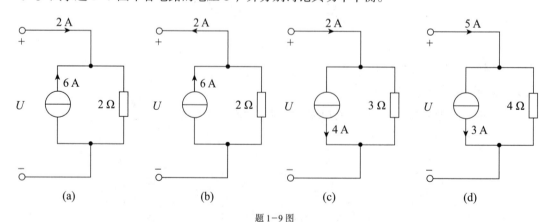

题 1-9 图

解： 设题 1-9 图中电阻电流为 I，其参考方向均为从上到下。

（a） $I = 2 + 6 = 8\text{ A}$

再由欧姆定律，有 $U = 8 \times 2 = 16\text{ V}$

支路吸收功率： $p = 2 \times 16 = 32\,\text{W}$

电流源发出功率： $p_1 = 16 \times 6 = 96\,\text{W}$

电阻吸收功率： $p_2 = 8^2 \times 2 = 128\,\text{W}$

功率平衡： $p = p_2 - p_1$

（b） $I = -2 + 6 = 4\,\text{A}$， $U = 4 \times 2 = 8\,\text{V}$

支路吸收功率： $p = -2 \times 8 = -16\,\text{W}$

电流源发出功率： $p_1 = 6 \times 8 = 48\,\text{W}$

电阻吸收功率： $p_2 = 4^2 \times 2 = 32\,\text{W}$

功率平衡： $p = p_2 - p_1$

（c） $I = 2 - 4 = -2\,\text{A}$， $U = -2 \times 3 = -6\,\text{V}$

支路吸收功率： $p = -6 \times 2 = -12\,\text{W}$

电流源吸收功率： $p_1 = -6 \times 4 = -24\,\text{W}$

电阻吸收功率： $p_2 = 2^2 \times 3 = 12\,\text{W}$

功率平衡： $p = p_1 + p_2$

（d） $I = 5 - 3 = 2\,\text{A}$， $U = 2 \times 4 = 8\,\text{V}$

支路吸收功率： $p = 8 \times 5 = 40\,\text{W}$

电流源吸收功率： $p_1 = 8 \times 3 = 24\,\text{W}$

电阻吸收功率： $p_2 = 2^2 \times 4 = 16\,\text{W}$

功率平衡： $p = p_1 + p_2$

> 受控源是否可看为电阻，关键是看其端口电压和电流的关系。如果关联参考方向下，端口电压和电流之比为常数，则受控源可看为电阻，并且电阻值等于这个常数

1-10 题1-10图中各电路的受控源是否可看为电阻？求各图中a、b端钮的等效电阻。

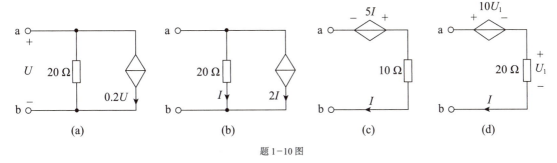

题1-10图

解：（a）如题解1-10（a）图，受控源两端电压为U，流过电流为$0.2U$，电压电流之比为定值，可以看为电阻，且阻值为5 Ω。由KCL，有$I = \dfrac{U}{20} + 0.2U = 0.25U$，进而有$U = 4I$，即ab端口等效电阻为4 Ω。

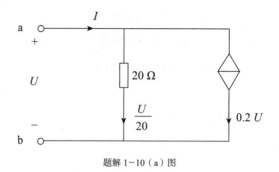

题解 1-10（a）图

（b）如题解 1-10（b）图，受控源两端电压为 $20I$，流过电流为 $2I$，电压电流之比为定值，可以看为电阻，且阻值为 $10\ \Omega$，则 ab 端口等效电阻为 $R_{eq}=\dfrac{20I}{3I}=\dfrac{20}{3}\ \Omega$。

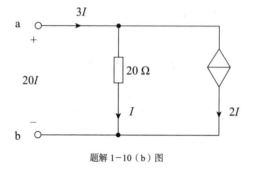

题解 1-10（b）图

（c）如题解 1-10（c）图，受控源两端电压为 $5I$，流过电流为 I，为非关联参考方向，电压电流之比为定值，可以看为负电阻，且阻值为 $-5\ \Omega$。由 KVL，$U_{ab}=10I-5I=5I$，故 ab 端口等效电阻为 $R_{eq}=\dfrac{5I}{I}=5\ \Omega$。

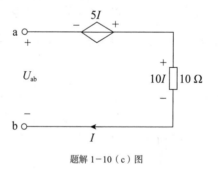

题解 1-10（c）图

（d）如题解 1-10（d）图，受控源两端电压为 $10U_1$，流过电流为 $\dfrac{U_1}{20}$，电压电流之比为定值，可以看为电阻，且阻值为 $200\ \Omega$。由 KVL，$U_{ab}=10U_1+U_1=11U_1$，故 ab 端口等效电阻为 $R_{eq}=11U_1/\dfrac{U_1}{20}=220\ \Omega$。

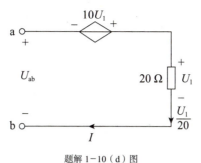

题解 1-10（d）图

1-11 电路如题 1-11 图所示，试求：
（1）图（a）中 i_1 与 u_{ab}。（2）图（b）中 u_{cb}。

求解 u_{cb} 时，并不能直接求出受控源电压，因为这是个受控电流源，其电压值不能直接确定，需根据 KVL "迂回袭敌"，由 $u_{cb} = u_{ca} + u_{ab}$ 求解

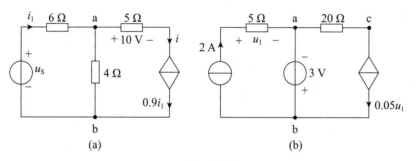

题 1-11 图

解：（1）画出电路图［见题解 1-11（a）图］。

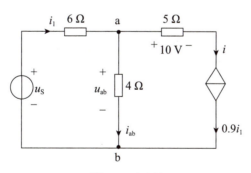

题解 1-11（a）图

由欧姆定律，$i = 10 \div 5 = 2 \text{ A}$，又 $i = 0.9i_1$，故 $i_1 = \dfrac{20}{9} \text{ A}$。

由 KCL，$\qquad i_{ab} = i_1 - 0.9i_1 = 0.1i_1 = \dfrac{2}{9} \text{ A}$

故 $u_{ab} = 4i_{ab} = \dfrac{8}{9} \text{ V}$。

（2）画出电路图［见题解 1-11（b）图］：

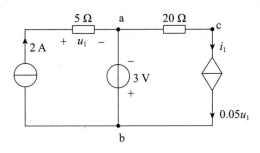

题解 1-11（b）图

控制量 $u_1 = 5 \times 2 = 10\text{ V}$

受控源电流 $i_1 = 0.05u_1 = 0.5\text{ A}$

$u_{ca} = -0.5 \times 20 = -10\text{ V}$

$u_{cb} = u_{ca} + u_{ab} = -10 - 3 = -13\text{ V}$

1-12 我国自葛洲坝水电站至上海的高压直流输电线示意图如题 1-12 图所示。输电线每根对地耐压为 500 kV，导线额定电流为 1 kA。每根导线电阻为 27 Ω（全长 1 088 km）。当首端线间电压 U_1 为 1 000 kV 时，可传输多少功率到上海？传输效率是多少？

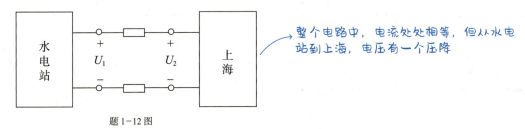

题 1-12 图

解： 可以建立电路模型，如题解 1-12 图：

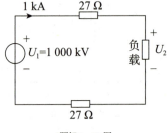

题解 1-12 图

由 KVL, $U_2 = 1\,000 - (27+27) \times 1 = 946\text{ kV}$

水电站发出功率：

$$p_1 = 1\,000\text{ kV} \times 1\text{ kA} = 1\,000\text{ MW}$$

传输到上海的功率：

$$p_2 = 946\text{ kV} \times 1\text{ kA} = 946\text{ MW}$$

传输效率：

$$\eta = \frac{p_2}{p_1} \times 100\% = 94.6\%$$

1-13 对题 1-13 图所示电路，若：

（1）R_1、R_2、R_3 不定。→ 由电路图，知 R_1、R_2、R_3 上的电流无法确定

（2）$R_1 = R_2 = R_3$。

在以上两种情况下，尽可能多地确定各电阻中的未知电流。

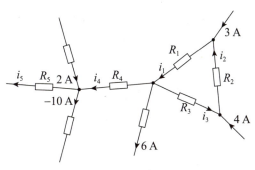

题 1-13 图

解：（1）画出电路图（见题解 1-13 图）：

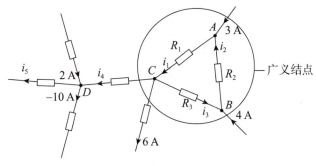

题解 1-13 图

对图中广义结点列写 KCL，得

$$i_4 = 3 + 4 - 6 = 1 \text{ A}$$

再对图中 D 点列写 KCL，得

$$i_5 = 1 + 2 + 10 = 13 \text{ A}$$

（2）对 A 点列写 KCL：

$$i_1 + i_2 = 3 \text{ A}$$

对 B 点列写 KCL：

$$i_2 + i_3 = -4 \text{ A}$$

再由 KVL，$i_1 R_1 + i_3 R_3 = i_2 R_2$，又 $R_1 = R_2 = R_3$，故

$$i_1 + i_3 = i_2$$

三个方程，三个未知数，解得

$$i_1 = \frac{10}{3} \text{ A}, \quad i_2 = -\frac{1}{3} \text{ A}, \quad i_3 = -\frac{11}{3} \text{ A}$$

> **电路一点通**
> 为什么 A、B、C 三点中,选取两点而不是全部列写 KCL？
> 答案：图中共四个结点,其中三个独立结点。（1）中已对结点 D 列写 KCL 求得图中部分电流,所以 D 已经为一个独立结点,其余两个独立结点由 A、B、C 三点选取,这里的选取是任意的。例如这里解答选取 A、B,则对于结点 C,KCL 自动成立。如读者感兴趣可以自己验证。

1-14 在题 1-14 图所示电路中,已知 $u_{12}=2\text{ V}$,$u_{23}=3\text{ V}$,$u_{25}=5\text{ V}$,$u_{37}=3\text{ V}$,$u_{67}=1\text{ V}$,尽可能多地确定其他各元件的电压。

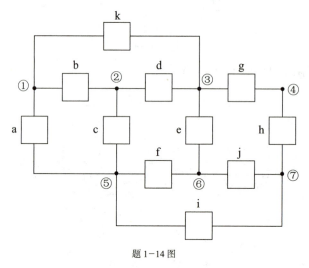

题 1-14 图

解： 元件 a 的电压： $u_{15}=u_{12}+u_{15}=7\text{ V}$

元件 e 的电压： $u_{36}=u_{37}-u_{67}=2\text{ V}$

元件 f 的电压： $u_{56}=u_{52}+u_{23}+u_{36}=-5+3+2=0$

元件 g 和 h 的电压,没有足够信息获取。

元件 i 的电压： $u_{57}=u_{56}+u_{67}=1\text{ V}$

元件 k 的电压： $u_{13}=u_{12}+u_{23}=5\text{ V}$

> 因为通过题目条件我们只可以知道 u_{37},即 g 和 h 的总电压,但并不知道其电压分配关系。
>
> 注意看元件的电压电流参考方向是否关联

1-15 电路如题 1-15 图所示,试求每个元件发出或吸收的功率。

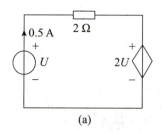

(a)

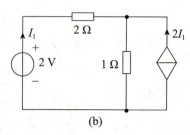

(b)

题 1-15 图

解：（a）由 KVL，得电阻电压为 U，方向如题解 1-15（a）图所示，故 $U = -0.5 \times 2 = -1\,\text{V}$。
电压源非关联参考方向，发出功率 $p_1 = -1 \times 0.5 = -0.5\,\text{W}$，即吸收功率 0.5 W。
电阻吸收功率：
$$p_2 = 1 \times 0.5 = 0.5\,\text{W}$$
受控源关联参考方向，吸收功率 $p_3 = -2 \times 0.5 = -1\,\text{W}$，即发出功率 1 W。

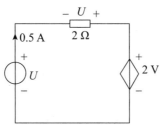

题解 1-15（a）图

（b）由 KCL，得 1 Ω 电阻上的电流为 $3I_1$，方向如题解 1-15（b）图。
对图中标注回路列写 KVL，$2I_1 + 3I_1 = 2$，解得 $I_1 = 0.4\,\text{A}$。
电压源非关联参考方向，发出功率：$P_{2\text{V}} = 2 \times 0.4 = 0.8\,\text{W}$
电阻均吸收功率：
$$P_{2\Omega} = 0.4^2 \times 2 = 0.32\,\text{W}, \quad P_{1\Omega} = (0.4 \times 3)^2 \times 1 = 1.44\,\text{W}$$
图中 $U_{1\Omega} = 0.4 \times 3 \times 1 = 1.2\,\text{V}$
受控源取非关联参考方向，发出功率：$P_{2I_1} = 1.2 \times 2 \times 0.4 = 0.96\,\text{W}$

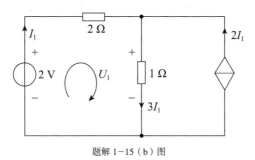

题解 1-15（b）图

1-16 利用 KCL 与 KVL 求题 1-16 图中 I（提示：利用 KVL 将 180 V 电源支路电流用 I 来表示，然后在结点①写 KCL 方程求解）。

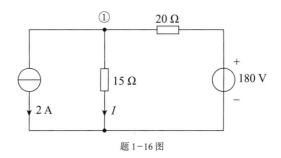

题 1-16 图

解：

对题解 1-16 图所示回路列写 KVL：

$$20I_1 + 15I = 180$$

得 $I_1 = 9 - \dfrac{3}{4}I$。

对结点①列写 KCL：

$$2 + I = 9 - \dfrac{3}{4}I$$

解得 $I = 4\,\text{A}$。

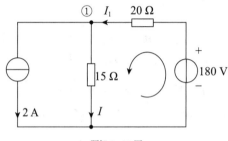

题解 1-16 图

1-17 （1）已知题 1-17（a）图中，$R = 2\,\Omega$，$i_1 = 1\,\text{A}$，求电流 i。

（2）已知题 1-17（b）图中，$u_S = 10\,\text{V}$，$i_1 = 2\,\text{A}$，$R_1 = 4.5\,\Omega$，$R_2 = 1\,\Omega$，求 i_2。

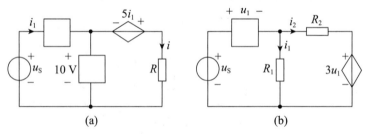

题 1-17 图

解：（1）如题解 1-17 图所示，对回路列写 KVL，有

$$5 + 10 - 2i = 0$$

解得 $i = 7.5\,\text{A}$。

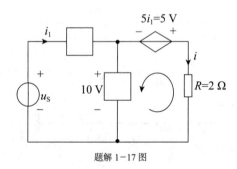

题解 1-17 图

（2）由 KVL，有

$$u_S = u_1 + R_1 i_1$$

解得 $u_1 = 1\,\text{V}$。

再由 KVL，有

$$R_1 i_1 = R_2 i_2 + 3u_1$$

解得 $i_2 = 6\,\text{A}$。

1-18 （1）试求题 1-18（a）图所示电路中控制量 I_1 及电压 U_0。

（2）试求题 1-18（b）图所示电路中控制量 u_1 及电压 u。

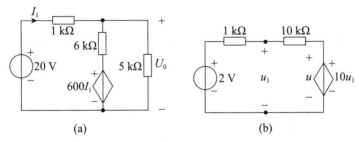

题 1-18 图

解： （1）如题解 1-18（a）图所示。

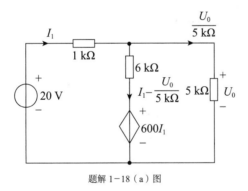

题解 1-18（a）图

由 KCL，含受控源支路电流为 $I_1 - \dfrac{U_0}{5\,\text{k}\Omega}$。

由 KVL，有

$$\begin{cases} 20 = 1\,\text{k}\Omega \cdot I_1 + 6\,\text{k}\Omega \left(I_1 - \dfrac{U_0}{5\,\text{k}\Omega} \right) + 600 I_1 \\ 20 = 1\,\text{k}\Omega \cdot I_1 + U_0 \end{cases}$$

解得 $\begin{cases} I_1 = 0.005\,\text{A}, \\ U_0 = 15\,\text{V}。 \end{cases}$

（2）由假想回路的 KVL，10 kΩ 电阻上的电压为 $9u_1$，方向如题解 1-18（b）图，进而回路电流为 $\dfrac{9u_1}{10\,\text{k}\Omega}$。

对回路列写 KVL，$10u_1 = \dfrac{9u_1}{10\text{ k}\Omega}(10\text{ k}\Omega + 1\text{ k}\Omega) + 2$，解得 $u_1 = 20\text{ V}$，进而 $u = 10u_1 = 200\text{ V}$。

题解 1-18（b）图

1-19 略

1-20 电解铝工业是耗能大户，每吨电解铝耗电 10 000 度电以上。某电解铝工厂通过改革将电解铝的耗电率降低了接近 10%，该厂每年生产电解铝近 1 000 万吨。每年可节约电多少度？用电成本（以每度工业用电 0.53 元来计算）降低多少元？

解： 每年至少可以节约电：

$$10\,000 \times 10\% \times 1\,000 = 1\,000\,000 \text{万度} = 100 \text{亿度}$$

用电成本降低： $100 \times 0.53 = 53$ 亿元

1-21 某五号可充电电池的规格为：1.2V，2 000 mAh。

（1）该电池充足电后，电池所含的电能为多少？

（2）将这一能量所做的功形象化地表示。

（3）如果充电效率为 50%，当充电电流为 250 mA 时，充电时间应为多少？

解：（1）电池所含电能：

$$W = 2 \times 3\,600 \times 1.2 = 8\,640 \text{ J}$$

（2）这一能量可以使得电子逆着电场力的方向移动。

（3）充电时间

$$t = \dfrac{2\,000}{250} \div 50\% = 16 \text{ h}$$

第二章　电阻电路的等效变换

2-1 电路的等效变换

由时不变线性无源元件、线性受控源和独立电源组成的电路，称为时不变线性电路。

本章主要介绍等效变换。

当电路中某一部分用其等效电路替代之后，未被替代部分的电压和电流均应保持不变。

注意：所谓"等效"，对外等效而对内不等效，即对于等效电路之外的部分（外），其各个电压电流指在等效前后不变；而对于等效电路内部，由于其拓扑结构都可能发生变化，所以各电压电流与等效之前不同。

2-2 电阻的串联和并联

电阻串联时，各电阻上电流相同，电压按照电阻值成正比分配，即不同电阻电压比值等于电阻比值。

电阻并联时，各电阻上电压相同，电流按照电导值成正比分配，即不同电阻流经电流比值等于电导比值。

如图 2-1 所示电桥，在 cd 间加激励，当 $R_1 R_4 = R_2 R_3$ 时，R_5 支路（对角线支路）上电流为 0，称为电桥平衡。

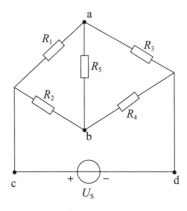

图 2-1　电桥

电路一点通 1

电桥平衡的本质是特定的电阻值使得 a 和 b 电位相等,由于 a、b 之间没有电位差,所以对角线支路电流为 0。

电路一点通 2

若仍有 $R_1R_4 = R_2R_3$,a、b 之间加激励而 c、d 之间为电阻,则仍有电桥平衡,c、d 之间自然等电位,如图 2-2 所示。

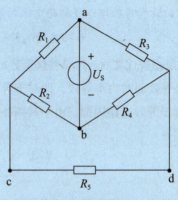

图 2-2 电桥的变式

2-3 电阻的 Y 形联结和 △ 形联结的等效变换

Y 形联结即星形联结,△ 形联结即三角形联结,其拓扑结构如图 2-3 所示。

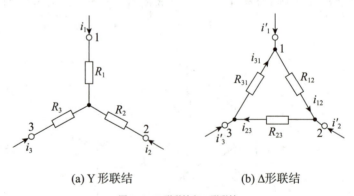

(a) Y 形联结　　　　　　(b) △ 形联结

图 2-3　Y 形联结和 △ 形联结

两种联结形式的等效变换公式为

$$Y \text{ 形电阻} = \frac{\triangle \text{形相邻电阻的乘积}}{\triangle \text{形电阻之和}}$$

$$\triangle \text{ 形电阻} = \frac{Y \text{形电阻两两乘积之和}}{Y \text{形不相邻电阻}}$$

若联结中的各个电阻阻值相等，则 $R_\triangle = 3R_Y$。

> **电路一点通**
>
> 若联结中的各个电阻阻值相等，则 $R_\triangle = 3R_Y$。这是一个常用结论，在很多题目中，要先用此公式对电路进行等效变换，进而解决问题。但是到底谁是谁的三倍，这个很多同学可能记不清楚，这里可以借助图 2-4 来记忆。图中，三角形比星形大，而公式里面，三角形联结电阻比星形联结电阻大。方便记忆 $R_\triangle = 3R_Y$。
>
>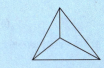
>
> 图 2-4　Y—△ 变换的辅助记忆

2-4 电压源、电流源的串联和并联

多个电压源串联可以等效为一个电压源，等效出的电压源电压等于各电压源电压之和（注意参考方向）。各个电压源电压相等时，才能够并联。电压源与某元件并联，对外等效为电压源。

多个电流源并联可以等效为一个电流源，等效出的电流源电流等于各电流源电流之和（注意参考方向）。各个电流源电流相等时，才能够串联。电流源与某元件串联，对外等效为电流源。

2-5 实际电源的两种模型及其等效变换

实际电源的电压与电流是非线性关系，但是可以近似为线性。图 2-5（b）所示为实际电源伏安特性，图 2-5（c）所示为近似伏安特性。

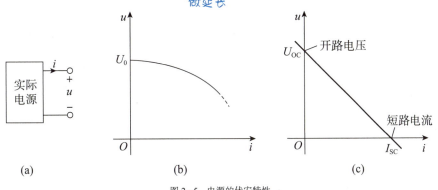

图 2-5　电源的伏安特性

电源线性化后，其可以等效为电压源和电阻串联，也可以等效为电流源和电导的并联，且两种等效电路可以相互转化（见图 2-6）。其等效变换公式为 $G = \dfrac{1}{R}$，$I_S = GU_S$。

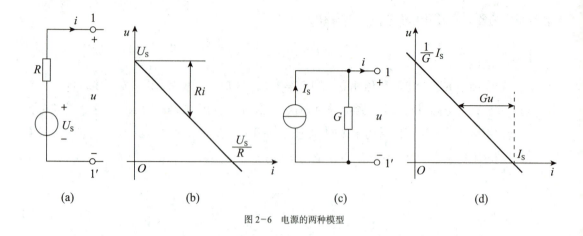

图 2-6 电源的两种模型

> **电路一点通 1**
> 　　有时可以通过这种转换，对电路进行化简。在进行转化时，要注意参考方向，电压源的正极性端和电流源的电流流出端一致。

> **电路一点通 2**
> 　　对于受控源，也可以进行这种转化，只需要把独立源的电压/电流值换成含有控制量的电压/电流值。

2-6 输入电阻

首先，输入电阻是对一端口网络而言的。一端口网络又称二端网络，它有两个端子，从一个端子流入的电流等于从另一个端子流出的电流。

求输入电阻的方法：先对一端口网络进行化简，然后采用加压求流法或者加流求压法。

在端口加电压，求端口电流，端口电压与电流比值即为输入电阻　　在端口加电流，求端口电压，端口电压与电流比值即为输入电阻

 化简电路

化简电路的常用手段：

（1）利用电阻的串并联关系，串联电阻等效为电阻之和，并联电导等效为电导之和。

（2）Y-Δ 变换：

①对于复杂的桥式网络，电桥不平衡时，往往通过 Y-Δ 变换求解；

②当题目中出现明显的三个阻值相等的电阻构成星形联结或三角形联结时，往往通过 Y-Δ 变换求解。

（3）电源等效变换。

①可以利用电源等效变换，对若干个电压源串电阻的并联结构化简，如图 2-7 所示。

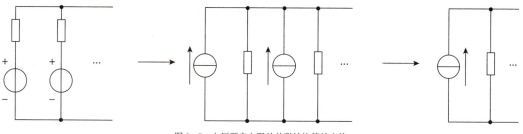

图 2-7　电压源串电阻的并联结构等效变换

②可以利用电源等效变换，对若干个电流源并电阻的串联结构化简，如图 2-8 所示。

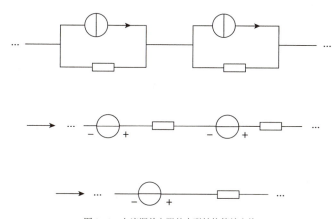

图 2-8　电流源并电阻的串联结构等效变换

③也可以对受控源进行电源等效变换。

（4）有些题目中，可以把受控源等效为电阻。只要受控源两端电压和流过电流的比值为常数，就可以将受控源等效为电阻。

题型2　求输入电阻

（1）对于只含有电阻的一端口网络，直接利用 Y-△ 变换和串并联关系对电路进行化简处理，得到等效电阻。

（2）对于含有受控源的一端口网络，除了上述的化简手段之外，还要采用加压求流法或加流求压法。这样做时，可以将端口的电压和电流分别用控制量进行表示，两者比值即为输入电阻。

（3）对于含有受控源的一端口网络，有些题目中还可以把受控源等效为电阻。

解习题

2-1　电路如题 2-1 图所示，已知 $u_S = 100\text{ V}$，$R_1 = 2\text{ k}\Omega$，$R_2 = 8\text{ k}\Omega$。试求以下 3 种情况下的电压 u_2 和电流 i_2、i_3：

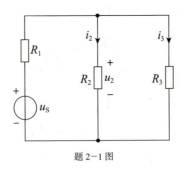

题 2-1 图

（1）$R_3 = 8\text{ k}\Omega$。

（2）$R_3 = \infty$（R_3 处开路）。

（3）$R_3 = 0$（R_3 处短路）。

解： 如题解 2-1 图所示。

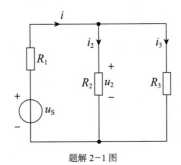

题解 2-1 图

（1）电路总电阻 $\qquad R = R_1 + R_2 // R_3 = 6\text{ k}\Omega$

即 $\qquad\qquad\qquad\qquad i = \dfrac{u_\text{S}}{R} = \dfrac{100\text{ V}}{6\text{ k}\Omega} = \dfrac{1}{60}\text{A}$

因为 $R_2 = R_3$，所以 $i_2 = i_3 = \dfrac{1}{2}i = \dfrac{1}{120}$ A。 → $R_3 = 8\text{ k}\Omega$，则 R_2 与 R_3 并联分流

由欧姆定律，有

$$u_2 = i_2 R_2 = \dfrac{1}{120}\text{A} \times 8\text{ k}\Omega = \dfrac{200}{3}\text{ V}$$

（2）R_3 处开路，则 $i_3 = 0$，即

$$i = i_2 = \dfrac{u_\text{S}}{R_1 + R_2} = \dfrac{100\text{ V}}{2\text{ k}\Omega + 8\text{ k}\Omega} = 0.01\text{ A}$$

→ R_3 处开路，则 R_3 上电流为 0，电压源发出的电流只能通过 R_2 支路流通

由欧姆定律，有

$$u_2 = i_2 R_2 = 80\text{ V}$$

（3）R_3 处短路，则 $i_2 = 0$，$u_2 = 0$，即 → R_3 处短路，则 R_2 两端电压为 0，$i_2 = 0$

$$i = i_3 = \dfrac{u_\text{S}}{R_1} = \dfrac{100\text{ V}}{2\text{ k}\Omega} = 0.05\text{ A}$$

2-2 电路如题 2-2 图所示，其中电阻、电压源和电流源均为已知，且为正值。

（1）求电压 u_2 和电流 i_2。

（2）若电阻 R_1 增大，对哪些元件的电压、电流有影响？影响如何？

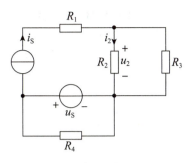

题 2-2 图

解：（1）R_2 和 R_3 对 i_S 进行分流：

$$i_2 = \frac{R_3}{R_2+R_3} i_S$$

由欧姆定律，有

$$u_2 = i_2 R_2 = \frac{R_2 R_3}{R_2+R_3} i_S$$

（R_2 和 R_3 的总电流为 i_S，是一个定值，而 R_2 和 R_3 的比值关系也是确定的，所以 R_1 的大小不会影响 R_2 和 R_3 的电压、电流值）

（2）R_1 上的电流始终等于电流源电流，但当 R_1 增大时，其电压会增大。R_2 和 R_3 对 i_S 进行分流，与 R_1 无关，R_1 的大小不影响 R_2 和 R_3 的电压电流值。

R_4 与电压源并联，所以其电压电流值均不变。

电流源电流值不变，但是 R_1 电压增大，由 KVL，电流源电压相应减小。

电压源电压值不变，又因为电流源电流、R_4 电流均不变，由 KCL，电压源电流不变。

综上所述，若电阻 R_1 增大，则 R_1 上电压增大，电流源电压减小。

2-3 题 2-3 图中，$u_S = 50\text{ V}$，$R_1 = 2\text{ k}\Omega$，$R_2 = 8\text{ k}\Omega$。现欲测量电压 u_o，所用电压表量程为 50 V，灵敏度为 1 000 Ω/V（即每伏量程电压表相当于 1 000 Ω 的电阻）。

（1）测量得 u_o 为多少？

（2）u_o 的真值 u_{ot} 为多少？

（3）如果测量误差以下式表示：

$$\delta(\%) = \frac{u_o - u_{ot}}{u_{ot}} \times 100\%$$

此时测量误差是多少？

（每伏量程电压表相当于 1 000 Ω 的电阻，量程为 50 V，所以电压表内阻为 $R_V = 1000 \times 50 = 50\text{ k}\Omega$）

（不考虑电压表内阻，直接由 R_1 和 R_2 分压）

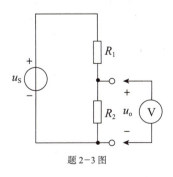

题 2-3 图

解：（1）电压表阻值为

$$R_V = 1\,000 \times 50 = 50\text{ k}\Omega$$

R_2 和 R_V 的并联等效电阻为 $R_{eq} = R_2 // R_V = 8\text{ k}\Omega // 50\text{ k}\Omega = \dfrac{200}{29}\text{ k}\Omega$ 。→利用电阻的串并联关系

由分压公式，有

$$u_o = \dfrac{R_{eq}}{R_1 + R_{eq}} u_S = \dfrac{5\,000}{129} \approx 38.76\text{ V}$$

（2）不考虑电压表，直接由分压公式，有

$$u_{ot} = \dfrac{R_2}{R_1 + R_2} u_S = 40\text{ V}$$

（3）$\delta(\%) = \dfrac{u_o - u_{ot}}{u_{ot}} \times 100\% = \dfrac{38.76 - 40}{40} \times 100\% = -3.1\%$ 。

2-4 求题 2-4 图所示各电路的等效电阻 R_{ab}，其中 $R_1 = R_2 = 1\,\Omega$，$R_3 = R_4 = 2\,\Omega$，$R_5 = 4\,\Omega$，$G_1 = G_2 = 1\text{ S}$，$R = 2\,\Omega$。

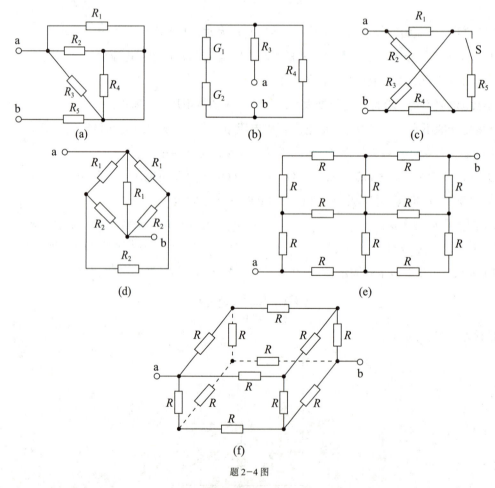

题 2-4 图

解：（a）R_4 两端电位相等，相当于被短路，R_1、R_2、R_3 并联后再与 R_5 串联。

$$R_{ab} = R_1 // R_2 // R_3 + R_5 = 1 // 1 // 2 + 4 = 4.4\,\Omega$$

(b)电导为1S对应电阻为1Ω,标出电路参数如题解2-4(a)图,进而$R_{ab}=2+2//2=3\Omega$。

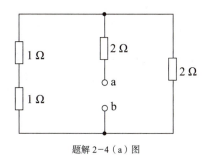

题解2-4(a)图

(c)由题解2-4(b)图可以得到a、b之间电阻的联结关系。

$$R_{ab}=(R_1+R_3)//(R_2+R_4)=3//3=1.5\Omega$$

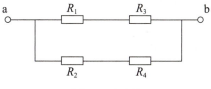

题解2-4(b)图

(d)如题解2-4(c)图所示,c、d两点电位相等,故R_2支路电流为0,这条支路可以视为开路,如题解2-4(d)图所示。

如果不看竖着的R_1,其实就是电桥平衡,本质上是电阻成比例,使得c、d电位相等

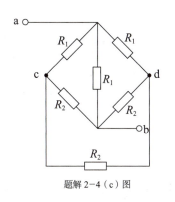

题解2-4(c)图

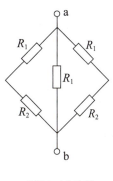

题解2-4(d)图

$$R_{ab}=(R_1+R_2)//(R_1+R_2)//R_1=2//2//1=0.5\Omega$$

(e)由对称性,如题解2-4(e)图所示,c、d等电位,e、f等电位,故可以直接将c、d用导线连接,e、f也用导线连接。

等电位的两点之间,可以视为短路,用理想导线连接后,不影响求解结果

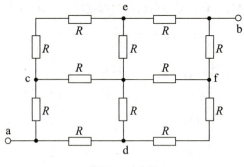

题解 2-4（e）图

由串并联关系，对题解 2-4（f）图电路进行化简 [见题解 2-4（g）图]，得

$$R_{ab} = \frac{R}{2} + 2R // 2R // R + \frac{R}{2} = \frac{3}{2}R = 3\,\Omega$$

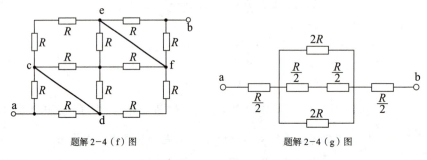

题解 2-4（f）图　　　　　题解 2-4（g）图

（f）如题解 2-4（h）图所示，由对称性，A、B、C 三点等电位，D、E、F 三点等电位。

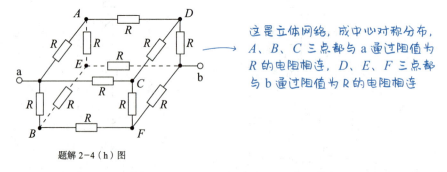

题解 2-4（h）图

这是立体网络，成中心对称分布，A、B、C 三点都与 a 通过阻值为 R 的电阻相连，D、E、F 三点都与 b 通过阻值为 R 的电阻相连

等电位的点可以直接由导线相连，重新画出电阻连接关系 [见题解 2-4（i）图]，得

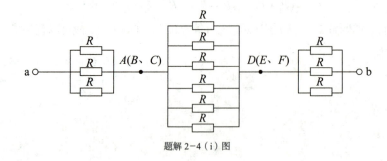

题解 2-4（i）图

由题解 2-4（i）图，有 $\quad R_{ab} = \dfrac{R}{3} + \dfrac{R}{6} + \dfrac{R}{3} = \dfrac{5}{6}R = \dfrac{5}{3}\Omega \quad$ → n个阻值为R的电阻并联，等效电阻为 $\dfrac{R}{n}$

2-5 用 Δ-Y 等效变换法求题 2-5 图中 a、b 端的等效电阻。

（1）将结点①、②、③之间的三个 9Ω 电阻构成的 Δ 形电路变换为 Y 形电路。

（2）将结点①、③、④与作为内部公共结点的②之间的三个 9Ω 电阻构成的 Y 形电路变换为 Δ 形电路。

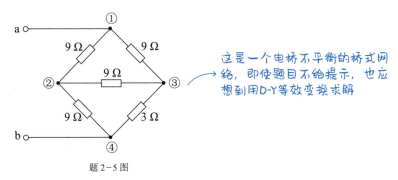

题 2-5 图

这是一个电桥不平衡的桥式网络，即使题目不给提示，也应想到用 Δ-Y 等效变换求解

解：（1）由 Δ-Y 等效变换，将结点①、②、③之间的三个 9Ω 电阻构成的 Δ 形变换为 Y 形，如题解 2-5（a）图所示。

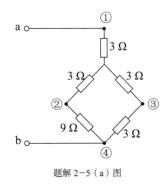

题解 2-5（a）图

由串并联关系，有 $\quad R_{ab} = 3 + 12 // 6 = 7\,\Omega$

（2）将结点①、③、④与作为内部公共结点的②之间的三个 9Ω 电阻构成的 Y 形变换为 Δ 形，如题解 2-5（b）图所示。

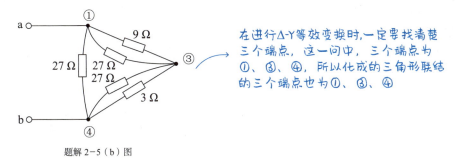

题解 2-5（b）图

在进行 Δ-Y 等效变换时，一定要找清楚三个端点，这一问中，三个端点为①、③、④，所以化成的三角形联结的三个端点也为①、③、④

由串并联关系，有 $\quad R_{ab} = 27 // (9//27 + 3//27) = 7\,\Omega$

2-6 利用 Y-Δ 等效变换求题 2-6 图中 a、b 端的等效电阻。

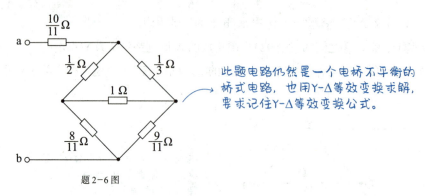

题 2-6 图

此题电路仍然是一个电桥不平衡的桥式电路，也用Y-Δ等效变换求解，要求记住Y-Δ等效变换公式。

解： 利用 Y-Δ 等效变换，如题解 2-6 图所示。

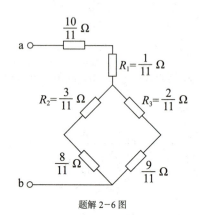

题解 2-6 图

其中，$R_1 = \dfrac{\dfrac{1}{2} \times \dfrac{1}{3}}{1+\dfrac{1}{2}+\dfrac{1}{3}} = \dfrac{1}{11}\,\Omega$，$R_2 = \dfrac{\dfrac{1}{2} \times 1}{1+\dfrac{1}{2}+\dfrac{1}{3}} = \dfrac{3}{11}\,\Omega$，$R_3 = \dfrac{\dfrac{1}{3} \times 1}{1+\dfrac{1}{2}+\dfrac{1}{3}} = \dfrac{2}{11}\,\Omega$

所以 $R_{ab} = \dfrac{10}{11} + \dfrac{1}{11} + \left(\dfrac{3}{11}+\dfrac{8}{11}\right)//\left(\dfrac{2}{11}+\dfrac{9}{11}\right) = 1.5\,\Omega$

2-7 在题 2-7（a）图所示电路中，$u_{S1}=24\,\text{V}$，$u_{S2}=6\,\text{V}$，$R_1=12\,\text{k}\Omega$，$R_2=6\,\text{k}\Omega$，$R_3=2\,\text{k}\Omega$。题 2-7（b）图所示为经电源变换后的等效电路。

（1）求等效电路的 i_S 和 R。

（2）根据等效电路求 R_3 中电流和消耗功率。

（3）分别在题 2-7（a）与（b）图中求出 R_1、R_2 及 R_3 消耗的功率。

（4）u_{S1}、u_{S2} 发出的功率是否等于 i_S 发出的功率？ R_1、R_2 消耗的功率是否等于 R 消耗的功率？为什么？

不相等，因为等效是对外等效，对内不等效，在做题的时候要尤其注意待求部分不可以等效

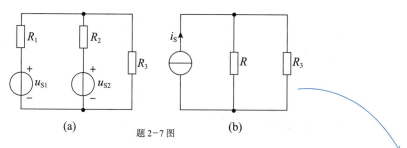

题 2-7 图

解：（1）等效变换的过程如题解 2-7（a）图所示。

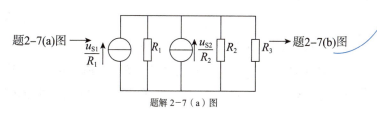

题解 2-7（a）图

因而，

$$i_S = \frac{u_{S1}}{R_1} + \frac{u_{S2}}{R_2} = 3 \text{ mA}, \quad R = R_1 // R_2 = 12 \text{ k}\Omega // 6 \text{ k}\Omega = 4 \text{ k}\Omega$$

（2）在题 2-7（b）图中，由分流公式，$i_3 = \dfrac{R}{R+R_3} i_S = \dfrac{2}{3} i_S = 2 \text{ mA}$。

R_3 消耗功率：$\quad p_3 = i_3^2 R_3 = (2 \times 10^{-3})^2 \times 2 \text{ k}\Omega = 8 \times 10^{-3} \text{ W}$

（3）在题 2-7（a）图中标注出电流，得

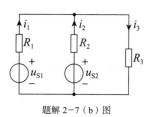

题解 2-7（b）图

由 KVL，$u_{S1} = R_1 i_1 + R_3 i_3$，其中，$i_3 = 2 \text{ mA}$，解得 $i_1 = \dfrac{5}{3} \text{ mA}$，进一步有 $i_2 = i_3 - i_1 = \dfrac{1}{3} \text{ mA}$。

R_1 消耗的功率：

$$p_1 = i_1^2 R_1 = \left(\frac{5}{3} \times 10^{-3}\right)^2 \times 12\,000 = \frac{1}{30} \text{ W}$$

R_2 消耗的功率：

$$p_2 = i_2^2 R_2 = \left(\frac{1}{3} \times 10^{-3}\right)^2 \times 6\,000 = \frac{2}{3} \times 10^{-3} \text{ W}$$

R_3 消耗的功率以在（2）中求出：

$$p_3 = 8 \times 10^{-3} \text{ W}$$

（4）u_{S1} 发出的功率：

$$p_{S1} = u_{S1}i_1 = 24 \times \frac{5}{3} \times 10^{-3} = 0.04 \text{ W}$$

u_{S2} 发出的功率：

$$p_{S2} = u_{S2}i_2 = 6 \times \frac{1}{3} \times 10^{-3} = 2 \times 10^{-3} \text{ W}$$

i_S 发出的功率：

$$p_S = i_S R_3 i_3 = 3 \times 10^{-3} \times 2\,000 \times 2 \times 10^{-3} = 0.012 \text{ W}$$

R 消耗的功率：

$$p_R = (i_S - i_3)^2 R = (10^{-3})^2 \times 4\,000 = 4 \times 10^{-3} \text{ W}$$

显然，u_{S1}、u_{S2} 发出的功率不等于 i_S 发出的功率，R_1、R_2 消耗的功率不等于 R 消耗的功率。这是因为在进行电源等效变换时，对外等效而对内不等效。等效变换改变了被等效部分的电路拓扑结构，等效前后电源、电阻功率不相等。

2-8 求题 2-8 图所示电路中对角线电压 U 及总电压 U_{ab}。

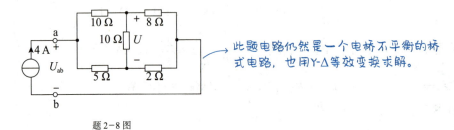

题 2-8 图

解： 对电路进行 Y−Δ 变换，如题解 2-8 图所示。

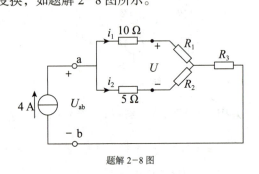

题解 2-8 图

其中，$R_1 = \dfrac{8 \times 10}{10 + 8 + 2} = 4 \text{ Ω}$，$R_2 = \dfrac{2 \times 10}{10 + 8 + 2} = 1 \text{ Ω}$，$R_3 = \dfrac{2 \times 8}{10 + 8 + 2} = 0.8 \text{ Ω}$

由并联分流，有

$$i_1 = \frac{6}{14 + 6} \times 4 = 1.2 \text{ A}, \quad i_2 = 4 - 1.2 = 2.8 \text{ A}$$

由 KVL，有

$$10i_1 + U = 5i_2$$

解得 $U = 2\text{ V}$。

由 KVL，有
$$U_{ab} = 14i_1 + 4R_3 = 14 \times 1.2 + 4 \times 0.8 = 20\text{ V}$$

2-9 题 2-9 图所示电路为由桥 T 电路构成的衰减器。

（1）试证明当 $R_2 = R_1 = R_L$ 时，$R_{ab} = R_L$，且有 $\dfrac{u_o}{u_i} = 0.5$。

（2）试证明当 $R_2 = \dfrac{2R_1 R_L^2}{3R_1^2 - R_L^2}$ 时，$R_{ab} = R_L$，并求此时电压比 $\dfrac{u_o}{u_i}$。

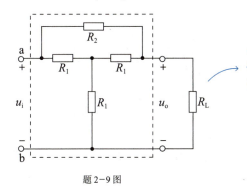

题 2-9 图

解：（1）对电路进行 Y-Δ 变换，如题 2-9（a）图所示。

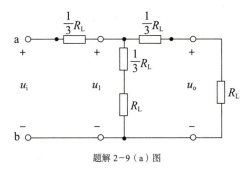

题解 2-9（a）图

由串并联关系，有
$$R_{ab} = \frac{1}{3}R_L + \frac{4R_L}{3} // \frac{4R_L}{3} = R_L$$

由串联分压，有
$$u_1 = \frac{R_L - \frac{1}{3}R_L}{R_L} u_i = \frac{2}{3} u_i$$

再由串联分压，有
$$u_o = \frac{R_L}{\frac{4}{3}R_L} u_1 = \frac{3}{4} u_1 = \frac{1}{2} u_i$$

即 $\dfrac{u_o}{u_i} = 0.5$。

（2）对电路进行 Y−Δ 变换，如题解 2−9（b）图所示。

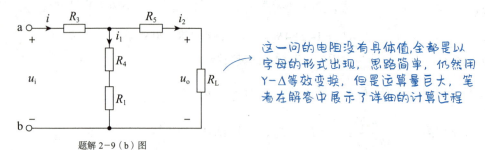

题解 2−9（b）图

其中，
$$R_3 = \frac{R_1 R_2}{R_1 + R_1 + R_2} = \frac{\frac{2R_1^2 R_L^2}{3R_1^2 - R_L^2}}{2R_1 + \frac{2R_1 R_L^2}{3R_1^2 - R_L^2}} = \frac{R_L^2}{3R_1}$$

$$R_4 = \frac{R_1^2}{R_1 + R_1 + R_2} = \frac{R_1^2}{2R_1 + \frac{2R_1 R_L^2}{3R_1^2 - R_L^2}} = \frac{3R_1^2 - R_L^2}{6R_1}, \quad R_5 = \frac{R_L^2}{3R_1}$$

$$R_{ab} = R_3 + (R_1 + R_4)//(R_5 + R_L) = \frac{R_L^2}{3R_1} + \frac{9R_1^2 - R_L^2}{6R_1} // \frac{R_L^2 + 3R_1 R_L}{3R_1}$$

$$= \frac{R_L^2}{3R_1} + \frac{1}{6R_1} \cdot \frac{(9R_1^2 - R_L^2) \cdot (2R_L^2 + 6R_1 R_L)}{9R_1^2 - R_L^2 + 2R_L^2 + 6R_1 R_L}$$

$$= \frac{R_L^2}{3R_1} + \frac{1}{3R_1} \cdot \frac{(3R_1 + R_L)(3R_1 - R_L) R_L (R_L + 3R_1)}{(3R_1 + R_L)^2}$$

$$= \frac{R_L^2 + (3R_1 - R_L) R_L}{3R_1} = R_L$$

由输入电阻，得 $i = \dfrac{u_i}{R_L}$。

由并联分流，有

$$i_2 = \frac{R_1 + R_4}{R_5 + R_L + R_1 + R_4} i = \frac{R_1 + \dfrac{3R_1^2 - R_L^2}{6R_1}}{\dfrac{R_L^2}{3R_1} + R_L + R_1 + \dfrac{3R_1^2 - R_L^2}{6R_1}} \frac{u_i}{R_L}$$

$$= \frac{9R_1^2 - R_L^2}{R_L^2 + 6R_1 R_L + 9R_1^2} \frac{u_i}{R_L} = \frac{(3R_1 + R_L)(3R_1 - R_L)}{(R_L + 3R_1)^2} \frac{u_i}{R_L} = \frac{3R_1 - R_L}{3R_1 + R_L} \frac{u_i}{R_L}$$

由欧姆定律，有

$$u_o = R_L i_2 = \frac{3R_1 - R_L}{3R_1 + R_L} u_i$$

即 $\dfrac{u_o}{u_i} = \dfrac{3R_1 - R_L}{3R_1 + R_L}$。

电阻电路的等效变换 ● 第二章

2-10 在题2-10（a）图中，$u_{S1}=45\text{ V}$，$u_{S2}=20\text{ V}$，$u_{S4}=20\text{ V}$，$u_{S5}=50\text{ V}$；$R_1=R_3=15\text{ }\Omega$，$R_2=20\text{ }\Omega$，$R_4=50\text{ }\Omega$，$R_5=8\text{ }\Omega$；在题2-10（b）图中，$u_{S1}=20\text{ V}$，$u_{S5}=30\text{ V}$，$i_{S2}=8\text{ A}$，$i_{S4}=17\text{ A}$，$R_1=5\text{ }\Omega$，$R_3=10\text{ }\Omega$，$R_5=10\text{ }\Omega$。利用电源的等效变换求题2-10（a）、（b）图中的电压u_{ab}。

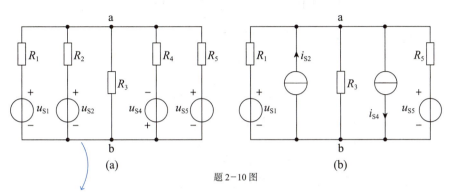

题2-10图

解： 题2-10（a）图中，等效变换，如题解2-10（a）图所示。

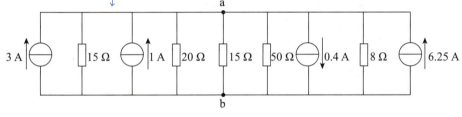

题解2-10（a）图

进一步有，如题解2-10（b）图所示。

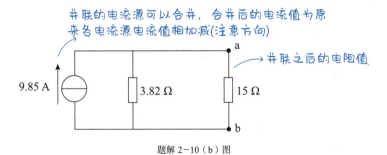

题解2-10（b）图

$$R_{eq}=15//20//50//8=3.82\text{ }\Omega$$

$$R=3.82//15=3.04\text{ }\Omega$$

$$u_{ab}=9.85\times3.04=29.94\text{ V}$$

题2-10（b）图中，等效变换为，如题解2-10（c）图所示。

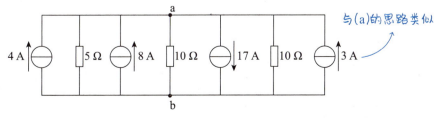

题解2-10（c）图

进一步有，如题解 2-10（d）图所示。

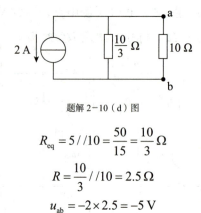

题解 2-10（d）图

$$R_{eq} = 5 // 10 = \frac{50}{15} = \frac{10}{3} \Omega$$

$$R = \frac{10}{3} // 10 = 2.5 \Omega$$

$$u_{ab} = -2 \times 2.5 = -5 \text{ V}$$

2-11 利用电源的等效变换，求题 2-11 图所示电路的电流 i。

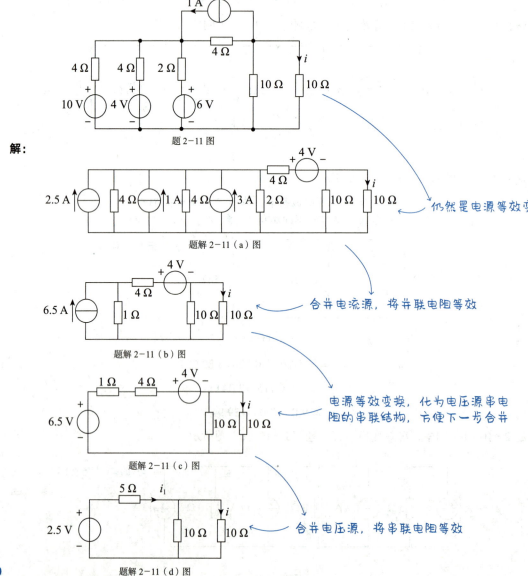

解：

$$R_{eq} = 5 + 10//10 = 10\ \Omega$$

总电流：
$$i_1 = \frac{2.5}{10} = 0.25\ \text{A}$$

由并联电阻分流，有
$$i = \frac{1}{2}i_1 = 0.125\ \text{A}$$

2-12 利用电源的等效变换，求题2-12图所示电路中电压比$\dfrac{u_o}{u_S}$。已知$R_1 = R_2 = 2\ \Omega$，$R_3 = R_4 = 1\ \Omega$。

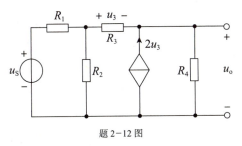

题2-12图

解：对受控源进行电源等效变换，如题解2-12（a）图所示。

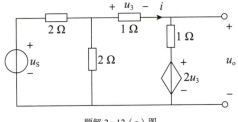

题解2-12（a）图

受控电压源流过的电流$i = u_3$，所以受控源相当于一个阻值为$2\ \Omega$的电阻。
进一步化简电路并将电压源所在支路等效，如题解2-12（b）图所示。

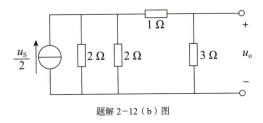

题解2-12（b）图

再次进行电源等效变换，如题解2-12（c）图所示。

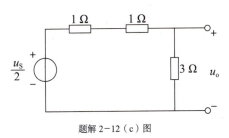

题解2-12（c）图

由串联分压,有

$$u_o = \frac{3}{5} \cdot \frac{u_S}{2} = \frac{3}{10} u_S$$

即 $\dfrac{u_o}{u_S} = 0.3$。

2-13 题 2-13 图所示电路中 $R_1 = R_3 = R_4$,$R_2 = 2R_1$,CCVS 的电压 $u_c = 4R_1 i_1$,利用电源的等效变换求电压 u_{10}。

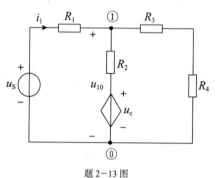

题 2-13 图

解: 对受控源支路进行电源等效变换,如题解 2-13(a)图所示。

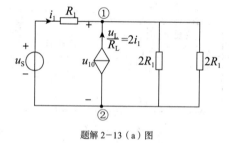

题解 2-13(a)图

再次对受控源进行电源等效变换,如题解 2-13(b)图所示。

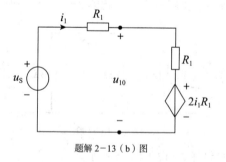

题解 2-13(b)图

由 KVL,有

$$u_S = R_1 i_1 + R_1 i_1 + 2i_1 R_1 = 4i_1 R_1$$

从而 $i_1 = \dfrac{u_S}{4R_1}$,故

$$u_{10} = 3i_1 R_1 = \frac{3}{4} u_S$$

> **电路一点通**
>
> 题目说利用电源的等效变换求解,那么为什么在此题的解题过程中,对受控源支路而不是独立源支路进行等效变换?对受控源支路等效变换会不会影响待求量 u_{10}?
>
> 这是因为,独立源所在支路含有受控源的控制量 i_1,如果对独立源支路进行等效变换,则会使控制量 i_1 丢失。
>
> 由于对受控源支路进行等效变换时,①、②的位置不变,因而不会影响 u_{10}。

2-14 试求题 2-14 图中的输入电阻。——用加压求流法求输入电阻

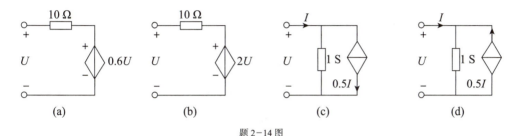

题 2-14 图

解:(a)画出电路图,如题解 2-14(a)图所示。

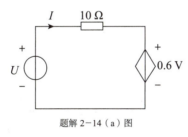

题解 2-14(a)图

$$I = \frac{U - 0.6U}{10} = 0.04U$$

$$R_{in} = \frac{U}{I} = 25\ \Omega$$

(b)画出电路图,如题解 2-14(b)图所示。

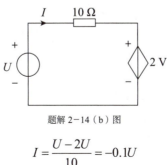

题解 2-14(b)图

$$I = \frac{U - 2U}{10} = -0.1U$$

$$R_{in} = \frac{U}{I} = -10\ \Omega$$

（c）画出电路图，如题解 2-14（c）图所示。

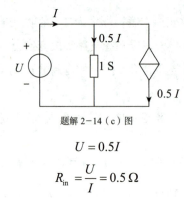

题解 2-14（c）图

$$U = 0.5I$$

$$R_{in} = \frac{U}{I} = 0.5\ \Omega$$

（d）画出电路图，如题解 2-14（d）图所示。

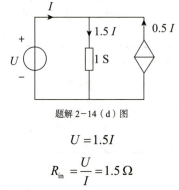

题解 2-14（d）图

$$U = 1.5I$$

$$R_{in} = \frac{U}{I} = 1.5\ \Omega$$

2-15 试求题 2-15 图的输入电阻 R_{ab}。

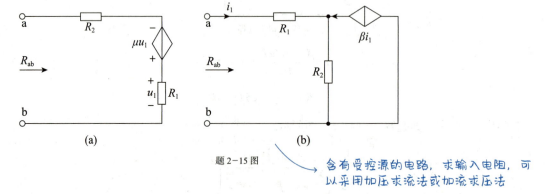

题 2-15 图

含有受控源的电路，求输入电阻，可以采用加压求流法或加流求压法

解：（a）加压求流 [见题解 2-15（a）图]：

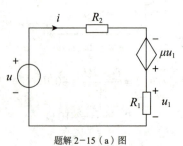

题解 2-15（a）图

$$i = \frac{u_1}{R_1}$$

$$u = R_2 i - \mu u_1 + u_1 = \left(\frac{R_2}{R_1} - \mu + 1\right) u_1$$

→ 用控制量分别表示端口电压、电流

$$R_{ab} = \frac{u}{i} = R_2 - \mu R_1 + R_1$$

→ 端口电压、电流作比，消去控制量，就是输入电阻

(b) 加压求流 [见题解 2-15 (b) 图]：

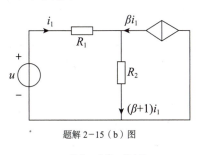

题解 2-15 (b) 图

$$u = R_1 i_1 + (\beta + 1) i_1 R_2$$

$$R_{ab} = \frac{u}{i_1} = R_1 + (\beta + 1) R_2$$

2-16 试求题 2-16 图的输入电阻 R_i。

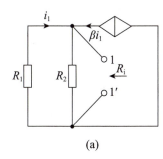 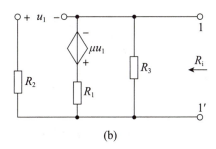

(a)   (b)

题 2-16 图

解：（a）如题解 2-16 (a) 图所示，标出受控源电压 $R_1 i_1$，受控源可以等效为一个电阻：

$$R_{eq} = \frac{R_1 i_1}{\beta i_1} = \frac{R_1}{\beta}$$

故

$$R_i = R_1 // R_2 // \frac{R_1}{\beta} = \frac{R_1}{\beta + 1} // R_2 = \frac{R_1 R_2}{R_1 + R_2(1+\beta)}$$

题解 2-16 (a) 图

（b）如题解 2-16（b）图所示，R_1 上的电压为 $(1-\mu)u_1$，故电流：

$$i = \frac{(1-\mu)u_1}{R_1}$$

受控源可以等效为电阻：

$$R_{eq} = \frac{\mu u_1}{i} = \frac{\mu u_1 R_1}{(1-\mu)u_1} = \frac{\mu}{1-\mu} R_1$$

故

$$R_i = (R_1 + R_{eq}) // R_3 = \frac{R_1}{1-\mu} // R_3 = \frac{R_1 R_3}{R_1 + (1-\mu)R_3}$$

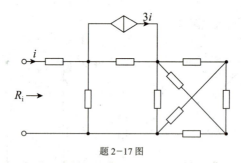

题解 2-16（b）图

2-17 题 2-17 图所示电路中全部电阻均为 1Ω，求输入电阻 R_i。

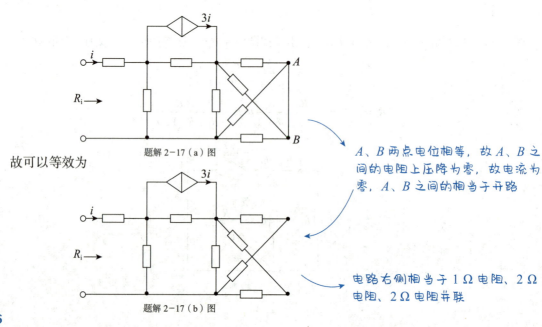

题 2-17 图

解： 如题解 2-17（a）图中 A、B 点等电位，

题解 2-17（a）图

故可以等效为

题解 2-17（b）图

A、B 两点电位相等，故 A、B 之间的电阻上压降为零，故电流为零，A、B 之间的相当于开路

电路右侧相当于 1Ω 电阻、2Ω 电阻、2Ω 电阻并联

由电阻串并联关系，如题解 2-17（c）图所示。

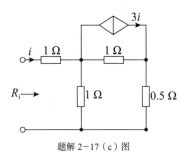

题解 2-17（c）图

电源等效变换，如题解 2-17（d）图所示。

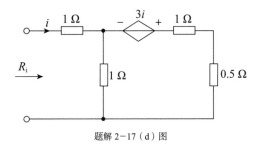

题解 2-17（d）图

再次电源等效变换，如题解 2-17（e）图所示。

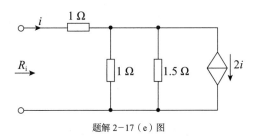

题解 2-17（e）图

再次电源等效变换，如题解 2-17（f）图所示。

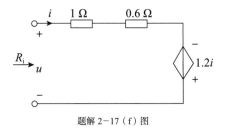

题解 2-17（f）图

加压求流法，由 KVL，有

$$u = i + 0.6i - 1.2i = 0.4i$$

故 $R_\mathrm{i} = \dfrac{u}{i} = 0.4\,\Omega$。

2-18 题 2-18 图为一个多量程电压表的电路图。表头灵敏度为 50 μA，内阻为 2 kΩ。现将电压量程扩大为 5 V，25 V，50 V 与 100 V 四挡。试根据电压的分压公式求所需的附加电阻 R_1、R_2、R_3 与 R_4。

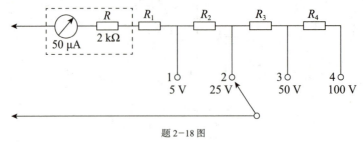

题 2-18 图

解： 电流计满偏时，R 的电压为

$$U_R = 2 \times 10^3 \times 50 \times 10^{-6} = 0.1 \text{ V}$$

由分压公式：

$$\frac{U_R}{R} = \frac{5 - U_R}{R_1}$$

> 两个电阻 R 和 R_1 的总电压为 5V

解得 $R_1 = 98 \text{ kΩ}$。

同理，

$$\frac{U_R}{R} = \frac{25 - 5}{R_2}$$

得 $R_2 = 400 \text{ kΩ}$。

$$\frac{U_R}{R} = \frac{50 - 25}{R_3}$$

得 $R_3 = 500 \text{ kΩ}$。

$$\frac{U_R}{R} = \frac{100 - 50}{R_4}$$

得 $R_4 = 1000 \text{ kΩ}$。

2-19 题 2-19 图为实际使用的万用表中多量程电流表的部分电路，n_1 至 n_5 为各挡电流量程对表头电流值的倍数。现在要求各挡电流为：500 μA，1 mA，5 mA，50 mA 及 500 mA。即相应倍数为：$n_1 = 10$，$n_2 = 20$，$n_3 = 100$，$n_4 = 1000$，$n_5 = 10\,000$。请计算 5 个分流电阻 $R_1 \sim R_5$ 的阻值。（提示：这是一个环形分流器，计算时，先从第一挡 $n_1 = 10$ 来算出五个分流电阻的总值，再从第二挡算出后四个分流电阻的和，直至最后一挡。）

> 与上一题思想是类似的，这里用并联分流确定各个阻值。在每个接头处，左侧所有电阻之和与右侧电阻之和 + R 并联分流。

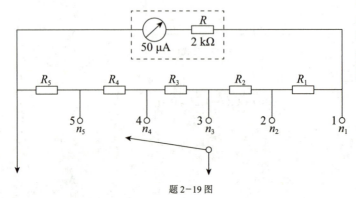

题 2-19 图

解：由并联分流，有

$$\begin{cases} \dfrac{R_1+R_2+R_3+R_4+R_5}{R} = \dfrac{50}{500-50} = \dfrac{1}{9} \\ \dfrac{R_2+R_3+R_4+R_5}{R+R_1} = \dfrac{50}{1\,000-50} = \dfrac{1}{19} \\ \dfrac{R_3+R_4+R_5}{R+R_1+R_2} = \dfrac{50}{5\,000-50} = \dfrac{1}{99} \\ \dfrac{R_4+R_5}{R+R_1+R_2+R_3} = \dfrac{50}{50\,000-50} = \dfrac{1}{999} \\ \dfrac{R_5}{R+R_1+R_2+R_3+R_4} = \dfrac{50}{500\,000-50} = \dfrac{1}{9\,999} \end{cases}$$

解得

$$\begin{cases} R_1 = \dfrac{1}{9}\ \text{k}\Omega \\ R_2 = \dfrac{4}{45}\ \text{k}\Omega \\ R_3 = \dfrac{1}{50}\ \text{k}\Omega \\ R_4 = \dfrac{1}{500}\ \text{k}\Omega \\ R_5 = \dfrac{1}{4\,500}\ \text{k}\Omega \end{cases}$$

2-20 略

第三章　电阻电路的一般分析

3-1 电路的图

借助图论工具来研究电路，即将电路看作具有给定连接关系的结点和支路的集合。支路可以指定方向，此即为电流、电压的参考方向。赋予支路方向的图称为"有向图"，未赋予支路方向的图称为"无向图"。

3-2 KCL 和 KVL 的独立方程数

设电路有 b 条支路和 n 个结点，则 KCL 独立方程数为 $n-1$，KVL 独立方程数为 $b-n+1$。

其中，任意 $n-1$ 个结点上得出的 $n-1$ 个 KCL 方程相互独立，但并不是任意 $b-n+1$ 个 KVL 方程相互独立，我们将一组线性独立的 KVL 方程的回路称为独立回路，为了确定独立回路，可以有两种方法。

法一：借助"树"的概念。

首先说什么是树。树就是包含图的全部结点且不含任何回路的连通子图。同一个图可以有许多不同的树，但树支数总是 $n-1$。（连通是指没有孤立结点）

树中所包含的支路称为该树的树支，其他支路称为对应于该树的连支。一个树加上一个连支，就会形成一个回路，这种回路称为单连支回路或者基本回路，这种回路的个数等于连支数。

法二：利用网孔（适用于平面电路）。

对于平面图，其一个网孔是它一个自然的"孔"，即限定区域内不含有其他支路的"孔"，平面图的网孔数就是独立回路数，所有网孔构成的一组回路即为独立回路。

3-3 支路电流法（$2b$ 法）

列写 $n-1$ 个 KCL 方程、$b-n+1$ 个 KVL 方程、b 个支路的 VCR 方程，共计 $2b$ 个方程。这种方法原理简单，但计算繁杂，因而基本不用。

3-4 网孔电流法（适用于平面电路）

以网孔电流作为电路的独立变量，本质是列写各网孔回路的 KVL 方程。（网孔电流是假想的电流，不是真实存在的电流）

步骤：

（1）确定网孔和网孔回路的绕行方向。

（2）列写各网孔回路的 KVL 方程，每个方程对应一个网孔回路，其形式为

此网孔回路电流×自阻 + ∑（其他网孔回路电流×互阻）= ∑此网孔回路中电压源电压   (3-1)

<u>网孔中所有电阻之和</u>   <u>两个网孔的共有电阻</u>

列写规则：

① 自阻总是正的，互阻的正负要看两网孔电流在共有支路上的参考方向是否相同，若相同则为正，不相同则为负。

② 式中"电压源电压"包括受控源电压。各电压源的方向与网孔电流一致时，前面取"－"号，反之取"＋"号。

> **电路一点通**
>
> 在确定符号时，不宜死记硬背，可以联系 KVL 进行记忆。
>
> 例如图 3-1 中对 i_{m1} 所在回路 1 列写 KVL，两个网孔回路的互阻是 R_2，其正负如何判断呢？事实上，i_{m1} 的绕行方向与图中 i_2 方向一致，i_{m2} 的绕行方向与图中 i_2 方向相反，i_{m1} 和 i_{m2} 的差值（而不是和的值）才是产生 R_2 上压降的电流，因而互阻取负。
>
> 另外，式（3-1）中网孔回路 KVL 左侧是回路压降，可以将回路压降想象成由回路中的电压源产生，当电压源的方向与网孔电流方向相反时，即对于电压源来说取了非关联参考方向，电压源"产生"等式左侧的压降，因而电压源电压取"＋"号，反之取"－"号。例如图中 u_{S1}、u_{S2} 之对于回路 1，u_{S1} 前取"＋"号，u_{S2} 前取"－"号，从而对于回路 1，有
>
> $$(R_1 + R_2)i_{m1} - R_2 i_{m2} = u_{S1} - u_{S2}$$
>
>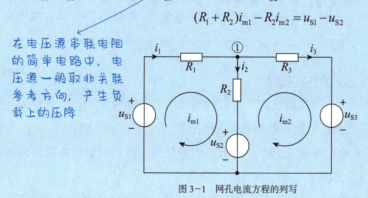
>
> 在电压源串联电阻的简单电路中，电压源一般取非关联参考方向，产生负载上的压降
>
> 图 3-1   网孔电流方程的列写

（3）解出各网孔电流。

（4）求出各支路电流和电路中的其他物理量。

3-5 回路电流法

回路电流是假想的电流，不是真实存在的电流

回路电流法与网孔电流法本质相同，求解方式相似。区别在于，<u>回路电流法的回路可以选取任意的一组独立回路（回路个数为 $b-n+1$）</u>，而不一定选取网孔回路，而且回路电流法也适用于非平面电路。

对于含有电流源（包括受控电流源）的电路，如何进行处理呢？

情形 1：电流源与电阻并联构成一条支路，可以根据第二章知识，转化为电压源与电阻串联的支

路，从而进行列写。

> 回路电流法中无伴电流源的处理很重要

情形 2：支路只含电流源，称为"无伴电流源"，可以有两种处理手段。

法一：将无伴电压源两端电压作为一个待求量列入方程，这样增加了一个未知量，也需要增加一个方程，但是电流源所在支路的电流为已知，所以可以据此列写一个附加方程。

法二：在选取独立回路时，使得只有一个回路包含无伴电流源支路，则这个回路的回路电流即为已知量，对于其他回路，仍然按照回路电流法进行列写即可。

情形 3：电流源与电阻串联构成一条支路，与情形 2 类似，也可以用上面两种手段进行处理。

3-6 结点电压法

设电路有 n 个结点，可任意选取其中一个结点为参考结点，而结点电压法本质上是对另外 $n-1$ 个独立结点列写 KCL 方程。结点电压即独立结点和参考结点之间的电位差。

步骤：

（1）指定参考结点，并对其他结点编号。

（2）列写结点电压方程，即独立结点的 KCL 方程。每个方程对应一个独立结点。其形式为

$$自导 \times 此结点电压 + \sum(互导 \times 其他结点电压) = \sum 注入此结点电流$$

> 自导总是正的，等于连接结点支路的电导之和   互导总是负的，等于连接两结点间支路电导的负值   若电流源参考方向为流入结点，则前面为"+"号，流出为"-"号

电路一点通

关于结点电压方程的列写规则：

（1）与电流源（含受控电流源）串联的电阻不参与列写方程，即自导和互导中不出现此类电阻。这是因为此支路对外等效为电流源。

（2）电压源和电阻串联支路，经等效变换后化为电流源和电阻并联，因而也会对结点注入电流，其值和方向由等效变换确定。

（3）对于受控源，可以先将受控源看作独立电源，再增补其控制量的方程。

（4）含无伴电压源的支路，可以有三种处理手段：

法一：设出无伴电压源的电流，这样方程中多了一个未知电流，需要增加一个方程，这个方程由结点电压和无伴电压源之间的约束关系所确定。这种方法的缺点是要引入一个中间变量。

法二：为避免引入电流变量，直接将连接无伴电压源的两个结点视为一个广义结点，对这个广义结点列写 KCL。

法三：选取无伴电压源的一端作为参考结点，则另一端结点电压即可确定，对其他 $n-2$ 个独立结点列写结点电压方程即可。这种方法的缺点是只适用于只含一个无伴电压源或者几个无伴电压源有公共端的电路。

(3) 求解方程得各结点电压。
(4) 由各结点电压求得各支路电压和其他物理量。

斩题型

题型1 用回路电流法求解电路

解题步骤：

(1) 确定回路和回路的绕行方向。
(2) 对所选回路列写回路方程（本质是列写 KVL）。
(3) 若电路含有受控源，则需要增补关于控制量的方程。
(4) 解得各个回路电流。
(5) 由回路电流得到各个支路电流，进而求出其他物理量。

题型2 用结点电压法求解电路

解题步骤：

(1) 确定参考结点。
(2) 对其他结点列写结点电压方程（本质是列写 KCL）。
(3) 若电路含有受控源，则需要增补关于控制量的方程。
(4) 解得各个结点电压。
(5) 由结点电压得到各个支路电压，进而求出其他物理量。

解习题

3-1 在以下两种情况下，画出题 3-1 图所示电路的图，并说明其结点数和支路数：

(1) 每个元件作为一条支路处理。
(2) 电压源（独立或受控）和电阻的串联组合，电流源和电阻的并联组合作为一条支路处理。

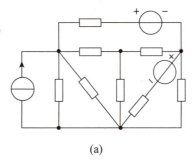
(a)

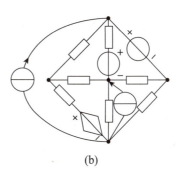
(b)

题 3-1 图

解：（1）对题 3-1（a）图，有

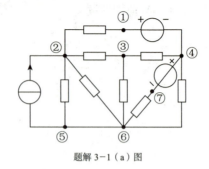

题解 3-1（a）图

各结点已在题解 3-1（a）图中标注出，结点数为 6。

图中共 11 个元件，支路数为 11。

对题 3-1（b）图，有

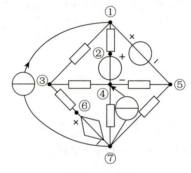

题解 3-1（b）图

各结点已在题解 3-1（b）图中标注出，结点数为 7。

图中共 12 个元件，支路数为 12。

（2）对题 3-1（a）图，由题意，题解 3-1（c）图中各个圈中的部分视为一条支路。

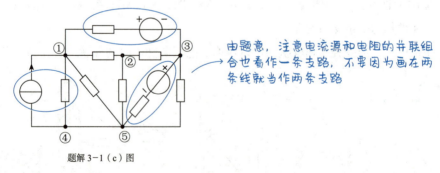

题解 3-1（c）图

由题解 3-1（c）图可知，结点数为 4，支路数为 8。

对题 3-1（a）图，由题意，题解 3-1（d）图中各个圈中的部分视为一条支路，

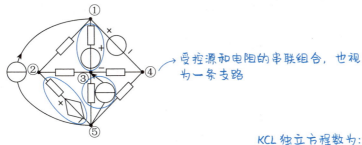

题解 3-1（d）图

由题解 3-1（d）图可知，结点数为 5，支路数为 9。

3-2 指出题 3-1 图中两种情况下，KCL、KVL 独立方程各为多少？

解：（1）题 3-1（a）图，结点数为 6，支路数为 11，KCL 独立方程数为 6−1=5，KVL 独立方程数为 11−6+1=6。

题 3-1（b）图，结点数为 7，支路数为 12，KCL 独立方程数为 7−1=6，KVL 独立方程数为 12−7+1=6。

（2）题 3-1（a）图，结点数为 4，支路数为 8，KCL 独立方程数为 4−1=3，KVL 独立方程数为 8−4+1=5。

题 3-1（b）图，结点数为 5，支路数为 9，KCL 独立方程数为 5−1=4，KVL 独立方程数为 9−5+1=5。

3-3 对题 3-3（a）与（b）图，各画出 4 个不同的树，树支数各为多少？

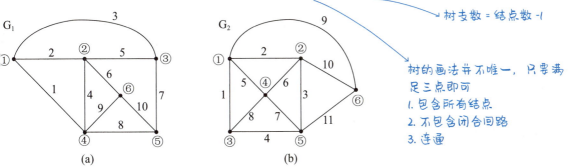

题 3-3 图

解：（a）树支数为 5 如题解 3-3（a）图所示。

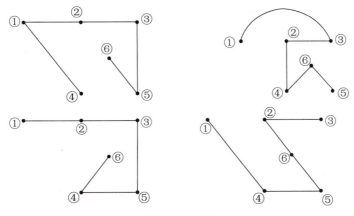

题解 3-3（a）图

（b）树支数为5，如题解3-3（b）图所示。

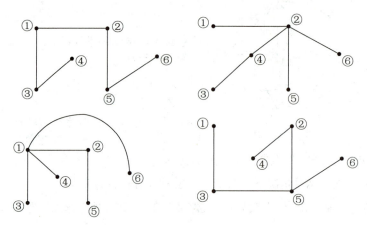

题解 3-3（b）图

3-4 题3-4图所示桥形电路共可画出16个不同的树，试一一列出（由于结点数为4，故树支数为3，可按支路号递增的穷举方法列出所有可能的组合，如123，124，…，126，134，135，…，从中选出树）。

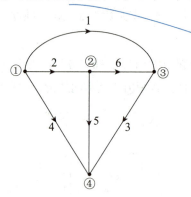

题 3-4 图

本题中结点数为4，所以树支数为3，对所有情况逐一枚举，找出其中构成树的16种情况即可

解：

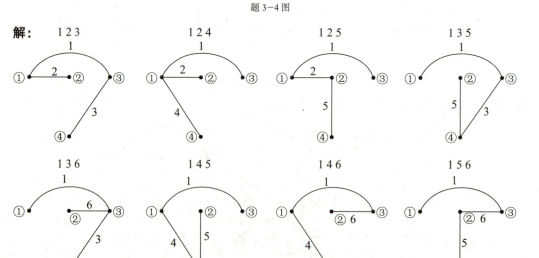

题解 3-4 图

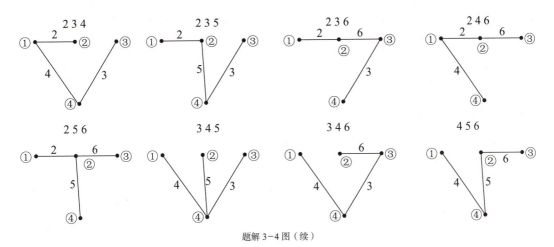

题解 3-4 图（续）

3-5 对题 3-3 图所示的 G_1 和 G_2，任选一树并确定其基本回路组，同时指出独立回路数和网孔数各为多少？

解：（1）对于 G_1，选取（1，2，5，7，10）这组支路作为树，如题解 3-5（a）图所示。

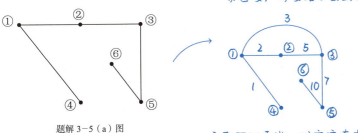

题解 3-5（a）图

基本回路组：（2，3，5），（1，2，4），（5，6，7，10），（1，2，5，7，8），（1，2，5，7，9，10）。

独立回路数：5。

网孔数：5。

（2）对于 G_2，选取（1，2，3，8，11）这组支路作为树，如题解 3-5（b）图所示。

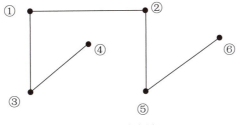

题解 3-5（b）图

基本回路组：（1，2，3，4），（1，5，8），（1，2，6，8），（1，2，3，7，8），（2，3，9，11），（3，10，11）。

独立回路数：6。

网孔数：6。

3-6 对题 3-6 图所示非平面图，设：

（1）选择支路（1，2，3，4）为树。

（2）选择支路（5，6，7，8）为树。

独立回路各有多少？求其基本回路组。→求基本回路组时，仍然采用上题中笔者提供的方法

结点数为5，所以树支数为4，所以连支数为10-4=6，所以基本回路数为6，独立回路数为6

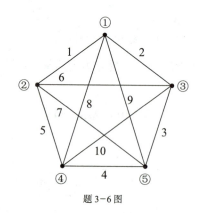

题 3-6 图

解： 独立回路数为6。

（1）选择支路（1，2，3，4）为树，则基本回路组：（1，2，3，4，5），（1，2，6），（1，2，3，7），（2，3，4，8），（2，3，9），（3，4，10）。

（2）选择支路（5，6，7，8）为树，则基本回路组：（1，5，8），（2，5，6，8），（3，6，7），（4，5，7），（5，7，8，9）（5，6，10）。

> **电路一点通**
>
> 有的同学可能会问，这个题的电路不是有11个网孔吗？那独立回路数不应该是11吗？
>
> 这里要注意，电路图中间支路交叉的点，并不是结点。而网孔的概念是：闭合电路内不含其他支路的回路。中间都没有结点了，更不会构成回路，因而中间看似网孔的"孔"并非网孔。

3-7 题 3-7 图所示电路中 $R_1 = R_2 = 10\,\Omega$，$R_3 = 4\,\Omega$，$R_4 = R_5 = 8\,\Omega$，$R_6 = 2\,\Omega$，$u_{S3} = 20\,\text{V}$，$u_{S6} = 40\,\text{V}$，用支路电流法求解电流 i_5。

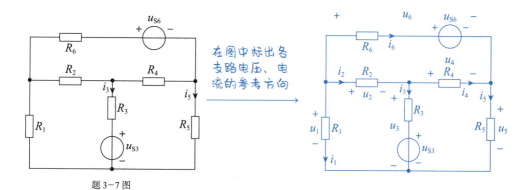

题 3-7 图

解: 由 KCL,有

$$\begin{cases} i_1 + i_2 + i_6 = 0 \\ i_2 = i_3 + i_4 \\ i_5 = i_4 + i_6 \end{cases}$$

由 KVL,有

$$\begin{cases} u_1 = u_2 + u_3 \\ u_6 = u_2 + u_4 \\ u_3 = u_4 + u_5 \end{cases}$$

各支路 VCR:

$$\begin{cases} u_1 = R_1 i_1 \\ u_2 = R_2 i_2 \\ u_3 = R_3 i_3 + u_{S3} \\ u_4 = R_4 i_4 \\ u_5 = R_5 i_5 \\ u_6 = R_6 i_6 + u_{S6} \end{cases}$$

解得 $i_5 = -0.956$ A。

3-8 用网孔电流法求解题 3-7 图中电流 i_5。

解: 标出各网孔电流,如题解 3-8 图所示。

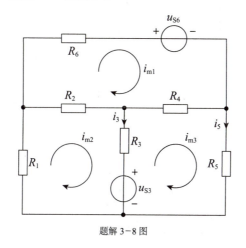

题解 3-8 图

列写网孔电流方程，有

$$\begin{cases}(R_2+R_4+R_6)i_{m1}-R_2i_{m2}-R_4i_{m3}=-u_{S6}\\-R_2i_{m1}+(R_1+R_2+R_3)i_{m2}-R_3i_{m3}=-u_{S3}\\-R_4i_{m1}-R_3i_{m2}+(R_3+R_4+R_5)i_{m3}=u_{S3}\end{cases}$$

解得 $i_{m3}=-0.956\,\text{A}$，故 $i_5=i_{m3}=-0.956\,\text{A}$。

3-9 用回路电流法求解题 3-7 图中电流 i_3。

解：如题解 3-9 图所示，列写回路电流方程，有

$$\begin{cases}(R_2+R_4+R_6)i_{l1}-R_2i_{l2}+R_6i_{l3}=-u_{S6}\\-R_2i_{l1}+(R_1+R_2+R_3)i_{l2}-R_1i_{l3}=-u_{S3}\\R_6i_{l1}-R_1i_{l2}+(R_1+R_5+R_6)i_{l3}=-u_{S6}\end{cases}$$

解得 $i_{l2}=-1.552\,\text{A}$，从而 $i_3=i_{l2}=-1.552\,\text{A}$。

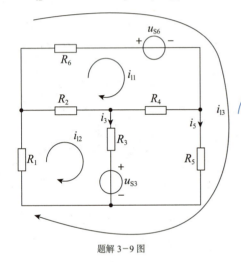

题目让求 i_3，如果只有一个回路同方向经过 i_3 所在的支路，那么这个回路电流就等于 i_3，所以如题解 3-9 图所示设各个回路电流，解出的 i_{l2} 就等于 i_3，方便求解

题解 3-9 图

3-10 用回路电流法求解题 3-10 图所示电路中 $5\,\Omega$ 电阻中的电流 i。

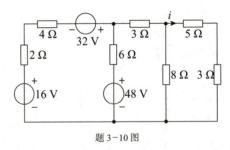

题 3-10 图

解：选取回路电流并标注在图中，如题解 3-10 图所示。→随意选取回路电流，按套路解题即可

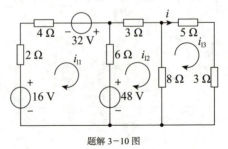

题解 3-10 图

列写回路电流方程，得

$$\begin{cases} (2+4+6)i_{l1} - 6i_{l2} = 16 + 32 - 48 \\ -6i_{l1} + (3+6+8)i_{l2} - 8i_{l3} = 48 \\ -8i_{l2} + (8+5+3)i_{l3} = 0 \end{cases}$$

释得 $i_{l3} = 2.4\text{ A}$，从而 $i = i_{l3} = 2.4\text{ A}$。

3-11 用回路电流法求解题 3-11 图所示电路中电流 I。

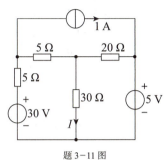

题 3-11 图

解：选取回路电流并标注在图中，如题解 3-11 图所示。

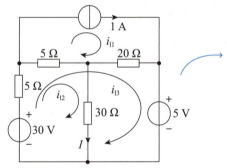

题解 3-11 图

列写回路电流方程，

$$\begin{cases} i_{l1} = 1\text{ A} \\ -5i_{l1} + (5+5+30)i_{l2} + (5+5)i_{l3} = 30 \\ -(5+20)i_{l1} + (5+5)i_{l2} + (5+5+20)i_{l3} = 30 - 5 \end{cases}$$

释得 $i_{l2} = 0.5\text{ A}$，故 $I = i_{l2} = 0.5\text{ A}$。

3-12 用回路电流法求解题 3-12 图所示电路中电流 I_a 及电压 U_o。

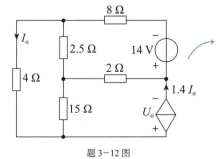

题 3-12 图

解： 如题解 3-12 图所示，列写回路电流方程，有

$$\begin{cases} (4+2.5+15)i_{l1} - 2.5i_{l2} - 15i_{l3} = 0 \\ -2.5i_{l1} + (8+2.5+2)i_{l2} - 2i_{l3} = 14 \\ i_{l3} = -1.4I_\alpha \end{cases}$$

上述方程多出一个控制量，需要增补一个关于控制量的方程

$$I_\alpha = -i_{l1}$$

解得

$$\begin{cases} i_{l1} = -5 \text{ A} \\ i_{l2} = -1 \text{ A} \\ i_{l3} = -1.4 \text{ A} \end{cases}$$

故 $I_\alpha = -i_{l1} = 5$ A。

由 KVL，有

$$4i_{l1} + 8i_{l2} - 14 - U_o = 0$$

解得 $U_o = -20 - 8 - 14 = -42$ V。

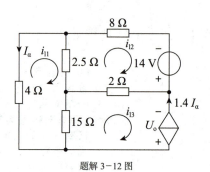

题解 3-12 图

3-13 用回路电流法求解：

（1）题 3-13（a）图中的 U_x。

（2）题 3-13（b）图中的 I。

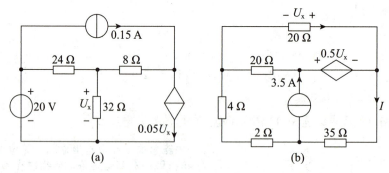

题 3-13 图

解：（1）如题解 3-13（a）图所示，列写回路电流方程，

$$\begin{cases} i_{l1} = 0.15 \text{ A} \\ -24i_{l1} + (24+32)i_{l2} - 32i_{l3} = 20 \\ i_{l3} = 0.05U_x \end{cases}$$

增补关于控制量的方程：

$$U_x = 32(i_{l2} - i_{l3})$$

联立以上各式，解得 $U_x = 8\text{ V}$。

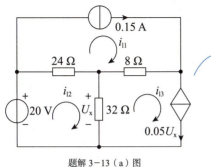

题解 3-13（a）图

（2）如题解 3-13（b）图所示，列写回路电流方程：

$$\begin{cases} i_{l1} = -3.5\text{ A} \\ -20i_{l1} + (20+20)i_{l2} + 20i_{l3} = 0.5U_x \\ (2+4)i_{l1} + 20i_{l2} + (4+2+35+20)i_{l3} = 0 \end{cases}$$

增补关于控制量的方程：

$$U_x = -20(i_{l2} + i_{l3})$$

解得 $i_{l3} = 1\text{ A}$，故 $I = i_{l3} = 1\text{ A}$。

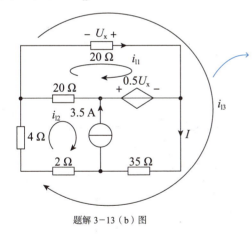

题解 3-13（b）图

3-14 用回路电流法求解题 3-14 图所示电路中 I_x 以及 CCVS 的功率。

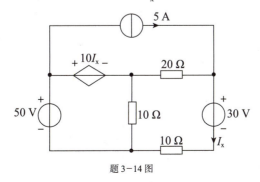

题 3-14 图

解：画出电路图，如题解 3-14 图所示。

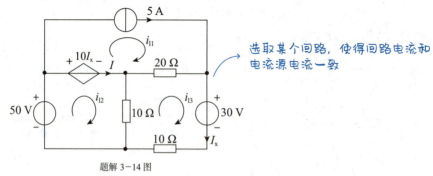

题解 3-14 图

列写回路电流方程：

$$\begin{cases} i_{l1} = 5 \text{ A} \\ 10i_{l2} - 10i_{l3} = 50 - 10I_x \\ -20i_{l1} - 10i_{l2} + 40i_{l3} = -30 \end{cases}$$

增补方程

$$i_{l3} = I_x$$

解得

$$\begin{cases} i_{l1} = 5 \text{ A} \\ i_{l2} = 5 \text{ A} \\ i_{l3} = 3 \text{ A} \end{cases}$$

从而 $I_x = i_{l3} = 3 \text{ A}$。

受控源电流

$$I = i_{l2} - i_{l1} = 5 - 5 = 0$$

所以 CCVS 功率 $p = 0$。

3-15 列出题 3-15（a）与（b）图所示电路的结点电压方程。

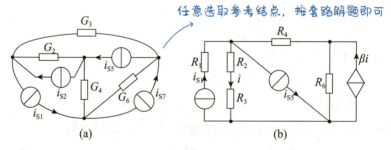

题 3-15 图

解：（a）画出电路图，如题解 3-15（a）图所示。

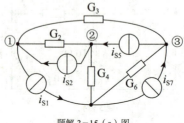

题解 3-15（a）图

结点电压方程：

$$\begin{cases} (G_2+G_3)U_{n1} - G_2U_{n2} - G_3U_{n3} = i_{S2} - i_{S1} \\ -G_2U_{n1} + (G_2+G_4)U_{n2} = i_{S5} - i_{S2} \\ -G_3U_{n1} + (G_3+G_6)U_{n3} = i_{S7} - i_{S5} \end{cases}$$

（b）画出电路图，如题解 3-15（b）图所示。

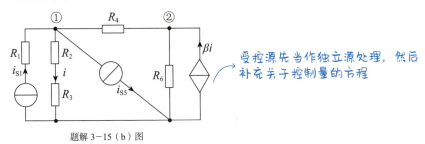

题解 3-15（b）图

受控源先当作独立源处理，然后补充关于控制量的方程

结点电压方程：

$$\begin{cases} \left(\dfrac{1}{R_2+R_3} + \dfrac{1}{R_4}\right)U_{n1} - \dfrac{1}{R_4}U_{n2} = i_{S1} - i_{S5} \\ -\dfrac{1}{R_4}U_{n1} + \left(\dfrac{1}{R_4} + \dfrac{1}{R_6}\right)U_{n2} = \beta i \end{cases}$$

补充关于控制量的方程：

$$i = \frac{U_{n1}}{R_2+R_3}$$

3-16 列出题 3-16（a）与（b）图所示电路的结点电压方程。

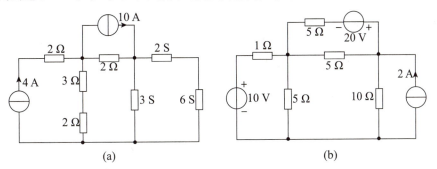

题 3-16 图

解：（a）画出电路图，如题解 3-16（a）图所示。

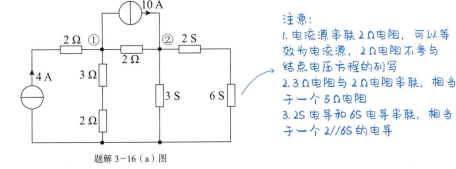

题解 3-16（a）图

注意：
1. 电流源串联 2Ω 电阻，可以等效为电流源，2Ω 电阻不参与结点电压方程的列写
2. 3Ω 电阻与 2Ω 电阻串联，相当于一个 5Ω 电阻
3. 2S 电导和 6S 电导串联，相当于一个 2//6S 的电导

$$\begin{cases} \left(\dfrac{1}{3+2}+\dfrac{1}{2}\right)U_{n1}-\dfrac{1}{2}U_{n2}=4-10 \\ -\dfrac{1}{2}U_{n1}+\left(\dfrac{1}{2}+3+2//6\right)=10 \end{cases}$$

(b)画出电路图，如题解3-16（b）图所示。

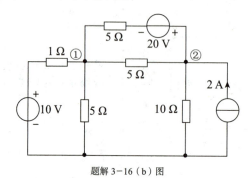

题解3-16（b）图

$$\begin{cases} \left(\dfrac{1}{1}+\dfrac{1}{5}+\dfrac{1}{5}+\dfrac{1}{5}\right)U_{n1}-\left(\dfrac{1}{5}+\dfrac{1}{5}\right)U_{n2}=\dfrac{10}{1}-\dfrac{20}{5} \\ -\left(\dfrac{1}{5}+\dfrac{1}{5}\right)U_{n1}-\left(\dfrac{1}{5}+\dfrac{1}{5}+\dfrac{1}{10}\right)U_{n2}=\dfrac{20}{5}+2 \end{cases}$$

→ 电压源串联电阻的支路，可以等效变换为电流源并联电阻的支路，所以与电压源串联的电阻参与结点电压方程的列写，等效的电流源也参与列写。新手可以先变换再列写，在熟练之后可以直接写出

3-17 题3-17图所示为由电压源和电阻组成的一个独立结点的电路，用结点电压法证明其结点电压为

$$u_{n1}=\dfrac{\sum G_k u_{Sk}}{\sum G_k}$$

此式又称为弥尔曼定理。

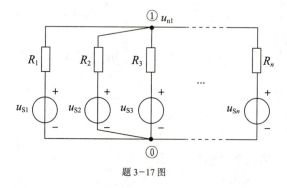

题3-17图

解：结点电压方程：

$$\left(\dfrac{1}{R_1}+\dfrac{1}{R_2}+\cdots+\dfrac{1}{R_n}\right)u_{n1}=\dfrac{u_{S1}}{R_1}+\dfrac{u_{S2}}{R_2}+\cdots+\dfrac{u_{Sn}}{R_n}$$

所以

$$\left(\sum G_k\right)u_{n1}=\sum G_k u_{Sk} \quad\leftarrow\quad \dfrac{1}{R_k}=G_k$$

即 $u_{n1}=\dfrac{\sum G_k u_{Sk}}{\sum G_k}$，原题得证。

3-18 列出题 3-18（a）与（b）图所示电路的结点电压方程。

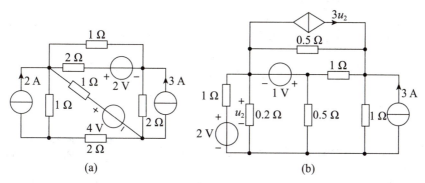

题 3-18 图

解：（a）画出电路图，如题解 3-18（a）图所示。

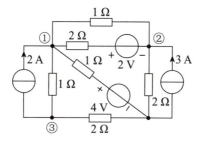

题解 3-18（a）图

$$\begin{cases} \left(1+1+\dfrac{1}{2}+1\right)U_{n1} - \left(1+\dfrac{1}{2}\right)U_{n2} - U_{n3} = 2 + \dfrac{4}{1} + \dfrac{2}{2} \\ -\left(1+\dfrac{1}{2}\right)U_{n1} + \left(1+\dfrac{1}{2}+\dfrac{1}{2}\right)U_{n2} = 3 - \dfrac{2}{2} \\ -U_{n1} + \left(1+\dfrac{1}{2}\right)U_{n3} = -2 \end{cases}$$

（b）画出电路图，如题解 3-18（b）图所示。

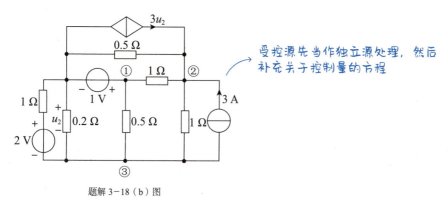

题解 3-18（b）图

（受控源先当作独立源处理，然后补充关于控制量的方程）

结点电压方程：

$$\begin{cases} U_{n1} = 1 \text{ V} \\ -U_{n1} + \left(1 + \dfrac{1}{0.5} + 1\right)U_{n2} - U_{n3} = 3U_2 + 3 \\ -\dfrac{1}{0.5}U_{n1} - U_{n2} + \left(1 + \dfrac{1}{0.2} + \dfrac{1}{0.5} + 1\right)U_{n3} = -\dfrac{2}{1} - 3 \end{cases}$$

补充关于控制量的方程：

$$u_2 = -U_{n3}$$

3-19 用结点电压法求解题 3-19 图所示电路中各支路电流。 → 支路电流由结点之间的电压差和结点之间的电阻值求出

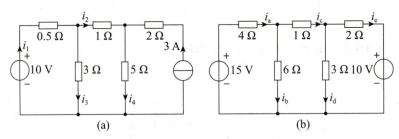

题 3-19 图

解：（a）画出电路图，如题解 3-19（a）图所示。

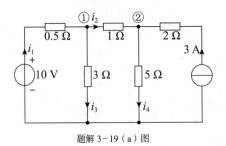

题解 3-19（a）图

列写结点电压方程：

$$\begin{cases} \left(\dfrac{1}{0.5} + 1 + \dfrac{1}{3}\right)U_{n1} - U_{n2} = \dfrac{10}{0.5} \\ -U_{n1} + \left(1 + \dfrac{1}{5}\right)U_{n2} = 3 \end{cases}$$

解得 $\begin{cases} U_{n1} = 9 \text{ V} \\ U_{n2} = 10 \text{ V} \end{cases}$。

$$i_1 = \dfrac{10 - U_{n1}}{0.5} = 2 \text{ A}$$

$$i_2 = \dfrac{U_{n1} - U_{n2}}{1} = -1 \text{ A}$$

$$i_3 = \dfrac{U_{n1}}{3} = 3 \text{ A}$$

$$i_4 = \dfrac{U_{n2}}{5} = 2 \text{ A}$$

(b) 画出电路图，如题解 3-19（b）图所示。

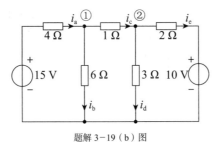

题解 3-19（b）图

列写结点电压方程：

$$\begin{cases} \left(\dfrac{1}{4}+\dfrac{1}{6}+1\right)U_{n1}-U_{n2}=\dfrac{15}{4} \\ -U_{n1}+\left(1+\dfrac{1}{2}+\dfrac{1}{3}\right)U_{n2}=\dfrac{10}{2} \end{cases}$$

解得 $\begin{cases} U_{n1}=\dfrac{171}{23}\text{ V} \\ U_{n2}=\dfrac{156}{23}\text{ V} \end{cases}$。

$$i_a=\frac{15-U_{n1}}{4}=\frac{87}{46}\approx 1.89\text{ A}$$

$$i_b=\frac{U_{n1}}{6}=\frac{57}{46}\approx 1.24\text{ A}$$

$$i_c=\frac{U_{n1}-U_{n2}}{1}=\frac{15}{23}\approx 0.65\text{ A}$$

$$i_d=\frac{U_{n2}}{3}=\frac{52}{23}\approx 2.26\text{ A}$$

$$i_e=\frac{U_{n2}-10}{2}=-\frac{37}{23}\approx -1.61\text{ A}$$

3-20 题 3-20 图所示电路中电源为无伴电压源，用结点电压法求解电流 I_S 和 I_O。

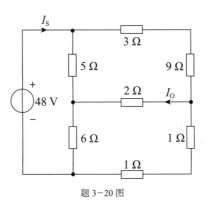

题 3-20 图

解： 画出电路图，如题解 3-20 图所示。

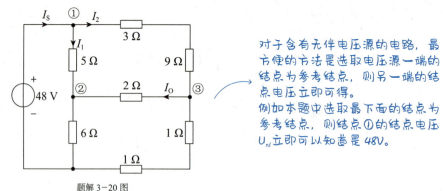

题解 3-20 图

> 对于含有无伴电压源的电路，最方便的方法是选取电压源一端的结点为参考结点，则另一端的结点电压立即可得。例如本题中选取最下面的结点为参考结点，则结点①的结点电压 U_{n1} 立即可以知道是 48V。

列写结点电压方程：

$$\begin{cases} U_{n1} = 48 \text{ V} \\ -\dfrac{1}{5}U_{n1} + \left(\dfrac{1}{5}+\dfrac{1}{2}+\dfrac{1}{6}\right)U_{n2} - \dfrac{1}{2}U_{n3} = 0 \\ -\dfrac{1}{12}U_{n1} - \dfrac{1}{2}U_{n2} + \left(\dfrac{1}{12}+\dfrac{1}{2}+\dfrac{1}{2}\right)U_{n3} = 0 \end{cases}$$

解得 $\begin{cases} U_{n1} = 48 \text{ V} \\ U_{n2} = 18 \text{ V} \\ U_{n3} = 12 \text{ V} \end{cases}$。

> 电压源支路的电流不能直接求出，要借助 KCL，通过求其他支路电流求出

$$I_S = I_1 + I_2 = \frac{U_{n1}-U_{n2}}{5} + \frac{U_{n1}-U_{n3}}{12} = \frac{48-18}{5} + \frac{48-12}{12} = 9 \text{ A}$$

$$I_O = \frac{U_{n3}-U_{n2}}{2} = \frac{12-18}{2} = -3 \text{ A}$$

3-21 用结点电压法求解题 3-21 图所示电路中电压 U。

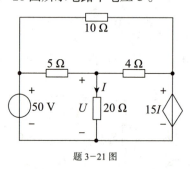

题 3-21 图

解： 画出电路图，如题解 3-21 图所示。

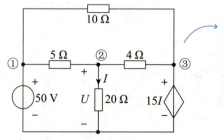

题解 3-21 图

> 电路图中既含有无伴独立电压源，又含有无伴受控电压源，但是两个电源有相连的公共端。选取公共端为参考结点，则结点①和结点③的结点电压的表达式立即可得

结点电压方程：

$$\begin{cases} U_{n1} = 50 \text{ V} \\ -\dfrac{1}{5}U_{n1} + \left(\dfrac{1}{5} + \dfrac{1}{20} + \dfrac{1}{4}\right)U_{n2} - \dfrac{1}{4}U_{n3} = 0 \\ U_{n3} = 15I \end{cases}$$

补充关于控制量的方程：

$$I = \dfrac{U_{n2}}{20}$$

解得 $\begin{cases} U_{n1} = 50 \text{ V} \\ U_{n2} = 32 \text{ V} \\ U_{n3} = 24 \text{ V} \end{cases}$ 。从而 $U = U_{n2} = 32 \text{ V}$。

3-22 用结点电压法求解题 3-13。

解：（1）画出电路图，如题解 3-22（a）图所示。

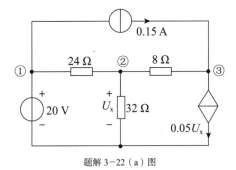

题解 3-22（a）图

$$\begin{cases} U_{n1} = 20 \text{ V} \\ -\dfrac{1}{24}U_{n1} + \left(\dfrac{1}{24} + \dfrac{1}{32} + \dfrac{1}{8}\right)U_{n2} - \dfrac{1}{8}U_{n3} = 0 \\ -\dfrac{1}{8}U_{n2} + \dfrac{1}{8}U_{n3} = 0.15 - 0.05U_x \end{cases}$$

$$U_x = U_{n2}$$
$$U_{n2} = 8 \text{ V}$$
$$U_x = U_{n2} = 8 \text{ V}$$

（2）画出电路图，如题解 3-22（b）图所示。

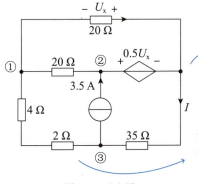

题解 3-22（b）图

电路含有无伴受控电压源，选取其一端作为参考结点，则另一端（结点②）的结点电压表达式立即可得

注意：4Ω电阻和2Ω电阻串联，相当于一个6Ω电阻，对应的支路电导值为 $\dfrac{1}{6}$S，而不是 $\left(\dfrac{1}{4} + \dfrac{1}{2}\right)$S

结点电压方程：

$$\begin{cases} \left(\dfrac{1}{6}+\dfrac{1}{20}+\dfrac{1}{20}\right)U_{n1}-\dfrac{1}{20}U_{n2}=0 \\ U_{n2}=0.5U_x \\ -\dfrac{1}{6}U_{n1}+\left(\dfrac{1}{6}+\dfrac{1}{35}\right)U_{n3}=-3.5 \end{cases}$$

补充方程：

$$U_x=-U_{n1}$$

解得 $U_{n3}=-35\text{ V}$，所以 $I=-\dfrac{U_{n3}}{35}=1\text{ A}$。

3-23 用结点电压法求解题 3-14。

解： 画出电路图，如题解 3-23 图所示。

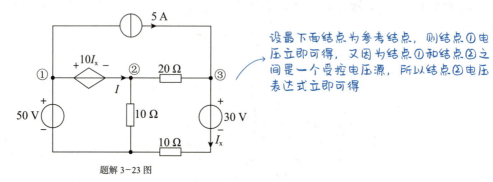

题解 3-23 图

设最下面结点为参考结点，则结点①电压立即可得，又因为结点①和结点②之间是一个受控电压源，所以结点②电压表达式立即可得

结点电压方程：

$$\begin{cases} U_{n1}=50\text{ V} \\ U_{n2}=U_{n1}-10I_x \\ -\dfrac{1}{20}U_{n2}+\left(\dfrac{1}{20}+\dfrac{1}{10}\right)U_{n3}=5+\dfrac{30}{10} \end{cases}$$

补充方程：

$$I_x=\dfrac{U_{n3}-30}{10}$$

解得 $\begin{cases} U_{n1}=50\text{ V} \\ U_{n2}=20\text{ V} \\ U_{n3}=60\text{ V} \end{cases}$。

所以 $I_x=\dfrac{60-30}{10}=3\text{ A}$

要求 CCVS 的功率，就要先求 CCVS 的电流，受控电压源的电流不能直接求出，要借助 KCL，通过求其他支路电流求出

$$I=\dfrac{U_{n2}}{10}+\dfrac{U_{n2}-U_{n3}}{20}=\dfrac{20}{10}+\dfrac{20-60}{20}=0$$

$p=0$ → CCVS 的电流为 0，功率当然为 0

3-24 用结点电压法求解题 3-24 图所示电路后，求各元件的功率并检验功率是否平衡。

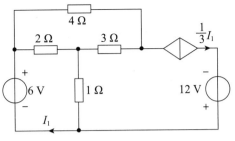

题 3-24 图

解：画出电路图，如题解 3-24 图所示。

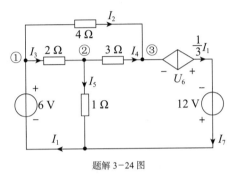

题解 3-24 图

结点电压方程：

$$\begin{cases} U_{n1} = 6\text{ V} \\ -\dfrac{1}{2}U_{n1} + \left(\dfrac{1}{2}+\dfrac{1}{3}+1\right)U_{n2} - \dfrac{1}{3}U_{n3} = 0 \\ -\dfrac{1}{4}U_{n1} - \dfrac{1}{3}U_{n2} - \dfrac{1}{4}U_{n1} = -\dfrac{1}{3}I_1 \end{cases}$$

补充关于控制量的方程：

$$I_1 = \dfrac{U_{n2}}{1} + \dfrac{1}{3}I_1$$

联立以上各式，解得 $\begin{cases} U_{n1} = 6\text{ V} \\ U_{n2} = 2\text{ V} \\ U_{n3} = 2\text{ V} \\ I_1 = 3\text{ A} \end{cases}$。

求各元件电压、电流：

$$I_2 = \dfrac{U_{n1} - U_{n3}}{4} = 1\text{ A}$$

$$I_3 = \dfrac{U_{n1} - U_{n2}}{2} = 2\text{ A}$$

$$I_4 = \dfrac{U_{n2} - U_{n3}}{3} = 0$$

$$I_5 = \dfrac{U_{n2}}{1} = 2\text{ A}$$

$$U_6 = -U_{n3} - 12 = -14\text{ V}$$

$$I_7 = \dfrac{1}{3}I_1 = 1\text{ A}$$

6V 电压源发出功率：
$$P_1 = 6I_1 = 6 \times 3 = 18 \text{ W}$$

4Ω 电阻吸收功率：
$$P_2 = 4I_2^2 = 4 \times 1^2 = 4 \text{ W}$$

2Ω 电阻吸收功率：
$$P_3 = 2I_3^2 = 2 \times 2^2 = 8 \text{ W}$$

3Ω 电阻吸收功率：
$$P_4 = 3I_4^2 = 0$$

1Ω 电阻吸收功率：
$$P_5 = \frac{1}{3}I_1 U_6 = \frac{1}{3} \times 3 \times (-14) = -14 \text{ W}$$

受控电流源发出功率：
$$P_6 = \frac{1}{3}I_1 U_6 = \frac{1}{3} \times 3 \times (-14) = -14 \text{ W}$$

12V 电压源发出功率：
$$P_7 = 12I_2^2 = 4 \times 1I_7 = 12 \times 1 = 12 \text{ W}$$

经验证，$P_1 + P_6 + P_7 = P_2 + P_3 + P_5$，各元件发出功率之和等于吸收功率之和，即验证了功率平衡。

3-25 用结点电压法求解题 3-25 图所示电路中 u_{n1} 和 u_{n2}，你对此题的求解结果有什么看法？

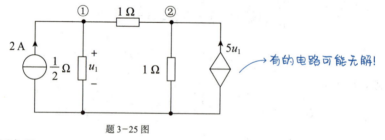

题 3-25 图

解：结点电压方程：
$$\begin{cases} (2+1)u_{n1} - u_{n2} = 2 \\ -u_{n1} + (1+1)u_{n2} = 5u_1 \end{cases}$$

补充方程
$$u_{n1} = u_1$$

联立以上各式并整理，得 $\begin{cases} 3u_{n1} - u_{n2} = 2 \\ 3u_{n1} - u_{n2} = 0 \end{cases}$，矛盾！

此题无解。

看法：受控源的存在可能会使电路方程出现矛盾，进而无解。

3-26 列出题 3-26 图所示电路的结点电压方程。如果 $R_S = 0$，则方程又如何？（提示：为避免引入过多附加电流变量，对连有无伴电压源的结点部分，可在包含无伴电压源的封闭面 S 上写出 KCL 方程。）

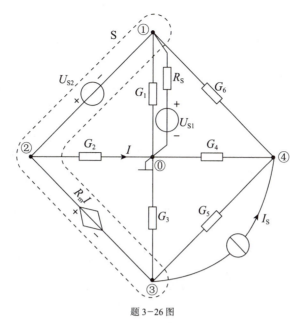

题 3-26 图

解：结点电压方程：

$$\begin{cases} \left(G_1 + \dfrac{1}{R_S}\right)U_{n1} + G_2 U_{n2} + G_{13}U_{n3} = \dfrac{U_{S1}}{R_S} - I_S \\ U_{n2} - U_{n1} = U_{S2} \\ U_{n2} - U_{n3} = R_m I \\ -G_6 U_{n1} - G_{15} U_{n3} + (G_{14} + G_{15} + G_6)U_{n4} = I_S \end{cases}$$

补充关于控制量的方程：

$$I = G_2 U_{n2}$$

如果 $R_S = 0$，得到题解 3-26 图。

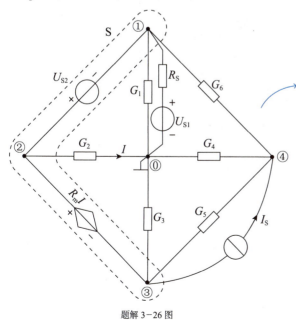

如果$R_S=0$，结点①和参考结点之间由电压源相连，所以结点①电压立即可得，对其他结点列写的方程不变，只需要修改关于结点①的方程

题解 3-26 图

结点电压方程：

$$\begin{cases} U_{n1} = U_{S1} \\ U_{n2} - U_{n1} = U_{S2} \\ U_{n2} - U_{n3} = R_m I \\ -G_6 U_{n1} - G_5 U_{n3} + (G_{14} + G_5 + G_6) U_{n4} = I_S \\ I = G_2 U_{n2} \end{cases}$$

3-27 用回路电流法求解题 3-27 图所示电路。可将四个电流源支路都取为连支，对基本回路列出方程后求解出各支路的电压或电流，求各支路的功率并验证功率的平衡。

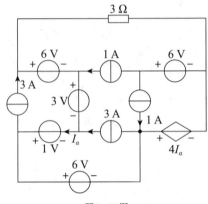

题 3-27 图

解：设出回路电流，并将支路按照从上到下、从左向右的顺序编号，如题解 3-27 图所示。

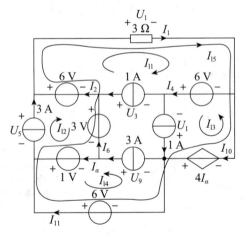

题解 3-27 图

回路电流方程：

$$\begin{cases} I_{l1} = 1\,\text{A} \\ I_{l2} = 3\,\text{A} \\ I_{l3} = 1\,\text{A} \\ I_{l4} = 3\,\text{A} \\ 3I_{l1} + 3I_{l5} = 6 + 4I_\alpha + 6 - 1 + 3 \\ I_\alpha = I_{l2} + I_{l4} - I_{l5} \end{cases}$$

解得
$$\begin{cases} I_{l1} = 1\text{ A} \\ I_{l2} = 3\text{ A} \\ I_{l3} = 1\text{ A} \\ I_{l4} = 3\text{ A} \\ I_{l5} = 5\text{ A} \\ I_\alpha = 1\text{ A} \end{cases}$$

支路 1: $\quad I_1 = I_{l1} + I_{l5} = 1 + 5 = 6\text{ A}$，$U_1 = 3 \times 6 = 18\text{ V}$，$P_{1吸} = 18 \times 6 = 108\text{ W}$

支路 2: $\quad I_2 = I_{l1} + I_{l5} - I_{l2} = 1 + 5 - 3 = 3\text{ A}$，$P_{2发} = 6 \times 3 = 18\text{ W}$

支路 3: $\quad U_3 = 18 - 6 - 6 = 6\text{ V}$，$P_{3发} = 6 \times 1 = 6\text{ W}$

支路 4: $\quad I_4 = I_{l1} + I_{l3} = 1 + 1 = 2\text{ A}$，$P_{4发} = 6 \times 2 = 12\text{ W}$

支路 5: $\quad U_5 = 6 + 3 - 1 = 8\text{ V}$，$P_{5发} = 8 \times 3 = 24\text{ W}$

支路 6: $\quad I_6 = I_{l5} - I_{l2} = 5 - 3 = 2\text{ A}$，$P_{6发} = 3 \times 2 = 6\text{ W}$

支路 7: $\quad U_7 = 4I_\alpha - 6 = 4 - 6 = -2\text{ V}$，$P_{7发} = -2 \times 1 = -2\text{ W}$

支路 8: $\quad P_{8发} = I_\alpha \cdot 1 = 1\text{ W}$

支路 9: $\quad U_9 = 6 - 1 = 5\text{ V}$，$P_{9发} = 5 \times 3 = 15\text{ W}$

支路 10: $\quad I_{10} = I_{l5} - I_{l3} = 4\text{ A}$，$P_{10发} = 4 \times 4 = 16\text{ W}$

支路 11: $\quad I_{11} = I_{l5} - I_{l4} = 2\text{ A}$，$P_{11发} = 2 \times 6 = 12\text{ W}$

经检验: $\quad P_{2发} + P_{3发} + P_{4发} + P_{5发} + P_{6发} + P_{7发} + P_{8发} + P_{9发} + P_{10发} + P_{11发} = P_{1吸} = 108\text{ W}$

功率平衡。

第四章 电路定理

4-1 叠加定理

一、叠加定理

叠加定理本质上是线性性质，其包括可加性和齐次性两个方面。

叠加定理可以表述为：在线性电阻（也可以包含线性受控源）电路中，某处电压或电流都是电路中各个独立源单独作用时，在该处产生的电流或电压的叠加计算。

注意以下几点：

①叠加定理适用于线性电路，不适用于非线性电路。

②在叠加的各分电路中，不作用的电压源置零，在电压源处用短路代替；不作用的电流源置零，在电流源处用开路代替。电路中所有电阻都不予更动，受控源则保留在各分电路中。

③叠加时各分电路中的电压和电流的参考方向可以取为与原电路中的相同。取代数和时，应注意各分量前的正负号。

④原电路的功率不等于按各分电路计算所得功率的叠加，这是因为功率是电压和电流的乘积，与激励不成线性关系。

二、齐性定理

齐性定理是指，在线性电路中，当所有激励（电压源和电流源）都同时增大或缩小 K 倍（K 为实常数）时，响应（电压和电流）也将同样增大或缩小 K 倍。

齐性定理的应用："倒退法"。

先设出响应的值，然后据此推算出激励的值，最后再利用齐性定理对响应进行修正（激励和响应成比例）。

> **电路一点通**
>
> 齐性定理的推广：如果电路有若干个激励 X_1，X_2，…，X_n，则电路中任一响应 Y 可以写成这种形式：
>
> $$Y = k_1 X_1 + k_2 X_2 + \cdots + k_n X_n \tag{4-1}$$
>
> 式中，k_1，k_2，…，k_n 为常数，可以由待定系数法求出。
>
> 当某个激励 X_i 发生数值上的变化时，只需要修改式（4-1）中相应的激励的值，就可以求得响应。

4-2 替代定理 →当电路发生变化时，可以考虑使用替代定理，将变化的支路视为激励，再结合齐次性定理的推广形式求解响应

替代定理：任一线性电阻电路的一支路两端有电压 u，其中有电流 i 时，此支路可以用一个电压为 u 的电压源或一个电流为 i 的电流源替代。如图 4-1 所示。

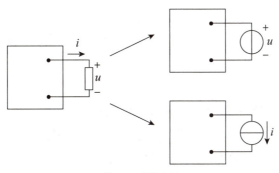

图 4-1 替代定理

当然，这个被替代的支路也可以是广义支路，即一个一端口网络，使用替代定理也可以对一端口网络 N_B 进行替代，如图 4-2 所示。

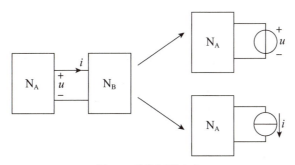

图 4-2 替代定理的变式

另外，替代定理可以推广到非线性电路，只要保证电路解答唯一即可。
注意：被替代的部分不能含有未被替代部分受控源的控制量，否则控制关系无法表示。

4-3 戴维南定理和诺顿定理　可以掌握一下戴维南定理的证明，但是不作为重点。证明的思路就是先用替代定理，将一端口网络的输出端用电流源替代，然后再用叠加定理，一端口网络电源和电流源分别作用，叠加即可

一、戴维南定理

戴维南定理指出："一个含独立电源、线性电阻和受控源的一端口，对外电路来说，可以用一个电压源和电阻的串联组合等效置换，此电压源的激励电压等于一端口的开路电压，电阻等于一端口内全部独立电源置零后的输入电阻"。

二、诺顿定理 →证明思路与戴维南定理证明思路相似，也是替代定理+叠加定理

诺顿定理指出："一个含独立电源、线性电阻和受控源的一端口，对外电路来说，可以用一个电流源和电阻的并联组合等效置换，电流源的激励电流等于一端口的短路电流，电阻等于一端口中全部独立源置零后的输入电阻。"

三、三个物理量的关系

开路电压 u_{oc}、短路电流 i_{sc}、等效电阻 R_{eq} 之间的关系为

$$u_{oc} = R_{eq} i_{sc}$$

只要求出这三个参数中的任意两个，就可以根据上式计算出第三个参数，从而可以得到此一端口网络的戴维南等效电路和诺顿等效电路。

方向问题：对于同一个一端口网络，应用 $u_{oc} = R_{eq} i_{sc}$ 时，其戴维南等效电路的开路电压与诺顿等效电路短路电流的参考方向相反。

四、注意点

（1）戴维南定理和诺顿定理都只适用于线性一端口网络。

（2）戴维南等效电路和诺顿等效电路都是对外等效，对内不等效。

（3）并不是所有一端口网络都有戴维南等效电路和诺顿等效电路。当等效电阻 $R_{eq}=0$ 且 u_{oc} 为有限值时，只有戴维南等效电路（只有一个无伴电压源），而不存在诺顿等效电路（因为 i_{sc} 趋向于无穷大）。相应地，若等效电阻 $R_{eq}=\infty$ 且 i_{sc} 为有限值，则只有诺顿等效电路（只有一个无伴电流源），而不存在戴维南等效电路（因为 R_{eq} 和 u_{oc} 都趋向于无穷大）。

4-4 最大功率传输定理

考虑这么一个问题：将一个可变电阻接入一个有源一端口网络，问这个可变电阻阻值是多少时，其可以获得最大功率？

首先用戴维南等效电路将一端口网络等效，如图 4-3 所示。

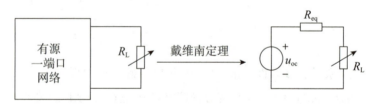

图 4-3 一端口网络的戴维南等效

可以证明，当 $R_L = R_{eq}$ 时，负载可以获得最大功率，且最大功率 $P_{max} = \dfrac{u_{oc}^2}{4R_{eq}}$。

这个结论就是最大功率传输定理，在做题时可以直接使用。

4-5 特勒根定理

一、特勒根定理 1

对于一个具有 n 个结点和 b 条支路的电路，假设各支路电流和支路电压取关联参考方向，并令 $(i_1, i_2, \cdots, i_b)$、$(u_1, u_2, \cdots, u_b)$ 分别为 b 条支路的电流和电压，则对任何时间 t，有

$$\sum_{k=1}^{b} u_k i_k = 0$$

特勒根定理1对任何具有线性、非线性、时不变、时变元件的集总电路都适用。这个定理实质上是功率守恒的数学表达式，它表明任何一个电路全部支路吸收的功率之和恒等于零。

二、特勒根定理2

如果有两个具有 n 个结点和 b 条支路的电路，它们具有相同的图，但由内容不同的支路构成。假设各支路电流和电压都取关联参考方向，并分别用 $(i_1,i_2,\cdots,i_b)$、$(u_1,u_2,\cdots,u_b)$ 和 $(\hat{i}_1,\hat{i}_2,\cdots,\hat{i}_b)$、$(\hat{u}_1,\hat{u}_2,\cdots,\hat{u}_b)$ 表示两电路中 b 条支路的电流和电压，则在任何时间 t，有

$$\sum_{k=1}^{b} u_k \hat{i}_k = 0$$

$$\sum_{k=1}^{b} \hat{u}_k i_k = 0$$

4-6 互易定理

建议掌握推导方法，事实上，在后面的课后题中，也有这种证明方法的体现

互易定理本质上是由特勒根定理推出的。互易定理指出，对于一个仅含线性电阻且只有一个激励的电路，在保持电路将独立电源置零后电路拓扑结构不变的条件下，激励和响应互换位置后，响应与激励的比值保持不变。

互易定理的第一种形式，如图4-4所示：→激励是电压源，响应是短路电流

特别注意参考方向：(a)左侧电压源电压和(b)左侧短路电流取关联参考方向，右侧亦然

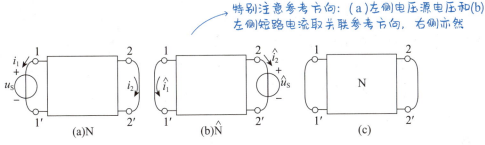

图4-4 互易定理的第一种形式

图4-4中的几个框里面，是完全相同的线性电阻网络。

由互易定理，响应与激励的比值保持不变，$\dfrac{i_2}{u_S} = \dfrac{\hat{i}_1}{\hat{u}_S}$。

互易定理的第二种形式，如图4-5所示：→激励是电流源，响应是开路电压

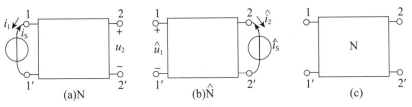

注意参考方向：(a)左侧电流源电流和(b)左侧开路电压取非关联参考方向，右侧亦然

图4-5 互易定理的第二种形式

图 4-5 中的几个框里面，是完全相同的线性电阻网络。

由互易定理，响应与激励的比值保持不变，$\dfrac{u_2}{i_S} = \dfrac{\hat{u}_1}{\hat{i}_S}$。

互易定理的第三种形式，如图 4-6 所示：→混合

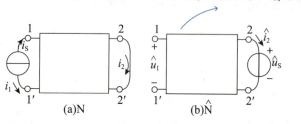

图 4-6 互易定理的第三种形式

图 4-6 中的几个框里面，是完全相同的线性电阻网络。

由互易定理，响应与激励的比值保持不变，$\dfrac{i_2}{i_S} = \dfrac{\hat{u}_1}{\hat{u}_S}$。

> **电路一点通**
> （1）在使用互易定理时，要判断网络是否满足互易的条件。受控源不是可互易元件，但是含受控源的网络也可能满足互易的条件，例如当受控源可以等效为电阻时。
> （2）要注意参考方向，互易定理三种形式的参考方向，可以统一这样记忆：电压源一侧关联，电流源一侧非关联。

4-7 对偶原理

在电路中，存在着对偶关系，例如电压和电流、电阻和电导等。对偶的内容包括：电路的拓扑结构，电路变量，电路元件，一些电路的公式、方程甚至定理。

斩题型

题型1 用叠加定理求解电路响应

当题目中的电源不止一个时，可以考虑用叠加定理求解电路。

步骤：

（1）将电源分组，注意这里的电源不包含受控源。如果电源数目较多，则可以考虑对电源进行分组。

（2）某一组电源单独作用，其他电源置零(电压源视为短路，电流源视为开路)，保留电阻、受控源，求解这个电路中的响应（电压或电流）。

（3）重复以上步骤，求解其他组电源单独作用时电路中的响应。
（4）叠加，将每组电源单独作用时的响应相加，结果就是待求量。

题型2 齐性定理的推广的应用

当题目中含有多个变化的电源时，可以根据齐性定理的推广，设出响应关于激励的线性表达式，再求出待定系数。当电源再变化时，则可以直接代入表达式求响应。

题型3 求含源一端口网络的戴维南等效电路或诺顿等效电路

这种题目，本质上就是求开路电压、等效电阻，或者求短路电流、等效电阻，然后作出等效电路。
（1）求开路电压：将一端口网络开路，求解端口电压即可。
（2）求短路电流：将一端口网络短路，求解流经短路导线的电流即可。
（3）求等效电阻：先将独立源置零（电压源短路，电流源开路），然后求解一端口网络的输入电阻。
①若网络中只含有电阻，不含有受控源，则可以用电阻的串并联和 Y-Δ 变换求出等效电阻。
②若网络中含有受控源，则可以用加压求流法、加流求压法，个别题目也可以将受控源等效为电阻再求解。

独立源置零后，求等效电阻其实就是用第二章求输入电阻的方法

（4）以上三个量中，只要求出两个量，则可以根据公式 $u_{oc} = R_{eq} i_{sc}$ 求解另一个量。

题型4 最大功率传输定理的应用

题目特征：负载是一个可变电阻，问当可变电阻值为多少时，它可以获得最大功率？
步骤：
（1）求开路电压 u_{oc} 和等效电阻 R_{eq}。
（2）当负载电阻等于 R_{eq} 时，其可以获得最大功率。
（3）最大功率的值 $P_{max} = \dfrac{u_{oc}^2}{4R_{eq}}$。

题型5 特勒根定理的应用

题目特征：有两个图，两个图具有相同的结构，对应支路可以有不同的内容。
步骤：
（1）每条支路都取关联参考方向。
（2）根据特勒根定理列写方程。
（3）求解方程。

特别地，对于含有未知纯电阻网络的题目，有着相似的求解套路，具体可以参照解习题 4-18 和题 4-24。

题型6 互易定理的应用

题目特征：有两个图，两个图有相同的互易网络（通常为纯电阻网络），两个图分别有一个电源，电源置零之后两个图完全一致。

步骤：

（1）电压源一侧取关联参考方向，电流源一侧取非关联参考方向，两个图的参考方向一致。

（2）根据两个图的响应和激励的比值相等，求解待求量。

解习题

4-1 应用叠加定理求题 4-1 图所示电路中电压 u_{ab}。

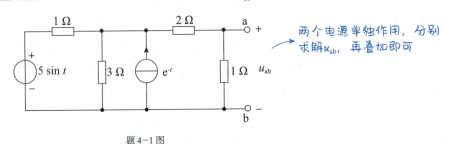

题 4-1 图

解：（1）当电压源单独作用时［见题解 4-1（a）图］：

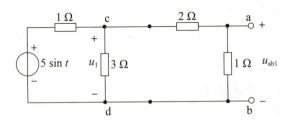

题解 4-1（a）图

$$u_1 = \frac{3//3}{1+3//3} \cdot 5\sin t = 3\sin t$$

由串联分压，有

$$u_{ab1} = \frac{1}{3}u_1 = \sin t$$

（2）当电流源单独作用时［见题解 4-1（b）图］：

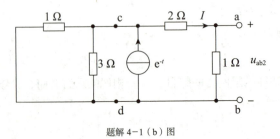

题解 4-1（b）图

cd 左侧等效电阻：

$$R_{eq} = 1//3 = \frac{3}{4} = 0.75\,\Omega$$

由并联分流，有

$$I = \frac{0.75}{0.75+3}e^{-t} = 0.2e^{-t}$$

由欧姆定律，有

$$u_{ab2} = I = 0.2e^{-t}$$

由叠加定理，有

$$u_{ab} = u_{ab1} + u_{ab2} = \sin t + 0.2e^{-t}$$

4-2 应用叠加定理求题 4-2 图所示电路中电压 u。

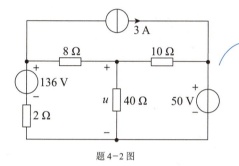

题 4-2 图

解：（1）当 3 A 电流源单独作用时，电压源置零，如题解 4-2（a）图所示。

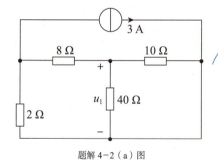

题解 4-2（a）图

化简为如题解 4-2（b）图所示。

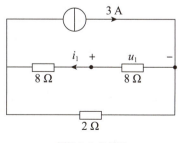

题解 4-2（b）图

由并联分流，有

$$i_1 = \frac{2}{2+16} \times 3 = \frac{1}{3}\,A$$

由欧姆定律，有

$$u_1 = -8i_1 = -\frac{8}{3} \text{V}$$

（2）当两个电压源单独作用时，电流源置零，如题解 4-2（c）图所示。

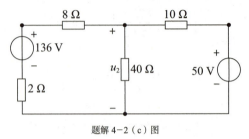

题解 4-2（c）图

列写结点电压方程，有

$$\left(\frac{1}{10} + \frac{1}{40} + \frac{1}{10}\right)u_2 = \frac{136}{10} + \frac{50}{10}$$

解得 $u_2 = \frac{248}{3}$ V。

由叠加定理，有

$$u = u_1 + u_2 = -\frac{8}{3} + \frac{248}{3} = 80 \text{ V}$$

4-3 应用叠加定理求题 4-3 图所示电路中电流 I。

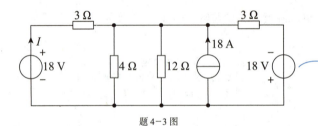

题 4-3 图

此题用结点电压法直接求解更为方便，但是题目要求用叠加定理。三个电源分别单独作用，分别求出响应再叠加即可。属于简单题。

解：（1）当左侧电压源单独作用时，如题解 4-3（a）图所示：

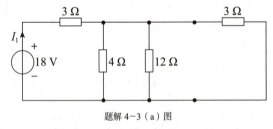

题解 4-3（a）图

电压源右侧等效电阻：

$$R = 3 + 4 / / 12 / / 3 = 3 + 1.5 = 4.5 \text{ Ω}$$

由欧姆定律，有

$$I_1 = \frac{18}{R} = \frac{18}{4.5} = 4 \text{ A}$$

（2）电流源单独作用时，如题解 4-3（b）图所示：

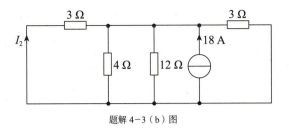

题解 4-3（b）图

化简为如题解 4-3（c）图所示。

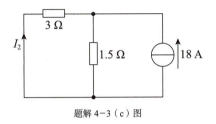

题解 4-3（c）图

由并联分流，有

$$I_2 = -\frac{1.5}{3+1.5} \times 18 = -6 \text{ A}$$

（3）当右侧电压源单独作用时，如题解 4-3（d）图所示：

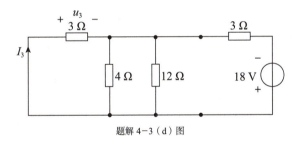

题解 4-3（d）图

流经电压源电流为

$$I_S = \frac{18}{3+3//4//12} = \frac{18}{4.5} = 4 \text{ A}$$

图中

$$u_3 = (3//4//12) \cdot I_S = 1.5 I_S = 6 \text{ V}$$

由欧姆定律，有

$$I_3 = \frac{u_3}{3} = 2 \text{ A}$$

结合（1）、（2）、（3），由叠加定理，有

$$I = I_1 + I_2 + I_3 = 4 - 6 + 2 = 0$$

4-4 应用叠加定理时，将受控源都保留在分电路中。求：

（1）题 4-4（a）图中电压 u_2。

（2）题 4-4（b）图中电压 U。

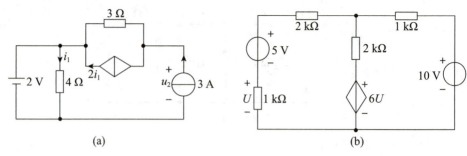

题 4-4 图

解：（1）当电压源单独作用时，如题解 4-4（a）图所示：

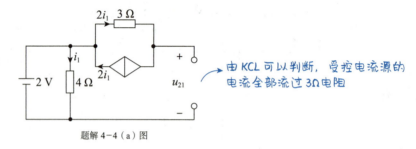

题解 4-4（a）图

> 由 KCL 可以判断，受控电流源的电流全部流过 3Ω 电阻

由欧姆定律，有

$$i_1 = \frac{2}{4} = 0.5 \text{ A}$$

由 KCL，有

$$u_{21} = 2 - 3 \cdot 2i_1 = 2 - 3 \times 2 \times 0.5 = -1 \text{ V}$$

当电流源单独作用时，如题解 4-4（b）图所示：

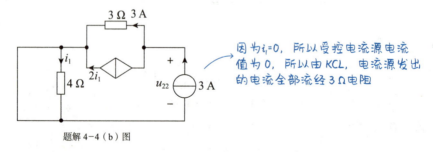

题解 4-4（b）图

> 因为 $i_1=0$，所以受控电流源电流值为 0，所以由 KCL，电流源发出的电流全部流经 3Ω 电阻

4 Ω 电阻两端电压为 0，故 $i_1 = 0$。

由 KVL，有

$$u_{22} = 3 \times 3 = 9 \text{ V}$$

由叠加定理，有

$$u_2 = u_{21} + u_{22} = -1 + 9 = 8 \text{ V}$$

（2）当左侧 5 V 电压源单独作用时，如题解 4-4（c）图所示：

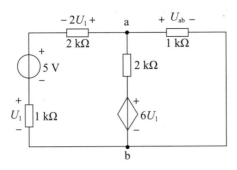

题解 4-4（c）图

由 KVL，a、b 之间的电压差为

$$U_{ab} = 2U_1 + 5 + U_1 = 3U_1 + 5$$

对 a 点列写 KCL，得

$$\frac{U_1}{1\,000} + \frac{U_{ab}}{1\,000} + \frac{U_{ab} - 6U_1}{2\,000} = 0$$ → 由欧姆定律，用电压和电阻的比值表示各支路电流

解得 $U_1 = -3$ V。

当右侧 10V 电压源单独作用时，如题解 4-4（d）图所示：

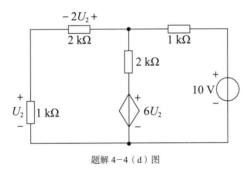

题解 4-4（d）图

由 KCL，有

$$\frac{10 - 3U_2}{1\,000} = \frac{U_2}{1\,000} + \frac{3U_2 - 6U_2}{2\,000}$$

解得 $U_2 = 4$ V。

由叠加定理，有

$$U = U_1 + U_2 = -3 + 4 = 1\,\text{V}$$

4-5 应用叠加定理，按下列步骤求解题 4-5 图中 I_α。

（1）将受控源参与叠加，画出三个分电路，在受控源分电路中受控源电压为 $6I_\alpha$，I_α 并非分响应，而为未知总响应。

（2）求出三个分电路的分响应 I_α'，I_α'' 与 I_α'''，I_α''' 中包含未知量 I_α。

（3）利用 $I_\alpha = I_\alpha' + I_\alpha'' + I_\alpha'''$ 解出 I_α。

一般来说，在运用叠加定理时，不会让受控源单独作用，但是如果把受控源也作为独立源，应该怎么应用叠加定理呢？这个题目就是一个例子。

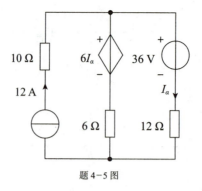

题 4-5 图

解：（1）三个分电路如题解 4-5（a）～（c）图所示。

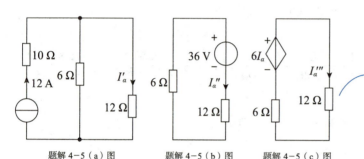

题解 4-5（a）图　　题解 4-5（b）图　　题解 4-5（c）图

> 注意，第三个分电路中，受控源的控制量是三个分量叠加后的 I_α（也是原电路中的控制量），而不是第三个分电路中的 I_α'''

（2）题解 4-5（a）图中，由并联分流，有

$$I_\alpha' = \frac{6}{6+12} \times 12 = 4\text{ A}$$

题解 4-5（b）图中，由欧姆定律，有

$$I_\alpha'' = -\frac{36}{6+12} = -2\text{ A}$$

题解 4-5（c）图中，由 KVL，有

$$6I_\alpha = (12+6)I_\alpha''' = 18I_\alpha'''$$

所以 $I_\alpha''' = \frac{1}{3}I_\alpha$。

（3）将 $I_\alpha''' = \frac{1}{3}I_\alpha$ 代入 $I_\alpha = I_\alpha' + I_\alpha'' + I_\alpha'''$，得

$$I_\alpha = 4 - 2 + \frac{1}{3}I_\alpha$$

解得 $I_\alpha = 3\text{ A}$。

4-6（1）试求题 4-6（a）图所示梯形电路中各支路电流、结点电压和 $\dfrac{u_O}{u_S}$，其中 $u_S = 10\text{ V}$。

（2）用倒退法求解题 4-6（b）图所示梯形电路中的电流 i_O。

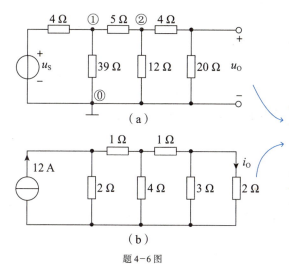

对于这种梯形电路，如果用回路电流法、结点电压法等方法，由于数据不是整数，计算量大。但是如果用"倒退法"，设最右侧电阻的电流为1A，从右往左推算各个支路电流、结点电压，乃至推算出电源值，会发现数据会比较简单（都是整数）。最后再利用齐性定理，这个问题就迎刃而解了。

题 4-6 图

解：（1）如题 4-6（a）图所示的电路图［见题解 4-6（a）图］：

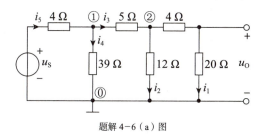

题解 4-6（a）图

假设 $i_1 = 1\,\text{A}$，从右往左推算，最终推算出 $i_1 = 1\,\text{A}$ 时对应的电源电压值。

由欧姆定律，有 $u_O = 20\,\text{V}$。

结点②电压为

$$U_{n2} = 20 + 4 = 24\,\text{V}$$

由欧姆定律，有

$$i_2 = \frac{U_{n2}}{12} = 2\,\text{A}$$

由 KCL，有

$$i_3 = i_1 + i_2 = 3\,\text{A}$$

由 KVL，有

$$U_{n1} = U_{n2} + 5i_3 = 24 + 5 \times 3 = 39\,\text{V}$$

由欧姆定律，有

$$i_4 = \frac{U_{n1}}{39} = \frac{39}{39} = 1\,\text{A}$$

由 KCL，有

$$i_5 = i_4 + i_3 = 1 + 3 = 4\,\text{A}$$

当 $i_1 = 1\,\text{A}$ 时对应的电源电压为
$$u_S = U_{n1} + 4i_5 = 39 + 4 \times 4 = 55\,\text{V}$$

此时，$\dfrac{u_O}{u_S} = \dfrac{20}{55} = \dfrac{4}{11}$。

再利用齐性定理，$u_S = 10\,\text{V}$ 时，电路中各支路电流、结点电压为之前求出的相应值的 $\dfrac{2}{11}$ 倍，即

$$i_1 = \dfrac{2}{11}\,\text{A}，\quad i_2 = \dfrac{4}{11}\,\text{A}，\quad i_3 = \dfrac{6}{11}\,\text{A}，\quad i_4 = \dfrac{2}{11}\,\text{A}，\quad i_5 = \dfrac{8}{11}\,\text{A}，\quad U_{n1} = \dfrac{78}{11}\,\text{V}，\quad U_{n2} = \dfrac{48}{11}\,\text{V}$$

$\dfrac{u_O}{u_S}$ 值保持不变，有 $\dfrac{u_O}{u_S} = \dfrac{4}{11}$。

（2）如题解 4-6（b）图所示，设最右侧电流为 3 A，从右往左推算电流源电流：

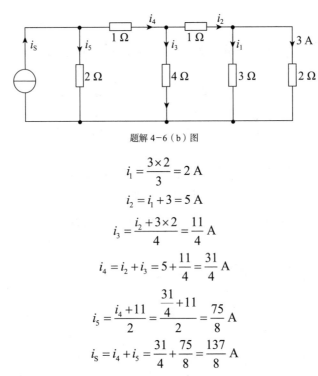

题解 4-6（b）图

$$i_1 = \dfrac{3 \times 2}{3} = 2\,\text{A}$$
$$i_2 = i_1 + 3 = 5\,\text{A}$$
$$i_3 = \dfrac{i_2 + 3 \times 2}{4} = \dfrac{11}{4}\,\text{A}$$
$$i_4 = i_2 + i_3 = 5 + \dfrac{11}{4} = \dfrac{31}{4}\,\text{A}$$
$$i_5 = \dfrac{i_4 + 11}{2} = \dfrac{\dfrac{31}{4} + 11}{2} = \dfrac{75}{8}\,\text{A}$$
$$i_S = i_4 + i_5 = \dfrac{31}{4} + \dfrac{75}{8} = \dfrac{137}{8}\,\text{A}$$

由齐性定理，$\dfrac{i_O}{3} = \dfrac{12}{i_S}$，解得

$$i_O = \dfrac{36 \times 8}{137} = 2.1\,\text{A}$$

4-7 如题 4-7 图所示电路中，当电流源 i_{S1} 和电压源 u_{S1} 反向时（u_{S2} 不变），电压 u_{ab} 是原来的 0.?倍；当 i_{S1} 和 u_{S2} 反向时（u_{S1} 不变），电压 u_{ab} 是原来的 0.3 倍。仅 i_{S1} 反向（u_{S1}、u_{S2} 均不变）时，电压 u_{ab} 应为原来的几倍？

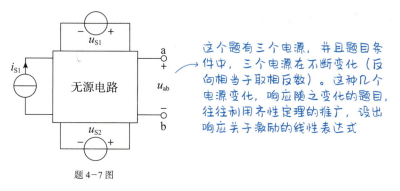

题 4-7 图

解： 由齐性定理的推广，可以设

$$u_{ab} = k_1 u_{S1} + k_2 u_{S2} + k_3 i_{S1}$$

当电流源 i_{S1} 和电压源 u_{S1} 反向时，有

$$u'_{ab} = -k_1 u_{S1} + k_2 u_{S2} - k_3 i_{S1} = 0.5 u_{ab}$$

当 i_{S1} 和 u_{S2} 反向时，有

$$u''_{ab} = k_1 u_{S1} - k_2 u_{S2} - k_3 i_{S1} = 0.3 u_{ab}$$

将以上三个式子相加，得

$$1.8 u_{ab} = k_1 u_{S1} + k_2 u_{S2} - k_3 i_{S1}$$

仅 i_{S1} 反向时，有

$$u'''_{ab} = k_1 u_{S1} + k_2 u_{S2} - k_3 i_{S1} = 1.8 u_{ab}$$

即电压 u_{ab} 应为原来的 1.8 倍。

4-8 如题 4-8 图所示电路中 $U_{S1}=10\,\text{V}$，$U_{S2}=15\,\text{V}$，当开关 S 在位置 1 时，毫安表的读数为 $I'=40\,\text{mA}$；当开关 S 合向位置 2 时，毫安表的读数为 $I''=-60\,\text{mA}$。如果把开关 S 合向位置 3，则毫安表的读数为多少？

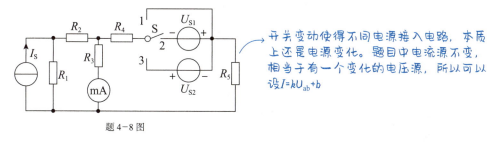

题 4-8 图

解： 画出电路图，如题解 4-8 图所示。

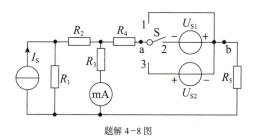

题解 4-8 图

设 $I = kU_{ab} + b$，当开关 S 在位置 1 时：

$$U'_{ab} = 0, \quad I' = 40 \text{ mA} = b$$

当开关 S 合向位置 2 时：

$$U''_{ab} = -U_{S1} = -10 \text{ V} \quad \longrightarrow \text{注意参考方向，不要丢掉负号}$$

$$I'' = kU''_{ab} + b = -10k + 40 = -60 \text{ mA}$$

解得 $k = 10$。

所以响应和激励的关系为

$$I = 10U_{ab} + 40$$

当开关 S 合向位置 3 时，毫安表的读数为

$$U'''_{ab} = U_{S2} = 15 \text{ V}$$

$$I''' = 10 \times 15 + 40 = 190 \text{ mA}$$

4-9 求如题 4-9 图所示电路的戴维南等效电路或诺顿等效电路。 $\longleftarrow$ 求出开路电压和等效电阻即可

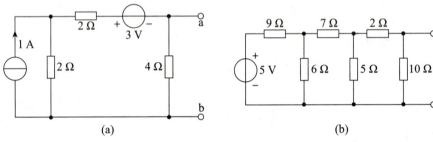

题 4-9 图

解：题 4-9（a）图求开路电压。如题解 4-9（a）图所示。

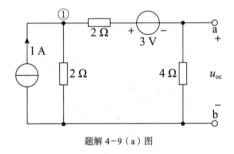

题解 4-9（a）图

由结点电压方程，有

$$\left(\frac{1}{2} + \frac{1}{6}\right)U_{n1} = 1 + \frac{3}{6}$$

解得 $U_{n1} = 2.25 \text{ V}$。

开路电压为

$$u_{oc} = \frac{4}{4+2} \cdot (U_{n1} - 3) = -0.5 \text{ V}$$

求等效电阻，如题解 4-9（b）图所示。

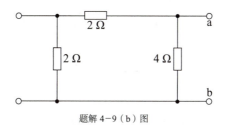

题解 4-9（b）图

$$R_{eq} = 4 / \!/ (2+2) = 2\,\Omega$$

戴维南等效电路［见题解 4-9（c）图］：

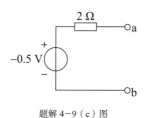

题解 4-9（c）图

题 4-9（b）图求开路电压，只需要求出题解 4-9（d）图中的 I。

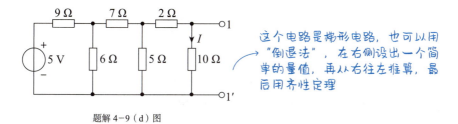

题解 4-9（d）图

这个电路是梯形电路，也可以用"倒退法"，在右侧设出一个简单的量值，再从右往左推算，最后用齐性定理

如题解 4-9（e）图所示，设 $I_1 = 1\,\text{A}$，则有

题解 4-9（e）图

$$U_{n1} = (2+10) \times 1 = 12\,\text{V}$$

$$I_2 = \frac{U_{n1}}{5} = 2.4\,\text{A}$$

$$I_3 = I_1 + I_2 = 1 + 2.4 = 3.4\,\text{A}$$

$$U_{n2} = U_{n1} + 7I_3 = 12 + 7 \times 3.4 = 35.8\,\text{V}$$

$$I_4 = \frac{U_{n2}}{6} = \frac{179}{30}\,\text{A}$$

$$I_5 = I_3 + I_4 = 3.4 + \frac{179}{30} = \frac{281}{30}\,\text{A}$$

$$U_S = U_{n2} + 9I_5 = 35.8 + 9 \times \frac{281}{30} = 120.1\,\text{V}$$

由齐性定理，有

$$\frac{U_S}{5} = \frac{I_1}{I}$$

解得

$$I = \frac{5I_1}{U_S} = \frac{5 \times 1}{120.1} = 0.0416\,\text{A}$$

所以开路电压 $u_{oc} = 10I = 0.416\,\text{V}$。

求等效电阻，如题解 4-9（f）图所示：

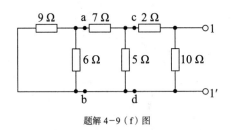

题解 4-9（f）图

a-b 端口左侧：

$$R_{ab} = 9//6 = \frac{54}{15} = 3.6\,\Omega$$

c-d 端口左侧：

$$R_{cd} = (R_{ab} + 7)//5 = 10.6//5 = 3.40\,\Omega$$

$$R_{eq} = (R_{cd} + 2)//10 = 5.4//10 = 3.51\,\Omega$$

戴维南等效电路 [见题解 4-9（g）图]：

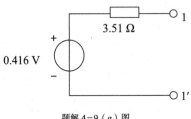

题解 4-9（g）图

4-10 求如题 4-10 图中各电路在 ab 端口的戴维南等效电路或诺顿等效电路。

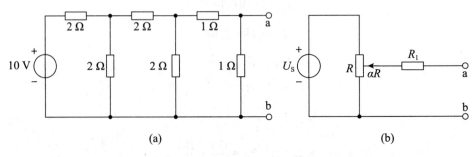

题 4-10 图

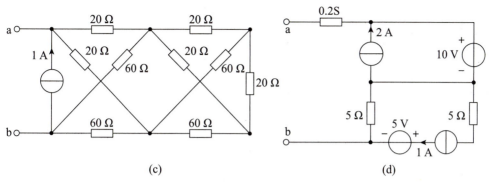

(c)　　　　　　　　　　　(d)

题4-10图（续）

解: 题4-10（a）图求开路电压，如题解4-10（a）图所示。

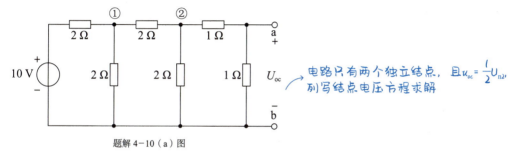

题解4-10（a）图

电路只有两个独立结点，且 $u_{oc} = \frac{1}{2}U_{n2}$，列写结点电压方程求解

列写结点电压方程：

$$\begin{cases} \left(\dfrac{1}{2}+\dfrac{1}{2}+\dfrac{1}{2}\right)U_{n1} - \dfrac{1}{2}U_{n2} = \dfrac{10}{2} \\ -\dfrac{1}{2}U_{n1} + \left(\dfrac{1}{2}+\dfrac{1}{2}+\dfrac{1}{2}\right)U_{n2} = 0 \end{cases}$$

解得 $\begin{cases} U_{n1} = 3.75 \text{ V} \\ U_{n2} = 1.25 \text{ V} \end{cases}$。

开路电压 $u_{oc} = \dfrac{1}{2}U_{n2} = 0.625 \text{ V}$。

如题解4-10（b）图所示，求等效电阻：

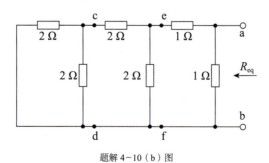

题解4-10（b）图

c-d 端口左侧：

$$R_{cd} = 2 // 2 = 1 \text{ Ω}$$

e-f 端口左侧：

$$R_{ef} = (R_{cd} + 2) // 2 = 3 // 2 = 1.2\,\Omega$$

等效电阻：
$$R_{eq} = (R_{ef} + 1) // 1 = 2.2 // 1 = \frac{2.2}{3.2} = 0.687\,5\,\Omega$$

戴维南等效电路［见题解 4-10（c）图］：

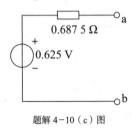

题解 4-10（c）图

题 4-10（b）图求开路电压，如题解 4-10（d）图所示。

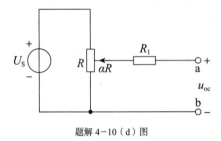

题解 4-10（d）图

开路电压：
$$u_{oc} = \frac{\alpha R}{R} U_S = \alpha U_S$$

如题解 4-10（e）图所示，求等效电阻：

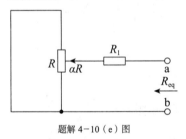

题解 4-10（e）图

等效电阻：
$$R_{eq} = R_1 + \alpha R //(1-\alpha)R = R_1 + \alpha(1-\alpha)R$$

戴维南等效电路［见题解 4-10（f）图］：

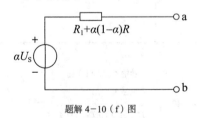

题解 4-10（f）图

题 4-10（c）图求开路电压，如题解 4-10（g）图所示。

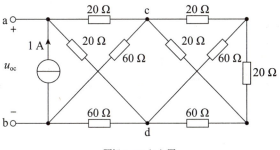

题解 4-10(g)图

c-d 端口右侧构成电桥平衡，等效为如题解 4-10（h）图所示。

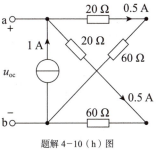

题解 4-10(h)图

开路电压：

$$u_{oc} = (20+60) \times 0.5 = 40 \text{ V}$$

如题解 4-10（i）图所示，求等效电阻：

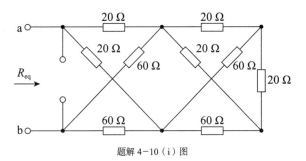

题解 4-10(i)图

等效电阻：

$$R_{eq} = (20+60)//(20+60) = 40 \text{ }\Omega$$

戴维南等效电路［见题解 4-10（j）图］：

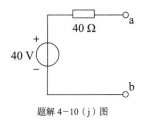

题解 4-10(j)图

题 4-10（d）图求开路电压，如题解 4-10（k）图所示。

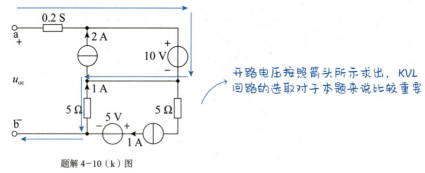

题解 4−10（k）图

开路电压：

$$u_{oc} = 10 - 5 \times 1 = 5 \text{ V}$$

如题解 4−10（l）图所示，求等效电阻：

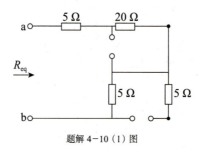

题解 4−10（l）图

等效电阻：

$$R_{eq} = 5 + 5 = 10 \text{ Ω}$$

戴维南等效电路［见题解 4−10（m）图］：

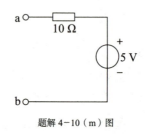

题解 4−10（m）图

4-11 题 4−11（a）图所示含源一端口的外特性曲线画于题 4−11（b）图中，求其等效电源。

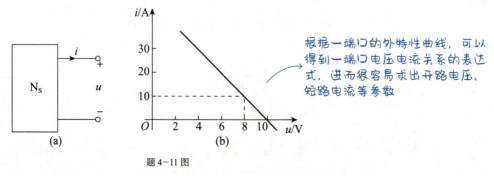

题 4−11 图

解：直线斜率为 −5，直线方程为

$$i = -5u + 50$$

当 $u=0$ 时，$i=50\,\text{A}$，所以短路电流 $i_{sc}=50\,\text{A}$。

当 $i=0$ 时，$u=10\,\text{V}$，所以开路电压 $u_{oc}=10\,\text{V}$。

等效电阻为

$$R_{eq}=\frac{u_{oc}}{i_{sc}}=\frac{10}{50}=0.2\,\Omega$$

戴维南等效电路（见题解 4-11 图）：

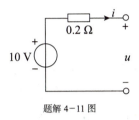

题解 4-11 图

此题解答仅给出戴维南等效电路的求解，再求诺顿等效电路只需要根据公式求出短路电流

4-12 求题 4-12 图所示各电路的戴维南等效电路或诺顿等效电路。

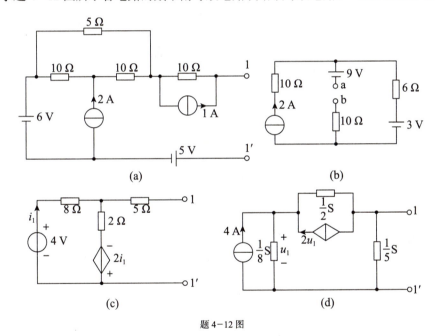

题 4-12 图

解： 题 4-12（a）图求开路电压，如题解 4-12（a）图所示。

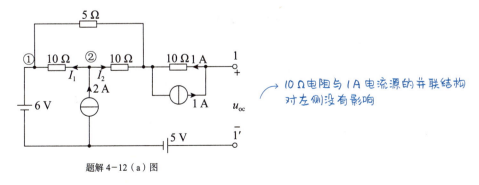

题解 4-12（a）图

10Ω电阻与1A电流源的并联结构对左侧没有影响

结点①、②之间的等效电阻为

$$R_{12} = 10 // 15 = \frac{150}{25} = 6\ \Omega$$

列写结点电压方程：

$$\begin{cases} U_{n1} = 6\ \text{V} \\ -\dfrac{1}{6}U_{n1} + \dfrac{1}{6}U_{n2} = 2 \end{cases}$$

解得 $U_{n2} = 18\ \text{V}$。

$$I_1 = \frac{U_{n2} - U_{n1}}{10} = \frac{18 - 6}{10} = 1.2\ \text{A}$$

$$I_2 = 2 - I_1 = 2 - 1.2 = 0.8\ \text{A}$$

$$u_{oc} = -5 + U_{n2} - 10I_2 + 10 \times 1 = -5 + 18 - 8 + 10 = 15\ \text{V}$$

如题解 4-12（b）图所示，求等效电阻，将独立源置零：

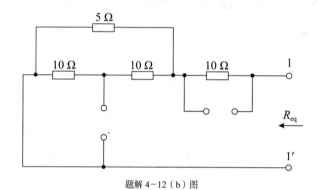

题解 4-12（b）图

$$R_{eq} = 10 + 5 // 20 = 10 + \frac{100}{25} = 14\ \Omega$$

戴维南等效电路[见题解 4-12（c）图]：

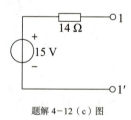

题解 4-12（c）图

题 4-12（b）图求开路电压，如题解 4-12（d）图所示。

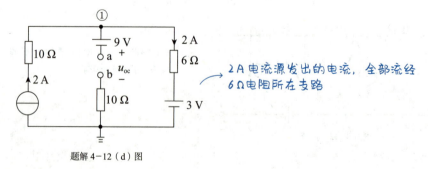

题解 4-12（d）图

由 KVL，有

$$U_{n1} = 3 + 6 \times 2 = 15 \text{ V}$$
$$u_{oc} = U_{n1} - 9 = 6 \text{ V}$$

如题解 4-12（e）图所示，求等效电阻，将独立源置零：

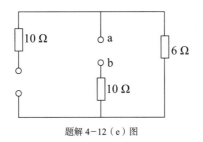

题解 4-12（e）图

$$R_{eq} = 10 + 6 = 16 \text{ Ω}$$

戴维南等效电路［见题解 4-12（f）图］：

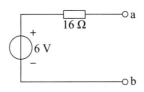

题解 4-12（f）图

题 4-12（c）图求开路电压，如题解 4-12（g）图所示。

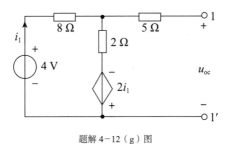

题解 4-12（g）图

由 KVL，有

$$4 = 8i_1 + 2i_1 - 2i_1$$

解得 $i_1 = 0.5 \text{ A}$。

$$u_{oc} = 2i_1 - 2i_1 = 0$$

如题解 4-12（h）图所示，求等效电阻，因为电路含受控源，所以用加压求流法：

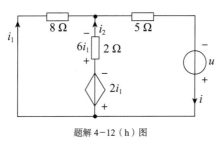

题解 4-12（h）图

$$i_2 = \frac{8i_1 - 2i_1}{2} = 3i_1$$

由 KCL，有

$$i = i_1 + i_2 = i_1 + 3i_1 = 4i_1$$

由 KVL，有

$$u = 5i + 8i_1 = 20i_1 + 8i_1 = 28i_1$$

$$R_{eq} = \frac{u}{i} = \frac{28i_1}{4i_1} = 7\ \Omega$$

所以戴维南等效电路为一个 7Ω 电阻。

题 4-12（d）图求开路电压，如题解 4-12（i）图所示。

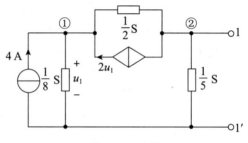

题解 4-12（i）图

列写结点电压方程：

$$\begin{cases} \left(\dfrac{1}{8}+\dfrac{1}{2}\right)U_{n1} - \dfrac{1}{2}U_{n2} = 4 + 2u_1 \\ -\dfrac{1}{2}U_{n1} + \left(\dfrac{1}{2}+\dfrac{1}{5}\right)U_{n2} = -2u_1 \end{cases}$$

$$u_1 = U_{n1}$$

解得 $\begin{cases} U_{n1} = 13.18\ \text{V} \\ U_{n2} = -28.24\ \text{V} \end{cases}$，即

$$u_{oc} = U_{n2} = -28.24\ \text{V}$$

如题解 4-12（j）图所示，求等效电阻，用加压求流法：

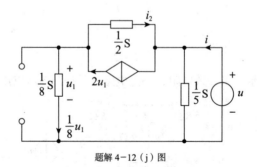

题解 4-12（j）图

由 KCL，有

$$i_2 = 2u_1 - \frac{1}{8}u_1 = \frac{15}{8}u_1$$

由 KVL，有

$$u = -2i_2 + u_1 = -\frac{15}{4}u_1 + u_1 = -\frac{11}{4}u_1$$

由 KCL，有

$$i = \frac{1}{8}u_1 + \frac{1}{5}u = \frac{1}{8}u_1 - \frac{11}{20}u_1 = -\frac{17}{40}u_1$$

$$R_{eq} = \frac{u}{i} = \frac{-\frac{11}{4}u_1}{-\frac{17}{40}u_1} = \frac{110}{17} = 6.47\ \Omega$$

4-13 求题 4-13 图所示两个一端口的戴维南等效电路或诺顿等效电路，并解释所得结果。

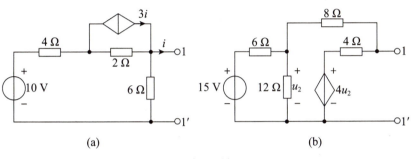

含有受控源的一端口网络，求等效电阻时用加压求流法（或加流求压法）。
求解之后发现：不是所有一端口都存在戴维南等效电路（例如可以等效为电流源的一端口），也不是所有一端口都存在诺顿等效电路（例如可以等效为电压源的一端口）

题 4-13 图

解： 题 4-13（a）图求开路电压如题解 4-13（a）图所示。

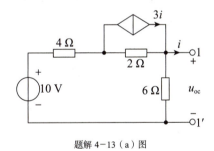

题解 4-13（a）图

如题解 4-13（b）图所示，因为右侧开路，所以 $i = 0$，电路等效为

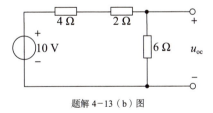

题解 4-13（b）图

$$u_{oc} = \frac{6}{4+2+6} \times 10 = 5\ \text{V}$$

如题解 4-13（c）图所示，求等效电阻：

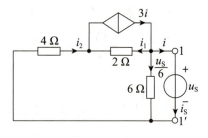

题解 4−13（c）图

$$i_S = i$$

由 KCL，有

$$i_1 = 3i - i - \frac{u_S}{6} = 2i - \frac{1}{6}u_S$$

由 KCL，有

$$i_2 = i + \frac{1}{6}u_S$$

由 KVL，有

$$u_S = 2i_1 - 4i_2 = 4i - \frac{1}{3}u_S - 4i - \frac{2}{3}u_S = -u_S$$

解得 $u_S = 0$。

所以 $R_{eq} = 0$。 $R_{eq} = -\dfrac{u_S}{i_S}$，其中 $u_S = 0$，R_{eq} 当然等于零

等效电阻为 0，所以等效电导为无穷大，该一端口网络只存在戴维南等效电路，不存在诺顿等效电路。戴维南等效电路只含有一个 5V 电压源。

题 4−13（b）图求开路电压如题解 4−13（d）图所示。

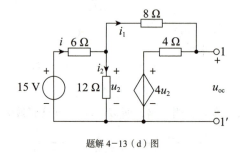

题解 4−13（d）图

由 KVL，有

$$u_2 = (8+4)i_1 + 4u_2$$

所以 $i_1 = -\dfrac{1}{4}u_2$。

又由欧姆定律，有

$$i_2 = \frac{u_2}{12}$$

所以由 KVL，有

$$i = i_1 + i_2 = -\frac{1}{6}u_2$$

由 KVL，$15 = 6i + u_2$，推出 $15 = 0$，矛盾！

这说明开路电压不存在，所以戴维南等效电路不存在，下面求其诺顿等效电路。

如题解 4-13（e）图所示，求短路电流：

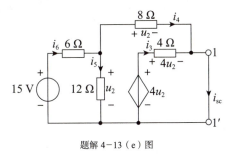

题解 4-13（e）图

右侧短路时，4Ω 电阻的电压与受控源电压相等，所以

$$i_3 = \frac{4u_2}{4} = u_2$$

同理，9Ω 电阻和 12Ω 电阻的电压相等，

$$i_4 = \frac{u_2}{8}, \quad i_5 = \frac{u_2}{12}$$

由 KCL，有

$$i_6 = i_4 + i_5 = \frac{u_2}{8} + \frac{u_2}{12} = \frac{5}{24}u_2$$

由 KVL，有

$$15 = 6i_6 + u_2 = \frac{5}{4}u_2 + u_2 = \frac{9}{4}u_2$$

解得 $u_2 = 15 \times \frac{4}{9} = \frac{20}{3}$ V。

所以
$$i_{sc} = i_3 + i_4 = u_2 + \frac{1}{8}u_2 = \frac{9}{8} \times \frac{20}{3} = 7.5 \text{ A}$$

此题只存在诺顿等效电路，不存在戴维南等效电路。诺顿等效电路只含一个 7.5 A 电流源。

4-14（1）题 4-14（a）图中，电压表测量 a、b 点的电压 $U_{abm} = 25$ V。电压表的内阻 R_V 是多少？如果要控制测量相对误差 $|\delta(\%)| < 1\%$，则 R_V 的最小值为多少？

（2）题 4-14（b）图中，在 12 Ω 电阻支路中接入内阻 $R_A = 3.2$ Ω 的电流表测量 I_a，求测量相对误差 $\delta(\%)$。

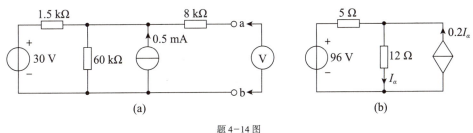

题 4-14 图

解：（1）先求 a、b 端口左侧的戴维南等效电路：→ 求出 a、b 端口左侧的戴维南等效电路之后，电压表的示数就用串联电阻分压来表示。

如题解 4－14（a）图所示，求开路电压：

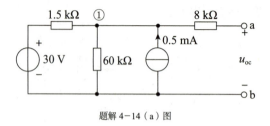

题解 4－14（a）图

列写结点电压方程：

$$\left(\frac{1}{1\,500}+\frac{1}{60\,000}\right)U_{n1}=\frac{30}{1\,500}+0.5\times10^{-3}$$

解得 $U_{n1}=30\text{ V}$。

右侧开路时，结点①与 a 等电位，所以 $u_{oc}=U_{n1}=30\text{ V}$。

如题解 4－14（b）图所示，求等效电阻：

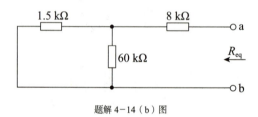

题解 4－14（b）图

$$R_{eq}=8\,000+1\,5000//60\,000=\frac{388}{41}\times1\,000=9.46\text{ k}\Omega$$

戴维南等效电路［见题解 4－14（c）图所示］。

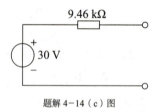

题解 4－14（c）图

右侧接电压表，电压表电压为 25 V，所以由 KVL，等效电阻 R_{eq} 电压为 5 V，电压表电压是 R_{eq} 电压的五倍，所以电压表阻值为 R_{eq} 的五倍。

$$R_V=5R_{eq}=47.32\text{ k}\Omega$$

如果右侧接电阻 R_V，那么测得的电压就是 R_V 的电压，根据电阻分压，测得的电压为

$$\frac{R_V}{R_V+9.46}\times30\text{ V}$$

相对误差为

$$\frac{30-\dfrac{R_V}{R_V+9.46}\times30}{30}\times100\%<1\%$$

解得 $R_V > 936.54\ \text{k}\Omega$。 在12Ω电阻所在的支路串联电流表，而电路其他部分不变，所以本题求12Ω所在支路两侧的诺顿等效电路（方便最后用并联电阻分流）

（2）先求如题解 4-14（d）图所示的 a、b 两侧的诺顿等效电路：

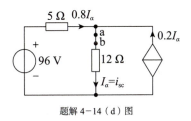

题解 4-14（d）图

求短路电流：
由 KCL，有

$$96 = 5 \times 0.8I_\alpha + 12I_\alpha = 16I_\alpha$$

解得 $I_\alpha = 6\ \text{A}$，此即为短路电流，即 $i_{sc} = 6\ \text{A}$。

如题解 4-14（e）图所示，求开路电压：

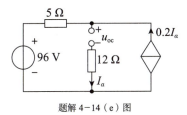

题解 4-14（e）图

当 a、b 间开路时，$I_\alpha = 0$，所以 $u_{oc} = 96\ \text{V}$。 $I_\alpha=0$，所以受控源电流也为0，所以电压源上电流为0，开路电压直接就等于电压源电压。

$$R_{eq} = \frac{u_{oc}}{i_{sc}} = \frac{96}{6} = 16\ \Omega$$

画出接入电流表之后的等效电路如题解 4-14（f）图所示。

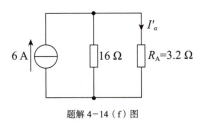

题解 4-14（f）图

由并联分流，有

$$I'_\alpha = \frac{16}{16+3.2} \times 6 = 5\ \text{A} \longrightarrow R_A 上的电流就是流过电流表的电流，即电流 I_\alpha 的测量值$$

$$\delta(\%) = \frac{5-6}{6} \times 100\% = -16.67\%$$

4-15 在如题 4-15 图所示电路中，当 R_L 取 0 Ω、2 Ω、4 Ω、6Ω、10Ω、18Ω、24Ω、42 Ω、90 Ω 和 186Ω 时，求 R_L 的电压 U_L、电流 I_L 和 R_L 消耗的功率。

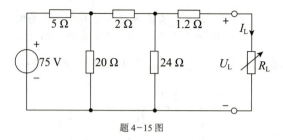

题 4-15 图

解： 先求 R_L 左侧的戴维南等效电路 [见题解 4-15（a）图]。

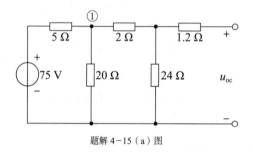

题解 4-15（a）图

结点电压方程：

$$\left(\frac{1}{5}+\frac{1}{20}+\frac{1}{26}\right)U_{n1}=\frac{75}{5}$$

解得 $U_{n1}=52\text{ V}$。

开路电压：

$$u_{oc}=\frac{24}{24+2}U_{n1}=48\text{ V}$$

等效电阻：

$$R_{eq}=(5//20+2)//24+1.2=6//24+1.2=4.8+1.2=6\ \Omega$$

所以等效电路如题解 4-15（b）图所示。

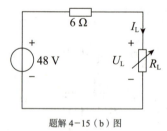

题解 4-15（b）图

当 $R_L=0\ \Omega$ 时：

$$I_L=\frac{48}{6}=8\text{ A},\quad U_L=0\text{ V},\quad P_L=0\text{ W}$$

当 $R_L=2\ \Omega$ 时：

$$I_L=\frac{48}{6+2}=6\text{ A},\quad U_L=6\times 2=12\text{ V},\quad P_L=12\times 6=72\text{ W}$$

当 $R_L = 4\,\Omega$ 时：

$$I_L = \frac{48}{6+4} = 4.8\,\text{A}, \quad U_L = 4.8 \times 4 = 19.2\,\text{V}, \quad P_L = 4.8 \times 19.2 = 92.16\,\text{W}$$

当 $R_L = 6\,\Omega$ 时：

$$I_L = \frac{48}{6+6} = 4\,\text{A}, \quad U_L = 4 \times 6 = 24\,\text{V}, \quad P_L = 4 \times 24 = 96\,\text{W}$$

当 $R_L = 10\,\Omega$ 时：

$$I_L = \frac{48}{6+10} = 3\,\text{A}, \quad U_L = 3 \times 10 = 30\,\text{V}, \quad P_L = 3 \times 30 = 90\,\text{W}$$

当 $R_L = 18\,\Omega$ 时：

$$I_L = \frac{48}{6+18} = 2\,\text{A}, \quad U_L = 2 \times 18 = 36\,\text{V}, \quad P_L = 2 \times 36 = 72\,\text{W}$$

当 $R_L = 24\,\Omega$ 时：

$$I_L = \frac{48}{6+24} = 1.6\,\text{A}, \quad U_L = 24 \times 1.6 = 38.4\,\text{V}, \quad P_L = 1.6 \times 38.4 = 61.44\,\text{W}$$

当 $R_L = 42\,\Omega$ 时：

$$I_L = \frac{48}{6+42} = 1\,\text{A}, \quad U_L = 42 \times 1 = 42\,\text{V}, \quad P_L = 1 \times 42 = 42\,\text{W}$$

当 $R_L = 90\,\Omega$ 时：

$$I_L = \frac{48}{6+90} = 0.5\,\text{A}, \quad U_L = 90 \times 0.5 = 45\,\text{V}, \quad P_L = 0.5 \times 45 = 22.5\,\text{W}$$

当 $R_L = 186\,\Omega$ 时：

$$I_L = \frac{48}{6+186} = 0.25\,\text{A}, \quad U_L = 186 \times 0.25 = 46.5\,\text{V}, \quad P_L = 0.25 \times 46.5 = 11.625\,\text{W}$$

4-16 在如题 4-16 图所示电路中， ⟶ 最大功率传输定理的应用

（1）R 为多大时，它吸收的功率最大？求此最大功率。

（2）当 R_L 取得最大功率时，两个 50 V 电压源发出的功率共为多少？

注意，两个电压源共同发出的功率，不等于戴维南等效电源发出的功率，因为等效电路结构改变，等效前后电源功率不相等

（3）若 $R = 80\,\Omega$，欲使 R 中电流为零，则 a、b 间应并联什么元件？其参数为多少？画出电路图。

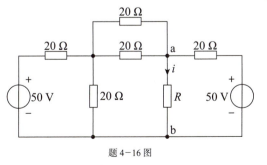

想要找到这一元件，则需要先作出诺顿等效电路（并联结构）

题 4-16 图

解：（1）如题解 4-16（a）图所示，求开路电压：

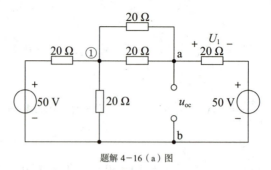

题解 4-16（a）图

$$\left(\frac{1}{20}+\frac{1}{20}+\frac{1}{20//20+20}\right)U_{n1} = \frac{50}{20}+\frac{50}{20//20+20}$$

解得 $U_{n1} = 31.25 \text{ V}$。

$$U_1 = (U_{n1}-50)\cdot \frac{20}{20//20+20} = -12.5 \text{ V}$$

开路电压：

$$u_{oc} = U_1 + 50 = 37.5 \text{ V}$$

等效电阻：

$$R_{eq} = 20//(20//20+20//20) = 20//20 = 10 \text{ Ω}$$

当 $R = R_{eq}$ 时，吸收的功率最大，最大功率为

$$P_{max} = \frac{u_{oc}^2}{4R_{eq}} = \frac{37.5^2}{4\times 10} = 35.156\ 25 \text{ W}$$

（2）当 R_L 取得最大功率时，$R = R_{eq}$。

在电路中标出，如题解 4-16（b）图所示。

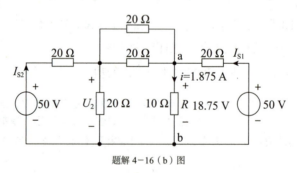

题解 4-16（b）图

由戴维南等效电路：

$$i = \frac{u_{oc}}{R+R_{eq}} = 1.875 \text{ A}$$

$$I_{S1} = \frac{50-18.75}{20} = 1.562\ 5 \text{ A}$$

右侧电压源发出的功率为

$$P_1 = 50I_{S1} = 78.125 \text{ W}$$

$$U_2 = 18.75 - 10\cdot(I_{S1}-i) = 18.75 - 10\times(1.562\ 5 - 1.875) = 21.875 \text{ V}$$

$$I_{S2} = \frac{50 - 21.875}{20} = 1.406\,25 \text{ A}$$

左侧电压源发出的功率为

$$P_2 = 50I_{S2} = 50 \times 1.406\,25 = 70.312\,5 \text{ W}$$

两个 50 V 电压源发出的功率共为

$$P_S = P_1 + P_2 = 78.125 + 70.312\,5 = 148.437\,5 \text{ W}$$

（3）先将戴维南等效电路变换为诺顿等效电路，如题解 4-16（c）图所示。

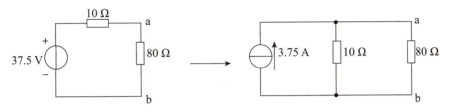

题解 4-16（c）图

由诺顿等效电路，欲使 R 中电流为零，则 a、b 间应并联电流源，电流大小为 3.75A。电路图如题解 4-16（d）图所示。

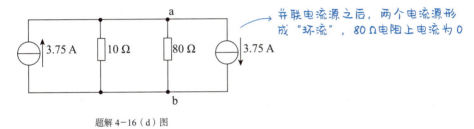

题解 4-16（d）图

4-17 如题 4-17 图所示电路的负载电阻 R_L 可变，R_L 等于何值时可吸收最大功率？求此功率。

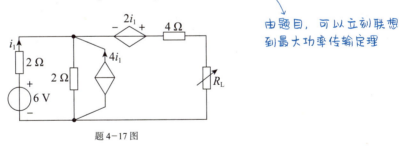

题 4-17 图

解：先求负载电阻左侧的戴维南等效电路。

如题解 4-17（a）图所示，求开路电压：

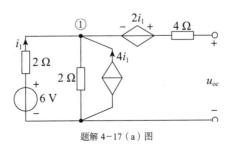

题解 4-17（a）图

列写结点电压方程：

$$\left(\frac{1}{2}+\frac{1}{2}\right)U_{n1} = \frac{6}{2}+4i_1$$

由欧姆定律，有

$$i_1 = \frac{6-U_{n1}}{2}$$

联立以上两式，解得 $\begin{cases} U_{n1} = 5\text{ V}, \\ i_1 = 0.5\text{ A}. \end{cases}$

$$u_{oc} = U_{n1} + 2i_1 = 5 + 2\times 0.5 = 6\text{ V}$$

如题解 4-17（b）图所示，求等效电阻，用加压求流法：

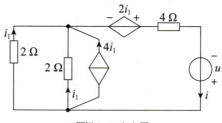

题解 4-17（b）图

对最外侧的回路列写 KVL，有

$$u = 2i_1 - 2i_1 + 4i = 4i$$

$$R_{eq} = \frac{u}{i} = 4\text{ }\Omega$$

当 $R_L = R_{eq} = 4\text{ }\Omega$ 时，可吸收最大功率，最大功率为

$$P_{max} = \frac{u_{oc}^2}{4R_{eq}} = \frac{6^2}{4\times 4} = 2.25\text{ W}$$

4-18 如题 4-18 图所示电路中 N（方框内部）仅由电阻组成。对不同的输入直流电压 U_S 及不同的 R_1、R_2 值进行了两次测量，得下列数据：$R_1 = R_2 = 2\text{ }\Omega$ 时，$U_S = 8\text{ V}$，$I_1 = 2\text{ A}$，$U_2 = 2\text{ V}$；$R_1 = 1.4\text{ }\Omega$，$R_2 = 0.8\text{ }\Omega$ 时，$\hat{U}_S = 9\text{ V}$，$\hat{I}_1 = 3\text{ A}$，求 $\hat{U}_2$ 的值。

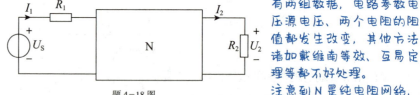

题 4-18 图

这是一个黑箱网络问题，有两组数据，电路参数电压源电压、两个电阻的阻值都发生改变，其他方法诸如戴维南等效、互易定理等都不好处理。注意到 N 是纯电阻网络，两组参数可以对应两个图，考虑用特勒根定理求解。

解： 分别将两次测量的数据标注在题解 4-18（a）、（b）图中：

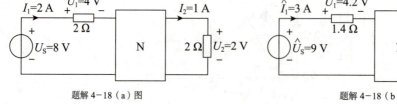

题解 4-18（a）图　　　题解 4-18（b）图

两个电路具有相同的图，题解 4-18（a）图由特勒根定理，有

$$\begin{cases} -U_S\hat{I}_1 + U_1\hat{I}_1 + U_2\hat{I}_2 + \sum_{k=3}^{n} U_k\hat{I}_k = 0 \\ -\hat{U}_S I_1 + \hat{U}_1 I_1 + \hat{U}_2 I_2 + \sum_{k=3}^{n} \hat{U}_k I_k = 0 \end{cases}$$

所以
$$-U_S\hat{I}_1 + U_1\hat{I}_1 + U_2\hat{I}_2 + \sum_{k=3}^{n} U_k\hat{I}_k = -\hat{U}_S I_1 + \hat{U}_1 I_1 + \hat{U}_2 I_2 + \sum_{k=3}^{n} \hat{U}_k I_k \quad ①$$

因为网络 N 仅由电阻构成，所以

$$\sum_{k=3}^{n} U_k\hat{I}_k = \sum_{k=3}^{n} R_k I_k \hat{I}_k = \sum_{k=3}^{n} \hat{U}_k I_k \quad ②$$

将②代入①，得

$$-U_S\hat{I}_1 + U_1\hat{I}_1 + U_2\hat{I}_2 = -\hat{U}_S I_1 + \hat{U}_1 I_1 + \hat{U}_2 I_2$$

代入数据，得

$$-8 \times 3 + 4 \times 3 + 2\hat{I}_2 = -9 \times 2 + 4.2 \times 2 + 0.8\hat{I}_2$$

解得 $\hat{I}_2 = 2\,\text{A}$，所以 $\hat{U}_2 = 0.8\hat{I}_2 = 1.6\,\text{V}$。

4-19 如题 4-19 图中网络 N 仅由电阻组成。根据题 4-19（a）图和（b）图的已知情况，求题 4-19（c）图中电流 I_1 和 I_2。

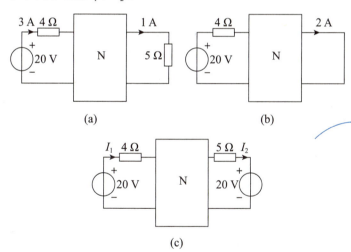

题 4-19 图

题4-19（a）图和题4-19（b）图相比，只有最右侧支路不同，又因为两个图最右侧支路电流都知道，所以可以求出其左侧的戴维南等效电路。将题4-19（c）图戴维南等效，就可以快速求出电流I_2。再求电流I_1，由于题4-19（c）图有两个电源，所以可以考虑叠加定理。左侧电压源单独作用等同于题4-19（a）图；右侧电压源单独作用考虑互易定理

解： 如题解 4-19（a）图所示，先设出一端口网络：

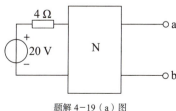

题解 4-19（a）图

设此一端口网络的戴维南等效电路［见题解 4-19（b）图］。

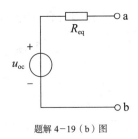

题解 4-19（b）图

再由题 4-19（a）图和题 4-19（b）图分别得到题解 4-19（c）、（d）图：

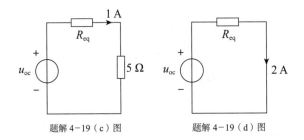

题解 4-19（c）图　　题解 4-19（d）图

所以可列方程：

$$\begin{cases} u_{oc} = R_{eq} + 5 \\ u_{oc} = 2R_{eq} \end{cases}$$

解得 $\begin{cases} u_{oc} = 10\text{ V}, \\ R_{eq} = 5\text{ }\Omega\text{。} \end{cases}$

所以题 4-19（c）图可以等效为如题解 4-19（e）图所示。

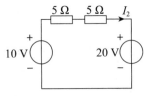

题解 4-19（e）图

所以

$$I_2 = \frac{10 - 20}{5 + 5} = -1\text{ A}$$

下面再求 I_1，考虑使用叠加定理。

当题 4-19（c）图左侧 20V 电压源单独作用时，如题解 4-19（f）图所示。

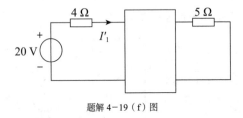

题解 4-19（f）图

由题 4-19（a）图立即可得 $I_1' = 3\text{ A}$。

当题 4-19（c）图右侧 20V 电压源单独作用时，如题解 4-19（g）图所示。

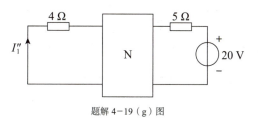

题解 4-19（g）图

结合题 4-19（a）图，如题解 4-19（h）图所示。

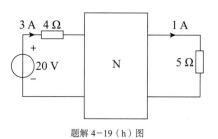

题解 4-19（h）图

由互易定理，有

$$\frac{1}{20} = \frac{-I_1''}{20}$$

激励是电压源，响应是短路电流，符合互易定理的第一种形式。注意参考方向。

解得 $I_1'' = -1\,\text{A}$。

由叠加定理，有

$$I_1 = I_1' + I_2'' = 3 - 1 = 2\,\text{A}$$

4-20 已知题 4-20 图中 N 为电阻网络，在图（a）中 $U_1 = 30\,\text{V}$，$U_2 = 20\,\text{V}$，求图（b）电路中 $\hat{U}_1$。

题4-20（b）图有两个电源，考虑叠加定理。左侧电流源单独作用时对比题4-20（a）图，右侧电流源单独作用时考虑互易定理。总的思路与上一题有类似之处。

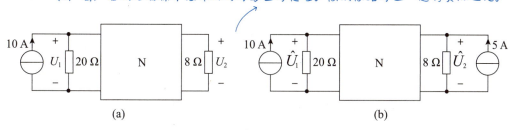

题 4-20 图

解： 考虑叠加定理，当题 4-20（b）图左侧 10 A 电流源单独作用时，如题解 4-20（a）图所示。

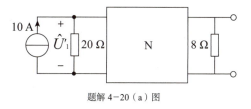

题解 4-20（a）图

对比题 4-20（a）图立即可知 $\hat{U}_1' = U_1 = 30\,\text{V}$。

当题 4-20（b）图右侧 5A 电流源单独作用时，如题解 4-20（c）图所示：

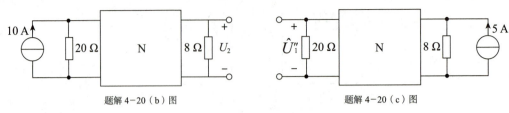

题解 4-20（b）图　　　　　　　题解 4-20（c）图

由互易定理，有

$$\frac{U_2}{10} = \frac{\hat{U}_1''}{5}$$ → 激励是电流源，响应是开路电压，符合互易定理的第二种形式。

解得 $\hat{U}_1'' = \frac{1}{2}U_2 = 10\text{ V}$。

由叠加定理，有

$$\hat{U}_1 = \hat{U}_1' + \hat{U}_2'' = 30 + 10 = 40\text{ V}$$

4-21 题 4-21 图中 N 为电阻网络。已知图（a）中各电压、电流，求图（b）中 I。

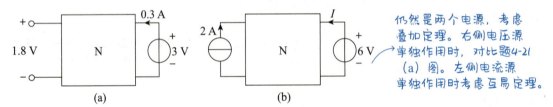

→ 仍然是两个电源，考虑叠加定理。右侧电压源单独作用时，对比题4-21（a）图。左侧电流源单独作用时考虑互易定理。

题 4-21 图

解： 当题 4-21（b）图右侧 6 V 电压源单独作用时，如题解 4-21（a）图所示。

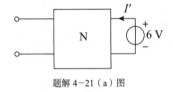

题解 4-21（a）图

结合题 4-21（a）图，由齐性定理，有

$$I' = 2 \times 0.3 = 0.6\text{ A}$$

当题 4-21（b）图左侧 2A 电流源单独作用时，如题解 4-21（b）图所示：

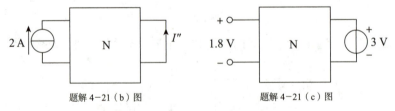

题解 4-21（b）图　　　　　　　题解 4-21（c）图

对比题解 4-21（b）、（c）两图，由互易定理，有

$$\frac{1.8}{3} = \frac{-I''}{2}$$ → 符合互易定理的第三种形式

解得 $I'' = -1.2\text{ A}$。

由叠加定理，有

$$I = I' + I'' = 0.6 - 1.2 = -0.6\text{ A}$$

4-22 题 4-22 图所示电路中 N 由电阻组成，图（a）中，$I_2 = 0.5\,\text{A}$，求图（b）中电压 U_1。

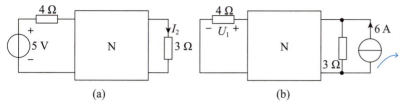

题 4-22 图

解： 改画题 4-22（a）图电路，如题解 4-22（a）图所示。

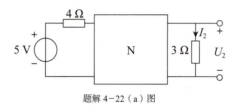

题解 4-22（a）图

由欧姆定律，有

$$U_2 = 3I_2 = 3 \times 0.5 = 1.5\,\text{V}$$

如题解 4-22（b）图所示，设出电流 I_1：

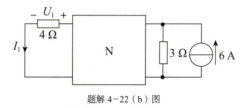

题解 4-22（b）图

由互易定理，有

$$\frac{U_2}{5} = \frac{I_1}{6}$$

解得

$$I_1 = \frac{6}{5}U_2 = \frac{6}{5} \times 1.5 = 1.8\,\text{A}$$

所以 $U_1 = 4I_1 = 7.2\,\text{V}$。

4-23 题 4-23 图所示网络 N 仅由电阻组成，端口电压和电流之间的关系可由下式表示：

$$i_1 = G_{11}u_1 + G_{12}u_2$$
$$i_2 = G_{21}u_1 + G_{22}u_2$$

试证明 $G_{12} = G_{21}$。如果 N 内部含独立电源或受控源，上述结论是否成立，为什么？

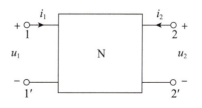

题 4-23 图

解： 如题解 4-23（a）图所示，当左侧端口短路时，$u_1=0$，代入 $i_1=G_{11}u_1+G_{12}u_2$，得 $i_1=G_{12}u_2$，所以 $G_{12}=\dfrac{i_1}{u_2}$。

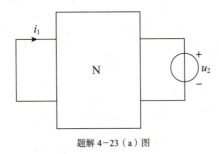

题解 4-23（a）图

如题解 4-23（b）图所示，当右侧端口短路时，$u_2=0$，同理可得 $\hat{i}_2=G_{21}\hat{u}_1$，$G_{21}=\dfrac{\hat{i}_2}{\hat{u}_1}$。

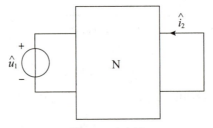

题解 4-23（b）图

由互易定理，$\dfrac{-i_1}{u_2}=\dfrac{-\hat{i}_2}{\hat{u}_1}$，即 $\dfrac{i_1}{u_2}=\dfrac{\hat{i}_2}{\hat{u}_1}$。 → *激励为电压源，响应为短路电流，符合互易定理的第一种形式*

所以 $G_{12}=G_{21}$，证毕！

如果 N 内部含独立电源或受控源，则上述结论不一定成立。

因为如果 N 内部含独立电源或受控源，则 N 未必满足互易性，所以互易定理未必成立，无法得到此结论。

4-24 请判断题 4-24（b）、（c）、（d）图中哪一个是题 4-24（a）图所示电路的对偶电路。叙述其理由，试决定其参数值并指出哪些物理量和方程具有对偶关系。

↘ *并联和串联、电压源和电流源、电阻和电导是对偶关系，据此得到对偶电路*

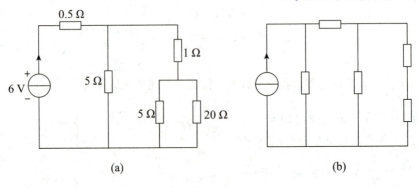

题 4-24 图

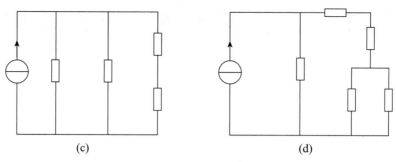

(c)　　　　　　　　　　(d)

题 4-24 图（续）

解： 题 4-24（b）图是题 4-24 图（a）的对偶电路。

理由：题 4-24（a）图中 5 Ω 电阻和 20 Ω 电阻并联，对偶电路中应该是串联形式，所以排除题 4-24（d）图。左边的 5Ω 电阻和右侧混联结构是并联关系，所以对偶电路中应该是串联形式，所以排除题 4-24（c）图。

各参数值如题解 4-24 图所示：

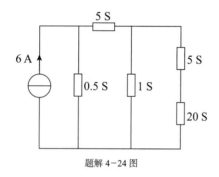

题解 4-24 图

电压和电流、电阻和电导、KCL 和 KVL 方程都具有对偶关系。

第五章 含有运算放大器的电阻电路

一、运算放大器的电路模型 → 先讨论非理想运放

首先看一下运放的符号图和外特性图，如图 5-1 和图 5-2 所示。

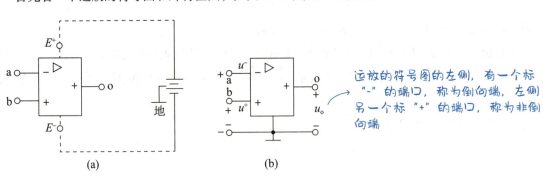

运放的符号图的左侧，有一个标"-"的端口，称为倒向端，左侧另一个标"+"的端口，称为非倒向端

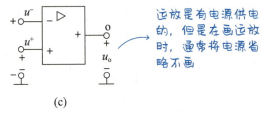

运放是有电源供电的，但是在画运放时，通常将电源省略不画

图 5-1 运放的图形符号图

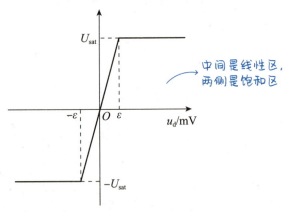

中间是线性区，两侧是饱和区

图 5-2 运放的外特性图

在图 5-2 中，横坐标 u_d 是差分输入电压，$u_d = u^+ - u^-$。

可以发现，运放的外特性图像包含三段、两个区，下面分别进行讨论：

（1）运放工作在线性区。

当 $-\varepsilon \leq u_d \leq \varepsilon$ 时，$u_o = A(u^+ - u^-)$，A 为运放的电压放大倍数，A 是一个很大的数值。

（2）运放工作在**饱和区**。

当 $u_d > \varepsilon$ 时，$u_o = U_{sat}$，输出正的饱和电压。

当 $u_d < -\varepsilon$ 时，$u_o = -U_{sat}$，输出负的饱和电压。

二、理想运放

理想运放的定义：假设运放的电压放大倍数 $A=\infty$，输入电阻 $R_i = \infty$，输出电阻 $R_o = 0$，则称这种运放为理想运放。

理想运放的特性：

（1）"**虚断**"：倒向端和非倒向端的输入电流均为 0。 *因为理想运放的输入电阻为无穷大*

（2）"**虚短**"：倒向端和非导向端的电压相等，即 $u^+ = u^-$。 *理想运放的电压放大倍数为无穷大，而输出量为有限值，所以输入差分电压应该为 0*

> **电路一点通**
>
> 对于含有运算放大器的电路的求解，需要注意以下几点：
>
> （1）理想运放在无反馈或者正反馈的工况下，工作在饱和区，输出电压的绝对值为饱和电压。若 $u^+ > u^-$，则输出正的饱和电压；若 $u^+ < u^-$，则输出负的饱和电压。
>
> （2）对于所有的理想运放，都可以应用"虚断"，因为理想运放都有输入电阻 $R_i = \infty$。
>
> （3）工作在线性区的理想运放，才能应用"虚短"，这就要求理想运放工作在负反馈且输入量较小。一般情况下，如果题目不加说明，可以直接应用"虚短"。
>
> （4）运放的输出电流不等于 0，一般不能直接得到，所以在求解电路时，不对输出端口列写结点电压方程。
>
> （5）运放中含有电源，在运放的符号图中，经常将电源省略，但是不能忘记电源的存在。
>
> （6）对于接地点，一般不能列写 KCL。

题型 含有理想运算放大器的电路的分析

这类题目有固定的套路，无非就是应用"**虚断**""**虚短**"，再结合前面章节的定理和方法（例如**结点电压法**），对电路列写方程并求解。这种题思路简单，但是有时会有很多字母，在运算上较为烦琐。

5-1 设题 5-1 图所示电路的输出 u_o 为

$u_o = -3u_1 - 0.2u_2$ → *本题就是求解电路，求出 u_o 关于 u_1、u_2 的表达式，再与此式对比即可*

已知 $R_3 = 10\text{ k}\Omega$，求 R_1 和 R_2。

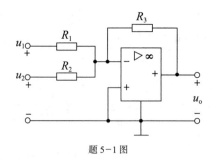

题 5-1 图

解： 如题解 5-1 图所示。

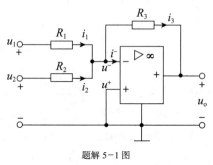

题解 5-1 图

由"虚短"，有 $u^- = u^+ = 0$。

由"虚断"，有 $i^- = 0$。

由 KCL，在 $i_1 + i_2 = i_3$，即

$$\frac{u_1 - 0}{R_1} + \frac{u_2 - 0}{R_2} = \frac{0 - u_o}{R_3}$$

整理得

$$u_o = -\frac{R_3}{R_1}u_1 - \frac{R_3}{R_2}u_2$$

与题目条件 $u_o = -3u_1 - 0.2u_2$ 对比，得

$$\frac{R_3}{R_1} = 3 , \quad \frac{R_3}{R_2} = 0.2$$

所以 $R_1 = \frac{1}{3}R_3 = \frac{10}{3}\text{ k}\Omega$，$R_2 = 5R_3 = 50\text{ k}\Omega$。

5-2 题 5-2 图所示电路起减法作用，求输出电压 u_o 和输入电压 u_1、u_2 之间的关系。

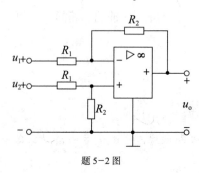

题 5-2 图

解： 如题解 5-2 图所示。

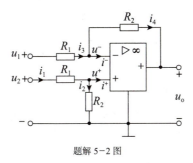

题解 5-2 图

由"虚断"，有 $i^+ = 0$，$i^- = 0$。故 $i_1 = i_2$，由串联电阻分压，有

$$u^+ = \frac{R_2}{R_1 + R_2} u_2$$

由"虚短"，有

$$u^- = u^+ = \frac{R_2}{R_1 + R_2} u_2$$

又由 $i_3 = i_4$，有

$$\frac{u_1 - u^-}{R_1} = \frac{u^- - u_o}{R_2}$$

整理得

$$u_o = \frac{R_1 + R_2}{R_1} u^- - \frac{R_2}{R_1} u_1 = \frac{R_2}{R_1} (u_2 - u_1)$$

5-3 求题 5-3 图所示电路的输出电压与输入电压之比 $\dfrac{u_2}{u_1}$。

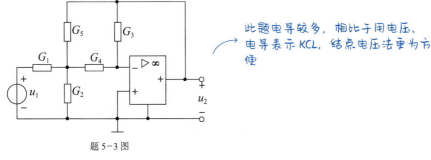

题 5-3 图

解： 如题解 5-3 图所示。

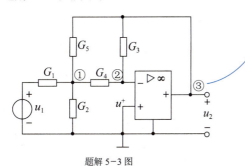

题解 5-3 图

对结点①、②列写结点电压方程：

$$\begin{cases}(G_1+G_2+G_3+G_4)U_{n1}-G_4U_{n2}-G_5U_{n3}=G_1u_1\\-G_4U_{n1}+(G_3+G_4)U_{n2}-G_3U_{n3}=0\end{cases}$$

由"虚短"，有 $U_{n2}=u^+=0$，且 $U_{n3}=u_2$。

将以上两式代入结点电压方程，得

$$\begin{cases}(G_1+G_2+G_3+G_4)U_{n1}-G_5u_2=G_1u_1\\-G_4U_{n1}-G_3u_2=0\end{cases}$$

消去 U_{n1}，得

$$\frac{u_2}{u_1}=-\frac{G_1}{\dfrac{G_3}{G_4}(G_1+G_2+G_3+G_4)-G_5}=-\frac{G_1G_4}{G_3(G_1+G_2+G_3+G_4)-G_4G_5}$$

5-4 求题 5-4 图所示电路的电压比值 $\dfrac{u_o}{u_1}$。

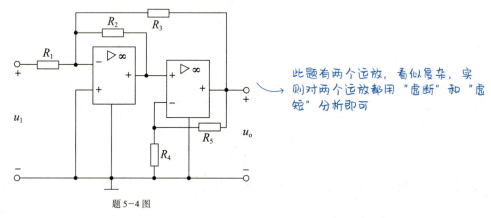

题 5-4 图

此题有两个运放，看似复杂，实则对两个运放都用"虚断"和"虚短"分析即可

解： 如题解 5-4 图所示。

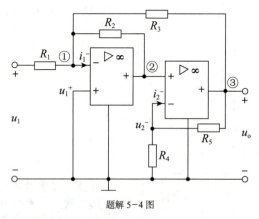

题解 5-4 图

对左侧的理想运放，由"虚断"，有 $i_1^-=0$。

对结点①列写结点电压方程：

$$\left(\frac{1}{R_1}+\frac{1}{R_2}+\frac{1}{R_3}\right)U_{n1}-\frac{1}{R_2}U_{n2}-\frac{1}{R_3}U_{n3}=\frac{u_1}{R_1} \quad ①$$

列写节点电压方程之后，思路就是求出 U_{n1}、U_{n2}、U_{n3}（用 u_1 和 u_o 表示）

对左侧的理想运放，由"虚短"，有
$$U_{n1} = u_1^+ = 0 \quad ②$$
对右侧的理想运放，由"虚断"，有 $i_2^- = 0$。

所以 R_4、R_5 相当于串联，故
$$u_2^- = \frac{R_4}{R_4 + R_5} u_o$$

对左侧的理想运放，由"虚短"，有
$$U_{n2} = u_2^- = \frac{R_4}{R_4 + R_5} u_o \quad ③$$

又
$$U_{n3} = u_o \quad ④$$

将式②、③、④代入①，得
$$-\frac{1}{R_2} \frac{R_4}{R_4 + R_5} u_o - \frac{1}{R_3} u_o = \frac{u_1}{R_1}$$

整理，得
$$\frac{u_o}{u_1} = -\frac{1}{R_1} \frac{1}{\frac{1}{R_2} \frac{R_4}{R_4 + R_5} + \frac{1}{R_3}} = -\frac{R_2 R_3 (R_4 + R_5)}{R_1 (R_3 R_4 + R_2 R_4 + R_2 R_5)}$$

5-5 求题 5-5 图所示电路的电压比 $\dfrac{u_o}{u_S}$。

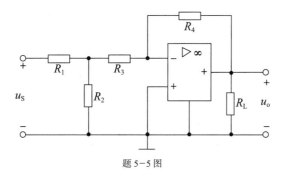

题 5-5 图

解： 如题解 5-5 图所示。

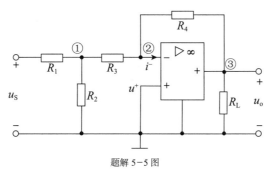

题解 5-5 图

对结点①、②列写结点电压方程：

$$\begin{cases} \left(\dfrac{1}{R_1}+\dfrac{1}{R_2}+\dfrac{1}{R_3}\right)U_{n1}-\dfrac{1}{R_3}U_{n2}=\dfrac{u_S}{R_1} \\ -\dfrac{1}{R_3}U_{n1}+\left(\dfrac{1}{R_3}+\dfrac{1}{R_4}\right)U_{n2}-\dfrac{1}{R_4}U_{n3}=0 \end{cases}$$

由"虚短",有

$$U_{n2}=u^+=0$$

又 $U_{n3}=u_o$,得

$$\begin{cases} \left(\dfrac{1}{R_1}+\dfrac{1}{R_2}+\dfrac{1}{R_3}\right)U_{n1}=\dfrac{u_S}{R_1} \\ -\dfrac{1}{R_3}U_{n1}-\dfrac{1}{R_4}u_o=0 \end{cases}$$

消去 U_{n1},得

$$\dfrac{u_o}{u_S}=-\dfrac{R_4}{R_1R_3\left(\dfrac{1}{R_1}+\dfrac{1}{R_2}+\dfrac{1}{R_3}\right)}=-\dfrac{R_2R_4}{R_1R_2+R_1R_3+R_2R_3}$$

5-6 试证明题 5-6 图所示电路若满足 $R_1R_4=R_2R_3$,则电流 i_L 仅决定于 u_1 而与负载电阻 R_L 无关。

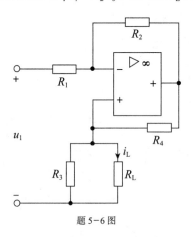

题 5-6 图

解: 如题解 5-6 图所示。

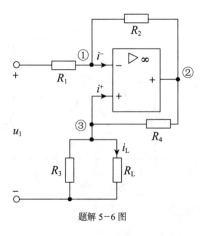

题解 5-6 图

对结点①、③列写结点电压方程：

$$\begin{cases} \left(\dfrac{1}{R_1}+\dfrac{1}{R_2}\right)U_{n1}-\dfrac{1}{R_2}U_{n2}=\dfrac{u_1}{R_1} \\ -\dfrac{1}{R_4}U_{n2}+\left(\dfrac{1}{R_3}+\dfrac{1}{R_L}+\dfrac{1}{R_4}\right)U_{n3}=0 \end{cases}$$

由"虚短"，有 $U_{n1}=U_{n3}$，代入结点电压方程，分别表示 U_{n2}，得

$$R_2\left(\dfrac{1}{R_1}+\dfrac{1}{R_2}\right)U_{n3}-\dfrac{R_2}{R_1}u_1=R_4\left(\dfrac{1}{R_3}+\dfrac{1}{R_L}+\dfrac{1}{R_4}\right)U_{n3}$$

整理，得

$$U_{n3}=\dfrac{\dfrac{R_2}{R_1}}{\dfrac{R_2}{R_1}-\dfrac{R_4}{R_3}-\dfrac{R_4}{R_L}}u_1=\dfrac{\dfrac{R_2}{R_1}u_1}{\dfrac{R_2R_3-R_1R_4}{R_1R_3}-\dfrac{R_4}{R_L}}=-\dfrac{R_2R_L}{R_1R_4}u_1$$

由欧姆定律，有

$$i_L=\dfrac{U_{n3}}{R_L}=-\dfrac{R_2u_1}{R_1R_4}$$

由 i_L 的表达式可知，电流 i_L 仅决定于 u_1 而与负载电阻 R_L 无关。

5-7 求如题 5-7 图所示电路的 u_o 与 u_{S1}、u_{S2} 之间的关系。

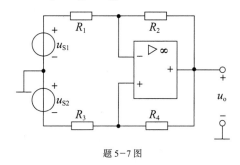

题 5-7 图

解： 如题解 5-7 图所示。

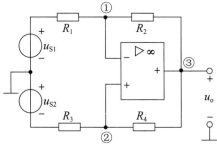

题解 5-7 图

对结点①、②列写结点电压方程，有

$$\begin{cases} \left(\dfrac{1}{R_1}+\dfrac{1}{R_2}\right)U_{n1}-\dfrac{1}{R_2}U_{n3}=\dfrac{u_{S1}}{R_1} \\ \left(\dfrac{1}{R_3}+\dfrac{1}{R_4}\right)U_{n2}-\dfrac{1}{R_4}U_{n3}=-\dfrac{u_{S2}}{R_3} \end{cases}$$

将 $U_{n3} = u_o$ 代入方程，得

$$U_{n1} = \frac{\dfrac{u_{S1}}{R_1} + \dfrac{1}{R_2}U_{n3}}{\dfrac{1}{R_1} + \dfrac{1}{R_2}} = \frac{R_2 u_{S1} + R_1 u_o}{R_1 + R_2}$$

同理，有

$$U_{n2} = \frac{-R_4 u_{S2} + R_3 u_o}{R_3 + R_4}$$

由"虚短"，有 $U_{n1} = U_{n2}$，即

$$\frac{-R_4 u_{S2} + R_3 u_o}{R_3 + R_4} = \frac{R_2 u_{S1} + R_1 u_o}{R_1 + R_2}$$

$$-(R_1 + R_2)R_4 u_{S2} + (R_1 + R_2)R_3 u_o = (R_3 + R_4)R_2 u_{S1} + (R_3 + R_4)R_1 u_o$$

$$(R_2 R_3 - R_1 R_4) u_o = (R_3 + R_4)R_2 u_{S1} + (R_1 + R_2)R_4 u_{S2}$$

$$u_o = \frac{(R_3 + R_4)R_2 u_{S1} + (R_1 + R_2)R_4 u_{S2}}{R_2 R_3 - R_1 R_4}$$

5-8 电路如题 5-8 图所示，设 $R_f = 16R$，验证该电路的输出 u_o 与输入 $u_1 \sim u_4$ 之间的关系为 $u_o = -(8u_1 + 4u_2 + 2u_3 + u_4)$。[注：该电路为 4 位数字 — 模拟转换器，常用在信息处理、自动控制领域。该电路可将一个 4 位二进制数字信号转换成模拟信号。例如当数字信号为 **1101** 时，令 $u_1 = u_2 = u_4 = 1$，$u_3 = 0$，则由关系式 $u_o = -(8u_1 + 4u_2 + 2u_3 + u_4)$ 得模拟信号 $u_o = -(8 + 4 + 0 + 1) = -13$。]

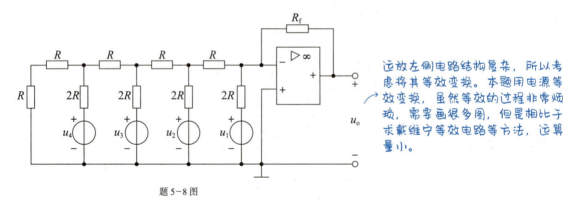

题 5-8 图

解：进行电源等效变换，如题解 5-8（a）图所示。

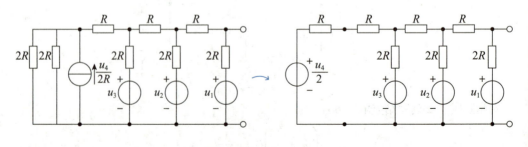

题解 5-8（a）图

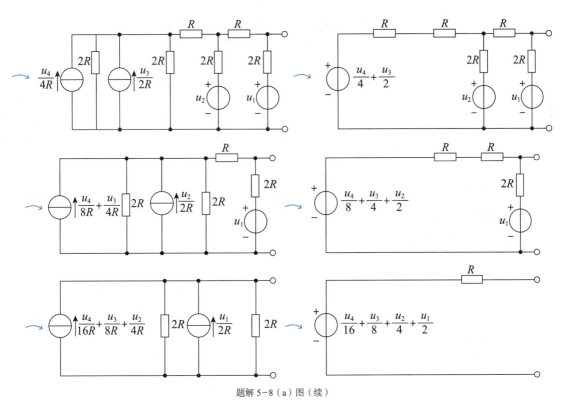

题解 5-8（a）图（续）

所以原电路等效为题解 5-8（b）图：

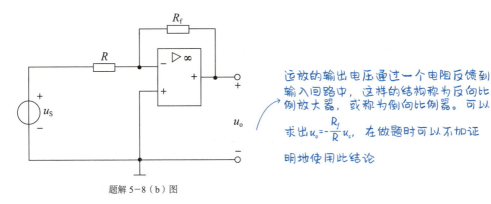

题解 5-8（b）图

其中，
$$u_S = \frac{u_4}{16} + \frac{u_3}{8} + \frac{u_2}{4} + \frac{u_1}{2}$$

这是一个反向比例放大器，有
$$u_o = -\frac{R_f}{R} u_S = -16\left(\frac{u_4}{16} + \frac{u_3}{8} + \frac{u_2}{4} + \frac{u_1}{2}\right) = -(8u_1 + 4u_2 + 2u_3 + u_4)$$

> **电路一点通**
>
> 运算放大器可以实现多种运算，除了题 5-8 中可以构成比例器之外，也可以构成加法器、减法器等，另外也可以再结合电感、电容元件实现微分、积分的运算。

第六章 储能元件

6-1 电容元件

电容描述的是电荷 q 和电压 u 之间的关系。当电压参考极性与极板存储电荷的极性一致时,对于线性电容,元件特性为 $q = Cu$,其中,C 称为电容,单位是 F(法拉,简称法)。

电容元件及其库伏特性曲线如图 6-1 所示。

> 法是一个很大的单位,几十法的电容就已经很不常见了。另外,题目中经常出现 μF(微法)、pF(皮法),这些也是电容的单位,它们之间的换算关系为:$1F=10^6 μF=10^{12} pF$

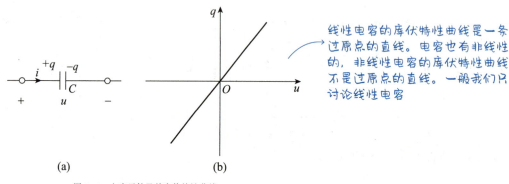

图 6-1 电容元件及其库伏特性曲线

> 线性电容的库伏特性曲线是一条过原点的直线。电容也有非线性的,非线性电容的库伏特性曲线不是过原点的直线。一般我们只讨论线性电容

当 u 与 i 成关联参考方向时,线性电容的 VCR 为

$$i = C \frac{du}{dt}$$

作逆运算,t 时刻的电压为

$$u(t) = u(t_0) + \frac{1}{C} \int_{t_0}^{t} i d\xi$$

特别地,当 $t_0 = 0$ 时,有

$$u(t) = u(0) + \frac{1}{C} \int_{0}^{t} i d\xi$$

在 t 时刻,电容储能为

$$W_C(t) = \frac{1}{2} C u^2(t)$$

电容是动态元件,是记忆元件,不是储能元件。

> 电压和电流具有动态关系

> 当前的电压值与初始时刻的电压值有关,也与 0 到 t 的电流值有关

> 在第一章已经介绍过如何判断元件是有源还是无源。对于电容,$W = \int_{-\infty}^{t} ui dt = \int_{-\infty}^{t} Cu \frac{du}{dt} dt = \frac{1}{2} Cu^2(t) \geq 0$,所以电容是无源元件。

6-2 电感元件

若电流 i 产生的磁通 Φ_L 互与 N 匝线圈交链,则磁通链 $\Psi_L = N\Phi_L$。磁通和磁通链的单位都是 Wb(韦

伯，简称韦）。

电感描述的是磁链 Ψ 和电流 i 之间的关系。当磁链 Ψ 和电流 i 的参考方向满足右手螺旋关系时，对于线性电感，元件特性为 $\Psi = Li$，其中，L 称为电感，单位是 H（亨利，简称亨）。

电感元件及其韦安特性如图 6-2 所示。

> 电感的另一个常用单位是 mH（毫亨），它与 H（亨）的换算关系为 $1\,\text{H}=10^3\,\text{mH}$

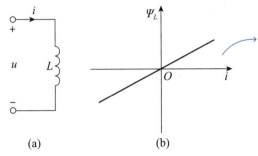

> 线性电感的韦安特性曲线是一条过原点的直线。电感也有非线性的，非线性电感的韦安特性曲线不是过原点的直线。一般我们只讨论线性电感

图 6-2 电感元件及其韦安特性

当 u 与 i 成关联参考方向时，线性电感的 VCR 为

$$u = L\frac{\mathrm{d}i}{\mathrm{d}t}$$

作逆运算，t 时刻的电流为

$$i(t) = i(t_0) + \frac{1}{L}\int_{t_0}^{t} u\,\mathrm{d}\xi$$

特别地，当 $t_0 = 0$ 时，有

$$i(t) = i(0) + \frac{1}{L}\int_{0}^{t} u\,\mathrm{d}\xi$$

在 t 时刻，电感储能为

$$W_L(t) = \frac{1}{2}Li^2(t)$$

与电容类似，电感是动态元件，是记忆元件，不是储能元件。

6-3 电容、电感元件的串联与并联

当电容、电感元件为串联或并联组合时，它们也可用一个等效电容或等效电感来替代。

一、电容的串并联

n 个电容串联时，$\dfrac{1}{C_{\mathrm{eq}}} = \dfrac{1}{C_1} + \dfrac{1}{C_2} + \cdots + \dfrac{1}{C_n}$。

n 个电容并联时，$C_{\mathrm{eq}} = C_1 + C_2 + \cdots + C_n$。

> 与电导的串并联公式类似

二、电感的串并联

n 个电感串联时，$L_{\mathrm{eq}} = L_1 + L_2 + \cdots + L_n$。

n 个电感并联时，$\dfrac{1}{L_{\mathrm{eq}}} = \dfrac{1}{L_1} + \dfrac{1}{L_2} + \cdots + \dfrac{1}{L_n}$。

> 与电阻的串并联公式类似

斩题型

题型1　电容、电感的伏安特性的应用

对电容，有

$$i = C\frac{du}{dt}, \quad u(t) = u(t_0) + \frac{1}{C}\int_{t_0}^{t} i\, d\xi$$

对电感，有

$$u = L\frac{di}{dt}, \quad i(t) = i(t_0) + \frac{1}{L}\int_{t_0}^{t} u\, d\xi$$

记住以上公式并套用即可。

题型2　求等效电容、等效电感

电容的串并联与电导的串并联类似，电感的串并联与电阻的串并联类似。

此外，电容、电感也可以进行 Y-Δ 变换，且电感的 Y-Δ 变换公式与电阻的 Y-Δ 变换公式在形式上完全一致。而对于电容，从星形向三角形变换时，公式在形式上与电阻从三角形向星形变换的公式一致；从三角形向星形变换时，公式在形式上与电阻从星形向三角形变换的公式一致。

解习题

6-1 电容元件与电感元件中电压、电流参考方向如题 6-1 图所示，且知 $u_C(0) = 0$，$i_L(0) = 0$。
（1）写出电压用电流表示的约束方程。→直接套用电容、电感的公式即可，注意参考方向
（2）写出电流用电压表示的约束方程。

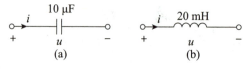

题 6-1 图

解：（1）对电容，有

$$u = u(0) + \frac{1}{C}\int_0^t i\, d\xi = 10^5 \cdot \int_0^t i\, d\xi$$

对电感，有

$$u = -L\frac{di}{dt} = -0.02\frac{di}{dt}$$

> 题 6-1（b）图中，电感的电压和电流取非关联参考方向，不要忘记负号！

（2）对电容，有

$$i = C\frac{du}{dt} = 10^{-5}\frac{du}{dt}$$

对电感，有

$$i = i(0) - \frac{1}{L}\int_0^t u\, d\xi = -50\int_0^t u\, d\xi$$

6-2 2μF 的电容上所加电压 u 的波形如题 6-2 图所示。求：

（1）电容电流 i。

（2）电容电荷 q。

（3）电容吸收的功率 p。

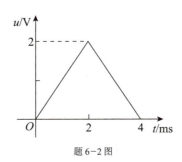

题 6-2 图

解：（1）根据题 6-2 图写出表达式：

$$u = \begin{cases} 1000t, & 0 \leqslant t < 2 \times 10^{-3} \text{ s} \\ 4 - 1000t, & 2 \times 10^{-3} \leqslant t < 4 \times 10^{-3} \text{ s} \end{cases}$$

电压、电流取关联参考方向，有

$$i = C\frac{du}{dt} = 2 \times 10^{-6} \frac{du}{dt} = \begin{cases} 2 \times 10^{-3}, & 0 \leqslant t < 2 \times 10^{-3} \text{ s} \\ -2 \times 10^{-3}, & 2 \times 10^{-3} \leqslant t < 4 \times 10^{-3} \text{ s} \end{cases}$$

（2）$q = Cu = 2 \times 10^{-6} u = \begin{cases} 2 \times 10^{-3} t, & 0 \leqslant t < 2 \times 10^{-3} \text{ s} \\ 8 \times 10^{-6} - 2 \times 10^{-3} t, & 2 \times 10^{-3} \leqslant t < 4 \times 10^{-3} \text{ s} \end{cases}$

（3）$p = ui = \begin{cases} 2t, & 0 \leqslant t < 2 \times 10^{-3} \text{ s} \\ -8 \times 10^{-3} + 2t, & 2 \times 10^{-3} \leqslant t < 4 \times 10^{-3} \text{ s} \end{cases}$

电压和电流的表达式都按时间分为两段，每段时间内的功率都是这段时间电压和电流瞬时值的乘积。

6-3 如题 6-3（a）图所示电容中电流 i 的波形如题 6-3（b）图所示，现已知 $u(0)=0$，试求 $t=1$ s, $t=2$ s 和 $t=4$ s 时电容电压 u。

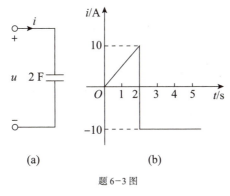

题 6-3 图

解：根据题 6-3（b）图写出电流表达式：

$$i = \begin{cases} 5t, & 0 \leqslant t < 2 \text{ s} \\ -10, & t \geqslant 2 \text{ s} \end{cases}$$

电压、电流是关联参考方向，所以

$$u(t) = u(0) + \frac{1}{C}\int_0^t i\,dt = \frac{1}{2}\int_0^t i\,dt$$

$u(1) = \frac{1}{2}\int_0^1 5t\,dt = \frac{1}{2} \times \frac{5}{2} = \frac{5}{4}$ V

$u(2) = \frac{1}{2}\int_0^2 5t\,dt = \frac{1}{2} \times \frac{5}{2} \times 4 = 5$ V

$u(4) = u(2) + \frac{1}{2}\int_2^4 (-10)\,dt = 5 - 5 \times 2 = -5$ V

$u(t) = u(t_0) + \frac{1}{C}\int_{t_0}^t i\,d\xi$，令 $t_0 = 2$s 即可得。

或者由 $u(t) = \frac{1}{2}\int_0^t i\,dt$，$u(t) = \frac{1}{2}\int_0^2 i\,dt + \frac{1}{2}\int_2^4 i\,dt$，同样可以得到结果

6-4 题 6-4（a）图中 $L = 4$ H，且 $i(0) = 0$，电压的波形如题 6-4（b）图所示。试求当 $t = 1$s，$t = 2$s，$t = 3$s 和 $t = 4$s 时电感电流 i。

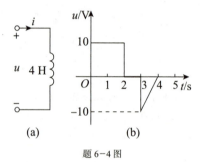

题 6-4 图

解： 由题图得电压表达式，有

$$u = \begin{cases} 10, & 0 \leq t < 2\text{ s} \\ 0, & 2 \leq t < 3\text{ s} \\ 10t - 40, & 3 \leq t < 4\text{ s} \end{cases}$$

对电感，有

$$i(t) = i(0) + \frac{1}{L}\int_0^t u\,dt = \frac{1}{4}\int_0^t u\,dt$$

$i(1) = \frac{1}{4}\int_0^1 10\,dt = \frac{1}{4} \times 10 = 2.5$ A

$i(2) = \frac{1}{4}\int_0^2 10\,dt = \frac{1}{4} \times 20 = 5$ A

$i(3) = i(2) + \frac{1}{4}\int_2^3 0\,dt = 5$ A

$i(4) = i(3) + \frac{1}{4}\int_3^4 (10t - 40)\,dt = 5 + \left(5t^2 - 40t\right)\Big|_3^4 = 3.75$ A

由 $i(t) = i(t_0) + \frac{1}{L}\int_{t_0}^t u\,d\xi$，分别令 $t_0 = 2$s、$t_0 = 3$s 即可。

6-5 若已知显像管行偏转线圈中的周期性行扫描电流如题 6-5 图所示，现已知线圈电感为 0.01 H，电阻忽略不计，试求电感线圈所加电压的波形。

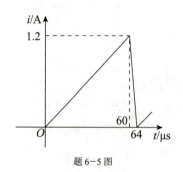

题 6-5 图

解: 由题 6-5 图得,一个周期内电流的表达式:

$$i = \begin{cases} 2\times10^4 t \text{ A}, & 0 \leqslant t < 6\times10^{-5} \text{ s} \\ (-3\times10^5 t + 19.2) \text{ A}, & 6\times10^{-5} \leqslant t < 6.4\times10^{-5} \text{ s} \end{cases}$$

一个周期内,有

$$u = L\frac{\mathrm{d}i}{\mathrm{d}t} = 0.01\frac{\mathrm{d}i}{\mathrm{d}t} = \begin{cases} 200 \text{ V}, & 0 \leqslant t < 6\times10^{-5} \text{ s} \\ -3\,000 \text{ V}, & 6\times10^{-5} \leqslant t < 6.4\times10^{-5} \text{ s} \end{cases}$$

画出电压波形,如题解 6-5 图所示。

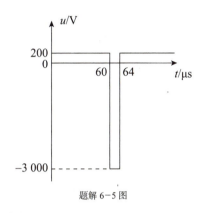

题解 6-5 图

6-6 电路如题 6-6 图所示,其中 $R = 2\ \Omega$,$L = 1\text{ H}$,$C = 0.01\text{ F}$,$u_C(0) = 0$。若电路的输入电流为

(1) $i = 2\sin\left(2t + \dfrac{\pi}{3}\right)$ A 电阻、电感、电容和电流源串联,所以三个元件通过的电流都是电流源发出的电流,由 $u_R = iR$、$u_L = L\dfrac{\mathrm{d}i}{\mathrm{d}t}$、$u_C = u_C(0) + \dfrac{1}{C}\int_0^t i\mathrm{d}t$ 即可求解。

(2) $i = \mathrm{e}^{-t}$ A。

试求两种情况下,当 $t > 0$ 时的 u_R、u_L 和 u_C 值。

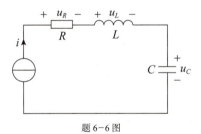

题 6-6 图

解: (1)

$$u_R = iR = 2\times 2\sin\left(2t + \frac{\pi}{3}\right) = 4\sin\left(2t + \frac{\pi}{3}\right) \text{V}$$

$$u_L = L\frac{\mathrm{d}i}{\mathrm{d}t} = \frac{\mathrm{d}}{\mathrm{d}t}\left[2\sin\left(2t + \frac{\pi}{3}\right)\right] = 4\cos\left(2t + \frac{\pi}{3}\right) \text{V}$$

$$u_C = u_C(0) + \frac{1}{C}\int_0^t i\mathrm{d}t = 100\int_0^t 2\sin\left(2t + \frac{\pi}{3}\right)\mathrm{d}t = -100\cos\left(2t + \frac{\pi}{3}\right)\bigg|_0^t = 50 - 100\cos\left(2t + \frac{\pi}{3}\right) \text{V}$$

(2)

$$u_R = iR = 2\times \mathrm{e}^{-t} = 2\mathrm{e}^{-t} \text{V}$$

$$u_L = L\frac{di}{dt} = \frac{d}{dt}\left(e^{-t}\right) = -e^{-t} \text{ V}$$

$$u_C = u_C(0) + \frac{1}{C}\int_0^t i\,dt = 100\int_0^t e^{-t}dt = -100e^{-t}\Big|_0^t = 100\left(1-e^{-t}\right) \text{ V}$$

6-7 电路如题 6-7 图所示，其中 $L=1$ H，$C_2=1$ F。设 $u_S(t)=U_m\cos(\omega t)$，$i_S(t)=Ie^{-\alpha t}$，试求 $u_L(t)$ 和 $i_{C_2}(t)$。

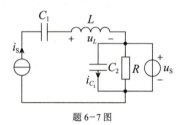

题 6-7 图

解： 由题意画出题解 6-7 图，则有

$$i_L = i_S = Ie^{-\alpha t}$$

$$u_L = L\frac{di_L}{dt} = 1\cdot(-\alpha)\cdot Ie^{-\alpha t} = -\alpha Ie^{-\alpha t}$$

$$u_{C_2} = u_S = U_m\cos(\omega t)$$

$$i_{C_2} = C_2\frac{du_{C_2}}{dt} = 1\cdot(-\omega)\cdot U_m\sin(\omega t) = -\omega U_m\sin(\omega t)$$

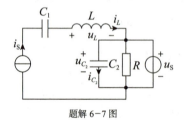

题解 6-7 图

6-8 求题 6-8 图所示电路中 a、b 端的等效电容与等效电感。→电容串并联类似于电导串并联，电感串并联类似于电阻串并联

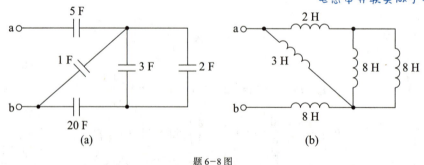

题 6-8 图

解：（a）3 F 电容和 2 F 电容并联，等效为 5 F 电容，如题解 6-8（a）图所示。

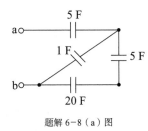

题解 6-8（a）图

5 F 电容和 20 F 电容并联，等效为 5//20 = 4 F 电容，如题解 6-8（b）图所示。

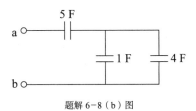

题解 6-8（b）图

1 F 电容和 4 F 电容并联，等效为 5 F 电容，如题解 6-8（c）图所示。

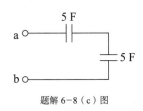

题解 6-8（c）图

$$C_{eq} = 5//5 = 2.5\,\text{F}$$

（b）8H 电感和 8H 电感并联，等效为 4H 电感，如题解 6-8（d）图所示。

$$L_{eq} = 8 + 3//6 = 8 + 2 = 10\,\text{H}$$

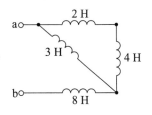

题解 6-8（d）图

6-9 题 6-9 图中 $C_1 = 2\,\mu\text{F}$，$C_2 = 8\,\mu\text{F}$，$u_{C_1}(0) = u_{C_2}(0) = -5\,\text{V}$。现已知 $i = 120\text{e}^{-5t}\,\mu\text{A}$，求：

（1）等效电容 C 及 u_C 的表达式。

（2）u_{C_1} 与 u_{C_2}，并核对 KVL。

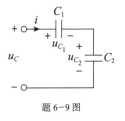

题 6-9 图

解：（1）等效电容：

$$C = C_1 // C_2 = 2 // 8 = 1.6\,\mu F$$

等效初始值：

$$u_C(0) = u_{C_1}(0) + u_{C_2}(0) = -5 - 5 = -10\,V$$

> 题目是两个电容串联，所以注意等效电容的电压初始值，应该是原来两个电容电压初始值之和

$$u_C = u_C(0) + \frac{1}{C}\int_0^t i\,dt = -10 + \frac{1}{1.6\times10^{-6}}\int_0^t 120e^{-5t}\times10^{-6}\,dt$$

$$= -10 + 75\int_0^t e^{-5t}\,dt = -10 - 15e^{-5t}\Big|_0^t = 5 - 15e^{-5t}\,V$$

（2）

$$u_{C_1} = u_{C_1}(0) + \frac{1}{C_1}\int_0^t i\,dt = -5 + \frac{1}{2\times10^{-6}}\int_0^t 120e^{-5t}\times10^{-6}\,dt$$

$$= -5 + 60\int_0^t e^{-5t}\,dt = -5 - 12e^{-5t}\Big|_0^t = 7 - 12e^{-5t}\,V$$

$$u_{C_2} = u_{C_2}(0) + \frac{1}{C_2}\int_0^t i\,dt = -5 + \frac{1}{8\times10^{-6}}\int_0^t 120e^{-5t}\times10^{-6}\,dt$$

$$= -5 + 15\int_0^t e^{-5t}\,dt = -5 - 3e^{-5t}\Big|_0^t = -2 - 3e^{-5t}\,V$$

经验证，$u_C = u_{C_1} + u_{C_2}$，满足 KVL。

6-10 题6-10图中 $L_1 = 6\,H$，$i_1(0) = 2\,A$；$L_2 = 1.5\,H$，$i_2(0) = -2\,A$，$u = 6e^{-2t}\,V$，求：

（1）等效电感 L 及 i 的表达式。

（2）分别求出 i_1 与 i_2，并核对 KCL。

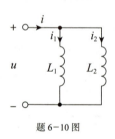

题 6-10 图

解：（1）等效电感：

$$L = L_1 // L_2 = 6 // 1.5 = \frac{6\times1.5}{6+1.5} = 1.2\,H$$

等效初始值：

$$i(0) = i_1(0) + i_2(0) = 2 - 2 = 0$$

> 题目是两个电感并联，所以注意等效电感的电流初始值，应该是原来两个电感电流初始值之和

$$i = i(0) + \frac{1}{L}\int_0^t u\,dt = \frac{1}{1.2}\int_0^t 6e^{-2t}\,dt = 5\int_0^t e^{-2t}\,dt = -2.5e^{-2t}\Big|_0^t = 2.5 - 2.5e^{-2t}\,A$$

（2） $i_1 = i_1(0) + \frac{1}{L_1}\int_0^t u\,dt = 2 + \frac{1}{6}\int_0^t 6e^{-2t}\,dt = 2 + \int_0^t e^{-2t}\,dt = 2 - \frac{1}{2}e^{-2t}\Big|_0^t = -2.5 - 0.5e^{-2t}\,A$

$i_2 = i_2(0) + \frac{1}{L_2}\int_0^t u\,dt = -2 + \frac{1}{1.5}\int_0^t 6e^{-2t}\,dt = -2 + 4\int_0^t e^{-2t}\,dt = -2 - 2e^{-2t}\Big|_0^t = -2e^{-2t}\,A$

经验证，$i = i_1 + i_2$，满足 KCL。

第七章 一阶电路和二阶电路的时域分析

7-1 动态电路的方程及其初始条件

一、动态电路的方程

含有动态元件（电容、电感）的电路称为动态电路，当发生换路时，电路可能从一个状态转变到另一种状态，并且有一个过渡过程。

为了求解这个动态过程，我们可以根据KCL、KVL及支路的VCR列写微分方程，微分方程是几阶，则电路就是几阶电路。

一般来说，电路的阶数取决于电路中动态元件的个数，但是，当出现电容或电感可以合并等情况下，电路的阶数不等于动态元件的个数。

（批注：换路不仅仅是指开关闭合或打开，只要电路结构或者元件参数发生变化，都称为换路）

二、初始条件的确定

根据高等数学的知识，我们知道，求解微分方程需要知道微分方程的初始值，所以求解动态电路，也需要知道初始值。下面只讨论电容电压、电感电流的初始值的求解，再求电容电荷和电感磁链只需要乘一个系数。

（批注：我们将电容电压、电感电流称为状态量。在本章中将介绍状态方程。）

广义换路定则：

对电容，有

$$u_C(0_+) = u_C(0_-) + \frac{1}{C}\int_{0_-}^{0_+} i_C \mathrm{d}t$$

（批注：注意，此公式中，电容、电感的电压电流都是取关联参考方向）

对电感，有

$$i_L(0_+) = i_L(0_-) + \frac{1}{L}\int_{0_-}^{0_+} u_L \mathrm{d}t$$

换路定则：

如果换路前后，**电容电流为有限值**，$u_C(0_+) = u_C(0_-)$；

如果换路前后，**电感电压为有限值**，$i_L(0_+) = i_L(0_-)$。

即：在换路前后电容电流和电感电压为有限值的条件下，换路前后瞬间电容电压和电感电流不能发生跃变。

三、0_+ 等效电路

如果需要求解 0_+ 时刻，除了电容电压和电感电流之外的其他值，则需要作出 0_+ 等效电路（亦称初值等效电路），即根据替代定理将电容所在处用电压等于 $u_C(0_+)$ 的电压源替代，电感所在处用电流等于 $i_L(0_+)$ 的电流源替代。若 $u_C(0_+) = 0$，$i_L(0_+) = 0$，则电容所在处用短路替代，电感所在处用开路替代。

7-2 一阶电路的零输入响应

一、电路的时间常数 → 时间常数仅仅针对一阶电路而言，对于二阶及以上电路，是没有所谓时间常数的

对于含电容 C 的一阶电路，时间常数 $\tau = RC$，其中，R 是电容两端的等效电阻。→ 即将动态元件去掉之后的一端口网络的戴维南等效电阻

对于含电感 L 的一阶电路，时间常数 $\tau = \dfrac{L}{R}$，其中，R 是电感两端的等效电阻。

电量经过一个时间常数后，会衰减为原值的 36.8%，一般我们认为换路后经过 3～5 个时间常数，过渡过程就已经结束。

二、一阶电路的零输入响应的表达式

动态电路中无外施激励电源，仅由动态元件初始储能所产生的响应，称为动态电路的零输入响应。

一阶电路零输入响应的表达式为

不只是电容电压、电感电流可以用这个公式，其他元件的电压、电流也可以

$$f(t) = f(0_+) e^{-\frac{t}{\tau}}$$

对于电容电压、电感电流，$f(0_+)$ 直接由换路定则得到，
对于其他电压、电流，则通过 0_+ 等效电路求出

式中，f 表示电路中任一电压或电流，$f(0_+)$ 是其初始值；τ 是电路的时间常数。

7-3 一阶电路的零状态响应

零状态响应就是电路在零初始状态下（动态元件初始储能为零）由外施激励引起的响应。

一阶电路的零状态响应的表达式可以根据下一节全响应表达式求出。

7-4 一阶电路的全响应

一、全响应的组成

全响应＝零输入响应＋零状态响应

全响应＝强制分量＋自由分量

对应微分方程的特解　对应微分方程的通解

全响应＝稳态分量＋瞬态分量 → 按照指数规律衰减到 0 的分量

二、三要素法

在直流源激励下，若初始值为 $f(0_+)$，特解为稳态解 $f(\infty)$，时间常数为 τ，则全响应为：

$$f(t) = f(\infty) + [f(0_+) - f(\infty)] e^{-\frac{t}{\tau}}$$

通过求解三个要素写出全响应，这就是三要素法。→ 三要素法只能用于一阶电路直流激励的全响应求解

另外，当激励不是直流时，可以对三要素法进行推广。若初始值为 $f(0_+)$，时间常数为 τ，特解

为 $f'(t)$，$f'(0_+)$ 是 $f'(t)$ 的初始值，则全响应为

$$f(t) = f'(t) + [f(0_+) - f'(0_+)]e^{-\frac{t}{\tau}}$$

→ 三要素法的推广仍然针对一阶电路的全响应，只是激励形式可以发生变化，比如正弦激励

三要素法的推广不仅对直流激励有效，也对正弦激励、指数激励等激励形式有效。

7-5 二阶电路的零输入响应

二阶电路的零输入响应有三种可能的形式，其一，等幅振荡；其二，振荡衰减；其三，非振荡衰减。
（1）如果电路中无电阻消耗电能，则响应为等幅振荡。
（2）如果电路中有电阻消耗电能，则响应一定衰减，下面再讨论具体的衰减形式。
我们可以对二阶电路列写微分方程，进而得到微分方程的特征方程。先计算判别式 Δ：
①若 $\Delta < 0$，响应形式是振荡衰减。

↘ 这是高等数学的内容，如果读者对此不熟悉，可以先去复习高数

②若 $\Delta \geq 0$，响应形式是非振荡衰减。特别地，当 $\Delta = 0$，是振荡与非振荡的分界线，在形式上表现为非振荡衰减。

7-6 二阶电路的零状态响应和全响应

二阶电路的零状态响应和全响应，都可以由微分方程求出，都包含强制分量（微分方程特解）和自由分量（微分方程齐次通解），不同之处主要在于初值问题。

具体求解将在"斩题型"部分中介绍。

7-7 一阶电路和二阶电路的阶跃响应

一、阶跃函数

单位阶跃函数（见图 7-1）：

$$\varepsilon(t) = \begin{cases} 0, & t < 0 \\ 1, & t > 0 \end{cases}$$

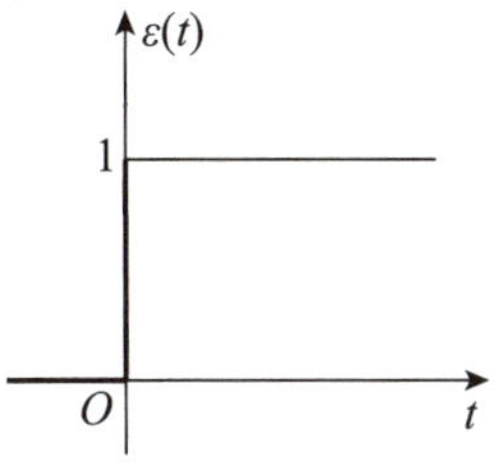

图 7-1 单位阶跃函数图像

如果单位阶跃函数有一个时间 t_0 的延迟，即从 t_0 起始的阶跃函数（见图 7-2）为

$$\varepsilon(t - t_0) = \begin{cases} 0, & t < t_0 \\ 1, & t > t_0 \end{cases}$$

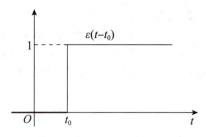

图 7-2 带 t_0 时延的单位阶跃函数图像

利用阶跃函数，可以表示分段函数：
① 一个函数从某一时刻 t_0 开始作用；
② 阶梯状函数。

如果 $f(t)$ 从 t_0 开始作用，则函数表达式为 $f(t)\varepsilon(t-t_0)$

对于更复杂的阶梯状函数，也可以写成阶跃函数相加减的形式。写成阶跃函数形式的目的主要是方便求出响应：
如果 $\varepsilon(t)$ 作用下的零状态响应为 $f(t)$，那么对于线性时不变系统，$k\varepsilon(t-t_0)$ 作用下的零状态响应为 $kf(t-t_0)\varepsilon(t-t_0)$

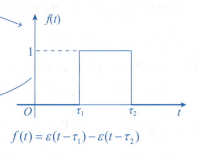

$f(t) = \varepsilon(t-\tau_1) - \varepsilon(t-\tau_2)$

二、单位阶跃响应

电路对于单位阶跃函数输入的<u>零状态响应</u>称为单位阶跃响应。

注意：一定是零状态响应，如果电路初始状态不为 0，$\varepsilon(t)$ 作用时，求出的响应不是单位阶跃响应

7-8 一阶电路和二阶电路的冲激响应

一、冲激函数

单位冲激函数（见图 7-3）定义为

$$\begin{cases} \int_{-\infty}^{+\infty} \delta(t)\mathrm{d}t = 1 \\ \delta(t) = 0, \quad t \neq 0 \end{cases}$$

图 7-3 单位冲激函数图像

冲击函数的性质：

①和阶跃函数的关系：

$$\int_{-\infty}^{t} \delta(\xi)\mathrm{d}\xi = \varepsilon(t), \quad \boxed{\frac{\mathrm{d}\varepsilon(t)}{\mathrm{d}t} = \delta(t)}$$

可以简记为：冲激函数积分是阶跃函数，阶跃函数求导是冲激函数。

②"筛分"性质：

$$\boxed{\int_{-\infty}^{+\infty} f(t)\delta(t-t_0)\mathrm{d}t = f(t_0)}$$

即利用冲激函数可以筛选出某一时刻的函数值。

二、单位冲激响应

电路对于单位冲激函数激励的零状态响应称为单位冲激响应。（注意，这里也必须是零状态响应）

求单位冲激响应有两种方法：

（1）先求单位阶跃响应，然后求导，即单位冲激响应；（使用这种方法的前提：系统是线性系统。对于线性系统，激励求导/积分后，所得响应也相应地求导/积分）

（2）单位冲激函数作用时，电容电压、电感电流可能会有跃变，从而电容电压、电感电流在 $t=0_+$ 时可能会有初始值，而 $t>0_+$ 时的激励为 0，所以相当于再求解零输入响应。（初始值的求法会在"斩题型"中给出）

7-9 卷积积分

卷积的定义：

$$f_1(t) * f_2(t) = \int_0^t f_1(t-\xi)f_2(\xi)\mathrm{d}\xi$$

卷积运算满足交换律：

$$f_1(t) * f_2(t) = f_2(t) * f_1(t)$$

设电路的单位冲激响应是 $h(t)$，激励改为 $e(t)$，则零状态响应为

$$\boxed{r(t) = h(t) * e(t)}$$

7-10 动态电路时域分析中的几个问题

一、电路阶数的判断

电路的阶数并不严格等于电路中动态元件的个数，具体判断需要遵从以下步骤：

（1）将独立源置零；→独立源不会影响到电路的阶数

（2）将串联、并联的电容、电感进行合并；→具体参照第六章：电感、电容的串并联

（3）合并后，数出电路中的动态元件个数 n；

（4）数出电路的纯电容回路数 a、纯电感割集数 b；

（5）计算电路的阶数为 $n-(a+b)$。

（每个纯电容回路中必然有一个非独立电容，因为由 KVL，某个电容的电压可以由同一纯电容回路中的其他电容的电压表示出来。

同理，根据 KCL，每个纯电感割集中，必然有一个非独立电感。割集的概念将在十五章中介绍。）

二、初值的跃变

在换路前后电容电流和电感电压为有限值的条件下，换路前后瞬间电容电压和电感电流不能跃变，但是也有一些特殊的情况：

（1）激励含有<u>冲击分量</u>，电容电压、电感电流可能出现跃变。→ 具体求解方法会在本章"新题型"部分总结

（2）如果电容电压不跃变，就不能满足 KVL 的话，那么电容电压一定出现跃变。这种情况一般出现在：换路后的电路有<u>纯电容构成的回路</u>，或有电容和独立电压源构成的回路。要借助<u>电荷守恒</u>求初值：对某一结点，有 $\sum q_k(0_+) = \sum q_k(0_-)$，或者 $\sum C_k u_{Ck}(0_+) = \sum C_k u_{Ck}(0_-)$。

（3）如果电感电流不跃变，就不能满足 KCL 的话，那么电感电流一定出现跃变。这种情况一般出现在：换路后的电路有<u>纯电感构成的割集</u>，或有电感和独立电流源构成的割集。要借助<u>磁链守恒</u>求初值：对某一回路，有 $\sum \Psi_k(0_+) = \sum \Psi_k(0_-)$，或者 $\sum L_k i_{Lk}(0_+) = \sum L_k i_{Lk}(0_-)$。

电路一点通

（1）关于全时域求导：当电感电流或电容电压初值出现跃变时，对应的电感电压和电容电流有冲激分量。我们可以根据公式 $u_L = L\dfrac{di_L}{dt}$ 和 $i_C = C\dfrac{du_C}{dt}$，求出电感电压和电容电流。但如果只对 $t>0$ 时的 i_L 或 u_C 的表达式求导，得到的结果不含有冲激分量，也就是说会遗漏掉冲激分量。这就需要我们引入"全时域求导"。

（2）所谓全时域求导，就是先把 i_L 或 u_C（将两个量统一用 x 表示）在全部时间内的表达式写出，然后求导并乘以相应的系数，得到 u_L 或 i_C。

假设 $t=0_-$ 时的值为 $x(0_-)$，$t>0$ 时的表达式为 $f(t)$，那么全时域表达式为

$$x(t) = x(0_-)\varepsilon(-t) + f(t)\varepsilon(t)$$

在对 $x(t)$ 求导时，其中

$$\dfrac{d\varepsilon(-t)}{dt} = -\delta(-t) = -\delta(t) \longrightarrow 因为 \delta(t) 是一个偶函数$$

$$\underbrace{\dfrac{df(t)\varepsilon(t)}{dt} = f'(t)\varepsilon(t) + f(t)\delta(t)}_{乘法的求导法则} = f'(t)\varepsilon(t) + \underbrace{f(0)\delta(t)}_{冲激函数的筛选性质}$$

注意：

①如果 i_L 的 u_C 初值不发生跃变，那么没必要使用全时域求导，直接由 $t>0$ 时的表达式 $f(t)$，就能求出 $\dfrac{dx(t)}{dt} = \dfrac{df(t)}{dt}$；如果 i_L 的 u_C 初值发生跃变，则一定要使用全时域求导。

②如果某个量有跃变，则其对时间求导的结果一定含有冲激分量。

③全时域表达式 $x(t)$ 中，不要漏掉 $x(0_-)\varepsilon(-t)$ 这一项，否则求导之后的冲激分量的系数错误。

三、非齐次微分方程特解的计算

这里其实就是高等数学的知识了，对于本科电路学习中的非齐次微分方程特解的计算，不会超出高等数学所学知识的范围。对于正弦激励、指数激励等形式，都可以设出特解的形式，然后求解待定系数。

求初值是求解动态电路最基础的一步，也是关键一步，如果初值求错，则整个题目的计算都是错误的，所以务必重视电路初值的计算！

步骤：

（1）求 $t=0_-$ 时的状态变量（电容电压、电感电流）。

（2）求状态变量的初始值，由换路定则，有

$$u_C(0_+) = u_C(0_-), \quad i_L(0_+) = i_L(0_-)$$

注意：只有当电容电流、电感电压为有限值时，换路定则才成立。其他情况下，电容电压、电感电流可能会有跃变。例如，当电容电流、电感电压中含有冲激分量时，电容电压、电感电流可能会有跃变，要用广义换路定则求解。

> **电路一点通**
>
> 如果电源含有冲激分量，应该如何求初值呢？
>
> 遵循以下步骤：
>
> （1） $t \in (0_-, 0_+)$ 时，冲激分量单独作用，将电容短路，将电感开路，画出等效电路。
>
> （2）求出等效电路中的电容电流、电感电压（表达式中含有冲激函数）。
>
> （3）用广义换路定则求初始值，即
>
> $$u_C(0_+) = u_C(0_-) + \frac{1}{C}\int_{0_-}^{0_+} i_C \mathrm{d}t, \quad i_L(0_+) = i_L(0_-) + \frac{1}{L}\int_{0_-}^{0_+} u_L \mathrm{d}t$$
>
> 结合 $\int_{0_-}^{0_+} \delta(t)\mathrm{d}t = 1$ 求解

（3）画出 0_+ 等效电路。→即 $t=0_+$ 时的等效电路

若 $u_C(0_+) \neq 0$，则电容等效为电压源，电压值和方向与 $u_C(0_+)$ 一致，特别地，当 $u_C(0_+)=0$，电容等效为短路。

若 $i_L(0_+) \neq 0$，则电感等效为电流源，电流值和方向与 $i_L(0_+)$ 一致，特别地，当 $i_L(0_+)=0$，电感等效为开路。

0_+ 等效电路中其他结构与原电路保持一致。

（4）计算待求初始值。

> **电路一点通**
>
> 求 $t=0_+$ 时的电压、电流，利用前面章节所学知识即可求解。
>
> 有时候题目还会让求电压、电流的一阶导数（例如，在求解二阶电路时，就需要一阶导数的初值作为初始条件），这里也总结一下方法：
>
> （1）如果求电容电压、电感电流的一阶导数的初始值 $\left.\dfrac{du_C}{dt}\right|_{0_+}$ 和 $\left.\dfrac{di_L}{dt}\right|_{0_+}$，则先求出电容电流、电感电压的初始值 $i_C(0_+)$ 和 $u_L(0_+)$，然后由 $\left.\dfrac{du_C}{dt}\right|_{0_+}=\dfrac{1}{C}i_C(0_+)$、$\left.\dfrac{di_L}{dt}\right|_{0_+}=\dfrac{1}{L}u_L(0_+)$ 求出。
>
> （2）如果求其他电压、电流的一阶导数的初始值，比如说求 $\left.\dfrac{di_R}{dt}\right|_{0_+}$，则先要在 $t>0$ 电路中，用 u_C、i_L 表示出 i_R，则 $\left.\dfrac{di_R}{dt}\right|_{0_+}$ 展开后含有 $\left.\dfrac{du_C}{dt}\right|_{0_+}$、$\left.\dfrac{di_L}{dt}\right|_{0_+}$，由（1）即可求出。
>
> i_R 的表达式中也可能会有常数项，常数项对时间求导为 0

题型2　三要素法求解一阶电路的响应

三要素法仅能用于一阶电路的求解，下面给出直流源激励下，求响应 $f(t)$ 的步骤：

（1）求初值，即求 $t=0_+$ 时的 $f(0_+)$，具体求解按照题型 1 方法，这里不再赘述。

（2）求终值，即求 $t=\infty$ 时的 $f(\infty)$，电容等效为开路，电感等效为短路，电路其他结构保持不变，画出 $t=\infty$ 时的等效电路，进而求出 $f(\infty)$。

（3）求时间常数，先求电容/电感两端的戴维南等效电阻 R_{eq}（在第四章中已有介绍），由公式 $\tau=R_{eq}C$ 或 $\tau=\dfrac{L}{R_{eq}}$ 求出时间常数 τ。

（4）写结果，即

$$f(t)=f(\infty)+[f(0_+)-f(\infty)]e^{-\frac{t}{\tau}}$$

> **电路一点通 1**
>
> 以上步骤仅针对直流激励，如果激励形式发生改变呢？
>
> 在"划重点"部分，我们给出了三要素法的推广形式：$f(t)=f'(t)+[f(0_+)-f'(0_+)]e^{-\frac{t}{\tau}}$，其中，$f'(t)$ 是（微分方程的）特解，也是所谓稳态解，$f'(0_+)$ 是 $f'(t)$ 的初始值。
>
> 在做题时，还可能会遇到正弦激励、指数激励，初值和时间常数的求法不变，与直流激励不同之处在于特解 $f'(t)$。

> 对于正弦激励，可以借助第八、九章中的相量法，求出换路之后的稳态响应，即为特解 $f'(t)$，最后代入公式即可。
>
> 对于指数激励，我们不能很方便地求出特解，这里要对电路列写微分方程，用数学的方法求出微分方程的特解 $f'(t)$。

> **电路一点通2：一个求解技巧**
> 如果需要求某个非状态量（不是 i_L 也不是 u_C）的响应，可以先求出状态量 i_L 或 u_C 的响应，然后根据 KCL、KVL、VCR 等方程，得到这个非状态量的响应。
> 这样做的好处是：可以不用画 0_+ 等效电路（状态量的初值可以直接根据换路定则写出），而且当待求响应比较多时，也可以避免很多的初值、终值的求解。

题型3 双一阶电路的求解

如果换路之后，电路可以分解为两个互不影响的一阶电路，则称此电路为双一阶电路。

双一阶电路中，被分成的两个电路可以有公共导线（见图7-4），或者两个电路之间开路（见图7-5）。只需要对两个一阶电路分别用三要素法，就可以求出响应。

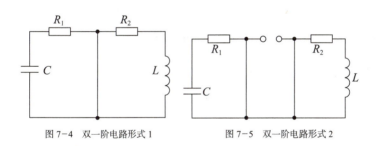

图7-4 双一阶电路形式1　　　图7-5 双一阶电路形式2

题型4 求二阶电路的响应 $f(t)$

步骤：

（1）列写微分方程。

由 KVL、KCL、元件的 VCR 等，对电路列写微分方程，变量通常选为电容电压或电感电流，假设变量选取为 $g(t)$。

最终得到微分方程：$\dfrac{d^2 g(t)}{dt^2} + a\dfrac{dg(t)}{dt} + b = h(t)$，其中，$h(t)$ 与激励有关，a、b 取决于电路的结构。

（2）求 $f(t)$ 通解。

通解由两部分组成，其一为特解，其二为齐次方程通解。

①**特解**：与激励有关。

直流激励下，特解即为 $f(\infty)$；

正弦激励下，特解为正弦稳态下的 $f(t)$；

其他激励下，用数学方法求出特解。

②齐次方程的通解：齐次方程就是把微分方程右侧的 $h(t)$ 换成 0，即

$$\frac{d^2 g(t)}{dt^2} + a\frac{dg(t)}{dt} + b = 0$$

由齐次方程，可以得到它的特征方程为

$$p^2 + ap + b = 0$$

解特征方程，得特征根，下面分情况讨论：

若 $a^2 - 4b > 0$，则特征根为两个互不相等的实根 p_1 和 p_2，$f(t)$ 齐次通解的形式为 $f(t) = Ae^{p_1 t} + Be^{p_2 t}$，其中，$A$ 和 B 是待定系数。

若 $a^2 - 4b = 0$，则特征根为两个相等的实根 $p_1 = p_2$，$f(t)$ 齐次通解的形式为 $f(t) = (At + B)e^{pt}$，其中，A 和 B 是待定系数。

若 $a^2 - 4b < 0$，则特征根为两个共轭复根 $p_1 = a + j\omega$，$p_2 = a - j\omega$，$f(t)$ 齐次通解的形式为 $f(t) = Ae^{at}\sin(\omega t + \varphi)$，其中，$A$ 和 φ 是待定系数。

③通解 = 特解 + 齐次通解（通解中含有待定系数）。

（3）求初值。

求出待求量及其一阶导数的初值，即求 $f(0_+)$ 和 $\left.\dfrac{df(t)}{dt}\right|_{0_+}$。

（4）将初值代入通解，求待定系数。

注意：一定是将初值代入通解，而不是齐次通解。

（5）写结果。

题型5 阶梯状函数的零状态响应

法一：写在一个表达式中。

（1）用三要素法求单位阶跃响应。

（2）将阶梯状函数写成阶跃函数相叠加的形式。

（3）利用系统的线性时不变特性写出待求响应。

法二：分段表示。

> 线性性质即满足齐次性和叠加性。对于时不变，可以这么理解记忆：设单位阶跃响应为 $f(t)\varepsilon(t)$，则 $\varepsilon(t-t_0)$ 的零状态响应为 $f(t-t_0)\varepsilon(t-t_0)$

依据函数图像，将时间分段，每段时间内分别用三要素法求解响应，最后将结果分段写出。

注意：每段的初值由上一段表达式得到，终值是当前激励下的直流稳态值。

题型6 冲激函数的零状态响应

法一： 冲激函数作用时，求出状态量的初值（可能跃变），后面再用三要素法求解。

法二： 先求单位阶跃响应，其求导之后就是单位冲激响应。

注意，这里的求导是"全时域求导"，因为阶跃函数作用下，待求量的初值可能会跃变（如果待求量是状态量 i_L 的 u_C，阶跃函数作用下初值不发生跃变，求冲激响应时不必全时域求导；如果待求量是非状态量，可能跃变）

电路一点通

如果电路有初始状态，那么阶跃函数 $k\varepsilon(t)$ 激励下的全响应求导之后，不是冲激函数 $k\delta(t)$ 激励下的全响应。用上述"法二"应该这样求解：

（1）先将电源置零，求出零输入响应 $f_{zi}(t)$；

（2）求单位阶跃响应（零状态响应），全时域求导之后，得到的是单位冲激响应（零状态响应）；

（3）将单位冲激响应乘以相应的系数 k，得到的就是冲激函数 $k\delta(t)$ 作用下的零输入响应 $f_{zs}(t)$；

（4）冲激函数 $k\delta(t)$ 激励下的全响应为

$$f(t) = f_{zi}(t) + f_{zs}(t)$$

解习题

7-1 列写如题 7-1 图所示电路的微分方程。→列写微分方程的关键是动态元件的VCR表达式

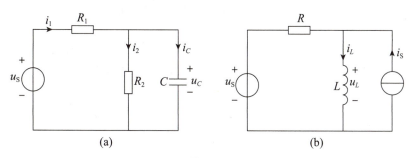

题 7-1 图

解：（a）

对电容，有
$$i_C = C\frac{du_C}{dt}$$

由 KCL，
$$i_1 = i_C + i_2 = C\frac{du_C}{dt} + \frac{u_C}{R}$$

由 KVL，有
$$u_S = R_1 i_1 + u_C = CR_1 \frac{du_C}{dt} + \frac{R_1}{R} u_C + u_C$$

整理，得
$$\frac{du_C}{dt} + \left(\frac{1}{CR} + \frac{1}{CR_1}\right)u_C = \frac{u_S}{CR_1}$$

（b）

对电感，有
$$u_L = L\frac{di_L}{dt}$$

由 KVL，有
$$u_S = R(i_L - i_S) + L\frac{di_L}{dt}$$

整理，得
$$\frac{di_L}{dt} + \frac{R}{L}i_L = \frac{u_S}{L} + \frac{R}{L}i_S$$

7-2 列写如题 7-2 图所示电路在开关 S 闭合后的微分方程。

> 开关闭合后，电路由两个动态元件：电容和电感。所以列写的微分方程应该是二阶微分方程。

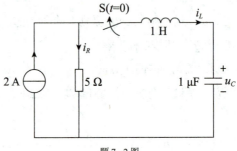

题 7-2 图

解： 对电容，有
$$i_L = C\frac{du_C}{dt} = 10^{-6}\frac{du_C}{dt}$$

对电感，有
$$u_L = L\frac{di_L}{dt} = \frac{di_L}{dt} = 10^{-6}\frac{d^2u_C}{dt^2}$$

对电阻，有
$$i_R = \frac{u_L + u_C}{5} = 0.2 \times 10^{-6}\frac{d^2u_C}{dt^2} + 0.2u_C$$

由 KCL，有
$$2 = i_R + i_L$$

即
$$2 = 0.2 \times 10^{-6}\frac{d^2u_C}{dt^2} + 0.2u_C + 10^{-6}\frac{du_C}{dt}$$

整理，得
$$\frac{d^2u_C}{dt^2} + 5\frac{du_C}{dt} + 10^6 u_C = 10^7$$

> 按照题型1的步骤求解即可

7-3 如题 7-3 图所示各电路中开关 S 在 $t=0$ 时动作，试求各电路在 $t=0_+$ 时刻的电压、电流。

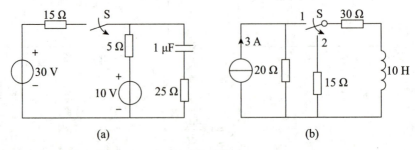

题 7-3 图

解：（a）求 $t=0_-$ 时的状态变量。

$t<0$ 时，稳态时电容相当于开路，画出等效电路，如题解 7-3（a）图所示。

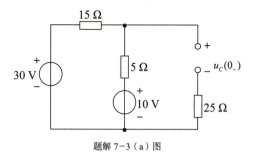

题解 7-3（a）图

$$\left(\frac{1}{15}+\frac{1}{5}\right)u_C\left(0_-\right)=\frac{30}{15}+\frac{10}{5}$$

解得 $u_C\left(0_-\right)=15\,\text{V}$。

求状态变量的初始值，如题解 7-3（b）图所示。

由换路定则，有

$$u_C\left(0_+\right)=u_C\left(0_-\right)=15\,\text{V}$$

画出 0_+ 等效电路，如题解 7-3（b）图所示：

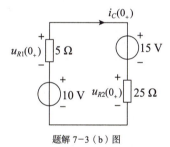

题解 7-3（b）图

计算待求初始值：

$$i_C\left(0_+\right)=\frac{10-15}{5+25}=-\frac{1}{6}\,\text{A}$$

$$u_{R1}\left(0_+\right)=-5\times\left(-\frac{1}{6}\right)=\frac{5}{6}\,\text{V}$$

$$u_{R2}\left(0_+\right)=25\times\left(-\frac{1}{6}\right)=-\frac{25}{6}\,\text{V}$$

（b）求 $t=0_-$ 时的状态变量。

$t<0$ 时，稳态时电感相当于短路，如题解 7-3（c）图所示，即

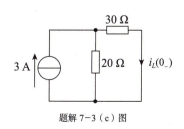

题解 7-3（c）图

$$i_L(0_-) = \frac{20}{20+30} \times 3 = 1.2\,\text{A}$$

求状态变量的初始值。

由换路定则，有

$$i_L(0_+) = i_L(0_-) = 1.2\,\text{A}$$

画出 0_+ 等效电路。

当 $t = 0_+$ 时，左侧电路，如题解 7-3（d）图所示。

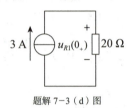

题解 7-3（d）图

右侧 0_+ 等效电路，如题解 7-3（e）图所示。

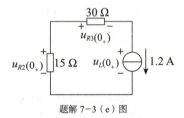

题解 7-3（e）图

计算待求初始值：

$$u_{R1}(0_+) = 20 \times 3 = 60\,\text{V}$$

$$u_{R2}(0_+) = -15 \times 1.2 = -18\,\text{V}$$

$$u_{R3}(0_+) = 30 \times 1.2 = 36\,\text{V}$$

$$u_L(0_+) = u_{R2}(0_+) - u_{R3}(0_+) = -18 - 36 = -54\,\text{V}$$

7-4 电路如题 7-4 图所示，开关未动作前电路已达稳态，$t=0$ 时开关 S 打开。求 $u_C(0_+)$、$i_L(0_+)$、$\left.\dfrac{\mathrm{d}u_C}{\mathrm{d}t}\right|_{0_+}$、$\left.\dfrac{\mathrm{d}i_L}{\mathrm{d}t}\right|_{0_+}$、$\left.\dfrac{\mathrm{d}i_R}{\mathrm{d}t}\right|_{0_+}$。 → 求 $\left.\dfrac{\mathrm{d}u_C}{\mathrm{d}t}\right|_{0_+}$、$\left.\dfrac{\mathrm{d}i_L}{\mathrm{d}t}\right|_{0_+}$ 需要分别借助 $i_C(0_+)$、$u_L(0_+)$

求 $\left.\dfrac{\mathrm{d}i_R}{\mathrm{d}t}\right|_{0_+}$，要想办法转化成含 $\left.\dfrac{\mathrm{d}u_C}{\mathrm{d}t}\right|_{0_+}$、$\left.\dfrac{\mathrm{d}i_L}{\mathrm{d}t}\right|_{0_+}$ 的式子

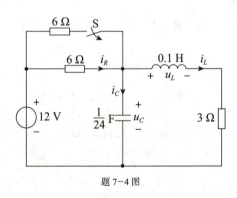

题 7-4 图

解：求 $t=0_-$ 时的状态变量。

当 $t<0$ 时，稳态时电容相当于开路，电感相当于短路，如题解 7-4（a）图所示。

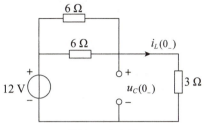

题解 7-4（a）图

$$i_L(0_-) = \frac{12}{6//6+3} = \frac{12}{6} = 2\,\text{A}$$
$$u_C(0_-) = 3\times 2 = 6\,\text{V}$$

求状态变量的初始值。

由换路定则，有

$$u_C(0_+) = u_C(0_-) = 6\,\text{V}，\quad i_L(0_+) = i_L(0_-) = 2\,\text{A}$$

画出 0_+ 等效电路，如题解 7-4（b）图所示。

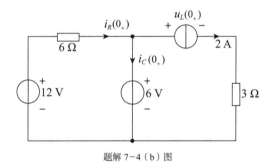

题解 7-4（b）图

计算待求初始值：

$$i_R(0_+) = \frac{12-6}{6} = 1\,\text{A}$$

由 KCL，有

$$i_C(0_+) = i_R(0_+) - 2 = 1 - 2 = -1\,\text{A}$$

由 $i_C = C\dfrac{\mathrm{d}u_C}{\mathrm{d}t}$，得

$$\left.\frac{\mathrm{d}u_C}{\mathrm{d}t}\right|_{0_+} = \frac{1}{C}i_C(0_+) = 24\times(-1) = -24\,\text{V/s}$$

由 KVL，有

$$u_L(0_+) = 6 - 2\times 3 = 0$$

由 $u_L = L\dfrac{\mathrm{d}i_L}{\mathrm{d}t}$，得

$$\left.\frac{\mathrm{d}i_L}{\mathrm{d}t}\right|_{0_+} = \frac{1}{L}u_L(0_+) = 0$$

由 $i_R = \dfrac{12-u_C}{6} = 2 - \dfrac{1}{6}u_C$，有 → $t>0$ 时，将 i_R 用 u_C、i_L 表示出来，才能利用 $\left.\dfrac{\mathrm{d}u_C}{\mathrm{d}t}\right|_{0_+}$ 和 $\left.\dfrac{\mathrm{d}i_L}{\mathrm{d}t}\right|_{0_+}$ 求出 $\left.\dfrac{\mathrm{d}i_R}{\mathrm{d}t}\right|_{0_+}$

$$\left.\dfrac{\mathrm{d}i_R}{\mathrm{d}t}\right|_{0_+} = \left.\dfrac{\mathrm{d}}{\mathrm{d}t}\left(2 - \dfrac{1}{6}u_C\right)\right|_{0_+} = -\dfrac{1}{6}\left.\dfrac{\mathrm{d}u_C}{\mathrm{d}t}\right|_{0_+} = -\dfrac{1}{6}\times(-24) = 4\,\mathrm{A/s}$$

7-5 电路如题 7-5 图所示，开关 S 原在位置 1 已久，当 $t=0$ 时合向位置 2，求 $u_C(t)$ 和 $i(t)$。

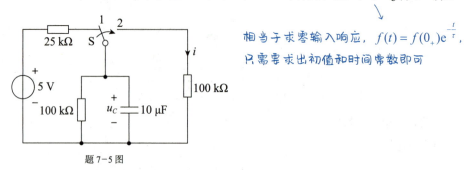

相当于求零输入响应，$f(t) = f(0_+)\mathrm{e}^{-\frac{t}{\tau}}$，只需要求出初值和时间常数即可

题 7-5 图

解： 求初值。→ 求 $u_C(0_+)$ 和 $i(0_+)$

如题解 7-5（a）图所示，当 $t<0$ 时，有

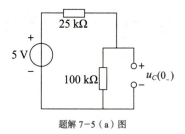

题解 7-5（a）图

$$u_C(0_-) = \dfrac{100}{100+25}\times 5 = 4\,\mathrm{V}$$

由换路定则，有

$$u_C(0_+) = u_C(0_-) = 4\,\mathrm{V}$$

0_+ 等效电路，如题解 7-5（b）图所示。

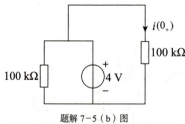

题解 7-5（b）图

$$i(0_+) = \dfrac{4}{100\times 10^3} = 0.04\,\mathrm{mA}$$

如题解 7-5（c）图所示，当 $t>0$ 时：

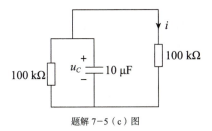

题解 7-5（c）图

求时间常数：

$$R_{eq} = 100 \times 10^3 // 100 \times 10^3 = 50 \text{ k}\Omega$$

$$\tau = R_{eq}C = 5 \times 10^4 \times 10^{-5} = 0.5 \text{ s}$$

写结果：

$$u_C(t) = u_C(0_+)e^{-\frac{t}{\tau}} = 4e^{-2t} \text{ V}$$

$$i(t) = i(0_+)e^{-\frac{t}{\tau}} = 0.04e^{-2t} \text{ mA}$$

相当于求零输入响应，也只需要求初值和时间常数

7-6 如题 7-6 图中开关 S 在位置 1 已久，$t=0$ 时合向位置 2，求换路后的 $i(t)$ 和 $u_L(t)$。

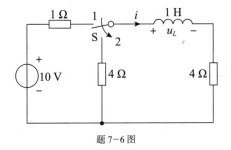

题 7-6 图

解： 求初值。

如题解 7-6（a）图，当 $t<0$：

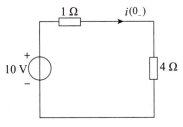

题解 7-6（a）图

$$i(0_-) = \frac{10}{4+1} = 2 \text{ A}$$

由换路定则，有

$$i(0_+) = i(0_-) = 2 \text{ A}$$

如题解 7-6（b）图所示，当 $t>0$ 时：

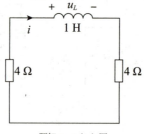

题解 7-6（b）图

求时间常数：

$$R_{eq} = 4 + 4 = 8\,\Omega$$

$$\tau = \frac{L}{R_{eq}} = \frac{1}{8} = 0.125\,\text{s}$$

写结果：

$$i(t) = i(0_+)e^{-\frac{t}{\tau}} = 2e^{-8t}\,\text{A}$$

$$u_L(t) = L\frac{di}{dt} = \frac{d}{dt}(2e^{-8t}) = -16e^{-8t}\,\text{V}$$

7-7 如题 7-7 图所示电路中，若 $t = 0$ 时开关 S 闭合，求电流 i。

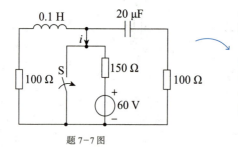

题 7-7 图

> 开关闭合之后，电压源支路产生的电流都流过开关 S，而对电流 i 没有影响（相当于导线短路）。剩下的部分构成双一阶电路，即在"斩题型"的题型 3 中的第一种情况：两个一阶电路有一条公共导线。分别求出两个一阶电路的电流，再借助 KCL 即可求出电流 i

解：求初值。

如题解 7-7（a）图所示，当 $t < 0$ 时：

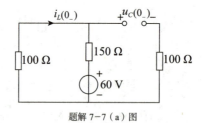

题解 7-7（a）图

$$i_L(0_-) = -\frac{60}{100+150} = -0.24\,\text{A}$$

$$u_C(0_-) = 100 \times 0.24 = 24\,\text{V}$$

由换路定则，有

$$i_L(0_+) = i_L(0_-) = -0.24\,\text{A}, \quad u_C(0_+) = u_C(0_-) = 24\,\text{V}$$

如题解 7-7（b）图所示，当 $t > 0$ 时：

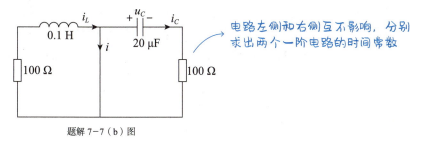

题解 7-7（b）图

求时间常数和写结果。

左侧电路时间常数：

$$\tau_L = \frac{L}{R_{eqL}} = \frac{0.1}{100} = 10^{-3}\text{ s}$$

$$i_L(t) = i_L(0_+)e^{-\frac{t}{\tau_L}} = -0.24e^{-10^3 t}\text{ A}$$

右侧电路时间常数：

$$\tau_C = R_{eqC}C = 100 \times 2 \times 10^{-5} = 2 \times 10^{-3}\text{ s}$$

$$u_C(t) = u_C(0_+)e^{-\frac{t}{\tau_C}} = 24e^{-500t}\text{ V}$$

$$i_C(t) = C\frac{du_C}{dt} = 2 \times 10^{-5} \times \frac{d}{dt}(24e^{-500t}) = -0.24e^{-500t}\text{ A}$$

$$i = i_L(t) - i_C(t) = -0.24e^{-10^3 t} + 0.24e^{-500t} = 0.24(e^{-500t} - e^{-10^3 t})\text{ A}$$

7-8 如题 7-8 图所示电路中，已知电容电压 $u_C(0_-) = 10\text{ V}$，$t = 0$ 时开关 S 闭合，求 $t > 0$ 时的电流 $i(t)$。

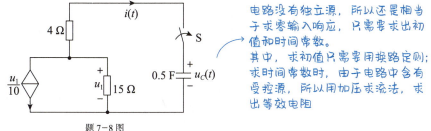

题 7-8 图

解：求初值：由换路定则，$u_C(0_+) = u_C(0_-) = 10\text{ V}$。

求时间常数。

用加压求流法，如题解 7-8 图所示。

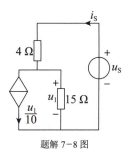

题解 7-8 图

$$i_S = \frac{u_1}{10} + \frac{u_1}{15} = \frac{1}{6}u_1$$

→ 端口电压、电流都用控制量表示

$$u_S = 4i_S + u_1 = \frac{2}{3}u_1 + u_1 = \frac{5}{3}u_1$$

$$R_{eq} = \frac{u_S}{i_S} = \frac{\frac{5}{3}u_1}{\frac{1}{6}u_1} = 10\ \Omega$$

$$\tau = R_{eq}C = 10 \times 0.5 = 5\ \text{s}$$

写结果：写出电容电压的表达式。

$$u_C(t) = u_C(0_+)\mathrm{e}^{-\frac{t}{\tau}} = 10\mathrm{e}^{-\frac{t}{5}}\ \text{V}$$

对电容，有

$$i(t) = C\frac{\mathrm{d}u_C(t)}{\mathrm{d}t} = 0.5 \cdot \frac{\mathrm{d}}{\mathrm{d}t}\left(10\mathrm{e}^{-\frac{t}{5}}\right) = -\mathrm{e}^{-\frac{t}{5}}\ \text{A}$$

7-9 电路如题 7-9 图所示，开关 S 闭合时电路已达稳态。若 $t = 0$ 时将开关 S 打开，求开关打开后的电流 i。

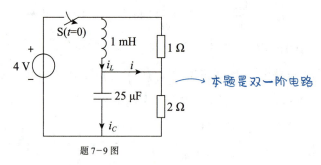

← 本题是双一阶电路

题 7-9 图

解： 求初值：如题解 7-9 图所示，当 $t<0$ 时：

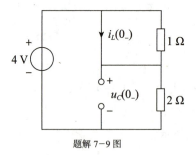

题解 7-9 图

$$i_L(0_-) = \frac{4}{2} = 2\ \text{A}\ ,\quad u_C(0_-) = 4\ \text{V}$$

初值： $i_L(0_+) = i_L(0_-) = 2\ \text{A}\ ,\quad u_C(0_+) = u_C(0_-) = 4\ \text{V}$

终值： $i_L(\infty) = 0\ ,\quad u_C(\infty) = 0$

时间常数： $\tau_L = \dfrac{L}{R_{eqL}} = \dfrac{10^{-3}}{1} = 10^{-3}\ \text{s}\ ,\quad \tau_C = R_{eqC}C = 2 \times 25 \times 10^{-6} = 5 \times 10^{-5}\ \text{s}$

求出：
$$i_L(t) = 2e^{-10^3 t} \text{ A}, \quad u_C(t) = 4e^{-2\times 10^4 t} \text{ V}$$

对电容，
$$i_C(t) = C\frac{du_C}{dt} = 25\times 10^{-6} \times 4 \times (-2) \times 10^4 e^{-2\times 10^4 t} = -2e^{-2\times 10^4 t} \text{ A}$$

由 KCL，有
$$i = i_L - i_C = \left(2e^{-10^3 t} + 2e^{-2\times 10^4 t}\right) \text{A}$$

7-10 如题 7-10 图所示电路中，若 $t=0$ 时开关 S 打开，求 u_C 和电流源发出的功率。

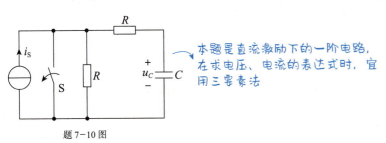

题 7-10 图

本题是直流激励下的一阶电路，在求电压、电流的表达式时，宜用三要素法

求元件发出的功率，只需要求出元件两端的电压和流经元件的电流，非关联参考方向下，电压电流表达式的乘积就是发出的功率，关联参考方向下，还要对乘积取负号

解： 求初值。

当 $t<0$ 时，$u_C(0_-) = 0$。

由换路定则，有
$$u_C(0_+) = u_C(0_-) = 0$$

求终值。

如题解 7-10（a）图所示，当 $t=\infty$ 时：

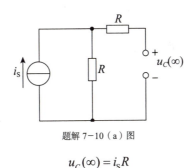

题解 7-10（a）图

$$u_C(\infty) = i_S R$$

求时间常数。

如题解 7-10（b）图所示，当 $t>0$ 时：

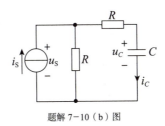

题解 7-10（b）图

等效电阻：$R_{eq} = R + R = 2R$

时间常数：$\tau = R_{eq}C = 2RC$

写结果：

$$u_C(t) = i_S R - i_S R e^{-\frac{t}{2RC}}$$

$$i_C(t) = C\frac{du_C(t)}{dt} = C\frac{d}{dt}\left(i_S R - i_S R e^{-\frac{t}{2RC}}\right) = \frac{1}{2}i_S e^{-\frac{t}{2RC}}$$

$$u_S(t) = Ri_C + u_C = \frac{1}{2}i_S R e^{-\frac{t}{2RC}} + i_S R - i_S R e^{-\frac{t}{2RC}} = i_S R - \frac{1}{2}i_S R e^{-\frac{t}{2RC}}$$

$$P_C = -u_C(t)i_C(t) = \frac{1}{2}i_S^2 R e^{-\frac{t}{RC}} - \frac{1}{2}i_S^2 R e^{-\frac{t}{2RC}}$$

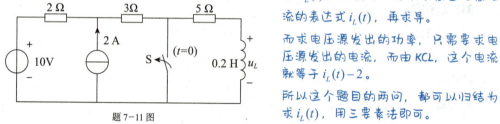

$$P_{i_S} = u_S(t)i_S(t) = i_S^2 R - \frac{1}{2}i_S^2 R e^{-\frac{t}{2RC}}$$

7-11 如题 7-11 图所示电路中开关 S 打开前已处稳定状态。当 $t=0$ 时开关 S 打开,求 $t>0$ 时的 $u_L(t)$ 和电压源发出的功率。

题 7-11 图

解: 求初值。

当 $t<0$,电感所在支路被导线短路,$i_L(0_-) = 0$。

由换路定则,有

$$i_L(0_+) = i_L(0_-) = 0$$

求终值。

如题解 7-11(a)图所示,当 $t=\infty$ 时:

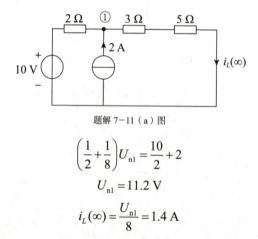

题解 7-11(a)图

$$\left(\frac{1}{2} + \frac{1}{8}\right)U_{n1} = \frac{10}{2} + 2$$

$$U_{n1} = 11.2 \text{ V}$$

$$i_L(\infty) = \frac{U_{n1}}{8} = 1.4 \text{ A}$$

求时间常数。

如题解 7-11(b)图所示,当 $t>0$ 时:

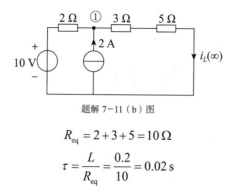

题解 7-11（b）图

$$R_{eq} = 2+3+5 = 10\ \Omega$$

$$\tau = \frac{L}{R_{eq}} = \frac{0.2}{10} = 0.02\ \text{s}$$

写结果：

$$i_L(t) = i_L(\infty) + [i_L(0_+) - i_L(\infty)]e^{-\frac{t}{\tau}} = 1.4 - 1.4e^{-50t}\ \text{A}$$

$$u_L(t) = L\frac{di_L(t)}{dt} = 0.2\frac{d}{dt}(1.4 - 1.4e^{-50t}) = 14e^{-50t}\ \text{V}$$

$$i(t) = i_L(t) - 2 = -0.6 - 1.4e^{-50t}\ \text{A}$$

$$P_u = 10i_1(t) = -6 - 14e^{-50t}\ \text{W}$$ → 电压源的电压、电流取了非关联参考方向

7-12 如题 7-12 图所示电路中开关闭合前电容无初始储能，当 $t=0$ 时开关 S 闭合，求 $t>0$ 时的电容电压 $u_C(t)$。

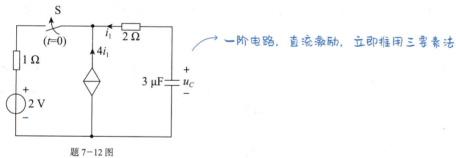

题 7-12 图

→ 一阶电路，直流激励，立即推用三要素法

解： 求初值。

由换路定则，有 $\qquad u_C(0_+) = u_C(0_-) = 0$

求终值。

如题解 7-12（a）图所示，当 $t=\infty$ 时：

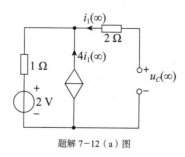

题解 7-12（a）图

$i_1(\infty) = 0$，所以受控电流源的电流也为 0。

所以电压源所在支路电流为 0，所以 $u_C(\infty) = 2\ \text{V}$。

求时间常数。

加压求流法求等效电阻，如题解 7-12（b）图所示。

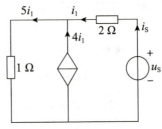

题解 7-12（b）图

$$i_S = i_1$$
$$u_S = 2i_1 + 5i_1 = 7i_1$$

等效电阻：
$$R_{eq} = \frac{u_S}{i_S} = \frac{7i_1}{i_1} = 7\,\Omega$$

时间常数：
$$\tau = R_{eq}C = 7 \times 3 \times 10^{-6} = 21 \times 10^{-6}\,s$$

写结果：
$$u_C(t) = u_C(\infty) + [u_C(0_+) - u_C(\infty)]e^{-\frac{t}{\tau}} = 2 - 2e^{-4.76 \times 10^4 t}\,V$$

7-13 如题 7-13 图所示电路，已知 $i_L(0_-) = 0$，当 $t = 0$ 时开关闭合，求 $t > 0$ 时的电流 $i_L(t)$ 和电压 $u_L(t)$。

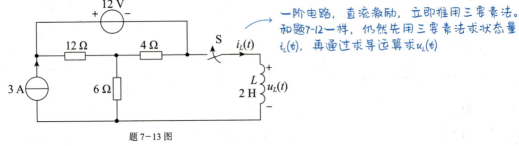

题 7-13 图

解： 求初值。

由换路定则，有
$$i_L(0_+) = i_L(0_-) = 0$$

求终值。

如题解 7-13（a）图所示，当 $t = \infty$ 时：

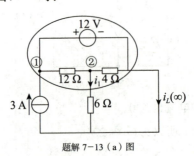

题解 7-13（a）图

列写结点电压方程：

$$\begin{cases} U_{n1} = 12 \text{ V} \\ -\dfrac{1}{12}U_{n1} + \left(\dfrac{1}{12} + \dfrac{1}{4} + \dfrac{1}{6}\right)U_{n2} = 0 \end{cases}$$

解得 $U_{n2} = 2$ V，即

$$i_1 = \dfrac{U_{n2}}{6} = \dfrac{1}{3} \text{ A}$$

对上面图中的圆圈所示的广义结点列写 KCL，得

$$i_L(\infty) = 3 - i_1 = \dfrac{8}{3} \text{ A}$$

求时间常数，如题解 7-13（b）图所示。

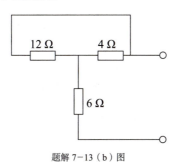

题解 7-13（b）图

$$R_{eq} = 4 // 12 + 6 = 3 + 6 = 9 \text{ Ω}$$

$$\tau = \dfrac{L}{R_{eq}} = \dfrac{2}{9} \text{ s}$$

写结果：

$$i_L(t) = i_L(0_+) + \left[i_L(0_+) - i_L(\infty)\right] e^{-4.5t} = \dfrac{8}{3} - \dfrac{8}{3} e^{-4.5t} \text{ A}$$

$$u_L(t) = L \dfrac{di_L(t)}{dt} = 24 e^{-4.5t} \text{ V}$$

7-14 如题 7-14 图所示电路，开关 S 原打开，已达稳定状态。当 $t = 0$ 时闭合 S，求开关闭合后的电流 $i(t)$。

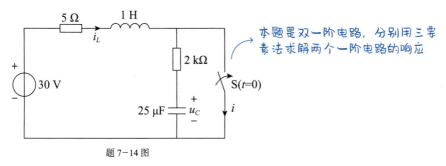

题 7-14 图

本题是双一阶电路，分别用三要素法求解两个一阶电路的响应

解： 求初值。

如题解 7-14 图所示，当 $t < 0$ 时：

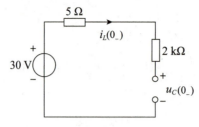

题解 7-14 图

$$i_L(0_-) = 0, \quad u_C(0_-) = 30 \text{ V}$$

初值：$\quad i_L(0_+) = i_L(0_-) = 0, \quad u_C(0_+) = u_C(0_-) = 30 \text{ V}$

终值：$\quad i_L(\infty) = \dfrac{30}{5} = 6 \text{ A}, \quad u_C(\infty) = 0$

时间常数：$\quad \tau_L = \dfrac{1}{5} = 0.2 \text{ s}, \quad \tau_C = 2 \times 10^3 \times 25 \times 10^{-6} = 0.05 \text{ s}$

得到状态量表达式：$\quad i_L(t) = \left(6 - 6\mathrm{e}^{-5t}\right) \text{A}, \quad u_C(t) = 30\mathrm{e}^{-200t} \text{ V}$

对电容，$\quad i_C(t) = C\dfrac{\mathrm{d}u_C}{\mathrm{d}t} = 25 \times 10^{-6} \times 30 \times (-200)\mathrm{e}^{-200t} = -0.15\mathrm{e}^{-200t} \text{ A}$

由 KCL，$\quad i(t) = i_L(t) - i_C(t) = \left(6 - 6\mathrm{e}^{-5t} + 0.15\mathrm{e}^{-200t}\right) \text{A}$

7-15 如题 7-15 图所示电路中开关打开以前电路已达稳态，$t=0$ 时开关 S 打开。求 $t>0$ 时的 $i_C(t)$，并求 $t=2$ ms 时电容的能量。

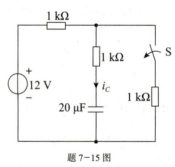

题 7-15 图

直流激励，一阶电路，立即推用三要素法。先求状态量电容电压，再用电容的 VCR 求 $i_C(t)$。

求 $t=2$ ms 时电容的能量，只需要求 $t=2$ ms 时电容的电压，由公式 $W = \dfrac{1}{2}Cu_C^2$ 计算能量。

解： 求初值。

如题解 7-15（a）图所示，当 $t<0$ 时：

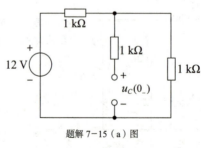

题解 7-15（a）图

$$u_C(0_-) = \dfrac{1}{2} \times 12 = 6 \text{ V}$$

由换路定则，有 $\quad u_C(0_+) = u_C(0_-) = 6 \text{ V}$

求终值。

如题解 7-15（b）图所示，当 $t = \infty$ 时：

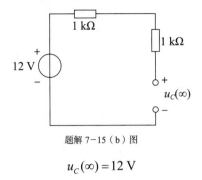

题解 7-15（b）图

$$u_C(\infty) = 12 \text{ V}$$

求时间常数。

如题解 7-15（c）图所示，当 $t > 0$ 时：

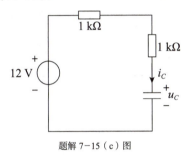

题解 7-15（c）图

$$R_{eq} = 1 \text{ k}\Omega + 1 \text{ k}\Omega = 2 \text{ k}\Omega$$
$$\tau = R_{eq}C = 2 \times 10^3 \times 2 \times 10^{-5} = 0.04 \text{ s}$$

写结果：

$$u_C(t) = u_C(\infty) + \left[u_C(0_+) - u_C(\infty)\right]e^{-\frac{t}{\tau}} = 12 - 6e^{-25t} \text{ V}$$

$$i_C(t) = C\frac{du_C(t)}{dt} = 2 \times 10^{-5} \times \frac{d}{dt}\left(12 - 6e^{-25t}\right) = 3 \times 10^{-3} e^{-25t} \text{ A}$$

$$u_C(2 \times 10^{-3}) = 12 - 6e^{-0.05} \text{ V} = 6.29 \text{ V}$$

$$W = \frac{1}{2}Cu_C^2 = \frac{1}{2} \times 2 \times 10^{-5} \times (6.29)^2 = 3.956 \times 10^{-4} \text{ J}$$

7-16 如题 7-16 图所示电路中直流电压源的电压为 24 V，且电路已达稳态。$t=0$ 时，闭合开关 S，求开关闭合后电感电流 i_L 和直流电压源发出的功率。

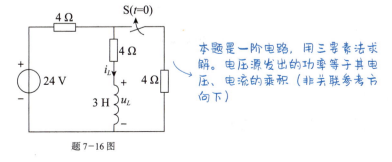

题 7-16 图

解： 当 $t<0$ 时，电感视为短路，有

$$i_L(0_-) = \frac{24}{4+4} = \frac{24}{8} = 3 \text{ A}$$

由换路定则，初值：
$$i_L(0_+) = i_L(0_-) = 3 \text{ A}$$

终值：

$$i_L(\infty) = \frac{24}{4+4//4} \times \frac{1}{2} = \frac{24}{6} \times \frac{1}{2} = 2 \text{ A}$$

电感两端等效电阻：
$$R_{eq} = 4 + 4//4 = 6 \text{ }\Omega$$

时间常数：
$$\tau = \frac{L}{R_{eq}} = \frac{3}{6} = 0.5 \text{ s}$$

电感电流：
$$i_L = \left(2 + \mathrm{e}^{-2t}\right) \text{ A}$$

电感电压：

$$u_L = L\frac{\mathrm{d}i_L}{\mathrm{d}t} = 3 \cdot (-2)\mathrm{e}^{-2t} = -6\mathrm{e}^{-2t} \text{ V}$$

电压源的电流：

$$i = i_L + \frac{4i_L + u_L}{4} = 2i_L + \frac{1}{4}u_L = 4 + 2\mathrm{e}^{-2t} - \frac{3}{2}\mathrm{e}^{-2t} = \left(4 + \frac{1}{2}\mathrm{e}^{-2t}\right) \text{ A}$$

电压源发出的功率：

$$p = 24i = \left(96 + 12\mathrm{e}^{-2t}\right) \text{ W}$$

7-17 如题 7-17 图所示电路中，已知 $e(t) = 220\sqrt{2}\cos(314t + 30°)$，$u_C(0_-) = U_0$，当 $t = 0$ 时合上开关 S。求：

（1）$u_C(t)$。

（2）$u_C(0_-)$ 为何值时，瞬态分量为零？

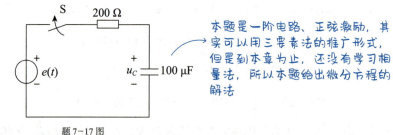

题 7-17 图

本题是一阶电路、正弦激励，其实可以用三要素法的推广形式，但是到本章为止，还没有学习相量法，所以本题给出微分方程的解法。

解：（1）列写微分方程。

对电容，有
$$i_C = C\frac{\mathrm{d}u_C}{\mathrm{d}t} = 10^{-4}\frac{\mathrm{d}u_C}{\mathrm{d}t}$$

由 KVL，有
$$e(t) = 200i_C + u_C$$

$$\frac{\mathrm{d}u_C}{\mathrm{d}t} + 50u_C = \sqrt{2}\,11\,000\cos(314t + 30°) = 5\,500\sqrt{6}\cos 314t - 5\,500\sqrt{2}\sin 314t$$

求微分方程的特解。

根据微分方程右侧，可以写出特解具有的形式：

$$u_C^* = a\cos 314t + b\sin 314t$$

式中，a、b 是待定系数。

将带有待定系数的特解代入微分方程，得

$$(314b + 50a)\cos 314t + (-314a + 50b)\sin 314t = 5500\sqrt{6}\cos 314t - 5500\sqrt{2}\sin 314t$$

比较系数，得

$$\begin{cases} 50a + 314b = 5500\sqrt{6} \\ -314a + 50b = -5500\sqrt{2} \end{cases}$$

解得 $\begin{cases} a = 30.82 \\ b = 38.00 \end{cases}$。

所以特解为

$$u_C^* = 30.82\cos 314t + 38\sin 314t$$

微分方程的通解

$$u_C(t) = u_C^* + A\mathrm{e}^{-50t}$$

其中，A 是待定系数。

将初值代入通解，求待定系数，即

$$u_C(0_+) = 30.82 + A$$

解得 $A = u_C(0_+) - 30.82$。

写结果：

$$u_C(t) = 30.82\cos 314t + 38\sin 314t + \left(u_C(0_+) - 30.82\right)\mathrm{e}^{-50t}\,\mathrm{V}$$

（2）要使瞬态分量为零，根据（1）中表达式，只需要 e^{-50t} 的系数为 0，即 $u_C(0_+) = 30.82\,\mathrm{V}$。由换路定则，有 $u_C(0_-) = u_C(0_+) = 30.82\,\mathrm{V}$

7-18 如题 7-18 图所示电路中各参数已给定，开关 S 打开前电路为稳态。当 $t=0$ 时开关 S 打开，求开关打开后电压 $u(t)$。

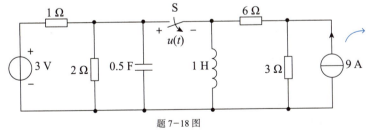

题 7-18 图

解： 求初值。

当 $t < 0$ 时，如题解 7-18（a）图所示。

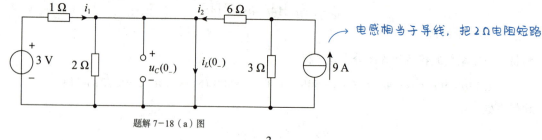

题解 7-18（a）图

$$i_1 = \frac{3}{1} = 3 \text{ A}$$

$$i_2 = \frac{3}{6+3} \times 9 = 3 \text{ A}$$

由 KCL，有

$$i_L(0_-) = i_1 + i_2 = 3 + 3 = 6 \text{ A}$$

$$u_C(0_-) = 0$$

由换路定则，有

$$i_L(0_+) = i_L(0_-) = 6 \text{ A}, \quad u_C(0_+) = u_C(0_-) = 0$$

求终值。

当 $t = \infty$ 时，如题解 7-18（b）图所示：

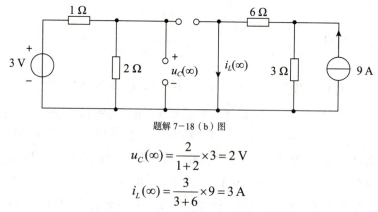

题解 7-18（b）图

$$u_C(\infty) = \frac{2}{1+2} \times 3 = 2 \text{ V}$$

$$i_L(\infty) = \frac{3}{3+6} \times 9 = 3 \text{ A}$$

求时间常数。

对左侧电路，如题解 7-18（c）图所示，有

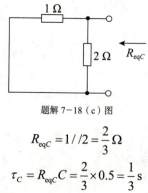

题解 7-18（c）图

$$R_{eqC} = 1 // 2 = \frac{2}{3} \ \Omega$$

$$\tau_C = R_{eqC} C = \frac{2}{3} \times 0.5 = \frac{1}{3} \text{ s}$$

对右侧电路，如题解 7-18（d）图所示，有

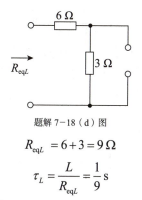

题解 7-18（d）图

$$R_{eqL} = 6+3 = 9\,\Omega$$

$$\tau_L = \frac{L}{R_{eqL}} = \frac{1}{9}\,\text{s}$$

写结果，如题解 7-18（e）图所示。

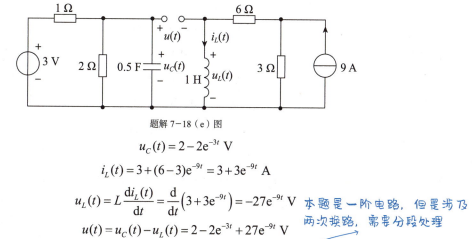

题解 7-18（e）图

$$u_C(t) = 2 - 2e^{-3t}\,\text{V}$$

$$i_L(t) = 3 + (6-3)e^{-9t} = 3 + 3e^{-9t}\,\text{A}$$

$$u_L(t) = L\frac{di_L(t)}{dt} = \frac{d}{dt}(3 + 3e^{-9t}) = -27e^{-9t}\,\text{V}$$

由 KVL，有

$$u(t) = u_C(t) - u_L(t) = 2 - 2e^{-3t} + 27e^{-9t}\,\text{V}$$

本题是一阶电路，但是涉及两次换路，需要分段处理

7-19 电路如题 7-19 图所示，开关 S_1 原闭合在位置 a，开关 S_2 闭合，电路已达稳定状态。当 $t=0$ 时开关 S_1 由位置 a 合至位置 b，在 $t=t_1=4\,\text{s}$ 时将开关 S_2 打开，求 $t>0$ 时的电容电压 u_{C_2}。

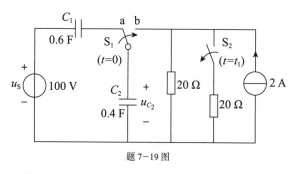

题 7-19 图

解：当 $t<0$ 时，左侧电路如题解 7-19（a）图所示：

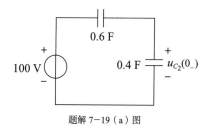

题解 7-19（a）图

$$u_{C_2}(0_-) = \frac{0.6}{0.6+0.4} \times 100 = 60 \text{ V}$$ ← 当 $t<0$ 时，本题没有其他条件，电容电压直接按照电容反比分配

初值　　　　　　　　　　$u_{C_2}(0_+) = u_{C_2}(0_-) = 60 \text{ V}$

当 $0 \leq t < 4\text{ s}$ 时，电路如题解 7-19（b）图所示。

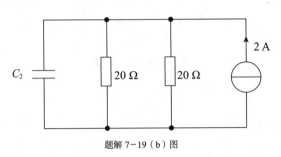

题解 7-19（b）图

等效电阻：　　　　　　　$R_{eq1} = 20 // 20 = 10 \text{ Ω}$

时间常数：　　　　　　　$\tau_1 = R_{eq1} C_2 = 10 \times 0.4 = 4 \text{ s}$

终值：　　　　　　　　　$u_{C_2}(\infty) = 2 \times 10 = 20 \text{ V}$

电容电压：　　　　　　　$u_{C_2}(t) = (20 + 40e^{-0.25t}) \text{ V}$

　　　　　　　　　　　　$u_{C_2}(4_-) = (20 + 40e^{-1}) \text{ V}$

当 $t \geq 4\text{ s}$ 时：

初值：　　　　　　　　　$u_{C_2}(4_+) = u_{C_2}(4_-) = (20 + 40e^{-1}) \text{ V}$

电路如题解 7-19（c）图所示：

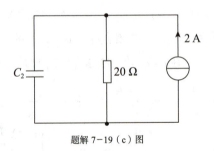

题解 7-19（c）图

等效电阻 $R_{eq2} = 20 \text{ Ω}$。

时间常数：　　　　　　　$\tau_2 = C_2 R_{eq2} = 0.4 \times 20 = 8 \text{ s}$

终值：　　　　　　　　　$u_{C_2}(\infty) = 20 \times 2 = 40 \text{ V}$

注意从 $t=4\text{ s}$ 开始算初值，所以指数项上是 $-0.125(t-4)$，而不是 $-0.125t$

电容电压：　　　　　　　$u_{C_2}(t) = \left[40 + (40e^{-1} - 20)e^{-0.125(t-4)}\right] \text{ V}$

综上所述，$u_{C_2}(t) = \begin{cases} (20 + 40e^{-1}) \text{ V}, & 0 \leq t < 4 \text{ s} \\ \left[40 + (40e^{-1} - 20)e^{-0.125(t-4)}\right] \text{ V}, & t \geq 4 \text{ s} \end{cases}$

7-20 如题 7-20 图所示电路，开关合在位置 1 时已达稳定状态，当 $t = 0$ 时开关由位置 1 合向位置 2，求 $t>0$ 时的电压 u_L。

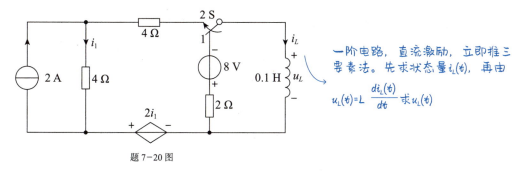

题 7-20 图

解: 求初值。

当 $t<0$ 时，如题解 7-20（a）图所示：

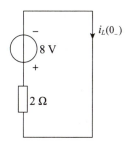

题解 7-20（a）图

$$i_L(0_-) = -\frac{8}{2} = -4 \text{ A}$$
$$i_L(0_+) = i_L(0_-) = -4 \text{ A}$$

求终值。

当 $t=\infty$ 时，如题解 7-20（b）图所示：

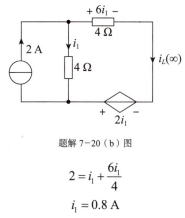

题解 7-20（b）图

$$2 = i_1 + \frac{6i_1}{4}$$
$$i_1 = 0.8 \text{ A}$$
$$i_L(\infty) = 1.5 i_1 = 1.2 \text{ A}$$

求时间常数。

在求等效电阻时，用加压求流法。电路如题解 7-20（c）图所示：

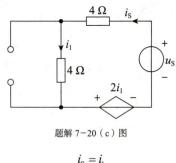

题解 7-20（c）图

$$i_S = i_1$$

由 KVL，有

$$u_S = 4i_1 + 4i_1 + 2i_1 = 10i_1$$

等效电阻：

$$R_{eq} = \frac{u_S}{i_S} = \frac{10i_1}{i_1} = 10\ \Omega$$

时间常数：

$$\tau = \frac{L}{R_{eq}} = \frac{0.1}{10} = 0.01\ \text{s}$$

写结果：

$$i_L = 1.2 + (-4 - 1.2)e^{-100t} = 1.2 - 5.2e^{-100t}\ \text{A}$$

$$u_L = \frac{di_L}{dt} = 0.1 \frac{d}{dt}(1.2 - 5.2e^{-100t}) = 52e^{-100t}\ \text{V}$$

7-21 如题 7-21 图所示电路中，电容原先已充电，$u_C(0_-) = 6\ \text{V}$，$i_L(0_-) = 0$，$R = 2.5\ \Omega$，$L = 0.25\text{H}$，$C = 0.25\text{F}$。

（1）试求开关闭合后的 $u_C(t)$、$i(t)$。

时域中，列写微分方程求解，本题（1）中响应是非振荡衰减。得到关于 u_C 的微分方程，解得 $u_C(t)$ 后，由电容的 VCR 得到 $i(t)$

（2）使电路在临界阻尼下放电，当 L 和 C 不变时，电阻 R 应为何值？

临界阻尼，就是特征方程有相等的负实根，令特征方程的判别式等于 0 即可

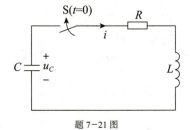

题 7-21 图

解：（1）列写微分方程。

当 $t > 0$ 时，如题解 7-21 图所示：

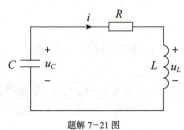

题解 7-21 图

对电容：
$$i = -C\frac{\mathrm{d}u_C}{\mathrm{d}t}$$

对电感：
$$u_L = L\frac{\mathrm{d}i}{\mathrm{d}t} = -LC\frac{\mathrm{d}^2 u_C}{\mathrm{d}t^2}$$

由 KVL：
$$u_C = Ri + u_L$$

整理，得
$$\frac{\mathrm{d}^2 u_C}{\mathrm{d}t^2} + \frac{R}{L}\frac{\mathrm{d}u_C}{\mathrm{d}t} + \frac{1}{LC}u_C = 0$$

代入数据，得
$$\frac{\mathrm{d}^2 u_C}{\mathrm{d}t^2} + 10\frac{\mathrm{d}u_C}{\mathrm{d}t} + 16u_C = 0$$

求通解：
$$p^2 + 10p + 16 = 0$$

解得 $p_1 = -2, p_2 = -8$。

微分方程的通解：$u_C = A\mathrm{e}^{-2t} + B\mathrm{e}^{-8t}$ V。
$$\frac{\mathrm{d}u_C}{\mathrm{d}t} = -2A\mathrm{e}^{-2t} - 8B\mathrm{e}^{-8t} \text{ V/s}$$

求初值。

由换路定则，有
$$u_C(0_+) = u_C(0_-) = 6\text{V}，i(0_+) = i(0_-) = 0$$

所以 $\left.\dfrac{\mathrm{d}u_C}{\mathrm{d}t}\right|_{0_+} = -\dfrac{1}{C}i(0_+) = 0$。

将初值代入通解，求待定系数：
$$\begin{cases} u_C(0_+) = A + B = 6 \\ \left.\dfrac{\mathrm{d}u_C}{\mathrm{d}t}\right|_{0_+} = -2A - 8B = 0 \end{cases}$$

解得 $\begin{cases} A = 8 \\ B = -2 \end{cases}$。

写结果：
$$u_C(t) = 8\mathrm{e}^{-2t} - 2\mathrm{e}^{-8t} \text{ V}$$

$$i(t) = -C\frac{\mathrm{d}u_C}{\mathrm{d}t} = -0.25\frac{\mathrm{d}}{\mathrm{d}t}\left(8\mathrm{e}^{-2t} - 2\mathrm{e}^{-8t}\right) = 4\mathrm{e}^{-2t} - 4\mathrm{e}^{-8t} \text{ A}$$

（2）将 $L = 0.25$ H、$C = 0.25$ F 代入原微分方程，得
$$\frac{\mathrm{d}^2 u_C}{\mathrm{d}t^2} + 4R\frac{\mathrm{d}u_C}{\mathrm{d}t} + 16u_C = 0$$

特征方程：
$$p^2 + 4Rp + 16 = 0$$

临界阻尼情况下，判别式：
$$\Delta = 16R^2 - 64 = 0$$

解得 $R = 2\,\Omega$。

7-22 如题 7-22 图所示电路中开关 S 闭合已久,当 $t = 0$ 时 S 打开。求 u_C、i_L。

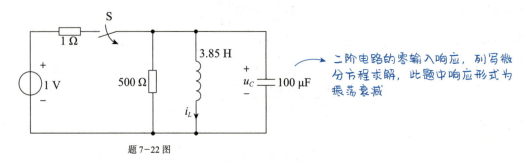

题 7-22 图

解: 列写微分方程。

如题解 7-22(a)图所示,当 $t > 0$ 时:

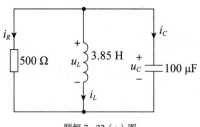

题解 7-22(a)图

$$u_L = u_C = L\frac{di_L}{dt} = 3.85\frac{di_L}{dt}$$

$$i_C = C\frac{du_C}{dt} = 10^{-4}\frac{du_C}{dt} = 3.85 \times 10^{-4}\frac{d^2 i_L}{dt^2}$$

$$i_R = \frac{u_C}{500} = 7.7 \times 10^{-3}\frac{di_L}{dt}$$

由 KCL,有
$$i_R + i_L + i_C = 0$$

联立以上各式,得
$$\frac{d^2 i_L}{dt^2} + 20\frac{di_L}{dt} + \frac{200\,000}{77} = 0$$

求通解。

特征方程:
$$p^2 + 20p + \frac{200\,000}{77} = 0$$

解得 $p_1 = -10 + j49.97$,$p_2 = -10 - j49.97$。

$$i_L = Ae^{-10t}\sin(49.97t + \varphi)$$
$$u_C = Be^{-10t}\sin(49.97t + \psi)$$

求初值。

如题解 7-22(b)图所示,当 $t < 0$ 时:

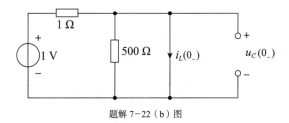

题解 7-22（b）图

$$i_L(0_-) = \frac{1}{1} = 1\,\text{A}, \quad u_C(0_-) = 0$$

由换路定则，有 $i_L(0_+) = i_L(0_-) = 1\,\text{A}, \quad u_C(0_+) = u_C(0_-) = 0$

0_+ 等效电路如题解 7-22（c）图所示

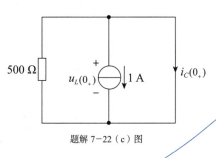

题解 7-22（c）图

由于 $u_L(0_+) = 0$，所以 $\left.\dfrac{\mathrm{d}i_L}{\mathrm{d}t}\right|_{0_+} = 0$。

由于 $i_C(0_+) = -1\,\text{A}$，所以 $\left.\dfrac{\mathrm{d}u_C}{\mathrm{d}t}\right|_{0_+} = \dfrac{1}{C}i_C(0_+) = -10^4\,\text{V/s}$。

将初始值代入通解，求待定系数。

$$\begin{cases} i_L(0_+) = A\sin\varphi = 1 \\ \left.\dfrac{\mathrm{d}i_L}{\mathrm{d}t}\right|_{0_+} = -10A\sin\varphi + 49.97A\cos\varphi = 0 \end{cases}$$

解得 $\begin{cases} A = 1.02 \\ \varphi = 78.68° \end{cases}$。

$$\begin{cases} u_C(0_+) = B\sin\psi = 0 \\ \left.\dfrac{\mathrm{d}u_C}{\mathrm{d}t}\right|_{0_+} = -10B\sin\psi + 49.97B\cos\psi = -10^4 \end{cases}$$

解得 $\begin{cases} B = -200.12 \\ \psi = 0 \end{cases}$。

写出结果：

$$i_L = 1.02\mathrm{e}^{-10t}\sin(49.97t + 78.68°)\,\text{A}$$

$$u_C = -200.12\mathrm{e}^{-10t}\sin(49.97t)\,\text{V}$$

> **电路一点通**
>
> 此题中的 u_C 当然可以通过 $u_C = L\dfrac{di_L}{dt}$ 求出，但是由于 i_L 的表达式含有指数函数和三角函数的乘积，求导之后再整理相当烦琐。笔者认为，直接设出 u_C 的通解并求出待定系数更为方便，所以在解答中给出这一方法，感兴趣的同学也可以尝试用 $u_C = L\dfrac{di_L}{dt}$ 求解。
>
> 另外，在题 7-24 的（3）中，也是振荡衰减形式的响应，在那里给出了求导之后再整理的解法，并给出详细的整理过程，读者可以参考并对比两种方法，体会两种方法的差异。

7-23 如题 7-23 图所示电路在开关 S 打开之前已达稳态；当 $t=0$ 时，开关 S 打开，求 $t>0$ 时的 u_C。

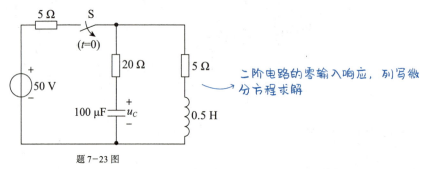

题 7-23 图

解： 列写微分方程。

如题解 7-23（a）图所示，当 $t>0$ 时：

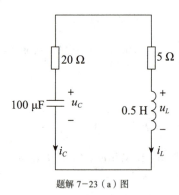

题解 7-23（a）图

对电容：$\qquad i_C = C\dfrac{du_C}{dt} = 10^{-4}\dfrac{du_C}{dt}$，$i_L = -i_C$

对电感：$\qquad u_L = L\dfrac{di_C}{dt} = -0.5\dfrac{di_C}{dt} = -5\times10^{-5}\dfrac{d^2 u_C}{dt^2}$

由 KVL，有 $\qquad u_L = 25 i_C + u_C$

联立以上方程，得

$$\dfrac{d^2 u_C}{dt^2} + 50\dfrac{du_C}{dt} + 20\,000 = 0$$

求微分方程的通解。

特征方程：$$p^2 + 50p + 20\,000 = 0$$

解得 $p_1 = -25 + \mathrm{j}25\sqrt{31}$，$p_2 = -25 + \mathrm{j}25\sqrt{31}$。

$$u_C = A\mathrm{e}^{-25t}\sin(25\sqrt{31}\,t + \varphi)\,\mathrm{V}$$

求初始值。

如题解 7-23（b）图所示，当 $t < 0$ 时：

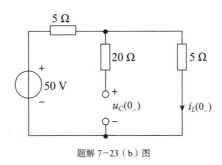

题解 7-23（b）图

$$i_L(0_-) = \frac{50}{5+5} = 5\,\mathrm{A}，\quad u_C(0_-) = 5 \times 5 = 25\,\mathrm{V}$$

由换路定则，有

$$i_L(0_+) = i_L(0_-) = 5\,\mathrm{A}，\quad u_C(0_+) = u_C(0_-) = 25\,\mathrm{V}$$

0_+ 等效电路如题解 7-23（c）图所示。

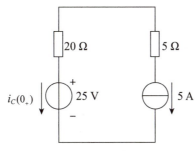

题解 7-23（c）图

$$i_C(0_+) = -5\,\mathrm{A}$$

所以

$$\left.\frac{\mathrm{d}u_C}{\mathrm{d}t}\right|_{0_+} = \frac{1}{C}i_C(0_+) = -5 \times 10^4\,\mathrm{V/s}$$

将初始值代入通解，求待定系数。

$$\begin{cases} u_C(0_+) = A\sin\varphi = 25 \\ \left.\dfrac{\mathrm{d}u_C}{\mathrm{d}t}\right|_{0_+} = -25A\sin\varphi + 25\sqrt{31}A\cos\varphi = -5\times 10^4 \end{cases}$$

解得 $\begin{cases} A = -355.73 \\ \varphi = -4.03° \end{cases}$。

写出结果：

$$u_C = -355.73\mathrm{e}^{-25t}\sin\left(25\sqrt{31}\,t - 4.03°\right)\,\mathrm{V}$$

7-24 电路如题 7-24 图所示，$t=0$ 时开关 S 闭合，设 $u_C(0_-)=0$，$i(0_-)=0$，$L=1\,\text{H}$，$C=1\,\mu\text{F}$，$U=100\,\text{V}$。若（1）电阻 $R=3\,\text{k}\Omega$；（2）$R=2\,\text{k}\Omega$；（3）$R=200\,\Omega$，试分别求在上述电阻值时电路中的电流 i 和电压 u_C。

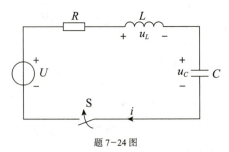

二阶电路，列写微分方程求解，不同的电阻值对应不同的响应形式。
（1）是过阻尼
（2）是临界阻尼
（3）是欠阻尼

题 7-24 图

解： 求初始值。

由换路定则，有

$$u_C(0_+)=u_C(0_-)=0,\quad i(0_+)=i(0_-)=0$$

0_+ 等效电路如题解 7-24 图所示。

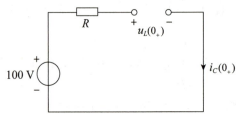

题解 7-24 图

由于 $i_C(0_+)=0$，所以 $\left.\dfrac{du_C}{dt}\right|_{0_+}=0$。

列写微分方程。

对电容，有

$$i=C\dfrac{du_C}{dt}$$

对电感，有

$$u_L=L\dfrac{di}{dt}=LC\dfrac{d^2u_C}{dt^2}$$

由 KVL，有

$$U=Ri+u_L+u_C$$

联立以上各式，得

$$\dfrac{d^2u_C}{dt^2}+\dfrac{R}{L}\dfrac{du_C}{dt}+\dfrac{1}{LC}u_C=\dfrac{U}{LC}$$

（1）电阻 $R=3\,\text{k}\Omega$，则

$$\dfrac{d^2u_C}{dt^2}+3\,000\,\dfrac{du_C}{dt}+10^6 u_C=10^8$$

求微分方程的通解。

特解 $u_C^*=100\,\text{V}$。
齐次方程的特征方程：

$$p^2+3\,000p+10^6=0$$

解得 $p_1 = -381.97$, $p_2 = -2\,618.03$。

齐次通解：
$$u_C = Ae^{-381.97t} + Be^{-2\,618.03t}$$

通解：
$$u_C = 100 + Ae^{-381.97t} + Be^{-2\,618.03t}$$

将初始值代入通解，求待定系数。→注意，一定是代入通解，而非齐次通解，（2）和（3）亦然。

$$\begin{cases} u_C(0_+) = 100 + A + B = 0 \\ \dfrac{du_C}{dt}\bigg|_{0_+} = -381.97A - 2\,618.03B = 0 \end{cases}$$

解得 $\begin{cases} A = -117.08 \\ B = 17.08 \end{cases}$。

写出结果：
$$u_C = 100 - 117.08e^{-381.97t} + 17.08e^{-2\,618.03t} \text{ V}$$

$$i = C\frac{du_C}{dt} = 10^{-6} \times \left(44\,721e^{-381.97t} - 44\,716e^{-2\,618.03t}\right) = 0.044\,7e^{-381.97t} - 0.044\,7e^{-2\,618.03t} \text{ A}$$

（2）当 $R = 2\,\text{k}\Omega$ 时，有

$$\frac{d^2 u_C}{dt^2} + 2\,000\frac{du_C}{dt} + 10^6 u_C = 10^8$$

求微分方程的通解。

特解 $u_C^* = 100$。

齐次方程的特征方程：
$$p^2 + 2\,000p + 10^6 = 0$$

解得 $p_1 = p_2 = -1\,000$。

齐次通解：
$$u_C = (At + B)e^{-1\,000t}$$

通解：
$$u_C = 100 + (At + B)e^{-1\,000t}$$

将初始值代入微分方程的通解，求待定系数

$$\begin{cases} u_C(0_+) = 100 + B = 0 \\ \dfrac{du_C}{dt}\bigg|_{0_+} = A - 1\,000B = 0 \end{cases}$$

解得 $\begin{cases} A = -10^5 \\ B = -100 \end{cases}$。

写出结果：
$$u_C = 100 - (10^5 t + 100)e^{-1\,000t} \text{ V}$$

$$i = C\frac{du_C}{dt} = 10^{-6}\left[-10^5 e^{-1\,000t} + 1\,000 \cdot (10^5 t + 100)e^{-1\,000t}\right] = 100te^{-1\,000t} \text{ A}$$

（3）当 $R = 200\,\Omega$ 时，有

$$\frac{d^2 u_C}{dt^2} + 200\frac{du_C}{dt} + 10^6 u_C = 10^8$$

求微分方程的通解。

特解：$u_C^* = 100$。

齐次方程的特征方程：
$$p^2 + 200p + 10^6 = 0$$

解得 $p_1 = -100 + j995, p_2 = -100 - j995$。

齐次通解：
$$u_C = Ae^{-100t}\sin(995t + \varphi)$$

通解：
$$u_C = 100 + Ae^{-100t}\sin(995t + \varphi)$$

将初始值代入微分方程的通解，求待定系数

$$\begin{cases} u_C(0_+) = 100 + A\sin\varphi = 0 \\ \dfrac{du_C}{dt}\bigg|_{0_+} = A(-100\sin\varphi + 995\cos\varphi) = 0 \end{cases}$$

解得 $\begin{cases} A = -100.5 \\ \varphi = 84.26° \end{cases}$。

写出结果：
$$u_C = 100 - 100.5e^{-100t}\sin(995t + 84.26°)\,\text{V}$$

$$i = C\frac{du_C}{dt} = -100.5 \times 10^{-6}\left[-100e^{-100t}\sin(995t + 84.26°) + 995e^{-100t}\cos(995 + 84.26°)\right]$$

（在这里用三角函数的和差角公式）

$= -100.5 \times 10^{-6}(-100 \times 0.1e^{-100t}\sin 995t - 100 \times 0.995e^{-100t}\cos 995t + 995 \times 0.1e^{-100t}\cos 995t - 995 \times 0.995e^{-100t}\sin 995t)$

$= 0.1e^{-100t}\sin(995t)\,\text{A}$

7-25 试求如题 7-25 图所示电路的零状态响应 i_L，u_C。（设开关 S 在 $t = 0$ 时闭合）

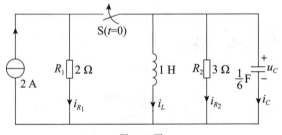

题 7-25 图

解： 列写微分方程。

对电感：
$$u_C = u_L = \frac{di_L}{dt}$$

对电容：
$$i_C = \frac{1}{6}\frac{du_C}{dt} = \frac{1}{6}\frac{d^2 i_L}{dt^2}$$

对两个电阻：
$$i_{R_1} = \frac{u_C}{2} = \frac{1}{2}\frac{di_L}{dt}, \quad i_{R_2} = \frac{u_C}{3} = \frac{1}{3}\frac{di_L}{dt}$$

由 KCL，有
$$2 = i_{R_1} + i_L + i_{R_2} + i_C$$

即 $2 = \dfrac{5}{6}\dfrac{di_L}{dt} + i_L + \dfrac{1}{6}\dfrac{d^2 i_L}{dt^2}$，整理，得

$$\frac{d^2 i_L}{dt^2} + 5\frac{di_L}{dt} + 6i_L = 12$$

求微分方程的通解：

非齐次特解：$i_L^* = 2\,\text{A}$。

特征方程：
$$p^2 + 5p + 6 = 0$$

解得 $p_1 = -2$，$p_2 = -3$。

齐次通解：
$$i_L = A_1 e^{-2t} + A_2 e^{-3t}$$

微分方程的通解：$i_L(t) = A_1 e^{-2t} + A_2 e^{-3t} + 2$。

初始值：$\begin{cases} i_L(0_+) = 0 \\ \dfrac{di_L}{dt}\bigg|_{0_+} = 0 \end{cases}$。 *电路零状态，所以 $i_L(0_+)=0$，$u_C(0_+)=0$，所以有 $u_L(0_+)=0$，进而 $\dfrac{di_L}{dt}\bigg|_{0_+}=0$*

将初始值代入微分方程的通解，求待定系数：

$\begin{cases} A_1 + A_2 + 2 = 0 \\ -2A_1 - 3A_2 = 0 \end{cases}$，解得 $\begin{cases} A_1 = -6 \\ A_2 = 4 \end{cases}$。

写出结果：

$$i_L = \left(-6e^{-2t} + 4e^{-3t} + 2\right)\text{A}$$
$$u_C = \frac{di_L}{dt} = \left(12e^{-2t} - 12e^{-3t}\right)\text{V}$$

7-26 如题 7-26 图所示电路在开关 S 动作前已达稳态；当 $t=0$ 时 S 由位置 1 接至位置 2，求 $t>0$ 时的 i_L。

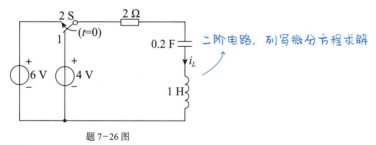

题 7-26 图

解：列写微分方程。

如题解 7-26（a）图所示，当 $t>0$ 时：

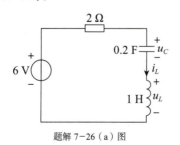

题解 7-26（a）图

对电容：
$$i_L = 0.2\frac{du_C}{dt}$$

对电感：
$$u_L = \frac{di_L}{dt} = 0.2\frac{d^2u_C}{dt^2}$$

由 KVL，有
$$6 = 2i_L + u_C + u_L$$

联立以上各式，得
$$\frac{d^2u_C}{dt^2} + 2\frac{du_C}{dt} + 5u_C = 30$$

求通解。

齐次方程的特征方程：
$$p^2 + 2p + 5 = 0$$

解得 $p_1 = -1 + \mathrm{j}2$，$p_2 = -1 - \mathrm{j}2$。

i_L 的齐次通解：
$$i_L = A\mathrm{e}^{-t}\sin(2t + \varphi)$$

虽然列出的是关于 u_C 的微分方程，但是在同一个电路中，i_L 的齐次通解和 u_C 的齐次通解具有相同的形式（因为特征根是固定的）

因为 $i_L(\infty) = 0$，所以 i_L 的特解为 $i_L^* = 0$。

i_L 的通解：
$$i_L = A\mathrm{e}^{-t}\sin(2t + \varphi)$$

求初值。

如题解 7-26（b）图所示，当 $t < 0$ 时：

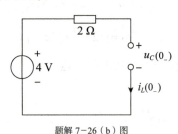

题解 7-26（b）图

$$u_C(0_-) = 4\,\mathrm{V},\quad i_L(0_-) = 0$$

由换路定则，有 $u_C(0_+) = u_C(0_-) = 4\,\mathrm{V}$，$i_L(0_+) = u_C(0_-) = 0$

0_+ 等效电路如题解 7-26（c）图所示。

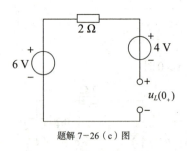

题解 7-26（c）图

$$u_L(0_+) = 6 - 4 = 2\,\mathrm{V}$$

$$\left.\frac{di_L}{dt}\right|_{0_+} = \frac{1}{L}u_L(0_+) = 2\,\mathrm{A/s}$$

将初值代入通解，求待定系数：

$$\begin{cases} i_L(0_+) = A\sin\varphi = 0 \\ \left.\dfrac{\mathrm{d}i_L}{\mathrm{d}t}\right|_{0_+} = -A\sin\varphi + 2A\cos\varphi = 2 \end{cases}$$

解得 $\begin{cases} A = 1 \\ \varphi = 0 \end{cases}$。

写结果：

$$i_L = \mathrm{e}^{-t}\sin(2t)\,\mathrm{A}$$

7-27 如题 7-27 图所示电路中直流电压源 $U_S = 6\,\mathrm{V}$，开关动作前电路已达稳定状态。当 $t=0$ 时开关 S 闭合，求换路后的电流 i_1。

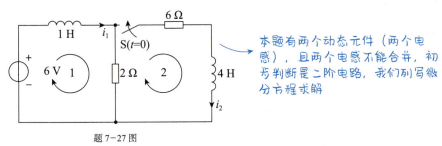

题 7-27 图

解：求初值：→题目求 i_1，所以求初值的目标是求 $i_1(0_+)$ 和 $\left.\dfrac{\mathrm{d}i_1}{\mathrm{d}t}\right|_{t=0+}$。

如题解 7-27（a）图所示，当 $t<0$ 时：

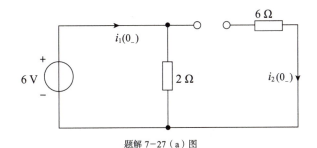

题解 7-27（a）图

$$i_1(0_-) = 3\,\mathrm{A}, \quad i_2(0_-) = 0$$

由换路定则，有 $i_1(0_+) = i_1(0_-) = 3\,\mathrm{A}, \quad i_2(0_+) = i_2(0_-) = 0$

画出 0_+ 等效电路如题解 7-27（b）图所示。

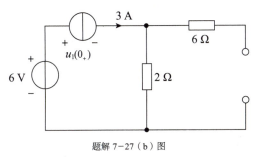

题解 7-27（b）图

由于 $u_1(0_+) = 6 - 3\times 2 = 0$，所以 $\left.\dfrac{\mathrm{d}i_1}{\mathrm{d}t}\right|_{t=0+} = 0$。

列写微分方程：

当 $t>0$ 时，对两个回路列写 KVL，得

$$6 = \frac{di_1}{dt} + 2(i_1 - i_2)$$

$$6i_2 + 4\frac{di_2}{dt} + 2(i_2 - i_1) = 0$$

① → 处理这些方程的目标是消去 i_2

② → 使得最终的微分方程（这个方程是二阶的，因为这是二阶电路）仅含 i_1 变量

由①，有

$$i_2 = \frac{1}{2}\frac{di_1}{dt} + i_1 - 3$$

再由②，有

$$\frac{di_2}{dt} = \frac{1}{2}i_1 - 2i_2 = \frac{1}{2}i_1 - 2\left(\frac{1}{2}\frac{di_1}{dt} + i_1 - 3\right) = -\frac{3}{2}i_1 - \frac{di_1}{dt} + 6 \quad ③$$

对方程①两边作微分，得

$$\frac{d^2 i_1}{dt^2} + 2\frac{di_1}{dt} - 2\frac{di_2}{dt} = 0$$

把③代入，得

$$\frac{d^2 i_1}{dt^2} + 2\frac{di_1}{dt} - 2\left(-\frac{3}{2}i_1 - \frac{di_1}{dt} + 6\right) = 0$$

整理，得 $\dfrac{d^2 i_1}{dt^2} + 4\dfrac{di_1}{dt} + 3i_1 = 12$

求微分方程的通解：

非齐次特解：

$$i_1^* = 4\,\text{A}$$

齐次方程的特征方程：

$$p^2 + 4p + 3 = 0$$

解得 $p_1 = -1$，$p_2 = -3$。

齐次通解：

$$i_1 = A_1 e^{-t} + A_2 e^{-3t}$$

微分方程的通解：

$$i_1 = A_1 e^{-t} + A_2 e^{-3t} + 4$$

将初值代入微分方程的通解，求待定系数：

$$\begin{cases} i_1(0_+) = A_1 + A_2 - 4 = 3 \\ \left.\dfrac{di_1}{dt}\right|_{t=0_+} = -A_1 - 3A_2 = 0 \end{cases}$$

解得 $\begin{cases} A_1 = 10.5 \\ A_2 = -3.5 \end{cases}$。

写出结果：$i_1 = \left(10.5 e^{-t} - 3.5 e^{-3t} + 4\right)\,\text{A}$

7-28 电路如题 7-28 图所示，已知电压源 U_S 为直流，且 $U_S = 10\,\text{V}$，$u_C(0_-) = -2\,\text{V}$，$i_L(0_-) = 1\,\text{A}$，当 $t=0$ 时开关 S 闭合，求开关 S 闭合后电容电压 $u_C(t)$。

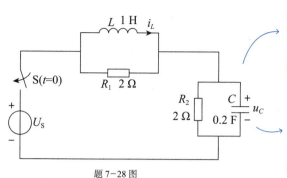
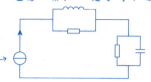

题 7-28 图

解：求初值：

由换路定则，有 $u_C(0_+) = u_C(0_-) = -2\text{ V}$，$i_L(0_+) = i_L(0_-) = 1\text{ A}$

画出 0_+ 等效电路如题解 7-28 图所示。

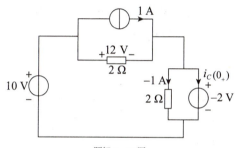

题解 7-28 图

由 KCL，$1 + \dfrac{12}{2} = i_C(0_+) - 1$，解得 $i_C(0_+) = 8\text{ A}$，故

$$\left.\dfrac{du_C}{dt}\right|_{t=0_+} = \dfrac{1}{C}i_C(0_+) = \dfrac{1}{0.2} \times 8 = 40\text{ V/s}$$

列写微分方程：

对电感，有
$$u_L = \dfrac{di_L}{dt}$$

由 KVL，有
$$U_S = u_L + u_C$$

所以
$$u_L = \dfrac{di_L}{dt} = U_S - u_C = 10 - u_C$$

由 KCL，有
$$i_L + \dfrac{u_L}{2} = \dfrac{u_C}{2} + 0.2\dfrac{du_C}{dt}$$

所以
$$i_L + \dfrac{1}{2}(10 - u_C) = \dfrac{1}{2}u_C + 0.2\dfrac{du_C}{dt}$$

$$\dfrac{du_C}{dt} + 5u_C = 25 + 5i_L$$

方程两边微分，得

$$\dfrac{d^2 u_C}{dt^2} + 5\dfrac{du_C}{dt} = 5\dfrac{di_L}{dt} = 50 - 5u_C$$

$$\dfrac{d^2 u_C}{dt^2} + 5\dfrac{du_C}{dt} + 5u_C = 50$$

非齐次方程特解：$u_C^* = 10 \text{ V}$

齐次方程的特征方程：$p^2 + 5p + 5 = 0$

解得 $p_1 = -1.38, p_2 = -3.62$。

齐次方程通解：$u_C = A_1 e^{-1.38t} + A_2 e^{-3.62t}$

微分方程通解：$u_C = A_1 e^{-1.38t} + A_2 e^{-3.62t} + 10$

将初值代入微分方程通解，求待定系数：

$$\begin{cases} u_C(0_+) = A_1 + A_2 + 10 = 8 \\ \left.\dfrac{du_C}{dt}\right|_{t=0_+} = -1.38 A_1 - 3.62 A_2 = 40 \end{cases}$$

解得 $\begin{cases} A_1 = 14.63 \\ A_2 = -16.63 \end{cases}$。

写出结果： $u_C = \left(14.63 e^{-1.38t} - 16.63 e^{-3.62t} + 10\right) \text{V}$

7-29 如题 7-29 图所示电路中 $R = 3 \text{ Ω}$，$L = 6 \text{ mH}$，$C = 1 \text{ μF}$，$U_0 = 12 \text{ V}$，电路已处稳态。设开关 S 在 $t=0$ 时打开，试求 $u_L(t)$。

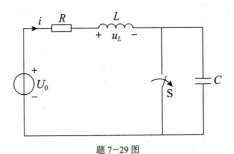

题 7-29 图

解： 列写微分方程。

如题解 7-29（a）图所示，当 $t>0$ 时：

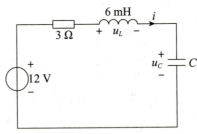

题解 7-29（a）图

对电容：$i_C = C \dfrac{du_C}{dt} = 10^{-6} \dfrac{du_C}{dt}$

对电感：$u_L = L \dfrac{di}{dt} = 6 \times 10^{-3} \dfrac{di}{dt} = 6 \times 10^{-9} \dfrac{d^2 u_C}{dt^2}$

由 KVL，有 $12 = 3i + u_L + u_C$

联立以上各式，得

$$\frac{d^2 u_C}{dt^2} + 500 \frac{du_C}{dt} + \frac{5}{3} \times 10^8 u_C = 2 \times 10^9$$

求通解。

齐次方程的特征方程：

$$p^2 + 500p + \frac{5}{3} \times 10^8 = 0$$

解得 $p_1 = -250 + j12\,907.5$，$p_2 = -250 - j12\,907.5$。

u_L 的齐次通解为

$$u_L = A e^{-250t} \sin(12\,907.5 t + \varphi)$$

由于 $u_L(\infty) = 0$，所以 u_L 的特解为 $u_L^* = 0$

u_L 的通解为

$$u_L = A e^{-250t} \sin(12\,907.5 t + \varphi)$$

求初值。→这里目标是求 u_L 及其一阶导数的初值

如题解 7-29（b）图所示，当 $t < 0$ 时：

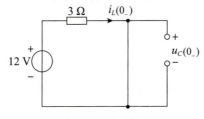

题解 7-29（b）图

$$i_L(0_-) = \frac{12}{3} = 4 \text{ A}, \quad u_C(0_-) = 0$$

由换路定则，有 $i_L(0_+) = i_L(0_-) = 4 \text{ A}$，$u_C(0_+) = u_C(0_-) = 0$

0_+ 等效电路如题解 7-29（c）图所示。

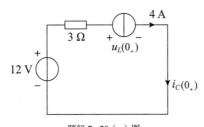

题解 7-29（c）图

$$u_L(0_+) = 12 - 3 \times 4 = 0$$
$$i_C(0_+) = 4 \text{ A}$$

当 $t > 0$ 时，$u_L = 12 - 3i_L - u_C$

所以

$$\left.\frac{du_L}{dt}\right|_{0_+} = \left.\frac{d}{dt}(12 - 3i_L - u_C)\right|_{0_+} = -3\left.\frac{di_2}{dt}\right|_{0_+} - \left.\frac{du_C}{dt}\right|_{0_+}$$

$$= -3 \frac{1}{L} u_L(0_+) - \frac{1}{C} i_C(0_+) = 0 - \frac{1}{10^{-6}} \times 4 = -4 \times 10^6 \text{ V/s}$$

将初值代入通解，求待定系数：

$$\begin{cases} u_L(0_+) = A\sin\varphi = 0 \\ \left.\dfrac{\mathrm{d}u_L}{\mathrm{d}t}\right|_{0_+} = A(-250\sin\varphi + 12\,907.5\cos\varphi) = -4\times 10^6 \end{cases}$$

解得 $\begin{cases} A = -309.9 \\ \varphi = 0 \end{cases}$。

写结果：

$$u_L(t) = -309.9\mathrm{e}^{-250t}\sin(12\,907.5t)\,\mathrm{V}$$

7-30 试用阶跃函数分别表示如题 7-30 图所示的电流、电压的波形。

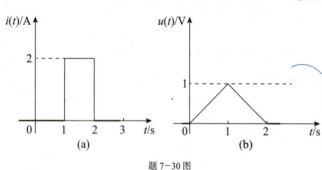

先写出每一段的表达式（不含阶跃函数），然后在每一段表达式后面加上相应的ε(t-a)-ε(t-b)（设某一段时间从a到b），最后再相加，就是全时域表达式。

题 7-30 图

解：（a）

$$i(t) = 2[\varepsilon(t-1) - \varepsilon(t-2)]\,\mathrm{A}$$

（b）

$$u(t) = t[\varepsilon(t) - \varepsilon(t-1)] + (-t+2)[\varepsilon(t-1) - \varepsilon(t-2)]$$
$$= [t\varepsilon(t) + (-2t+2)\varepsilon(t-1) + (t-2)\varepsilon(t-2)]\,\mathrm{V}$$

7-31 如题 7-31（a）图所示电路中的电压 $u(t)$ 的波形如题 7-31（b）图所示，试求电流 $i(t)$。

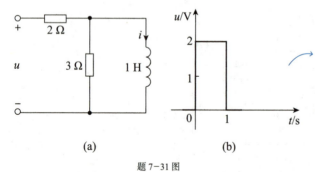

电压的图像呈阶梯状，可以写成阶跃函数相加减的形式。所以先求出单位阶跃响应，再利用系统的线性时不变特性，可以很方便地求解这个问题

题 7-31 图

解：①先求单位阶跃响应。

求初值。

由换路定则，$i(0_+) = i(0_-) = 0$。

求终值。

如题解 7-31 图所示，当 $t = \infty$ 时：

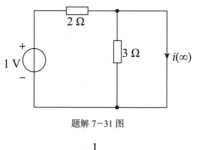

题解 7-31 图

$$i(\infty) = \frac{1}{2} = 0.5 \text{ A}$$

求时间常数。

$$R_{eq} = 2 // 3 = \frac{6}{5} = 1.2 \ \Omega$$

$$\tau = \frac{L}{R_{eq}} = \frac{1}{1.2} = \frac{5}{6} \text{ s}$$

写结果：

$$i(t) = \left(0.5 - 0.5 \mathrm{e}^{-1.2t}\right)\varepsilon(t) \text{ V}$$

② 将激励写成阶跃形式并写出响应。

由图像，有

$$u = 2\varepsilon(t) - 2\varepsilon(t-1)$$

响应：

注意指数项的 t 那里不要忘记减1

$$i(t) = \left(1 - \mathrm{e}^{-1.2t}\right)\varepsilon(t) - \left(1 - \mathrm{e}^{-1.2(t-1)}\right)\varepsilon(t-1) \text{A}$$

7-32 RC 电路中电容 C 原未充电，所加 $u(t)$ 的波形如题 7-32 图所示，其中 $R=1000\ \Omega$，$C=10\ \mu\text{F}$。求电容电压 u_C，并把 u_C：

（1）用分段形式写出；——→ 用分段形式写出，可以对每个时间段分别讨论，每段分别用三要素法求出响应。一般这种方法计算量偏大，不过此题中，由于每段的时间长度远大于 $3\tau \sim 5\tau$，所以可以认为每段时间结束之后（即 2 s 和 3 s 时），电路已经达到稳态。这样的话数据比较"整"，计算并不复杂。

（2）用一个表达式写出。

用一个表达式写出的话，与题 7-28 采用同样的思路就可以了

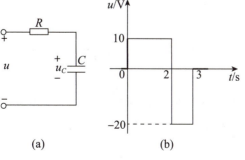

题 7-32 图

解：（1）第一段：当 $0 \leqslant t < 2\text{s}$ 时：

求初值：

$$u_C(0_+) = u_C(0_-) = 0$$

求终值：$\quad u_C(\infty) = 10\text{ V}$ → 这里的终值是指电压为 10 V 时，$t = \infty$ 的相应的 u_C 值

时间常数：$\quad \tau = RC = 1\,000 \times 10^{-5} = 0.01\text{ s}$ → 三段的时间常数不发生改变

由三要素法，有 $\quad u_C(t) = 10 - 10\text{e}^{-100t}\text{ V}$

2 s 远大于 $3\tau \sim 5\tau$，所以可以认为 $t = 2$ s 时电路已达稳态。

$$u_C(2_-) = 10\text{ V}$$

第二段：当 $2\text{ s} \leq t < 3\text{ s}$ 时：

初值：$\quad u_C(2_+) = u_C(2_-) = 10\text{ V}$ → 本段初值不是 0_+ 时刻的值，而是 2_+ 时刻的值，是根据上一段的 2_- 时刻的值由换路定则得来的

终值：$\quad u_C(\infty) = -20\text{ V}$ → 本段终值是指电压为 -20 V 时，$t = \infty$ 的相应的 u_C 值

由三要素法，有 $\quad u_C(t) = -20 + 30\text{e}^{-100(t-2)}\text{ V}$

$t = 3$ s 时电路已达稳态，$u_C(3_-) = -20\text{ V}$。

第三段：当 $t \geq 3$ s 时： → 本段初值也由上段求得，终值是电压为 0 时，$t = \infty$ 的相应的 u_C 值

$$u_C(3_+) = u_C(3_-) = -20\text{ V}$$
$$u_C(\infty) = 0$$

由三要素法，有 $\quad u_C(t) = -20\text{e}^{-100(t-3)}\text{ V}$

综上所述，有
$$u_C = \begin{cases} 10 - 10\text{e}^{-100t}\text{ V}, & 0 \leq t < 2\text{ s} \\ -20 + 30\text{e}^{-100(t-2)}\text{ V}, & 2\text{ s} \leq t < 3\text{ s} \\ -20\text{e}^{-100(t-3)}\text{ V}, & t \geq 3\text{ s} \end{cases}$$

（2）

①先求单位阶跃响应。

初值：$\quad u_C(0_+) = u_C(0_-) = 0$

终值：$\quad u_C(\infty) = 1\text{ V}$

时间常数：$\quad \tau = RC = 1\,000 \times 10^{-5} = 0.01\text{ s}$

由三要素法，有 $\quad u_C(t) = (1 - \text{e}^{-100t})\varepsilon(t)\text{V}$

②将电压写成阶跃函数形式并写出响应。

由图像，得
$$u = 10\varepsilon(t) - 30\varepsilon(t-2) + 20\varepsilon(t-3)\text{ V}$$

响应
$$u_C = 10\left(1 - \text{e}^{-100t}\right)\varepsilon(t) - 30\left[1 - \text{e}^{-100(t-2)}\right]\varepsilon(t-2) + 20\left[1 - \text{e}^{-100(t-3)}\right]\varepsilon(t-3)\text{V}$$

7-33 如题 7-33 图所示电路中，$u_{S1} = \varepsilon(t)\text{V}$，$u_{S2} = 5\varepsilon(t)\text{V}$，试求电路响应 $i_L(t)$。

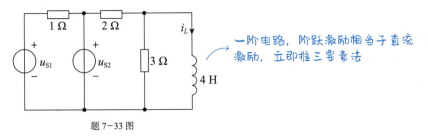

题 7-33 图

解: **求初值**: 由换路定则, 有 $i_L(0_+) = i_L(0_-) = 0$。

求终值: 如题解 7-33 (a) 图所示, 当 $t = \infty$ 时:

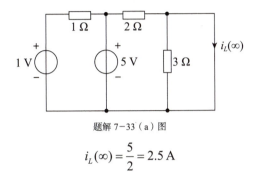

题解 7-33 (a) 图

$$i_L(\infty) = \frac{5}{2} = 2.5\,\text{A}$$

求时间常数: 如题解 7-33 (b) 图所示。

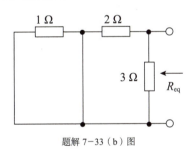

题解 7-33 (b) 图

$$R_{eq} = 2 // 3 = \frac{6}{5} = 1.2\,\Omega$$

$$\tau = \frac{2}{R_{eq}} = \frac{4}{1.2} = \frac{10}{3}\,\text{s}$$

写结果: 由三要素法, 有 $i_L(t) = \left(2.5 - 2.5\mathrm{e}^{-0.3t}\right)\varepsilon(t)\,\text{A}$

7-34 如题 7-34 图所示电路中, 已知 $i_S = 10\varepsilon(t)\,\text{A}$, $R_1 = 1\,\Omega$, $R_2 = 2\,\Omega$, $C = 1\,\mu\text{F}$, $u_C(0_-) = 2\,\text{V}$, $g = 0.25\,\text{S}$。求全响应 $i_1(t)$、$i_C(t)$、$u_C(t)$。

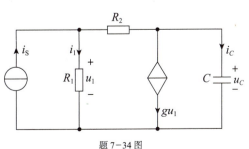

题 7-34 图

解： 求初值。

由换路定则，有 $u_C(0_+) = u_C(0_-) = 2\,\text{V}$

0_+ 等效电路如题解 7-34（a）图所示。

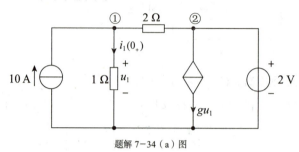

题解 7-34（a）图

列结点电压方程：

$$\begin{cases} \left(1+\dfrac{1}{2}\right)U_{n1} - \dfrac{1}{2}U_{n2} = 10 \\ U_{n2} = 2\,\text{V} \end{cases}$$

解得 $U_{n1} = \dfrac{22}{3}\,\text{V}$，故 $i_1(0_+) = \dfrac{22}{3}\,\text{A}$。

求终值。

如题解 7-34（b）图所示，当 $t = \infty$ 时：

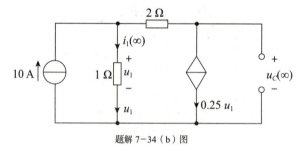

题解 7-34（b）图

$10 = u_1 + 0.25u_1$，解得 $u_1 = \dfrac{10}{1.25} = 8\,\text{V}$。

$$i_1(\infty) = \dfrac{u_1}{1} = 8\,\text{A}$$
$$u_C(\infty) = u_1 - 2 \times 0.25u_1 = 0.5 \times 8 = 4\,\text{V}$$

求时间常数。

先用加压求流法求电容两端等效电阻。电路如题解 7-34（c）图所示。

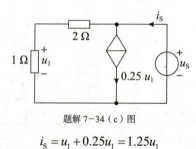

题解 7-34（c）图

$$i_S = u_1 + 0.25u_1 = 1.25u_1$$

$$u_S = u_1 + 2u_1 = 3u_1$$

$$R_{eq} = \frac{u_S}{i_S} = \frac{3u_1}{1.25u_1} = 2.4\ \Omega$$

$$\tau = R_{eq}C = 2.4\times 10^{-6}\ s$$

写结果：

$$i_1(t) = 8 + \left(\frac{22}{3} - 8\right)e^{-\frac{t}{2.4\times 10^{-6}}} = 8 - \frac{2}{3}e^{-\frac{125}{3}\times 10^4 t}\ A$$

$$u_C(t) = 4 + (2-4)e^{-\frac{t}{2.4\times 10^{-6}}} = 4 - 2e^{-\frac{125}{3}\times 10^4 t}\ V$$

$$i_C(t) = C\frac{du_C(t)}{dt} = 10^{-6}\times 2\times \frac{125}{3}\times 10^4 \cdot e^{-\frac{125}{3}\times 10^4 t} = \frac{5}{6}e^{-\frac{125}{3}\times 10^4 t}\ A$$

7-35 如题 7-35（a）图所示电路中，N 为无源线性电阻网络。已知激励为单位阶跃电压源时电容电压的全响应为 $u_C = (2 + 6e^{-2t})V$（$t>0$），求输入电压的波形如题 7-35（b）图所示时，电容电压的零状态响应。

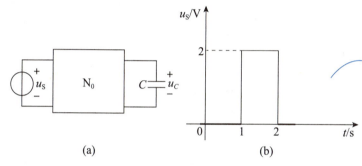

题 7-35 图

解：初始状态： $u_C(0_+) = 2 + 6 = 8\ V$

零输入响应： $u_{Czi} = 8e^{-2t}\ V$

零状态响应： $u_{CzS} = u_C - u_{Czi} = (2 - 2e^{-2t})\ V$

题 7-35（b）图所示的电压为

$$u_S = [2\varepsilon(t-1) - 2\varepsilon(t-2)]V$$

所以输入电压的波形如题 7-35（b）图所示时，电容电压的零状态响应为

$$u_C' = 2[2 - 2e^{-2(t-1)}]\varepsilon(t-1) - 2[2-2e^{-2(t-2)}]\varepsilon(t-2)$$
$$= \{4[1 - e^{-2(t-1)}]\varepsilon(t-1) - 4[1-e^{-2(t-2)}]\varepsilon(t-2)\}V$$

7-36 如题 7-36（a）图所示电路中 $u_S(t) = \varepsilon(t)\ V$，$C = 0.2\ F$，其零状态响应为

$$u_2(t) = \left(\frac{1}{2} + \frac{1}{8}e^{-2.5t}\right)\varepsilon(t)V$$

如果用 $L = 2H$ 的电感代替电容 C，如题 7-36（b）图所示，试求零状态响应 $u_2(t)$。

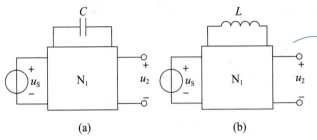

题 7-36 图

> 本题两个电路具有相似的结构,那么怎么将它们联系起来呢?其实比较两个电路的初始状态和最终状态,我们不难发现,(a)的0_+等效电路和(b)的$t=\infty$等效电路完全一致;(a)的$t=\infty$等效电路和(b)的0_+等效电路完全一致! 另一方面,两者的时间常数也有内在联系——动态元件两端的等效电阻相等。

解: ①先讨论题 7-36(a)图。

由换路定则,
$$u_C(0_+) = u_C(0_-) = 0$$

当 $t=0_+$ 时,电容相当于短路,即
$$u_2(0_+) = \frac{1}{2} + \frac{1}{8} = \frac{5}{8} \text{ V} \longrightarrow \text{由 } u_2(t) \text{ 表达式得到,令 } t=0_+$$

0_+ 等效电路如题解 7-36(a)图所示。

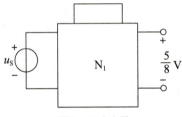

题解 7-36(a)图

当 $t=\infty$ 时,电容相当于开路,即
$$u_2(\infty) = \frac{1}{2} \text{ V} \longrightarrow \text{由 } u_2(t) \text{ 表达式得到,令 } t=\infty$$

等效电路如题解 7-36(b)图所示。

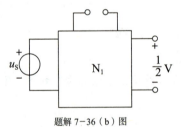

题解 7-36(b)图

求电容两端的等效电阻。电路如题解 7-36(c)图所示。

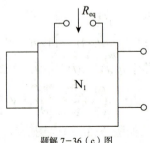

题解 7-36(c)图

$$\tau_1 = \frac{1}{0.25} = 4\text{ s}$$

由 $\tau_1 = R_{eq}C$，得

$$R_{eq} = \frac{\tau_1}{C} = \frac{4}{2} = 2\text{ Ω}$$

②题 7-36（b）图中，求零状态响应 $u_2(t)$。

求初值。

由换路定则，有
$$i_L(0_+) = i_L(0_-) = 0$$

当 $t = 0_+$ 时，电感相当于开路。

0_+ 等效电路如题解 7-36（d）图所示。

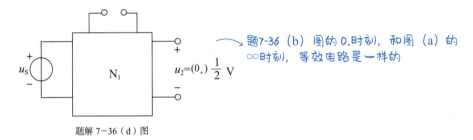

题解 7-36（d）图

求终值。

当 $t = \infty$ 时，电感相当于短路。

等效电路如题解 7-36（e）图所示。

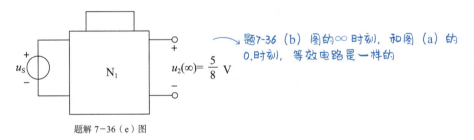

题解 7-36（e）图

求时间常数。

电感两端的等效电阻和前面题 7-36（a）图中求得的电容两端的等效电阻相等，所以

$$\tau_2 = \frac{L}{R_{eq}} = \frac{2}{2} = 1\text{ s}$$

写结果。

由三要素法，有

$$u_2(t) = \frac{5}{8} + \left(\frac{1}{2} - \frac{5}{8}\right)e^{-t} = \left(\frac{5}{8} - \frac{1}{8}e^{-t}\right)\varepsilon(t)\text{ V}$$

7-37 如题 7-37 图所示电路中含有理想运算放大器，试求零状态响应 $u_C(t)$，已知 $u_1 = 5\varepsilon(t)\text{V}$。

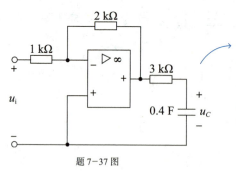

题 7-37 图

含有运算放大器的动态电路，看似复杂，实则为"纸老虎"。可以先根据理想运放的"虚断""虚短"，求出电容两端的戴维南等效电路（其中，求等效电阻时用加压求流法）。随后，问题转化为一阶动态电路的问题，用三要素法不难求解

解：①先求电容左侧的戴维南等效电路。

求开路电压［见题解 7-37（a）图］：

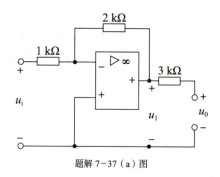

题解 7-37（a）图

上图中有一个反向比例放大器，即

$$u_1 = -\frac{2 \times 10^3}{1 \times 10^3} u_i = -2u_i = -10\varepsilon(t) \text{ V}$$

所以 $u_0 = -10\varepsilon(t)$ V。

求等效电阻。

用加压求流法［见题解 7-37（b）图］，由"虚短"，$u^- = u^+ = 0$，所以 $i_1 = 0$；由"虚断"，$i_2 = i_1 = 0$，所以 $u_1 = 0$。

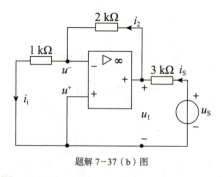

题解 7-37（b）图

由 KVL，有 $u_S = 3 \times 10^3 i_S$，所以 $R_{eq} = \dfrac{u_S}{i_S} = 3 \text{ k}\Omega$。

②用戴维南等效电路，求零状态响应 $u_C(t)$。

等效电路如题解 7-37（c）图所示。

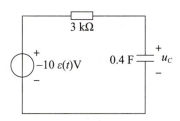

题解 7-37（c）图

初值：由换路定则，有 $u_C(0_+) = u_C(0_-) = 0$

终值：$u_C(\infty) = -10 \text{ V}$

时间常数：$\tau = R_{eq}C = 3 \times 10^3 \times 0.4 = 1.2 \times 10^3 \text{ s}$

写结果：由三要素法，有

$$u_C(t) = \left(-10 + 10\mathrm{e}^{-\frac{t}{1200}}\right)\varepsilon(t) \text{ V}$$

7-38 如题 7-38 图所示电路中 $i_L(0_-) = 0$，$R_1 = 6\,\Omega$，$R_2 = 4\,\Omega$，$L = 100 \text{ mH}$。求冲激响应 i_L 和 u_L。

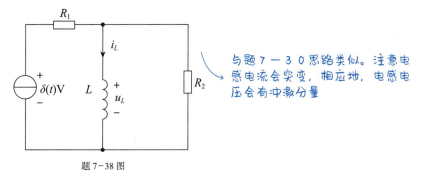

题 7-38 图

解：如题解 7-38 图所示，当 $t \in (0_-, 0_+)$ 时，有

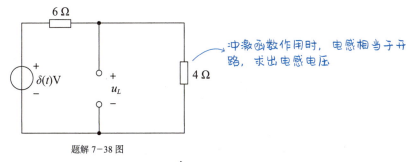

题解 7-38 图

$$u_L = \frac{4}{6+4}\delta(t) = 0.4\delta(t) \text{ V}$$

由广义换路定则，有

$$i_L(0_+) = i_L(0_-) + \frac{1}{L}\int_{0_-}^{0_+} u_L \mathrm{d}t = \frac{1}{0.1}\int_{0_-}^{0_+} 0.4\delta(t)\mathrm{d}t = 4 \text{ A}$$

终值：$i_L(\infty) = 0$

$$R_{eq} = R_1 // R_2 = 6 // 4 = \frac{24}{10} = 2.4\,\Omega$$

时间常数：
$$\tau = \frac{L}{R_{eq}} = \frac{0.1}{2.4} = \frac{1}{24}\text{ s}$$

$$i_L = 4e^{-24t}\varepsilon(t)\text{ A}$$

$$u_L = 0.1\frac{di_L}{dt} = 0.1\left(-24 \times 4e^{-24t}\varepsilon(t) + 4e^{-24t}\delta(t)\right) = -9.6e^{-24t}\varepsilon(t) + 0.4\delta(t)\text{ V}$$

注意全时域求导

7-39 电路如题 7-39 图所示，当：（1）$i_S = \delta(t)$ A，$u_C(0_-) = 0$；(2) $i_S = \delta(t)$ A，$u_C(0_-) = 1$ V；（3）$i_S = 3\delta(t-2)$ A，$u_C(0_-) = 2$ V时，试求响应 $u_C(t)$。

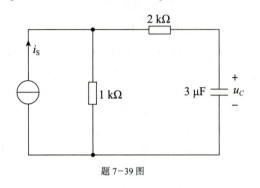

题 7-39 图

第一问就是求单位冲激响应，是零状态响应，可以延续三要素法的思路

第二问，当然也可以求初值、用三要素法，但是我们在第一问已经求得了零状态响应了，所以只需要求解零输入响应，将零状态响应和零输入响应叠加，就是全响应。

第三问，延续第二问的思路，求零状态响应时，利用系统的线性时不变特性，可以直接写出。零输入响应与第二问求法相同

解：（1）求初值：如题解 7-39 图所示，当 $t \in (0_-, 0_+)$ 时，有

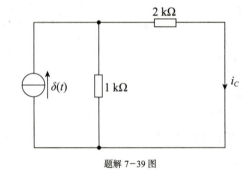

题解 7-39 图

$$i_C = \frac{1}{1+2}\delta(t) = \frac{1}{3}\delta(t)\text{ A}$$

$$u_C(0_+) = u_C(0_-) + \frac{1}{C}\int_{0_-}^{0_+} i_C dt = \frac{1}{3\times 10^{-6}} \times \frac{1}{3} = \frac{1}{9}\times 10^6\text{ V}$$

终值：
$$u_C(\infty) = 0$$

求时间常数：
$$R_{eq} = 1\times 10^3 + 2\times 10^3 = 3\text{ k}\Omega$$

$$\tau = R_{eq}C = 3\times 10^3 \times 3\times 10^{-6} = 9\times 10^{-3}\text{ s}$$

写结果：
$$u_C(t) = \frac{1}{9}\times 10^6 e^{-\frac{1000}{9}t}\varepsilon(t)\text{ V}$$

（2）由（1），零状态响应：
$$u_{CzS}(t) = \frac{1}{9}\times 10^6 e^{-\frac{1000}{9}t}\varepsilon(t)\text{ V}$$

零输入响应：
$$u_{Czi}(t) = e^{-\frac{1000}{9}t}\varepsilon(t)\text{ V}$$

全响应：
$$u_C(t) = \left(\frac{1}{9}\times 10^6 + 1\right)e^{-\frac{1000}{9}t}\varepsilon(t)\text{ V}$$

（3）由（1），零状态响应：$u_{CzS}(t) = \frac{1}{3} \times 10^6 e^{-\frac{1000}{9}(t-2)} \varepsilon(t-2)$ V

零输入响应：$\qquad u_{Czi}(t) = 2e^{-\frac{1000}{9}t} \varepsilon(t)$ V

全响应：$\qquad u_C(t) = 2e^{-\frac{1000}{9}t} \varepsilon(t) + \frac{1}{3} \times 10^6 e^{-\frac{1000}{9}(t-2)} \varepsilon(t-2)$ V

7-40 如题 7-40 图所示电路中电容原未充电，求当 i_S 给定为下列情况时的 u_C 和 i_C：

（1）$i_S = 25\varepsilon(t)$ mA。

（2）$i_S = \delta(t)$ mA。

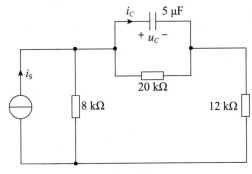

题 7-40 图

解：（1）求初值：由换路定则，有 $u_C(0_+) = u_C(0_-) = 0$

求终值：如题解 7-40 图所示，当 $t = \infty$ 时，有

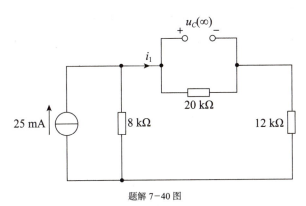

题解 7-40 图

$$i_1 = \frac{8}{8+32} \times 25 = 5 \text{ mA}$$

$$u_C(\infty) = 20 \times 10^3 \times 5 \times 10^{-3} = 100 \text{ V}$$

求时间常数：

$$R_{eq} = 20 \times 10^3 / 1 \times (8 \times 10^3 + 12 \times 10^3) = 10 \text{ k}\Omega$$

$$\tau = R_{eq} = 10^4 \times 5 \times 10^{-6} = 0.05 \text{ s}$$

写结果：

$$u_C = (100 - 100e^{-20t})\varepsilon(t) \text{ V}$$

$$i_C = C\frac{du_C}{dt} = 5\times 10^{-6}\times 100\times 20e^{-20t} = 0.01e^{-20t}\varepsilon(t)\text{ A}$$

（2）由（1），结合齐性定理，当 $i_S = \varepsilon(t)$ mA 作用时，响应为 → 冲激函数 $\delta(t)$ 的原函数

$$u_C' = \left(4 - 4e^{-20t}\right)\varepsilon(t)\text{ V}$$
$$i_C' = 4\times 10^{-4}e^{-20t}\varepsilon(t)\text{ A} = 0.4e^{-20t}\varepsilon(t)\text{ mA}$$

所以，当 $i_S = \delta(t)$ mA 作用时，有

$$u_C'' = \frac{du_C'}{dt} = 80e^{-20t}\varepsilon(t)\text{ V}$$
$$i_C'' = \frac{di_C'}{dt} = -8e^{-20t}\varepsilon(t) + 0.4\delta(t)\text{ mA}$$

→ 对于线性系统，激励求导之后，响应也相应地求导

7-41 如题 7-41 图所示电路中，电源 $u_S = [50\varepsilon(t) + 2\delta(t)]$V，求 $t>0$ 时电感支路的电流 $i(t)$。

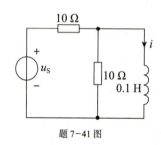

题 7-41 图

激励有阶跃函数和冲激函数，考虑用叠加定理和齐性定理，先分别计算单位阶跃响应和单位冲激响应，再乘以相应系数并叠加。计算单位阶跃响应用三要素法。计算单位冲激响应时，如果用求初值+三要素法，那么我说，你就慢啦，直接由单位阶跃响应求导，来得更快捷

解：①先求单位阶跃响应。→ 用三要素法

求初值：由换路定则，有 $\quad i(0_+) = i(0_-) = 0$

求终值：如题解 7-41 图所示，当 $t=\infty$ 时，有

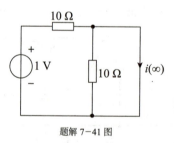

题解 7-41 图

$$i(\infty) = \frac{1}{10} = 0.1\text{ A}$$

求时间常数：

$$R_{eq} = 10 // 10 = 5\ \Omega$$
$$\tau = \frac{L}{R_{eq}} = \frac{0.1}{5} = 0.02\text{ s}$$

写结果：

$$i_\varepsilon(t) = \left(0.1 - 0.1e^{-50t}\right)\varepsilon(t)\text{ A}$$

②再求单位冲激响应。→ 对单位阶跃响应求导

$$i_\delta(t) = \frac{\mathrm{d}i_\varepsilon(t)}{\mathrm{d}t} = 5\mathrm{e}^{-50t}\varepsilon(t)\ \mathrm{A}$$

③求解题目响应。

$$i(t) = 50i_\varepsilon(t) + 2i_\delta(t) = \left(5 - 5\mathrm{e}^{-50t} + 10\mathrm{e}^{-50t}\right)\varepsilon(t) = \left(5 + 5\mathrm{e}^{-50t}\right)\varepsilon(t)\ \mathrm{A}$$

7-42 如题 7-42 图所示电路中含理想运算放大器，且电容的初始电压为零，试分别求：

（1）$u_\mathrm{i} = U\varepsilon(t)\mathrm{V}$。（2）$u_\mathrm{i} = \delta_u(t)\mathrm{V}$ 时电路的输出电压 u_o。

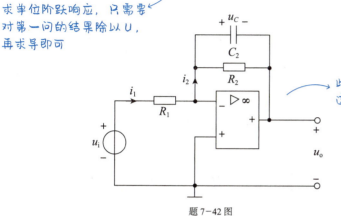

题 7-42 图

解：（1）列写微分方程，画电路，如题解 7-42 图所示。

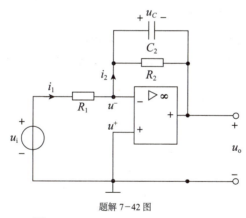

题解 7-42 图

由"虚短"，有 $u^- = u^+ = 0$，即

$$i_1 = \frac{u_\mathrm{i} - u^-}{R_1} = \frac{U}{R_1}\varepsilon(t)$$

由"虚断"，有

$$i_2 = i_1 = \frac{U}{R_1}\varepsilon(t)$$

由 KCL，有

$$i_2 = C_2\frac{\mathrm{d}u_C}{\mathrm{d}t} + \frac{u_C}{R_2}$$

整理得

$$\frac{\mathrm{d}u_C}{\mathrm{d}t} + \frac{1}{R_2C_2}u_C = \frac{U}{R_1C_2}$$

求通解。

特解：
$$u_C^* = \frac{R_2}{R_1}U$$

齐次通解：
$$u_C = Ae^{-\frac{1}{R_2C_2}t}$$

通解：
$$u_C = \frac{R_2}{R_1}U + Ae^{-\frac{1}{R_2C_2}t}$$

<mark>求初值：</mark>
$$u_C(0_+) = u_C(0_-) = 0$$

<mark>将初值代入通解，求待定系数。</mark>
$$\frac{R_2}{R_1}U + A = 0$$

解得 $A = -\dfrac{R_2}{R_1}U$。

<mark>写结果：</mark>
$$u_C = \frac{R_2U}{R_1}\left(1 - e^{-\frac{1}{R_2C_2}t}\right)\varepsilon(t)\ \text{V}$$

$$u_o = -u_C = \frac{R_2U}{R_1}\left(e^{-\frac{1}{R_2C_2}t} - 1\right)\varepsilon(t)\ \text{V}$$

（2）
$$u_o = \frac{R_2}{R_1}\left(-\frac{1}{R_2C_2}e^{-\frac{1}{R_2C_2}t}\right)\varepsilon(t) = -\frac{1}{R_1C_2}e^{-\frac{1}{R_2C_2}t}\varepsilon(t)\ \text{V}$$

7-43 如题 7-43 图所示电路中，$G = 5\text{S}$，$L = 0.25\text{H}$，$C = 1\text{F}$。

求：（1）$i_S(t) = \varepsilon(t)\text{A}$ 时，电路的阶跃响应 $i_L(t)$。→求二阶电路的阶跃响应，列写微分方程求解

（2）$i_S(t) = \delta(t)\text{A}$ 时，电路的冲激响应 $u_C(t)$。

求冲激响应 $u_C(t)$，可以先求出阶跃响应 $u_{C\varepsilon}(t)$，$u_{C\varepsilon}(t)$ 求导之后就是 $u_C(t)$（注意全时域求导）

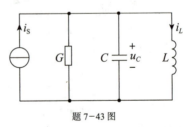

题 7-43 图

解：（1）<mark>列写微分方程。</mark>

如题解 7-43（a）图所示，当 $t > 0$ 有：

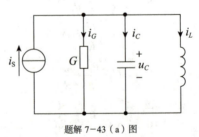

题解 7-43（a）图

对电感：
$$u_C = L\frac{di_L}{dt} = 0.25\frac{di_L}{dt}$$

对电导：
$$i_G = Gu_C = 1.25\frac{di_L}{dt}$$

对电容：
$$i_C = C\frac{du_C}{dt} = 0.25\frac{d^2 i_L}{dt^2}$$

由 KCL，有
$$i_S = i_G + i_C + i_L$$

联立以上各式，得
$$\frac{d^2 i_L}{dt^2} + 5\frac{di_C}{dt} + 4i_L = 4$$

求通解。

特解：
$$i_L^* = 1\text{ A}$$

齐次方程的特征方程：
$$p^2 + 5p + 4 = 0$$

解得 $p_1 = -1, p_2 = -4$。

齐次通解：
$$i_L = Ae^{-t} + Be^{-4t}$$

通解：
$$i_L = 1 + Ae^{-t} + Be^{-4t}$$

求初值。

由换路定则，有 $i_L(0_+) = i_L(0_-) = 0$，$u_C(0_+) = u_C(0_-) = 0$

0_+ 等效电路如题解 7-43（b）图所示。

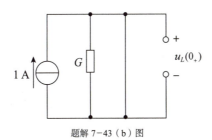

题解 7-43（b）图

其中，$u_L(0_+) = 0$，所以 $\left.\dfrac{di_L}{dt}\right|_{0_+} = 0$。

将初值代入通解，求待定系数。
$$\begin{cases} i_L(0_+) = 1 + A + B = 0 \\ \left.\dfrac{di_L}{dt}\right|_{0_+} = -A - 4B = 0 \end{cases}$$

解得 $\begin{cases} A = -\dfrac{4}{3} \\ B = \dfrac{1}{3} \end{cases}$。

写结果：

$$i_L(t) = \left(1 - \frac{4}{3}e^{-t} + \frac{1}{3}e^{-4t}\right)\varepsilon(t)\text{A}$$

（2）由（1），$i_S(t) = \varepsilon(t)\text{A}$ 作用时，响应

$$u_{C\varepsilon}(t) = 0.25\frac{di_L}{dt} = 0.25\left(\frac{4}{3}e^{-t} - \frac{4}{3}e^{-4t}\right) = \frac{1}{3}\left(e^{-t} - e^{-4t}\right)\varepsilon(t)\text{V}$$

所以当 $i_S(t) = \delta(t)A$ 时，电路的冲激响应

$$u_C(t) = \frac{du_{C\varepsilon}(t)}{dt} = \frac{1}{3}\left(-e^{-t} + 4e^{-4t}\right)\varepsilon(t) = \left(\frac{4}{3}e^{-4t} - \frac{1}{3}e^{-t}\right)\varepsilon(t)\text{V}$$

7-44 当 $u_S(t)$ 为下列情况时，求如题 7-44 图所示电路的响应 u_C：

（1）$u_S(t) = 10\varepsilon(t)\text{V}$。

（2）$u_S(t) = 10\delta(t)\text{V}$。

→ 二阶电路的阶跃响应和冲激响应问题。第一问仍然列写微分方程求解，第二问是对第一问的结果求导得到（注意全时域求导）

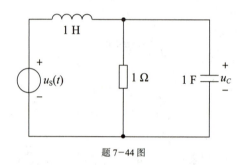

题 7-44 图

解：（1）列写微分方程。

如题解 7-44（a）图所示，当 $t > 0$ 时：

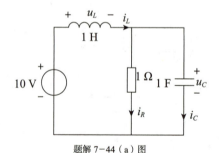

题解 7-44（a）图

对电容：
$$i_C = \frac{du_C}{dt}$$

对电阻：
$$i_R = \frac{u_C}{1} = u_C$$

由 KCL，有
$$i_L = i_R + i_C = u_C + \frac{du_C}{dt}$$

对电感：
$$u_L = \frac{di_L}{dt} = \frac{du_C}{dt} + \frac{d^2 u_C}{dt^2}$$

由 KVL，有
$$10 = u_L + u_C$$

联立以上各式，有
$$\frac{d^2 u_C}{dt^2} + \frac{du_C}{dt} + u_C = 10$$

求通解。

特解：
$$u_C^* = 10 \text{ V}$$

齐次方程的特征方程：
$$p^2 + p + 1 = 0$$

解得 $p_1 = -\frac{1}{2} + j\frac{\sqrt{3}}{2}, p_2 = -\frac{1}{2} - j\frac{\sqrt{3}}{2}$。

齐次方程通解：
$$u_C = A e^{-\frac{1}{2}t} \sin\left(\frac{\sqrt{3}}{2}t + \varphi\right)$$

通解：
$$u_C = 10 + A e^{-\frac{1}{2}t} \sin\left(\frac{\sqrt{3}}{2}t + \varphi\right)$$

求初值。

由换路定则，有 $i_L(0_+) = i_L(0_-) = 0$，$u_C(0_+) = u_C(0_-) = 0$

0_+ 等效电路如题解 7-44（b）图所示。

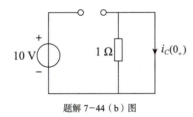

题解 7-44（b）图

由于 $i_C(0_+) = 0$，所以 $\left.\frac{du_C}{dt}\right|_{0_+} = 0$。

将初值代入通解，求待定系数。

$$\begin{cases} u_C(0_+) = 10 + A\sin\varphi = 0 \\ \left.\frac{du_C}{dt}\right|_{0_+} = A\left(-\frac{1}{2}\sin\varphi + \frac{\sqrt{3}}{2}\cos\varphi\right) = 0 \end{cases}$$

解得 $\begin{cases} A = -\frac{20\sqrt{3}}{3} \\ \varphi = 60° \end{cases}$。

写结果：
$$u_C = \left[10 - \frac{20\sqrt{3}}{3} e^{-\frac{1}{2}t} \sin\left(\frac{\sqrt{3}}{2}t + 60°\right)\right]\varepsilon(t) \text{V}$$

（2）由（1），有 $u_S(t) = 10\delta(t)$ V 时，有

$$u_C = -\frac{20\sqrt{3}}{3}\left[-\frac{1}{2}e^{-\frac{1}{2}t}\sin\left(\frac{\sqrt{3}}{2}t+60°\right)+\frac{\sqrt{3}}{2}e^{-\frac{1}{2}t}\cos\left(\frac{\sqrt{3}}{2}t+60^{-1}\right)\right]$$

$$= -\frac{20\sqrt{3}}{3}e^{-\frac{1}{2}t}\left[-\frac{1}{2}\left(\frac{1}{2}\sin\frac{\sqrt{3}t}{2}+\frac{\sqrt{3}}{2}\cos\frac{\sqrt{3}t}{2}\right)+\frac{\sqrt{3}}{2}\left(\frac{1}{2}\cos\frac{\sqrt{3}t}{2}-\frac{\sqrt{3}}{2}\sin\frac{\sqrt{3}t}{2}\right)\right]$$

$$= \frac{20\sqrt{3}}{3}e^{-\frac{1}{2}t}\sin\left(\frac{\sqrt{3}}{2}t\right)\varepsilon(t)\ \text{V}$$

7-45 如题 7-45 图所示电路中电感的初始电流为零，设 $u_S(t) = U_0 e^{-at}\varepsilon(t)$，试用卷积积分求 $u_L(t)$。

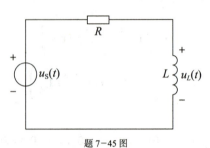

题 7-45 图

用卷积积分求响应时，要先求出相应的单位冲激响应 $h(t)$，将 $h(t)$ 与激励 $u_S(t)$ 作卷积，就是 $u_S(t)$ 作用下的零状态响应

解： ①求单位冲激响应。

如题解 7-45 图所示，当 $u_S = \delta(t)$ V 作用时，$t \in (0_-, 0_+)$，有

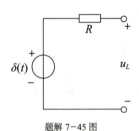

题解 7-45 图

$$u_L = \delta(t)\ \text{V}$$

初值： $i_L(0_+) = i_L(0_-) + \frac{1}{L}\int_{0_-}^{0_+}u_L\mathrm{d}t = \frac{1}{L}$

终值： $i_L(\infty) = 0$

时间常数： $\tau = \frac{L}{R}$

写结果：由三要素法，有

$$i_L(t) = \frac{1}{L}e^{-\frac{R}{L}t}\varepsilon(t)$$

单位冲激响应： $h(t) = L\frac{\mathrm{d}i_L}{\mathrm{d}t} = -\frac{R}{L}e^{-\frac{R}{L}t}\varepsilon(t) + \delta(t)$

② $u_S(t) = U_0 e^{-at}\varepsilon(t)$ 时，用卷积积分求响应。

$$u_L(t) = u_S(t) * h(t) = \left[U_0 e^{-at}\varepsilon(t)\right] * \left[-\frac{R}{L}e^{-\frac{R}{L}t}\varepsilon(t) + \delta(t)\right]$$

$$= \int_0^t U_0 e^{-a(t-\tau)}\left[-\frac{R}{L}e^{-\frac{R}{L}\tau}+\delta(\tau)\right]\mathrm{d}\tau \longrightarrow 处理冲激函数时，利用其筛选特性$$

$$= \int_0^t -\frac{RU_0}{L}e^{-a t}e^{\left(a-\frac{R}{L}\right)\tau}d\tau + U_0 e^{-a t}$$

$$= -\frac{RU_0}{L}e^{-a t}\frac{1}{a-\frac{R}{L}}e^{\left(a-\frac{R}{L}\right)\tau/t}\Big|_0^t + e^{-a t}$$

$$= -\frac{RU_0}{La-R}e^{-a t}\left(e^{\left(a-\frac{R}{L}\right)t}-1\right) + U_0 e^{-a t}$$

$$= \left(\frac{RU_0}{La-R}+U_0\right)e^{-a t} - \frac{RU_0}{La-R}e^{-\frac{R}{L}t}$$

$$= \frac{LaU_0}{La-R}e^{-a t} - \frac{RU_0}{La-R}e^{-\frac{R}{L}t}$$

7-46 如题 7-46（a）图所示电路的激励波形如题 7-46（b）图所示，试用卷积积分求零状态响应 $i(t)$。

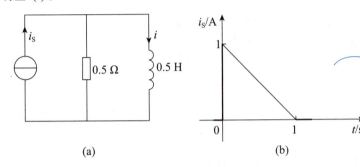

题 7-46 图

解： 先求单位冲激响应：

当 $t \in (0_-, 0_+)$ 时，等效电路如题解 7-46（a）图所示。

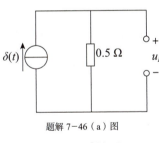

题解 7-46（a）图

电感电压： $u_L = 0.5\delta(t)$ V

所以电感电流的初值为

$$i(0_+) = 0 + \frac{1}{L}\int_{0_-}^{0_+} u_L dt = 2 \times 0.5 = 1\,\text{A}$$

时间常数：

$$\tau = \frac{L}{R} = \frac{0.5}{0.5} = 1\,\text{s}$$

单位冲激响应：

$$h(t) = e^{-t}\varepsilon(t)\,\text{A}$$

由卷积积分，零状态响应

$$i(t) = i_S(t)*h(t) = \int_0^t i_S(\tau)h(t-\tau)d\tau$$

在同一坐标系中，画出 $i_S(\tau)$ 和 $h(-\tau)$ 如题解 7-46（b）图所示。

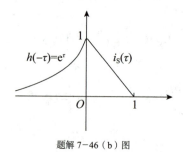

题解 7-46（b）图

当 $t \leqslant 0$ 时，$h(t-\tau)$ 相当于上图的 $h(-\tau)$ 向左平移，$i_S(\tau)$ 和 $h(t-\tau)$ 的乘积处处为 0，积分值 $i(t) = \int_0^t i_S(\tau) h(t-\tau) \mathrm{d}\tau$ 当然为 0。

当 $0 < t \leqslant 1\,\mathrm{s}$ 时，$h(t-\tau)$ 是 $h(-\tau)$ 向右平移 t 个单位，如题解 7-46（c）图所示。

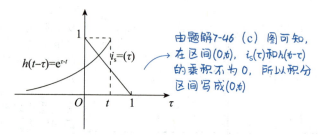

题解 7-46（c）图

$$i(t) = \int_0^t (1-t)\mathrm{e}^{\tau-t}\mathrm{d}\tau = (1-t)\mathrm{e}^{-t}\int_0^t \mathrm{e}^\tau \mathrm{d}\tau = (1-t)\mathrm{e}^{-t}\left(\mathrm{e}^t - 1\right) = (1-t)\left(1-\mathrm{e}^{-t}\right)\,\mathrm{A}$$

当 $t > 1\,\mathrm{s}$ 时，$h(t-\tau)$ 也是 $h(-\tau)$ 向右平移 t 个单位，如题解 7-46（d）图所示。

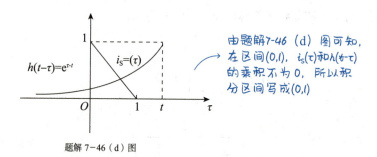

题解 7-46（d）图

$$i(t) = \int_0^1 (1-t)\mathrm{e}^{\tau-t}\mathrm{d}\tau = (1-t)\mathrm{e}^{-t}\int_0^1 \mathrm{e}^\tau \mathrm{d}\tau = (1-t)\mathrm{e}^{-t}(\mathrm{e}-1)\,\mathrm{A}$$

综上所述，有

$$i(t) = \begin{cases} 0, & t \leqslant 0 \\ (1-t)\left(1-\mathrm{e}^{-t}\right)\,\mathrm{A}, & 0 < t \leqslant 1\,\mathrm{s} \\ (1-t)\mathrm{e}^{-t}(\mathrm{e}-1)\,\mathrm{A}, & t > 1\,\mathrm{s} \end{cases}$$

第八章 相量法

8-1 复数

复数有多种表示形式，

代数形式： $F = a + \mathrm{j}b$

指数形式： $F = |F|\mathrm{e}^{\mathrm{j}\theta}$ —— 这两种形式转为代数形式都是

极坐标形式： $F = |F|\angle\theta$ $F = |F|\cos\theta + \mathrm{j}|F|\sin\theta$

以上形式可以相互转化。

8-2 正弦量

一、正弦量的三要素

数学表达式：

$$i = I_\mathrm{m}\cos(\omega t + \phi_i)$$

正弦量三要素：

（1）振幅 I_m，它是正弦量在整个振荡过程中达到的最大值，也是正弦量的极大值。当 $\cos(\omega t + \phi_i) = 1$ 时，正弦量有最大值 I_m；当 $\cos(\omega t + \phi_i) = -1$ 时，正弦量有最小值 $-I_\mathrm{m}$。

（2）角频率 ω，它是相位 $(\omega t + \phi_i)$ 随时间变化的角速度，单位是 rad/s。正弦量呈周期变化，周期 T 和角频率 ω 满足 $\omega T = 2\pi$。另外，周期 T 和频率 f 之间满足 $f = \dfrac{1}{T}$。

（3）初相位角 ϕ_i，简称初相，它是正弦量在 $t = 0$ 时的相位。一般取 $|\phi_i| \leq 180°$。

二、有效值

有效值定义为 $I = \sqrt{\dfrac{1}{T}\displaystyle\int_0^T i^2 \mathrm{d}t}$，就是瞬时值的平方在一个周期内积分的平均值再开方，又称均方根值。

对于正弦量，有效值 I 和振幅 I_m 的关系为 $I = \dfrac{I_\mathrm{m}}{\sqrt{2}}$。

三、相位差

注意，同频正弦量讨论相位差才有意义

两个同频正弦量的相位差等于它们的相位相减，也是初相之差。假设正弦量 1 和正弦量 2 之间的相位差为 φ，那么：

当 $\varphi > 0$ 时，称正弦量 1 超前正弦量 2；

当 $\varphi < 0$ 时，称正弦量 1 滞后正弦量 2；

当 $\varphi = 0$ 时，称正弦量 1 和正弦量 2 同相；

当 $\varphi = \dfrac{\pi}{2}$ 或 $\varphi = -\dfrac{\pi}{2}$ 时，称正弦量1和正弦量2<u>正交</u>；

当 $\varphi = \pi$ 或 $\varphi = -\pi$ 时，称正弦量1和正弦量2<u>反相</u>。

8-3 相量法的基础

线性时不变电路中，当激励为正弦量时，各支路电压、电流的特解都是与激励同频的正弦量，当电路存在多个频率相同的正弦激励时，该结论也成立，并称此特解为"正弦稳态解"。

由于电路中各个量具有相同的频率，正弦量的三要素中，ω 固定，那么我们只需要另外两个要素来描述一个正弦量，这就引出了所谓的"相量"。

我们一般采用"有效值相量"，定义为：$\dot{I} = I\angle \phi_i$，其中，I 是正弦量的有效值，ϕ_i 是正弦量的初相。

相量的头上一定要加一个点　　$\dot{I} = I\cos\phi_i + jI\sin\phi_i$，即相量是一个复数。相量由正弦量得来，因而又是与正弦量相关联的特殊复数

电路一点通 1

在相量的四则运算中，设 $\dot{F}_1 = |F_1|\angle \theta_1$，$\dot{F}_2 = |F_2|\angle \theta_2$。

（1）计算加减要将相量转化为代数形式，实部和实部相加减，虚部和虚部相加减，最终将代数形式化为极坐标形式。注意，相量的乘除不对应正弦量的乘除。相量的乘除是做复数运算，而正弦量的乘除是时域上的运算。例如，

$$\dfrac{1\angle 90°}{1\angle 0°} = 1\angle 90°，但 \dfrac{\sqrt{2}\cos(\omega t + 90°)}{\sqrt{2}\cos(\omega t)} \neq \sqrt{2}\cos(\omega t + 90°)$$

（2）计算乘除用极坐标形式更为方便。

①相量相乘时，结果模值等于两个相量的模值相乘，幅角等于两个相量的幅角相加。

例如：$\dot{F}_1 \cdot \dot{F}_2 = |F_1|\cdot|F_2|\angle \theta_1 + \theta_2$。

②相量相除时，结果模值等于两个相量的模值相除，幅角等于两个相量的幅角相减。

例如：$\dfrac{\dot{F}_1}{\dot{F}_2} = \dfrac{|F_1|}{|F_2|}\angle \theta_1 - \theta_2$。

③特别地，乘以 j 就是角度加 90°，除以 j 就是角度减 90°，取相反数就是角度加或减 180°。

电路一点通 2

引入相量的方便之处在于，在求解含有动态元件的稳态解时，可以避免微分、积分的运算，正弦量的微分运算对应相量中乘以 $j\omega$，积分运算对应相量中除以 $j\omega$。相量中乘以 $j\omega$，相当于相量的幅值乘以 ω，角度增加 90°。

我们以"正弦量的微分运算对应相量中乘以 $j\omega$"为例来进行说明：正弦量 $i = \sqrt{2}I\cos(\omega t + \varphi)$ 对应相量 $\dot{I} = I\angle \phi$，此正弦量求导为 $\dfrac{di}{dt} = -\sqrt{2}I\omega\sin(\omega t + \varphi) = \sqrt{2}I\omega\cos(\omega t + \varphi + 90°)$，求一次导之后，幅值变为原来的 ω 倍，初相比原来增加 90°，对应的相量为 $\dot{I}' = I\omega\angle \phi + 90°$。

8-4 电路定律的相量形式

KCL：$\sum \dot{I} = 0$。 → 电路定律在相量形式下仍然成立

KVL：$\sum \dot{U} = 0$。

对电阻：$\dot{U}_R = R\dot{I}_R$。 ωL 称为感抗，$-\dfrac{1}{\omega L}$ 称为感纳

对电感：$\dot{U}_L = j\omega L\dot{I}_L$，电压超前电流 $90°$。

在时域中，$u_L = L\dfrac{di_L}{dt}$，微分运算在相量中是乘以 $j\omega$，所以 $\dot{U}_L = j\omega L\dot{I}_L$

对电容：$\dot{U}_C = -j\dfrac{1}{\omega C}\dot{I}_C$，电流超前电压 $90°$。

$-\dfrac{1}{\omega C}$ 称为容抗，ωC 称为容纳

在时域中，$i_C = C\dfrac{du_C}{dt}$，微分运算在相量中是乘以 $j\omega$，所以 $\dot{I}_C = j\omega C\dot{U}_C$，进而 $\dot{U}_C = -j\dfrac{1}{\omega C}\dot{I}_C$

对线性受控源：可以直接把控制表达式中的电压、电流改写为相量形式。

斩题型

题型 用相量法求正弦稳态响应

步骤：

（1）将同频的正弦量转化为相量。

如果出现多个正弦量，且既有 cos 表示的，也有 sin 表示的，则要先将它们化成统一的形式，我们一般都将其化为 cos 的形式。

（2）画出相量形式的电路图。

已知正弦量用相量表示，电阻不变，电感变为 $j\omega L$，电容变为 $-j\dfrac{1}{\omega C}$。

（3）根据电路定律、定理、方法、相量图等求出响应的相量。

（4）将求得的相量转化为正弦量。

解习题

8-1 将下列复数化为极坐标形式：

（1） $F_1 = -5 - j5$；（2） $F_2 = -4 + j3$；（3） $F_3 = 20 + j40$；（4） $F_4 = j10$；（5） $F_5 = -3$；

（6） $F_6 = 2.78 - j9.20$。

将代数形式 $F = a + jb$ 转化为极坐标形式 $F = |F|\angle\theta$，$|F| = \sqrt{a^2 + b^2}$，

$\theta = \arctan\left(\dfrac{b}{a}\right)$ 或 $\theta = \arctan\left(\dfrac{b}{a}\right) \pm 180°$，$\theta \in (-180°, 180°)$。注意结合复平面上的图确定角度的范围

解：（1）画图[见题解8-1（a）图]得，

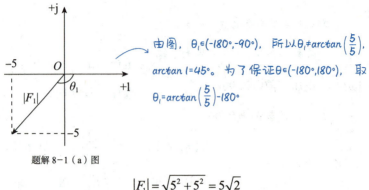

题解8-1（a）图

$$|F_1| = \sqrt{5^2 + 5^2} = 5\sqrt{2}$$

$$\theta_1 = \arctan\left(\frac{5}{5}\right) - 180° = -135°$$

$$F_1 = 5\sqrt{2}\angle -135°$$

（2）画图[见题解8-1（b）图]得，

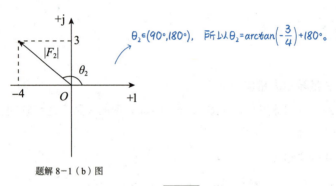

题解8-1（b）图

$$|F_2| = \sqrt{3^2 + 4^2} = 5$$

$$\theta_2 = \arctan\left(-\frac{3}{4}\right) + 180° = 143.13°$$

$$F_2 = 5\angle 143.13°$$

（3）画图[见题解8-1（c）图]得，

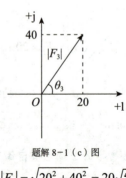

题解8-1（c）图

$$|F_3| = \sqrt{20^2 + 40^2} = 20\sqrt{5}$$

$$\theta_3 = \arctan\frac{40}{20} = 63.43°$$

$$F_3 = 20\sqrt{5}\angle 63.43°$$

（4）画图［见题解 8-1（d）图］得，

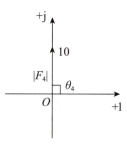

题解 8-1（d）图

$$F_4 = 10\angle 90°$$

（5）画图［见题解 8-1（e）图］得，

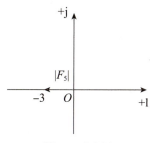

题解 8-1（e）图

$$F_5 = 3\angle 180°$$

（6）画图［见题解 8-1（f）图］得，

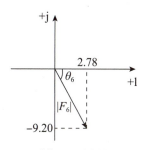

题解 8-1（f）图

$$|F_6| = \sqrt{2.78^2 + 9.20^2} = 9.61$$

$$\theta_6 = \arctan\left(\frac{-9.20}{2.78}\right) = -73.19°$$

$$F_6 = 9.61\angle -73.19°$$

8-2 将下列复数化为代数形式： → 直接用公式 $F = |F|\angle\theta = |F|\cos\theta + \mathrm{j}|F|\sin\theta$ 即可

（1）$F_1 = 10\angle -73°$；（2）$F_2 = 15\angle 112.6°$；（3）$F_3 = 1.2\angle 52°$；（4）$F_4 = 10\angle -90°$；（5）$F_5 = \angle -180°$；（6）$F_6 = 10\angle -135°$。

解：（1）
$$F_1 = 10\cos(-73°) + \mathrm{j}10\sin(-73°) = 2.92 - \mathrm{j}9.56$$

（2）
$$F_2 = 15\cos(112.6°) + \mathrm{j}15\sin(112.6°) = -5.76 + \mathrm{j}13.85$$

(3) $\qquad F_3 = 1.2\cos 52° + j1.2\sin 52° = 0.74 + j0.95$

(4) $\qquad F_4 = 10\cos(-90°) + j10\sin(-90°) = -j10$

(5) $\qquad F_5 = 5\cos(-180°) + j5\sin(-180°) = -5$

(6) $\qquad F_6 = 10\cos(-135°) + j10\sin(-135°) = -5\sqrt{2} - j5\sqrt{2}$

8-3 若 $100\angle 0° + A\angle 60° = 175\angle \varphi$，求 A 和 φ。

> 两个未知数需要两个方程求解，题目看似只有一个方程，但是这实际上是一个复数方程，如果我们把极坐标形式的相量写成代数形式，令方程左右两侧的实部和虚部分别相等，就可以得到两个方程并解出未知数。

解：化极坐标形式为代数形式：
$$100 + A\cos 60° + jA\sin 60° = 175\cos\varphi + j175\sin\varphi$$

等式两侧，实部和虚部分别相等，即

$$\begin{cases} 100 + \dfrac{1}{2}A = 175\cos\varphi \\ \dfrac{\sqrt{3}}{2}A = 175\sin\varphi \end{cases}$$

> $\cos\varphi$ 和 $\sin\varphi$ 是两个三角函数，在形式上更为复杂，所以我们先消去这两个。

由 $\cos^2\varphi + \sin^2\varphi = 1$，得

$$\left(\dfrac{100 + \dfrac{1}{2}A}{175}\right)^2 + \left(\dfrac{\dfrac{\sqrt{3}}{2}A}{175}\right)^2 = 1$$

整理得 $\qquad A^2 + 100A - 20\,625 = 0$

> 复数的幅值一定非负

解得 $A_1 = 102.07$，$A_2 = -202.07$（负值舍去），所以 $A = 102.07$。

易知 $\sin\varphi > 0$，$\cos\varphi > 0$，所以 $\varphi \in (0, 90°)$，而 $\sin\varphi = \dfrac{\dfrac{\sqrt{3}}{2} \times 102.07}{175} = 0.505$，得 $\varphi = \arcsin(0.505) = 30.33°$。

> 因为 $\begin{cases} 100 + \dfrac{1}{2}A = 175\cos\varphi \\ \dfrac{\sqrt{3}}{2}A = 175\sin\varphi \end{cases}$ 中，$100 + \dfrac{1}{2}A > 0$，$\dfrac{\sqrt{3}}{2}A > 0$

8-4 求题 8-1 中的 $F_2 \cdot F_6$ 和 $\dfrac{F_2}{F_6}$。

> 复数的乘除运算用极坐标形式更为方便。复数相乘时，结果模值等于两个复数的模值相乘，幅角等于两个复数的幅角相加。复数相除时，结果模值等于两个复数的模值相除，幅角等于两个复数的幅角相减。

解：由 8-1，$F_2 = 5\angle 143.13°$，$F_6 = 9.61\angle -73.19°$

$F_2 \cdot F_6 = 5 \times 9.61 \angle 143.13° - 73.19° = 48.05\angle 69.94°$

$\dfrac{F_2}{F_6} = \dfrac{5}{9.61} \angle 143.13° + 73.19° = 0.52\angle -143.68°$

8-5 求题 8-2 中的 $F_1 + F_5$ 和 $-F_1 + F_5$。

> 复数的加减运算，要转化为代数形式，实部和实部相加减，虚部和虚部相加减

解：由题 8-2，$F_1 = 2.92 - j9.56$，$F_5 = -5$，即

$$F_1 + F_5 = 2.92 - 5 - j9.56 = -2.08 - j9.56$$

$$-F_1 + F_5 = -2.92 - 5 + j9.56 = -7.92 + j9.56$$

要找 $|F_1+F_2|$ 的最值，就要先写出 $|F_1+F_2|$ 的表达式，在计算复数的模值时，可以先把复数写成代数形式 $F=a+jb$，再计算 $|F|=\sqrt{a^2+b^2}$

8-6 已知 $F_1 = |F_1|\angle 60°$，$F_2 = -7.07 - j7.07$。求 $|F_1 + F_2|$ 最小时的 F_1。

解：
$$F_1 = |F_1|\cos 60° + j|F_1|\sin 60° = \frac{1}{2}|F_1| + j\frac{\sqrt{3}}{2}|F_1|$$

代数形式：
$$F_1 + F_2 = \frac{1}{2}|F_1| + j\frac{\sqrt{3}}{2}|F_1| - 7.07 - j7.07 = \left(\frac{1}{2}|F_1| - 7.07\right) + j\left(\frac{\sqrt{3}}{2}|F_1| - 7.07\right)$$

$$|F_1 + F_2|^2 = \left(\frac{1}{2}|F_1| - 7.07\right)^2 + \left(\frac{\sqrt{3}}{2}|F_1| - 7.07\right)^2$$

要找 $|F_1+F_2|$ 的最值，只需要找 $|F_1+F_2|^2$ 的最值，它们只是差一个平方

$$= \frac{1}{4}|F_1|^2 - 7.07|F_1| + 7.07^2 + \frac{3}{4}|F_1|^2 - \sqrt{3}\cdot 7.07|F_1| + 7.07^2$$

$$= |F_1|^2 - 19.32|F_1| + 99.97$$

这是一个图像开口向上的二次函数

当 $|F_1| = \dfrac{19.32}{2} = 9.66$ 时，$|F_1 + F_2|^2$ 有最小值，即 $|F_1 + F_2|$ 有最小值，此时，$F_1 = 9.66\angle 60°$。

8-7 若已知两个同频正弦电压的相量分别为 $\dot{U}_1 = 50\angle 30°$ V，$\dot{U}_2 = -100\angle -150°$ V，其频率 $f = 100$Hz。求：

（1）u_1，u_2 的时域形式。
（2）u_1 与 u_2 的相位差。

*求正弦量时域表达式，只需要求出正弦量的三要素：
通过频率求出角频率
由相量模值求出幅值
由相量幅角得到初相*

解：（1）角频率：$\quad\omega = 2\pi f = 2\pi \times 100 = 200\pi$ rad/s

u_1 幅值：$\quad U_{1m} = 50\sqrt{2}$ V

u_1 初相：$\quad \varphi_1 = 30°$

$$\dot{U}_2 = -100\angle 150° = 100\angle 30° \text{ V}$$

u_2 模值：$\quad \dot{U}_{2m} = 100\sqrt{2}$ V

u_2 幅角：$\quad \varphi_2 = 30°$

$$u_1 = 50\sqrt{2}\cos(200\pi t + 30°) \text{ V}$$
$$u_2 = 100\sqrt{2}\cos(200\pi t + 30°) \text{ V}$$

（2）u_1 与 u_2 的相位差就是初相之差，即
$$\varphi_1 = \varphi_1 - \varphi_2 = 30° - 30° = 0$$

8-8 已知一段电路的电压、电流为
$$u = 10\sin(10^3 t - 20°) \text{ V}$$
$$i = 2\cos(10^3 t - 50°) \text{ A}$$

正弦量的有效值就是幅值除以$\sqrt{2}$，频率和周期由角频率求得

（1）画出它们的波形图，求出它们的有效值、频率f和周期T。

（2）写出它们的相量和画出其相量图，求出它们的相位差。

（3）如把电压u的参考方向反向，重新回答问题（1）和（2）。

特别注意，要先把电压表达式中的正弦函数转化为余弦函数，再确定初相，进而写出相量

把电压u的参考方向反向，则电压u的值变为原来的相反数

解：（1）波形图［见题解 8-8（a）图］：$u = 10\sin(10^3 t - 20°) = 10\cos(10^3 t - 110°)\,\text{V}$。

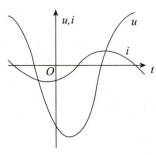

题解 8-8（a）图

有效值：$U = \dfrac{10}{\sqrt{2}} = 5\sqrt{2}\,\text{V}$，$I = \dfrac{2}{\sqrt{2}} = \sqrt{2}\,\text{A}$

频率：$f = \dfrac{\omega}{2\pi} = \dfrac{10^3}{2\pi} = 159.15\,\text{Hz}$

周期：$T = \dfrac{2\pi}{\omega} = \dfrac{2\pi}{10^3} = 6.28 \times 10^{-3}\,\text{s}$

（2）写出相量：$\dot{U} = 5\sqrt{2}\angle -110°\,\text{V}$，$\dot{I} = \sqrt{2}\angle -50°\,\text{A}$

相量图［见题解 8-8（b）图］：

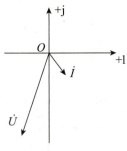

题解 8-8（b）图

相位差：$\varphi = -110° + 50° = -60°$

（3）

把电压u的参考方向反向后，有

$$u = -10\cos(10^3 t - 110°) = 10\cos(10^3 t + 70°)\,\text{V}$$

波形图［见题解 8-8（c）图］：

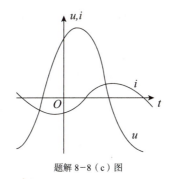

题解 8-8（c）图

有效值、频率、周期都不发生改变，仍有 $U=5\sqrt{2}\,\text{V}$，$I=\sqrt{2}\,\text{A}$，$f=159.15\,\text{Hz}$，$T=6.28\times10^{-3}\,\text{s}$。

电压相量变为 $\dot{U}'=5\sqrt{2}\angle70°\,\text{V}$，电流相量仍然为 $\dot{I}=\sqrt{2}\angle-50°\,\text{A}$。

相量图［见题解 8-8（d）图］：

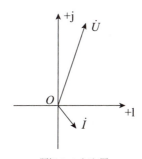

题解 8-8（d）图

相位差　　　　　　　　　　$\varphi'=70°+50°=120°$

8-9 已知题 8-9 图所示 3 个电压源的电压分别为

$$u_a=220\sqrt{2}\cos(\omega t+10°)\,\text{V}$$
$$u_b=220\sqrt{2}\cos(\omega t-110°)\,\text{V}$$
$$u_c=220\sqrt{2}\cos(\omega t+130°)\,\text{V}$$

> 本题可以证明，三个电压的幅值相等，相位互差 120°，则三个电压之和为 0。这样的三个电压就可以构成后面第 12 章中的对称三相电源

（1）求 3 个电压的和。（2）求 u_{ab}，u_{bc}。（3）画出它们的相量图。

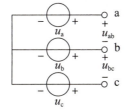

题 8-9 图

解：（1）令 $\omega t+10°=\varphi$，则 → 原来电压表达式中，cos 的括号里的形式比较复杂，如果先令 $\omega t+10°=\varphi$，可以让电压表达式简化，并且加减的角度是 120°，这也是我们熟悉的角度，可以写出其正弦、余弦值

$$u_a + u_b + u_c = 220\sqrt{2}\cos\varphi + 220\sqrt{2}\cos(\varphi - 120°) + 220\sqrt{2}\cos(\varphi + 120°)$$
$$= 220\sqrt{2}\left(\cos\varphi - \frac{1}{2}\cos\varphi + \frac{\sqrt{3}}{2}\sin\varphi - \frac{1}{2}\cos\varphi - \frac{\sqrt{3}}{2}\sin\varphi\right)$$
$$= 0$$

（2）
$$u_{ab} = u_a - u_b = 220\sqrt{2}\cos\varphi - 220\sqrt{2}\cos(\varphi - 120°)$$
$$= 220\sqrt{2}\left(\cos\varphi + \frac{1}{2}\cos\varphi - \frac{\sqrt{3}}{2}\sin\varphi\right)$$
$$= 220\sqrt{2}\left(\frac{3}{2}\cos\varphi - \frac{\sqrt{3}}{2}\sin\varphi\right)$$
$$= 220\sqrt{6}\sin(\varphi + 120°)$$
$$= 220\sqrt{6}\cos(\varphi + 30°)$$
$$= 220\sqrt{6}\cos(\omega t + 40°)\,\text{V}$$

$$u_{bc} = u_b - u_c = 220\sqrt{2}\cos(\varphi - 120°) - 220\sqrt{2}\cos(\varphi + 120°)$$
$$= 220\sqrt{2}\left(-\frac{1}{2}\cos\varphi + \frac{\sqrt{3}}{2}\sin\varphi + \frac{1}{2}\cos\varphi + \frac{\sqrt{3}}{2}\sin\varphi\right)$$
$$= 220\sqrt{6}\sin\varphi = 220\sqrt{6}\cos(\varphi - 90°)$$
$$= 220\sqrt{6}\cos(\omega t - 80°)\,\text{V}$$

（3）相量图（见题解 8-9 图）：

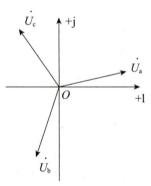

题解 8-9 图

8-10 已知题 8-10（a）图中电压表读数 V_1 为 30 V，V_2 为 60 V；题 8-10（b）图中的 V_1 为 15 V，V_2 为 80 V，V_3 为 100 V（电压表的读数为正弦电压的有效值）。求图中电压 u_S 的有效值 U_S。

结合相量图求解

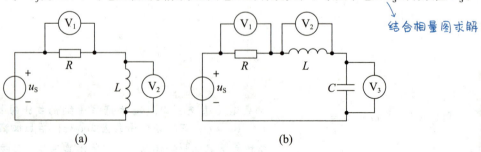

题 8-10 图

解：（a）电路图［见题解 8-10（a）图］：

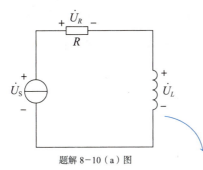

题解 8-10（a）图

$$\dot{U}_S = \dot{U}_R + \dot{U}_L$$

相量图［见题解 8-10（b）图］：

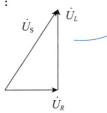

题解 8-10（b）图

$$U_S = \sqrt{30^2 + 60^2} = 30\sqrt{5} \text{ V}$$

（b）电路图［见题解 8-10（c）图］：

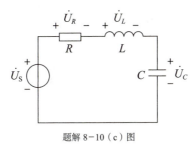

题解 8-10（c）图

$$\dot{U}_S = \dot{U}_R + \dot{U}_L + \dot{U}_C$$

相量图［见题解 8-10（d）图］：

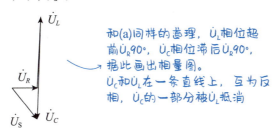

题解 8-10（d）图

由勾股定理，有
$$U_S = \sqrt{15^2 + (100-80)^2} = 25 \text{ V}$$

8-11 如果维持教材例 8-5 图 8-14 所示电路中 A_1 的读数不变，而把电源的频率提高一倍，求电流表 A 的读数。

注：例8-5原题：

如例8-5图所示电路中的仪表为交流电流表，其仪表所指示的读数为电流的有效值，其中，电流表A_1的读数为5 A，电流表A_2的读数为20 A，电流表A_3的读数为25 A。求电流表A和A_4的读数。

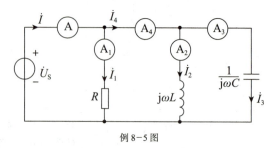

例8-5图

解：A_1的读数不变，说明电压源的有效值不变。

电源的频率提高一倍后，电感的感抗ωL变为原来的两倍，因而电流表A_2的读数变为原来的二分之一，即电流表A_2的读数为10 A；电容的容抗$\dfrac{1}{\omega C}$变为原来的二分之一，因而电流表A_3的读数变为原来的二倍，即电流表A_3的读数为50 A。

$$\dot{I} = \dot{I}_1 + \dot{I}_2 + \dot{I}_3$$

画出相量图（见题解8-11图）：

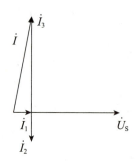

题解8-11图

$$I = \sqrt{I_1^2 + (I_3 - I_2)^2} = \sqrt{5^2 + (50-10)^2} = 40.31\text{ A}$$

电流表A的读数为40.31 A。

8-12 对RC并联电路作如下2次测量：（1）端口加120 V直流电压（$\omega = 0$）时，输入电流为4 A；（2）端口加频率为50 Hz，有效值为120 V的正弦电压时，输入电流有效值为5 A。求R和C的值。

解：加直流电压时，电容相当于开路，如题解8-12（a）图：

直流作用下，很容易求出电阻的值，交流作用下，借助相量图求解电容值

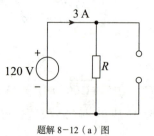

题解8-12（a）图

$$R = \frac{120}{4} = 30\,\Omega$$

加正弦电压时，设电压源的相角为 0，则

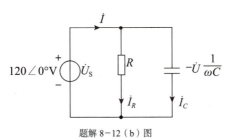

题解 8-12（b）图

$$\dot{I}_R = \frac{120\angle 0°}{R} = 4\angle 0°\,\text{A}$$

由已知，得 $I = 5\text{A}$。

画出相量图［见题解 8-12（c）图］：

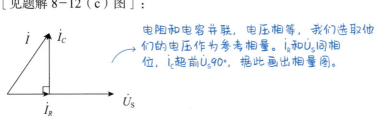

题解 8-12（c）图

由勾股定理，有

$$I_C = \sqrt{I^2 - I_R^2} = \sqrt{5^2 - 4^2} = 3\,\text{A}$$

电容的容抗的绝对值：

$$\frac{1}{\omega C} = \frac{U_S}{I_C} = \frac{120}{3} = 40\,\Omega$$

解得

$$C = \frac{1}{40\omega} = \frac{1}{40\cdot 2\pi\cdot 50} = 79.6\,\mu\text{F}$$

8-13 某一元件的电压、电流（关联方向）分别为下述 4 种情况时，它可能是什么元件？

（1）$\begin{cases} u = 10\cos(10t + 45°)\,\text{V} \\ i = 2\sin(10t + 135°)\,\text{A} \end{cases}$；

（2）$\begin{cases} u = 10\sin(100t)\,\text{V} \\ i = 2\cos(100t)\,\text{A} \end{cases}$；

（3）$\begin{cases} u = -10\cos t\,\text{V} \\ i = -\sin t\,\text{A} \end{cases}$；

（4）$\begin{cases} u = 10\cos(314t + 45°)\,\text{V} \\ i = 2\cos(314t)\,\text{A} \end{cases}$。

解：（1）统一形式，$\begin{cases} u = 10\cos(10t + 45°)\,\text{V} \\ i = 2\cos(10t + 45°)\,\text{V} \end{cases}$，电压与电流同相位，可能是电阻

$$R = \frac{u}{i} = 5\,\Omega$$

（2）
$$\begin{cases} u = 10\cos(100t - 90°) \text{ V} \\ i = 2\cos(100t) \text{ A} \end{cases}$$

电压滞后电流 90°，可能是电容。

电容的容抗：
$$\frac{1}{\omega C} = \frac{U}{I} = \frac{10/\sqrt{2}}{2/\sqrt{2}} = 5 \ \Omega$$

且 $\omega = 100 \text{ rad/s}$，所以
$$C = \frac{1}{5\omega} = \frac{1}{500} = 2 \times 10^{-3} \text{ F}$$

（3）
$$\begin{cases} u = 10\cos(t + 180°) \text{ V} \\ i = \sin(t + 90°) \text{ A} \end{cases}$$

电压超前电流 90°，可能是电感。

电感的感抗：
$$\omega L = \frac{U}{I} = \frac{10/\sqrt{2}}{1/\sqrt{2}} = 10 \ \Omega$$

且 $\omega = 1 \text{ rad/s}$，所以
$$L = \frac{10}{1} = 10 \text{ H}$$

（4）电压超前电流 45°，可能是电阻和电感的串联。

相量图（见题解 8-13 图）：

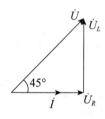

题解 8-13 图

由表达式得到有效值：
$$U_R = U_L = \frac{U}{\sqrt{2}} = \frac{5\sqrt{2}}{\sqrt{2}} = 5 \text{ V}, \quad I = \sqrt{2} \text{ A}$$

电阻：
$$R = \frac{U_R}{I} = \frac{5}{\sqrt{2}} = 2.5\sqrt{2} \ \Omega$$

电感的感抗：
$$\omega L = \frac{U_L}{I} = \frac{5}{\sqrt{2}} \ \Omega$$

$$L = \frac{5}{\sqrt{2} \times 314} = 11.26 \text{ mH}$$

可能是 $2.5\sqrt{2} \ \Omega$ 的电阻和 11.26 mH 的电感串联。

8-14 电路由电压源 $u_S = 100\cos(10^3 t)$ V 及 R 和 $L = 0.025$ H 串联组成，电感端电压的有效值为 25 V。求 R 值和电流的表达式。

解： 电感的感抗：
$$\omega L = 10^3 \times 0.025 = 25\ \Omega$$

电流的有效值：
$$I = \frac{U_L}{\omega L} = \frac{25}{25} = 1\ \text{A}$$

电压源的有效值：
$$U_S = 50\sqrt{2}\ \text{V}$$

相量图（见题解 8-14 图）：

题解 8-14 图

由勾股定理，有
$$U_R = \sqrt{U_S^2 - U_L^2} = \sqrt{(50\sqrt{2})^2 - 25^2} = 25\sqrt{7}\ \text{V}$$

$$R = \frac{U_R}{I} = 25\sqrt{7}\ \Omega$$

由相量图，$\dot{I}$ 滞后 $\dot{U}_S$ 角度 θ，且

$$\theta = \arctan\left(\frac{U_L}{U_R}\right) = \arctan\left(\frac{25}{25\sqrt{7}}\right) = 20.7°$$

电流相量：
$$\dot{I} = 1\angle -20.7°\ \text{A}$$

电流表达式：
$$i = \sqrt{2}\cos(10^3 t - 20.7°)\ \text{A}$$

8-15 已知题 8-15 图所示电路中 $I_1 = I_2 = 10$ A。求 $\dot{I}$ 和 $\dot{U}_S$。

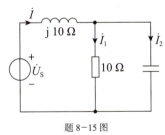

题 8-15 图

解： 画出电路 [见题解 8-15（a）图]：

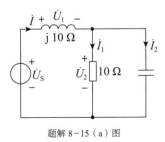

题解 8-15（a）图

设 $\dot{I}_1 = 10\angle 0°$ A，则

$$\dot{U}_2 = 10\dot{I}_1 = 100\angle 0°\ \text{V}$$

相量图[见题解8-15(b)图]:

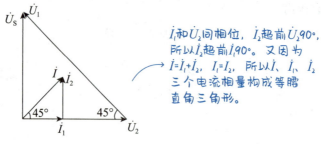

题解8-15(b)图

$\dot{I}_1$和$\dot{U}_2$同相位,$\dot{I}_2$超前$\dot{U}_2$90°,所以$\dot{I}_2$超前$\dot{I}_1$90°。又因为$\dot{I}=\dot{I}_1+\dot{I}_2$,$I_1=I_2$,所以$\dot{I}$、$\dot{I}_1$、$\dot{I}_2$三个电流相量构成等腰直角三角形。

由勾股定理,有
$$I = \sqrt{10^2+10^2} = 10\sqrt{2}\text{ A}$$
$$\dot{I} = 10\sqrt{2}\angle 45°\text{ A} \longrightarrow \dot{I}\text{超前}\dot{I}_1\,45°,\text{所以其幅角为}45°$$

对电感: $\dot{U}_1 = \text{j}10\dot{I} = 100\sqrt{2}\angle 135°\text{ V} \longrightarrow$ 乘以j,就在原来的幅角基础上加90°。

由KVL,有 $\dot{U}_S = \dot{U}_1 + \dot{U}_2 = 100\sqrt{2}\angle 135° + 100\angle 0° = -100+\text{j}100+100 = 100\angle 90°\text{ V}$

8-16 题8-16图所示电路中$\dot{I}_S = 2\angle 0°\text{ A}$。求电压$\dot{U}$。

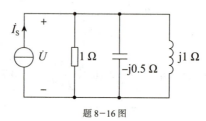

题8-16图

在电阻电路中学过的方法,例如结点电压法、回路电流法,在相量形式下的电路中仍然可以使用。本题只有一个独立结点,只需要列写一个相量形式的结点电压方程,就可以求出电压$\dot{U}$。

解:由结点电压法,有
$$\left(1+\frac{1}{-\text{j}0.5}+\frac{1}{\text{j}1}\right)\dot{U} = \dot{I}_S$$

解得
$$\dot{U} = \frac{\dot{I}_S}{1+\text{j}1} = \frac{2\angle 0°}{\sqrt{2}\angle 45°} = \sqrt{2}\angle -45°\text{ V}$$

8-17 电路如题8-17图所示。已知$C=1\,\mu F$,$L=1\,\mu H$,$u_S = 1.414\cos(10^6 t + \phi_u)\text{V}$。当电路稳态时,在$t=t_1$时刻打开开关,有$i_L(t_1) = 0.6786\text{ A}$,求$t \geq t_1$时的电流$i_L$。

开关打开之前,是二阶电路,但是我们只关心其稳态情况。换路之后,是正弦激励下的一阶电路,可以考虑三要素法的推广:
$$f(t) = f'(t) + [f(0_+) - f'(0_+)]\text{e}^{-\frac{t}{\tau}}$$

但是此题换路时刻不是$t=0$,而是$t=t_1$,相应的三要素法表达式应该为
$$f(t) = f'(t) + [f(t_{1+}) - f'(t_{1+})]\text{e}^{-\frac{t-t_1}{\tau}}$$

其中,初值$i_L(t_1) = 0.6786\text{ A}$为已知,所以,本题的目标就是求换路之后的稳态解$i'_L$及其初值$i'_L(t_{1+})$、时间常数。

如果直接求$i'_L(t_{1+})$,可以发现,其表达式中既含有ϕ_u,又含有t_1,有两个字母。但是实际上,这两个量之间是有关联的,为了使最终的表达式最简化,我们要先找到两者关系,而这个关系就是在$t=t_{1-}$时得到的。所以最开始我们先讨论换路之前稳态的情况。

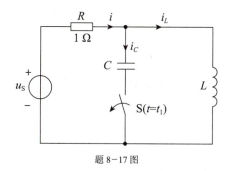

题 8-17 图

解： $t=t_{1-}$ 时，确定 ϕ_u 和 t_1 的关系。

电压源电压相量：$\dot{U}_S = 1\angle\phi_u \text{ V}$

当 $t<t_1$ 时［见题解 8-17（a）图］：

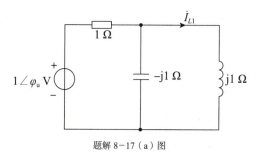

题解 8-17（a）图

这里电容和电感的并联相当于开路，所以电感电压就等于电源电压。

可以求得并联阻抗为无穷大

$$\dot{I}_{L1} = \frac{1\angle\phi_u}{j1} = 1\angle\phi_u - 90° \text{ A}$$

$$i_{L1}(t) = \sqrt{2}\cos(10^6 t + \phi_u - 90°) \text{ A}$$

当 $t=t_{1-}$ 时，有

$$i_{L1}(t_{1-}) = \sqrt{2}\cos(10^6 t_1 + \phi_u - 90°) = 0.6786$$

有以下两种情况：余弦函数在一个周期内，除了最大值和最小值，都有两个角度值对应同一个余弦值。

$$\phi_u = -10^6 t_1 + 90° + \arccos\frac{0.6786}{\sqrt{2}} = -10^6 t_1 + 151.32°$$

或

$$\phi_u = -10^6 t_1 + 90° - \arccos\frac{0.6786}{\sqrt{2}} = -10^6 t_1 + 28.68°$$

求换路之后的稳态解 i_L' 及其初值 $i_L'(t_{1+})$。

当 $t>t_1$，达到稳态时［见题解 8-17（b）图］，有

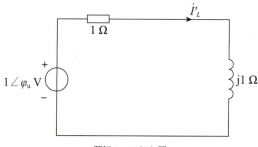

题解 8-17（b）图

$$\dot{I}'_L = \frac{1\angle\phi_u}{1+\mathrm{j}1} = \frac{1}{\sqrt{2}}\angle\phi_u - 45°\,\mathrm{A}$$

稳态特解：
$$i'_L = \cos(10^6 t + \phi_u - 45°)\,\mathrm{A}$$

稳态特解的初值：
$$i'_L(t_{1+}) = \cos(10^6 t_1 + \phi_u - 45°)\,\mathrm{A}$$

求时间常数。

时间常数：
$$\tau = \frac{L}{R} = \frac{10^{-6}}{1} = 10^{-6}\,\mathrm{s}$$

写结果：由三要素法的推广写出最终表达式

$$i_L = i'_L + \left[i_L(t_{1+}) - i'_L(t_{1+})\right]\mathrm{e}^{-\frac{t-t_1}{\tau}} = \cos(10^6 t + \phi_u - 45°) + \left[0.6786 - \cos(10^6 t_1 + \phi_u - 45°)\right]\mathrm{e}^{-10^6(t-t_1)}$$

代入 $\phi_u = -10^6 t_1 + 151.32°$，得

$$i_L = \cos\left[10^6(t-t_1) + 106.32°\right] + (0.6786 - \cos 106.32°)\mathrm{e}^{-10^6(t-t_1)}$$
$$= \cos\left[10^6(t-t_1) + 106.32°\right] + 0.96\mathrm{e}^{-10^6(t-t_1)}\,\mathrm{A}$$

或代入 $\phi_u = -10^6 t_1 + 28.68°$，得

$$i_L = \cos\left[10^6(t-t_1) - 16.32°\right] + \left[0.6786 - \cos(-16.32°)\right]\mathrm{e}^{-10^6(t-t_1)}$$
$$= \cos\left[10^6(t-t_1) - 16.32°\right] - 0.28\mathrm{e}^{-10^6(t-t_1)}\,\mathrm{A}$$

8-18 已知题 8-18 图中 $U_S = 10\,\mathrm{V}$（直流），$L = 1\,\mathrm{\mu H}$，$R_1 = 1\,\Omega$，$i_S = 2\cos(10^6 t + 45°)\,\mathrm{A}$。用叠加定理求电压 u_C 和电流 i_L。

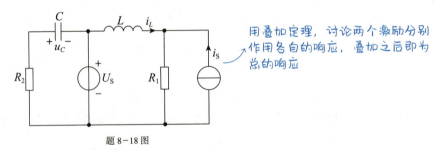

题 8-18 图

解：（1）直流电压源单独作用，如题解 8-18（a）图所示。

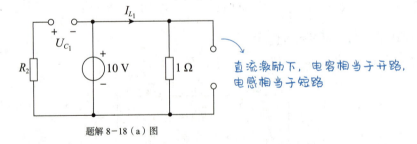

题解 8-18（a）图

$$U_{C_1} = -10\,\mathrm{V},\quad I_{L_1} = \frac{10}{1} = 10\,\mathrm{A}$$

（2）交流电流源单独作用，如题解 8-18（b）图所示。

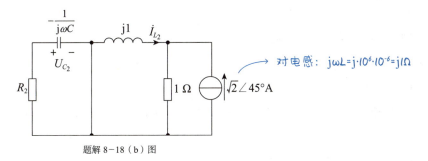

题解 8-18（b）图

电容所在支路相当于被短路，即 $U_{C_2}=0$。

由并联分流，有
$$\dot{I}_{L_2}=-\frac{1}{j1+1}\sqrt{2}\angle 45°=-1\angle 0°$$

化为正弦量：
$$i_{L_2}=-\sqrt{2}\cos(10^6 t)\text{ A}$$

（3）叠加。
$$u_C=U_{C_1}+U_{C_2}=-10+0=-10\text{ V}$$
$$i_L=I_{L_1}+i_{L_2}=10-\sqrt{2}\cos(10^6 t)\text{ A}$$

8-19 求题 8-19 图中所示的电流 $\dot{I}$（分三种情况：$\beta>1$，$\beta<1$ 和 $\beta=1$）。

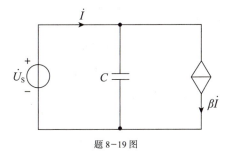

题 8-19 图

解： 图中标注出电容电流，如题解 8-19 图。

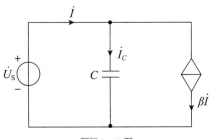

题解 8-19 图

由 KCL，有 $\dot{I}_C=\dot{I}-\beta\dot{I}=(1-\beta)\dot{I}$

（1）如果 $\beta>1$ 或 $\beta<1$，

由电容的 VCR，有
$$(1-\beta)\dot{I}=j\omega C\dot{U}_S$$

解得 $\dot{I}=\dfrac{j\omega C\dot{U}_S}{1-\beta}$。

（2）如果 $\beta=1$。

电容的电流为0，受控源相当于短路导线。

①若 $\dot{U}_S = 0$，则 $\dot{I} = 0$；

②若 $\dot{U}_S \neq 0$，则电流为无穷大。

8-20 已知题8-20图中 $u_S = 25\sqrt{2}\cos(10^6 t - 126.87°)\text{V}$，$R=3\,\Omega$，$C=0.2\,\mu\text{F}$，$u_C = 20\sqrt{2}\cos(10^6 t - 90°)$。

（1）求各支路电流。→ 按照正弦稳态下借助相量求响应的步骤即可

（2）支路1可能是什么元件？

判断可能是什么元件，先看关联参考方向下的电压和电流的相位关系，如果电压超前电流90°，可能是电感，如果电流超前电压90°，可能是电容，等等。

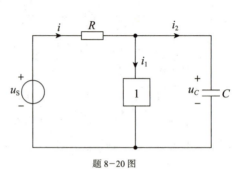

题8-20图

解：（1）将已知正弦量化为相量：

$$\dot{U}_S = 25\angle -126.87°\ \text{V}$$
$$\dot{U}_C = 20\angle -90°\ \text{V}$$

画出相量形式下的电路图（见题解8-20图）。

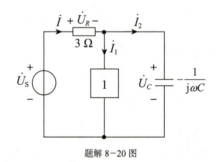

题解8-20图

求出相量形式下的响应。

对电容，有 $\quad \dot{I}_2 = j\omega C \dot{U}_C = j0.2 \cdot 20\angle -90° = 4\angle 0°\ \text{A}$

由KVL，有

$$\dot{U}_R = \dot{U}_S - \dot{U}_C = 25\cos(-126.87°) - j25\sin(-126.87°) - j20$$
$$= -15 + j20 - j20 = -15\angle 0°\ \text{V}$$

$$\dot{I} = \frac{\dot{U}_R}{R} = -5\angle 0°\ \text{A}$$

由KCL，有 $\quad \dot{I}_1 = \dot{I} - \dot{I}_2 = -5 - 4 = -9\angle 0°\ \text{A}$

将相量形式的响应转化为时域形式。

各支路电流分别为

$$i = -\frac{5}{\sqrt{2}}\cos(10^6 t)\,\text{A}$$

$$i_1 = -\frac{9}{\sqrt{2}}\cos(10^6 t)\,\text{A}$$

$$i_2 = 2\sqrt{2}\cos(10^6 t)\,\text{A}$$

（2）支路 1 的电压和电流在关联参考方向下分别为

$$\dot{U}_C = 20\angle -90°\,\text{V}, \quad \dot{I}_1 = -9\angle 0° = 9\angle -180°\,\text{A}$$

电压超前电流 90°，可能是电感。

电感的感抗：
$$\omega L = \frac{U_C}{I_1} = \frac{20}{9}\,\Omega$$

电感值：
$$L = \frac{20}{9\times 10^6} = \frac{20}{9}\,\mu\text{H}$$

第九章 正弦稳态电路的分析

9-1 阻抗和导纳

一、阻抗

定义阻抗：
$$Z = \frac{\dot{U}}{\dot{I}} = \frac{U}{I} \angle(\phi_u - \phi_i) = |Z| \angle \varphi_Z$$

化为代数形式：$Z = R + jX$ →等效电阻分量/等效电抗分量

（1）$X > 0$ 时，电压超前于电流，Z 称为感性阻抗，X 称为感性电抗，可以用等效电感代替，由 $\omega L_{eq} = X$，得 $L_{eq} = \dfrac{X}{\omega}$。

（2）$X < 0$ 时，电压滞后于电流，Z 称为容性阻抗，X 称为容性电抗，可以用等效电容代替，由 $\dfrac{1}{\omega C_{eq}} = |X|$，得 $C_{eq} = \dfrac{1}{\omega|X|}$。

（3）$X = 0$ 时，电压和电流同相位，Z 呈纯电阻性。

二、导纳

定义导纳：
$$Y = \frac{\dot{I}}{\dot{U}} = \frac{I}{U} \angle(\phi_i - \phi_u) = |Y| \angle \varphi_Y$$

化为代数形式：$Y = G + jB$ →等效电导分量/等效电纳分量

（1）$B > 0$ 时，电压滞后于电流，Y 称为容性导纳，B 称为容性电纳，可以用等效电容代替，由 $\omega C_{eq} = B$，得 $C_{eq} = \dfrac{B}{\omega}$。

（2）$B < 0$ 时，电压超前于电流，Y 称为感性导纳，B 称为感性电纳，可以用等效电感代替，由 $\dfrac{1}{\omega L_{eq}} = |B|$，得 $L_{eq} = \dfrac{1}{|B|\omega}$。

（3）$B = 0$ 时，电压和电流同相位，Y 呈纯电导性。

三、注意事项

（1）一般，阻抗和导纳的值随频率的变化而变化。

（2）如果一端口不含受控源，则 $|\varphi_Z| \leq 90°$ 且 $|\varphi_Y| \leq 90°$，即 Z 和 Y 的实部一定非负；如果一端口含有受控源，可能会出现 $|\varphi_Z| > 90°$ 和 $|\varphi_Y| > 90°$。

（3）设 $Z = R + jX$，$Y = G + jB$，我们有 $ZY = 1$，得到 $|Z||Y| = 1$，进而 $|Y| = \dfrac{1}{|Z|}$，但是，$G = \dfrac{1}{R}$ 和 $B = \dfrac{1}{X}$ 是不成立的！如果想要阻抗和导纳之间相互转换，一定要借助复数的运算。

（4）求等效电抗、等效电纳时，参照在电阻电路中求等效电阻、等效电导的公式和方法。

9-2 电路的相量图

相量图可以直观地反映出电路中各个相量之间的关系，并且电路的待求量可以利用相量图中的几何关系求解。具体画相量图的方法技巧，笔者将在本章"斩题型"部分给出。

9-3 正弦稳态电路的分析

线性电阻电路中的各种分析方法和电路定理，都可以推广到线性电路的正弦稳态分析，差别在于电路方程和电路定理都以相量形式表述，计算是复数运算。

9-4 正弦稳态电路的功率

一、有功功率、无功功率的介绍

电路中的电阻总是吸收功率，我们称这部分功率为**有功功率**；电路中的电容、电感这些储能元件，时而吸收功率，时而发出功率，在一个周期内，同一储能元件吸收和发出的功率相等，我们称这部分功率的振幅为**无功功率**。

二、功率的计算

（1）依据端口信息计算功率。

设一端口的电压有效值为 U，电流有效值为 I，输入阻抗的阻抗角为 φ_Z。

有功功率：$P = \dfrac{1}{T}\displaystyle\int_0^T p\,\mathrm{d}t = UI\cos\varphi_Z$，单位是 W（瓦）。

无功功率：$Q = UI\sin\varphi_Z$，单位是 var（乏）。

另外定义视在功率为：$S = UI$，单位是 V·A（伏安）。

这三种功率之间的关系为：$P = S\cos\varphi_Z$，$Q = S\sin\varphi_Z$，$S = \sqrt{P^2 + Q^2}$。

注意，有功功率和无功功率满足功率平衡，即 $\sum P = 0$，$\sum Q = 0$，但视在功率一般不满足 $\sum S = 0$。

（2）按照等效阻抗（串联）计算功率。

设一端口网络等效阻抗为 $Z = R + jX$，则可以等效为一个电阻 R 和一个电抗 X 的串联，设端口电流有效值为 I，则

有功功率：$P = I^2 R$。 → 具体推导为：$P = UI\cos\varphi_Z = U_R I = I^2 R$，其中，$U_R = U\cos\varphi_Z$，既表示电压的有功分量，也表示串联等效电路中的电阻电压。无功功率公式推导也是类似的。

无功功率：$Q = I^2 X$。

（3）按照等效导纳（并联）计算功率。

设一端口网络等效导纳为 $Y = G + jB$，则可以等效为一个电导 G 和一个电纳 B 的串联，设端口电压有效值为 U，则

有功功率：$P = U^2G$。

无功功率：$Q = -U^2B$。 → $\varphi_Z + \varphi_Y = 0$

这里有个负号不要漏掉

所以 $P = UI\cos\varphi_Z = UI\cos\varphi_Y = UI_G = U^2G$

$Q = UI\sin\varphi_Z = -UI\sin\varphi_Y = -UI_B = -U^2B$

三、功率因数

我们称 φ_Z 为功率因数角，$\lambda = \cos\varphi_Z$ 是功率因数，$\lambda = \dfrac{P}{S}$，它衡量电能传输效率，表示有功功率所占的比例。

在实际应用中，如果电路呈感性，我们可以并联上适当的电容，以提高功率因数。

9-5 复功率

复功率定义为

$\dot{I}^*$ 表示 $\dot{I}$ 的共轭

$$\overline{S} = \dot{U}\dot{I}^* = P + jQ$$

也可表示为

$$\overline{S} = I^2Z \text{ 或 } \overline{S} = U^2Y^*$$

功率三角形与阻抗三角形相似。 → *两个三角形都有一个直角、一个等于功率因数角的角，所以两个三角形相似*

由 P、Q、$\overline{S}$ 构成的三角形   *由 R、X、Z 构成的三角形*

与视在功率不同，复功率是满足功率平衡的，即 $\sum \overline{S} = 0$。

9-6 最大功率传输

对于正弦稳态下的含源一端口网络，也可以求出其相量形式下的戴维南等效电路，设开路电压为 $\dot{U}_{OC}$，等效阻抗为 $Z_{eq} = R_{eq} + jX_{eq}$，一端口网络接负载阻抗 $Z = R + jX$，如图 9-1 所示。

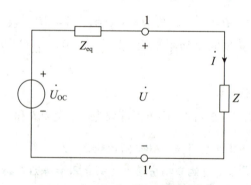

图 9-1 含源一端口的戴维南等效电路

Z_{eq} 的共轭

当 $Z = Z_{eq}^*$ 时，负载阻抗 Z 可以获得最大功率，且 $P_{max} = \dfrac{U_{OC}^2}{4R_{eq}}$。

> **电路一点通：功率表的读数**
>
> 有时候正弦稳态电路中会出现功率表，我们要会求它的读数。
>
> 功率表接线（见图 9-2）：
>
>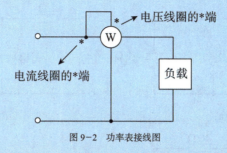
>
> 图 9-2 功率表接线图
>
> 读数 = $\text{Re}[\dot{U}\dot{I}^*]$，$\dot{U}$ 为功率表跨接的电压相量（正极性端是电压线圈的 * 端，负极性端是跨接的非 * 端），$\dot{I}$ 为从电流线圈 * 端流进功率表的电流相量。

斩题型

题型 画相量图

（1）步骤。

①选取参考相量，串联电路一般选电流为参考相量，并联电路一般选电压为参考相量。

②根据元件的 VCR 特性等，画出各个元件电压、电流相量的关系。

a. 电阻的电压、电流同相位；

b. 电感的电流滞后电压 90°；

c. 电容的电流超前电压 90°；

d. 感性阻抗的电流滞后电压一个 0~90° 的角度（功率因数滞后，指的是感性阻抗）；

e. 容性阻抗的电流超前电压一个 0~90° 的角度（功率因数超前，指的是容性阻抗）。

③根据 KCL、KVL 等，画出整个相量图。

（2）辅助方法。

①对于较为复杂的电路图，可以先画出局部的相量图（比如某个 RL 串联支路的相量图），最后再画出整体的相量图。

②在画相量图时，经常会出现一些特殊的图形，例如直角三角形、等边三角形、等腰直角三角形、圆形等等，在画相量图时要注意这些特殊的图形。

③相量图的几何关系很多时候是解题的关键。

解习题

仍然用电阻电路中的串并联公式，只不过之前的实数运算变成了这里的复数运算

9-1 试求题 9-1 图所示各电路的输入阻抗 Z 和导纳 Y。

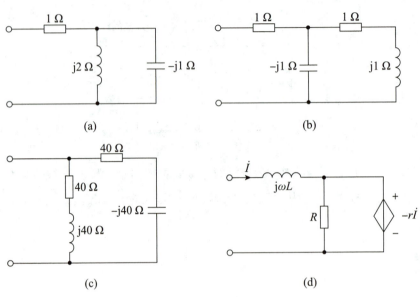

题 9-1 图

解：（a）

$$Z = 1 + (j2)//(-j1) = 1 + \frac{2}{j2-j1} = (1-j2)\ \Omega$$

$$Y = \frac{1}{Z} = \frac{1}{1-j2} = \frac{1+j2}{5} = (0.2+j0.4)\ \text{S}$$

（b）

$$Z = 1 + (-j1)//(1+j1) = 1 + \frac{-j1+1}{-j1+1+j1} = (2-j1)\ \Omega$$

$$Y = \frac{1}{Z} = \frac{1}{2-j1} = \frac{2+j1}{5} = (0.4+j0.2)\ \text{S}$$

（c）

$$Z = (40+j40)//(40-j40) = \frac{(40+j40)(40-j40)}{40+j40+40-j40} = \frac{1600+1600}{80} = 40\ \Omega$$

$$Y = \frac{1}{Z} = 0.025\ \text{S}$$

（d）题 9-1（d）图所示一端口网络含有受控源，用加压求流法求等效阻抗（见题解 9-1 图）。

$$\dot{I}_\text{S} = \dot{I}$$

由 KVL，有

$$\dot{U}_\text{S} = j\omega L\dot{I} - r\dot{I}$$

$$Z = \frac{\dot{U}_\text{S}}{\dot{I}_\text{S}} = \frac{j\omega L\dot{I} - r\dot{I}}{\dot{I}} = -r + j\omega L$$

$$Y = \frac{1}{Z} = \frac{1}{-r+j\omega L} = \frac{-r-j\omega L}{r^2+(\omega L)^2}$$

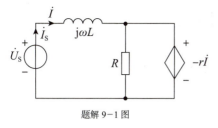

题解 9-1 图

> Y-Δ 变换的公式和电阻电路中 Y-Δ 变换的公式在形式上完全一致

9-2 将题 9-2 图所示三角形[（a）图]和星形[（b）图]联结的电路转换为等效星形和三角形联结的电路。

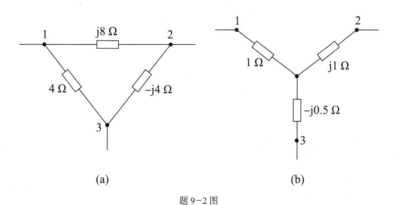

题 9-2 图

解：（a）将三角形联结的电路变换为星形联结之后如题解 9-2（a）图：

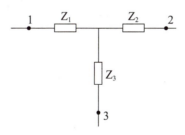

题解 9-2（a）图

计算星形联结的等效电路中的各个参数：

$$Z_1 = \frac{j8 \cdot 4}{4 + j8 - j4} = \frac{j32}{4 + j4} = \frac{32\angle 90°}{4\sqrt{2}\angle 45°} = 4\sqrt{2}\angle 45° = (4 + j4)\ \Omega$$

$$Z_2 = \frac{j8 \cdot (-j4)}{4 + j8 - j4} = \frac{32}{4 + j4} = \frac{32\angle 0°}{4\sqrt{2}\angle 45°} = 4\sqrt{2}\angle -45° = (4 - j4)\ \Omega$$

$$Z_3 = \frac{4 \cdot (-j4)}{4 + j8 - j4} = \frac{-j16}{4 + j4} = \frac{16\angle -90°}{4\sqrt{2}\angle 45°} = 2\sqrt{2}\angle -135° = (-2 - j2)\ \Omega$$

（b）将星形联结的电路变换为三角形联结之后如题解 9-2（b）图：

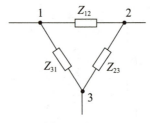

题解 9-2（b）图

计算三角形联结的等效电路中的各个参数：

$$Z_{12} = 1 + j1 + \frac{1 \cdot j1}{-j0.5} = 1 + j1 - 2 = (-1 + j1)\Omega$$

$$Z_{23} = j1 - j0.5 + \frac{j1 \cdot (-j0.5)}{1} = (0.5 + j0.5)\Omega$$

$$Z_{31} = 1 - j0.5 + \frac{-j0.5}{j1} = (0.5 - j0.5)\Omega$$

9-3 题 9-3 图中 N 为不含独立源的一端口，端口电压 u、电流 i 分别如下列各式所示。试求每一种情况下的输入阻抗 Z 和导纳 Y，并给出等效电路图（包括元件的参数值）。

> 输入阻抗就是端口电压和端口电流的比值（相量形式下）

> 如果根据输入阻抗画等效电路，一般采取串联形式；如果根据输入导纳画等效电路，一般采取并联形式

（1）$\begin{cases} u = 200\cos(314t) \text{ V} \\ i = 10\cos(314t) \text{ A} \end{cases}$ ；

（2）$\begin{cases} u = 10\cos(10t + 45°) \text{ V} \\ i = 2\cos(10t - 90°) \text{ A} \end{cases}$ ；

（3）$\begin{cases} u = 100\cos(2t + 60°) \text{ V} \\ i = 5\cos(2t - 30°) \text{ A} \end{cases}$ ；

（4）$\begin{cases} u = 40\cos(100t + 17°) \text{ V} \\ i = 8\sin(100t + \frac{\pi}{2}) \text{ A} \end{cases}$

> 对于每一组电压、电流，在将时域形式转化为相量形式时，要注意看它们是不是同名函数（是不是同时为 cos 函数或同时为 sin 函数）

题 9-3 图

解：（1）化为相量形式：$\dot{U} = 100\sqrt{2}\angle 0° \text{ V}$，$\dot{I} = 5\sqrt{2}\angle 0° \text{ A}$

输入阻抗：$Z = \dfrac{\dot{U}}{\dot{I}} = \dfrac{100\sqrt{2}\angle 0°}{5\sqrt{2}\angle 0°} = 20\,\Omega$ → 输入阻抗是纯电阻性质的

输入导纳：$Y = \dfrac{1}{Z} = \dfrac{1}{20} = 0.05 \text{ S}$

等效电路图如题解 9-3（a）图所示。

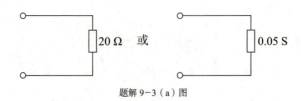

题解 9-3（a）图

（2）化为相量形式： $\dot{U} = 5\sqrt{2}\angle 45°$ V ， $\dot{I} = \sqrt{2}\angle -90°$ A

> 输入阻抗的实部是一个负值，说明等效电路应该含有受控源。虚部是一个正值，呈电感性质，可以用一个电感来表示

输入阻抗： $Z = \dfrac{\dot{U}}{\dot{I}} = \dfrac{5\sqrt{2}\angle 45°}{\sqrt{2}\angle -90°} = 5\angle 135° = \left(-\dfrac{5\sqrt{2}}{2} + j\dfrac{5\sqrt{2}}{2}\right)\Omega$

串联等效电路参数：等效电抗 $\omega L_{eq} = \dfrac{5\sqrt{2}}{2}$，即参数 $L_{eq} = \dfrac{5\sqrt{2}}{2} = \dfrac{\sqrt{2}}{4}$ H。

输入导纳： $Y = \dfrac{1}{Z} = \dfrac{1}{5\angle 135°} = 0.2\angle -135° = (-0.1\sqrt{2} - j0.1\sqrt{2})$ S

并联等效电路参数：等效电纳 $\dfrac{1}{\omega L_{eq}} = 0.1\sqrt{2}$，即参数 $L_{eq} = \dfrac{1}{0.1\sqrt{2}\times 10°} = \dfrac{\sqrt{2}}{2}$ H。

等效电路图如题解9-3（b）图所示。

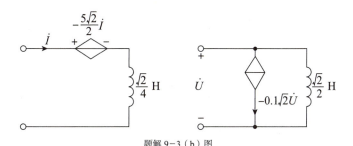

题解9-3（b）图

（3）化为相量形式： $\dot{U} = 50\sqrt{2}\angle 60°$ V ， $\dot{I} = \dfrac{5}{\sqrt{2}}\angle -30°$ A

输入阻抗： $Z = \dfrac{\dot{U}}{\dot{I}} = \dfrac{50\sqrt{2}\angle 60°}{\dfrac{5}{\sqrt{2}}\angle -30°} = 20\angle 90° = j20\,\Omega$

> 输入阻抗是一个纯电抗（虚部大于0），可以用一个电感来等效

输入导纳： $Y = \dfrac{1}{Z} = \dfrac{1}{j20} = -j0.05$ S

电抗 $\omega L_{eq} = 20$，解得 $L_{eq} = \dfrac{20}{2} = 10$ H。

等效电路图如题解9-3（c）图所示。

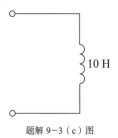

题解9-3（c）图

（4） $i = 8\sin\left(100t + \dfrac{\pi}{2}\right) = 8\cos(100t)$ A

> 题目所给的电流是sin函数，应该先把它和电压都统一成cos函数，再化为相量

化为相量形式： $\dot{U} = 20\sqrt{2}\angle 17°$ V ， $\dot{I} = 4\sqrt{2}\angle 0°$ A

等效阻抗：
$$Z = \frac{\dot{U}}{\dot{I}} = \frac{20\sqrt{2}\angle 17°}{4\sqrt{2}\angle 0°} = 5\angle 17° = (4.78 + j1.46)\ \Omega \rightarrow 电阻和电感的串联$$

等效电抗：$\omega L_{eq} = 1.46$，得
$$L_{eq} = \frac{1.46}{100} = 1.46 \times 10^{-2} = 14.6\ \text{mH}$$

等效导纳：
$$Y = \frac{1}{Z} = \frac{1}{5\angle 17°} = 0.2\angle -17° = (0.19 - j0.058)\ \text{S} \rightarrow 电阻和电感的并联$$

等效电纳：$\dfrac{1}{\omega L_{eq}} = 0.058$，得 $L_{eq} = \dfrac{1}{0.058 \times 100} = 0.17\ \text{H}$。

等效电路图如题解 9-3（d）图所示。

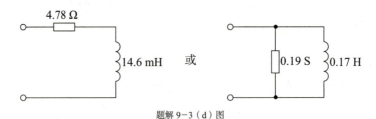

题解 9-3（d）图

9-4 已知题 9-4 图所示电路中 $u_s = 16\sqrt{2}\sin(\omega t + 30°)$ V，电流表 A 的读数为 5 A。$\omega L = 4\ \Omega$，求电流表 A_1、A_2 的读数。本题思维难度较大

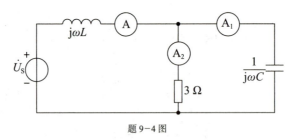

题 9-4 图

解： 以并联支路电压作为参考相量，画出相量图（见题解 9-4 图）。

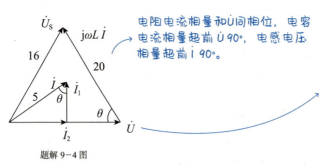

题解 9-4 图

设 $\dot{I}$ 和 $\dot{I}_1$ 的夹角为 θ，则
$$I_2 = 5\sin\theta$$

因为电阻为 3Ω，所以
$$U = 3I_2 = 15\sin\theta$$

• 240

由于 $j\omega L \dot{I}$ 和 $\dot{I}$ 正交，$\dot{U}$ 和 $\dot{I}_1$ 正交，所以 $\dot{U}$ 和 $j\omega L \dot{I}$ 在相量图中的夹角也是 θ。

在电压三角形中，由余弦定理，有

$$\cos\theta = \frac{20^2 + (15\sin\theta)^2 - 16^2}{2\times 20\times 15\sin\theta} = \frac{12^2 + 15^2\sin^2\theta}{600\sin\theta}$$

整理，得

$$600\cos\theta\sin\theta = 12^2 + 15^2\sin^2\theta$$

其中 $\sin\theta > 0$，$\cos\theta > 0$。

由相量图，θ 应该是一个锐角

如果设 $\sin\theta = x > 0$，则

$$\cos\theta = \sqrt{1-x^2}$$

则

$$600x\sqrt{1-x^2} = 144 + 225x^2$$

两边平方并整理，得

$$45\,625x^4 - 32\,800x^2 + 2\,304 = 0$$

解得 $x^2 = \dfrac{16}{25}$ 或 $x^2 = \dfrac{144}{1825}$。

解出两个解，都是本题的答案，同时也说明本题只能解方程得到完备的解，只根据几何关系是得不来的

若 $x^2 = \dfrac{16}{25}$，则

$$\sin\theta = \frac{4}{5}, \quad \cos\theta = \frac{3}{5}$$

此时，$I_1 = 5\cos\theta = 4$ A，$I_2 = 5\sin\theta = 3$ A

若 $x^2 = \dfrac{144}{1825}$，则

$$\sin\theta = \frac{12}{5\sqrt{73}}, \quad \cos\theta = 0.9597$$

此时，$I_1 = 5\cos\theta = 1.404$ A，$I_2 = 5\sin\theta = 4.799$ A

综上所述，有两组答案：① A_1 读数是 4 A，A_2 读数是 3 A；② A_1 读数是 1.404 A，A_2 读数是 4.799 A。

9-5 题 9-5 图所示电路中，$I_2 = 10$ A，$U_S = \dfrac{10}{\sqrt{2}}$ V，求电流 $\dot{I}$ 和电压 $\dot{U}_S$，并画出电路的相量图。

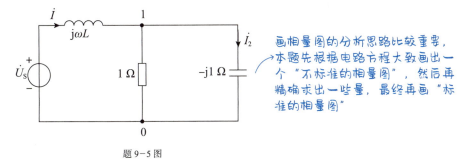

题 9-5 图

画相量图的分析思路比较重要，本题先根据电路方程大致画出一个"不标准的相量图"，然后再精确求出一些量，最终再画"标准的相量图"

解： 先在电路图中标出各个相量，如题解 9-5（a）图所示。

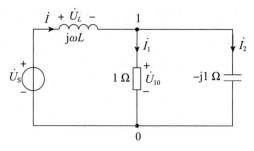

题解 9−5（a）图

选取 $\dot{U}_{10}$ 为参考相量，由 $\dot{U}_S = \dot{U}_L + \dot{U}_{10}$，$\dot{I} = \dot{I}_1 + \dot{I}_2$。

先画出不标准的相量图如题解 9−5（b）图所示：

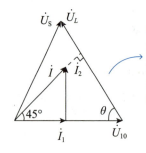

由电阻，知 $\dot{I}_1$ 与 $\dot{U}_{10}$ 同相位，对电容，$\dot{I}_2$ 超前 $\dot{U}_{10}$ 90°，且 $\dot{I}_1 = \dot{I}_2 = \dfrac{U_{10}}{1}$，所以 $\dot{I}$、$\dot{I}_1$、$\dot{I}_2$ 构成等腰直角三角形。
对电感，$\dot{U}_L$ 超前 $\dot{I}$ 90°，所以 $\dot{U}_L$ 与 $\dot{I}$ 的延长线相垂直，所以图中 $\theta = 45°$。

题解 9−5（b）图

因为 $I_2 = 10\,\text{A}$，所以 $I_1 = 10\,\text{A}$，$I = 10\sqrt{2}\,\text{A}$，$U_{10} = 10 \times 1 = 10\,\text{V}$。

由余弦定理，有

$$U_S^2 = U_L^2 + U_{10}^2 - 2U_L U_{10} \cos 45°$$

整理得

$$U_L^2 - 10\sqrt{2}\, U_L + 50 = 0$$

解得 $U_L = \dfrac{10}{\sqrt{2}}\,\text{V}$。

由 $U_S = \dfrac{10}{\sqrt{2}}\,\text{V}$，$U_L = \dfrac{10}{\sqrt{2}}\,\text{V}$，$U_{10} = 10\,\text{V}$，$\theta = 45°$，知 $\dot{U}_S$、$\dot{U}_L$、$\dot{U}_{10}$ 也构成等腰直角三角形，$\dot{U}_S$ 的相位为 45°。

最终结果：

$$\dot{I} = 10\sqrt{2}\angle 45°\,\text{A}，\quad \dot{U}_S = \dfrac{10}{\sqrt{2}}\angle 45° = 5\sqrt{2}\angle 45°\,\text{V}$$

标准的相量图如题解 9−5（c）图所示：

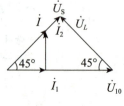

题解 9−5（c）图

隐含的信息是：端口电压和端口电流同相位

9-6 题 9−6 图中 $i_S = 14\sqrt{2}\cos(\omega t + \phi)\,\text{mA}$，调节电容，使电压 $\dot{U} = U\angle \phi$，电流表 A_1 的读数为 50 mA。求电流表 A_2 的读数。

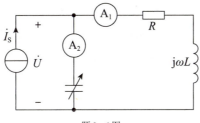

题 9-6 图

解： 在图中标出各相量［见题解 9-6（a）图］：

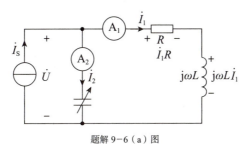

题解 9-6（a）图

先大致画出相量图［见题解 9-6（b）图］：

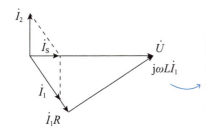

题解 9-6（b）图

对于电感支路，电感电压超前电阻电压90°，在相量图中构成下面的直角三角形，$\dot{I}_1$滞后于$\dot{U}$一个角度。

对于电容，$\dot{I}_2$超前$\dot{U}$ 90°。

我们不妨以 $\dot{U}$ 为参考相量，只要保证 $\dot{I}_S$ 和 $\dot{U}$ 的相位一致即可。

$\dot{I}_S = \dot{I}_1 + \dot{I}_2$，由平行四边形法则，为使 $\dot{I}_S$ 和 $\dot{U}$ 的相位一致，$\dot{I}_S$、$\dot{I}_1$、$\dot{I}_2$ 构成直角三角形的三条边。由勾股定理，有

$$I_1^2 = I_2^2 + I_S^2$$

所以

$$I_2 = \sqrt{50^2 - 14^2} = 48 \text{(mA)}$$

电流表 A_2 的读数为 48 mA。

9-7 题 9-7 图中 $Z_1 = (10 + j50)\Omega$，$Z_2 = (400 + j1\,000)\Omega$，如果要使 $\dot{I}_2$ 和 $\dot{U}_S$ 的相位差为 90°（正交），β 应等于多少？如果把图中 CCCS 换为可变电容 C，求 ωC。

题目给出的一个关键信息是$\dot{I}_2$和$\dot{U}_S$正交。如果我们能够表示出两个相量之间的关系，那么问题就解决了

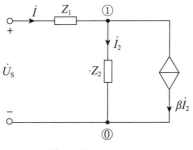

题 9-7 图

解：由 KCL，有 $\dot{I} = \dot{I}_2 + \beta\dot{I}_2 = (1+\beta)\dot{I}_2$

由 KVL，有 $\dot{U}_S = \dot{I}Z_1 + \dot{I}_2Z_2 = [(1+\beta)(10+j50) + (400+j100)]\dot{I}_2$

要使 $\dot{I}_2$ 和 $\dot{U}_S$ 的相位差为 $90°$（正交），则需要 $(1+\beta)(10+j50) + (400+j100)$ 的实部为 0，即

$$10(1+\beta) + 400 = 0$$

解得 $\beta = -41$。

把图中 CCCS 换为可变电容 C 后的电路图（见题解 9-7 图）：

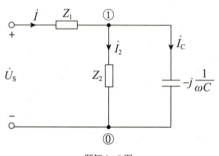

题解 9-7 图

$$\dot{U}_{n1} = \dot{I}_2 Z_2 = (400 + j1000)\dot{I}_2$$
$$\dot{I}_C = j\omega C \dot{U}_{n1} = j\omega C(400 + j1000)\dot{I}_2$$
$$\dot{I} = \dot{I}_2 + \dot{I}_C = [1 + j\omega C(400 + j1000)]\dot{I}_2$$
$$\dot{U}_S = \dot{I}_1 + \dot{U}_{n1} = [1 + j\omega C(400 + j1000)](10 + j50)\dot{I}_2 + (400 + j100)\dot{I}_2$$
$$= [410 - 30000\omega C + j(150 - 46000\omega C)]\dot{I}_2$$

要使 $\dot{I}_2$ 和 $\dot{U}_S$ 正交，则 $410 - 30000\omega C + j(150 - 46000\omega C)$ 应该为纯虚数，所以 $410 - 30000\omega C = 0$。

解得 $$\omega C = \frac{410}{30000} = 1.37 \times 10^{-2} \text{ S}$$

9-8 已知题 9-8 图所示电路中 $U = 8\text{ V}$，$Z = (1 - j0.5)\Omega$，$Z_1 = (1 + j1)\Omega$，$Z_2 = (3 - j1)\Omega$。求各支路电流和电路的输入导纳、画出电路的相量图。

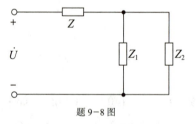

题 9-8 图

解：在电路图中标出各相量（见题解 9-8（a）图）：

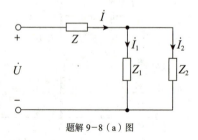

题解 9-8（a）图

以电压 $\dot{U}$ 作为参考相量：

$$Z_1 // Z_2 = (1+j1)//(3-j1) = \frac{(1+j1)(3-j1)}{1+j1+3-j1} = \frac{3-j1+j3+1}{4} = (1+j0.5)\,\Omega$$

$$Z_{eq} = Z + Z_1 // Z_2 = 1 - j0.5 + 1 + j0.5 = 2\,\Omega$$

$$\dot{I} = \frac{\dot{U}}{Z_{eq}} = \frac{8\angle 0°}{2} = 4\angle 0°\,\text{A} \longrightarrow 端口电流和端口电压同相位$$

由并联阻抗分流，得

$$\dot{I}_1 = \frac{Z_2}{Z_1 + Z_2}\dot{I} = \frac{3-j1}{1+j1+3-j1}4\angle 0° = 3 - j1 = \sqrt{10}\angle -18.43°\,\text{A}$$

$$\dot{I}_2 = \frac{Z_1}{Z_1 + Z_2}\dot{I} = \frac{1+j1}{1+j1+3-j1}4\angle 0° = 1 + j1 = \sqrt{2}\angle 45°\,\text{A}$$

输入导纳：

$$Y_{eq} = \frac{1}{Z_{eq}} = \frac{1}{2} = 0.5\,\text{S}$$

相量图如题解 9-8（b）图所示。

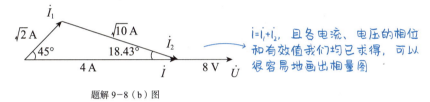

题解 9-8（b）图

9-9 已知如题 9-9 图所示电路中，$U = 100\,\text{V}$，$U_C = 100\sqrt{3}\,\text{V}$，$X_C = -100\sqrt{3}\,\Omega$，阻抗 Z_X 的阻抗角 $|\varphi_X| = 60°$。求 Z_X 和电路的输入阻抗。

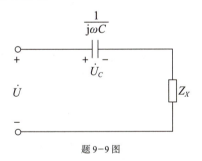

题 9-9 图

解：在电路图中标出各相量，如题解 9-9（a）图所示：

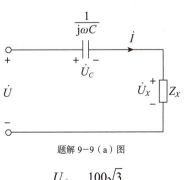

题解 9-9（a）图

$$I = \frac{U_C}{-X_C} = \frac{100\sqrt{3}}{100\sqrt{3}} = 1\,\text{A}$$

选取 $\dot{I}$ 为参考相量，$\dot{I}=1\angle 0°\text{A}$。

如果 Z_X 是容性阻抗，则相量图如题解 9-9（b）图所示：

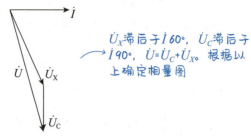

题解 9-9（b）图

故必有 $U>U_C$，与题设矛盾。

所以 Z_X 只能是感性阻抗，相量图如题解 9-9（c）图所示：

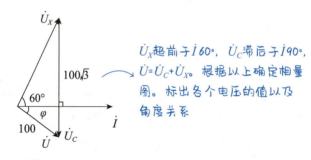

题解 9-9（c）图

设出图中角度 φ，则

$$\dot{U}=100\angle -\varphi$$

又

$$\dot{U}_C=100\sqrt{3}\angle -90°$$

所以 $\dot{U}_X=\dot{U}-\dot{U}_C=100\angle -\varphi -100\sqrt{3}\angle -90°=100\cos\varphi -\text{j}100\sin\varphi +\text{j}100\sqrt{3}$

因为 $\dot{U}_X$ 的相位是 60°，所以

$$\frac{100\sqrt{3}-100\sin\varphi}{100\cos\varphi}=\tan 60°=\sqrt{3}$$

解得 $\varphi=0$ 或 $\varphi=60°$。

① 若 $\varphi=0$，则 $\dot{U}_X=100+\text{j}100\sqrt{3}=200\angle 60°\text{ V}$

$$Z_X=\frac{\dot{U}_X}{\dot{I}}=200\angle 60°=(100+\text{j}100\sqrt{3})\ \Omega$$

输入阻抗 $Z=\dfrac{\dot{U}}{\dot{I}}=\dfrac{100\angle 0°}{1\angle 0°}=100\ \Omega$

② 若 $\varphi=60°$， $\dot{U}_X=50+\text{j}50\sqrt{3}=100\angle 60°\text{ V}$

$$Z_X=\frac{\dot{U}_X}{\dot{I}}=100\angle 60°=(50+\text{j}50\sqrt{3})\ \Omega$$

输入阻抗 $Z=\dfrac{\dot{U}}{\dot{I}}=\dfrac{100\angle -60°}{1\angle 0°}=(50-\text{j}50\sqrt{3})\ \Omega$

9-10 如题 9-10 图所示电路中，当 S 闭合时，各表读数如下：V 为 220 V、A 为 10 A、W 为 1 000 W；当 S 打开时，各表读数依次为 220 V、12 A 和 1 600 W。求阻抗 Z_1 和 Z_2，设 Z_1 为感性 { 图中表 W 称为功率表，其读数 $= \text{Re}[\dot{U} \dot{I}^*]$，$\dot{U}$ 为表 W 跨接的电压相量，$\dot{I}$ 为从 * 端流进表 W 的电流相量 }。

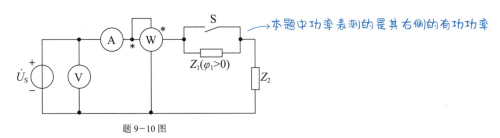

题 9-10 图

解：当 S 闭合时，Z_1 被短路，功率表测 Z_2 吸收的有功功率，设 $Z_2 = R_2 + jX_2$。

由
$$P = I^2 R_2$$

解得
$$R_2 = \frac{P}{I^2} = \frac{1\,000}{10^2} = 10\,\Omega$$

$$|Z_2| = \frac{U}{I} = \frac{220}{10} = 22\,\Omega$$

$$X_2 = \pm\sqrt{|Z_2|^2 - R_2^2} = \pm\sqrt{22^2 - 10^2} = \pm 8\sqrt{6}\,\Omega$$

当 S 打开时，Z_1 和 Z_2 串联，功率表测 Z_1 和 Z_2 吸收的有功功率之和。

设 $Z_1 = R_1 + jX_1$，由
$$P' = I'^2 (R_1 + R_2)$$

解得
$$R_1 = \frac{P'}{I'^2} - R_2 = \frac{1\,600}{12^2} - 10 = \frac{10}{9}\,\Omega$$

$$|Z_1 + Z_2| = \frac{U'}{I'} = \frac{220}{12} = \frac{55}{3}\,\Omega$$

$$|X_1 + X_2| = \sqrt{|Z_1 + Z_2|^2 - (R_1 + R_2)^2} = \sqrt{\left(\frac{55}{3}\right)^2 - \left(\frac{100}{9}\right)^2} = 14.58\,\Omega$$

因为 Z_1 为感性，所以 $X_1 > 0$。

若 $X_2 = 8\sqrt{6}\,\Omega$，因为 $8\sqrt{6} > 14.58$，得 X_1 必为负值，矛盾。

若 $X_2 = -8\sqrt{6}\,\Omega$，则 $|X_1 - 8\sqrt{6}| = 14.58$，即

$$X_1 = 14.58 + 8\sqrt{6} = 34.18\,\Omega，或 X_1 = 8\sqrt{6} - 14.58 = 5.02\,\Omega$$

综上所述，有

$$Z_1 = (1.11 + j34.18)\,\Omega \text{ 或 } Z_1 = (1.11 + j5.02)\,\Omega$$

$$Z_2 = (10 - j8\sqrt{6})\,\Omega$$

9-11 已知如题 9-11 图所示电路中，各交流电表的读数，V 为 100 V，V_1 为 171 V，V_2 为 240 V，$I = 4$ A，$P_1 = 240$ W（Z_1 吸收），求阻抗 Z_1 和 Z_2。

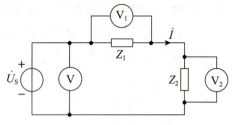

题 9-11 图

解： 设 $Z_1 = R_1 + jX_1$，$Z_2 = R_2 + jX_2$。

由 $P_1 = I^2 R_1$，得

$$R_1 = \frac{P_1}{I^2} = \frac{240}{4^2} = 15\,\Omega$$

$$|Z_1| = \frac{U_1}{I} = \frac{171}{4} = 42.75\,\Omega$$

$$|X_1| = \sqrt{|Z_1|^2 - R_1^2} = \sqrt{42.75^2 - 15^2} = 40\,\Omega$$

$Z_1 = (15 + j40)\,\Omega$ 或 $Z_1 = (15 - j40)\,\Omega$ φ_1 是 Z_1 的阻抗角

$$\cos\varphi_1 = \frac{R_1}{|Z_1|} = \frac{15}{42.75} = \frac{20}{57}$$

也就是说 $\dot{I}$ 可能超前 $\dot{U}_1$ 角度 69.46°，也可能滞后相同角度

$\varphi_1 = 69.46°$ 或 $\varphi_1 = -69.46°$

画出各个电压相量之间的关系如题解 9-11（a）、（b）图所示：

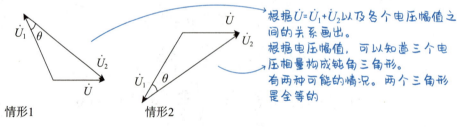

根据 $\dot{U} = \dot{U}_1 + \dot{U}_2$ 以及各个电压幅值之间的关系画出。
根据电压幅值，可以知道三个电压相量构成钝角三角形。
有两种可能的情况。两个三角形是全等的

情形1　　　　　　情形2

题解 9-11（a）图　　题解 9-11（b）图

由余弦定理，有

$$\cos\theta = \frac{U_1^2 + U_2^2 - U^2}{2U_1U_2} = \frac{171^2 + 240^2 - 100^2}{2\times 171\times 240} = 0.9362$$

所以 $\theta = 20.58°$。

对于情形 1：

①如果 $\dot{I}$ 滞后 $\dot{U}_1$ 角度 $\varphi_1 = 69.46°$。

相量图如题解 9-11（c）图所示：

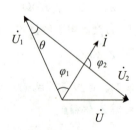

题解 9-11（c）图

$$\varphi_2 = \theta + \varphi_1 = 20.58° + 69.46° \approx 90°$$
$$R_2 = 0$$
$$X_2 = -\frac{U_2}{I} = -\frac{240}{4} = -60\,\Omega \longrightarrow Z_2\text{是纯电抗，且}\dot{U}_2\text{滞后}\dot{I}\ 90°,$$
$$\text{显纯电容性}$$

这种情况下，$Z_1 = (15+j40)\Omega$，$Z_2 = -j60\Omega$。

② 如果 $\dot{I}$ 超前 $\dot{U}_1$ 角度 $\varphi_1 = 69.46°$。

相量图如题解 9-11（d）图所示。

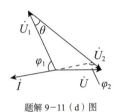

题解 9-11（d）图

发现 $\varphi_2 > 90°$，而 Z_2 的阻抗角应该在 $-90°$ 和 $90°$ 之间，矛盾！

对于情形 2：

① 如果 $\dot{I}$ 超前 $\dot{U}_1$ 角度 $\varphi_1 = 69.46°$。

相量图如题解 9-11（e）图所示。

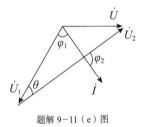

题解 9-11（e）图

同理可以得到 $Z_1 = (15-j40)\Omega$，$Z_2 = j60\Omega$。$\longrightarrow Z_2$ 是纯电抗，且 $\dot{U}_2$ 超前 $\dot{I}\ 90°$，显纯电感性

② 如果 $\dot{I}$ 滞后 $\dot{U}_1$ 角度 $\varphi_1 = 69.46°$。

相量图如题解 9-11（f）图所示。

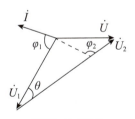

题解 9-11（f）图

发现 $\varphi_2 > 90°$，Z_2 的阻抗角应该在 $-90°$ 和 $90°$ 之间，也出现矛盾！

综上所述，$Z_1 = (15+j40)\,\Omega$，$Z_2 = -j60\,\Omega$ 或 $Z_1 = (15-j40)\,\Omega$，$Z_2 = j60\,\Omega$。

9-12 如果如题 9-12 图所示电路中 R 改变时电流 I 保持不变，L、C 应满足什么条件？

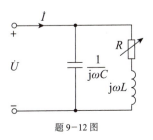

题 9-12 图

解：法一：

等效阻抗：

$$Z_{eq} = \frac{1}{j\omega C} // (R + j\omega L) = \frac{\frac{1}{j\omega C}(R + j\omega L)}{\frac{1}{j\omega C} + R + j\omega L} = \frac{R + j\omega L}{1 - \omega^2 LC + j\omega CR}$$

端口电压的模值 U 不变，$I = \dfrac{U}{|Z_{eq}|}$，要想使得电流 I 保持不变，只要一端口的等效阻抗的模值 $|Z_{eq}|$ 不变

模值：

$$|Z_{eq}| = \sqrt{\frac{R^2 + \omega^2 L^2}{(1 - \omega^2 LC)^2 + (\omega CR)^2}} = \sqrt{\frac{R^2 + \omega^2 L^2}{(\omega^2 C^2)R^2 + (1 - \omega^2 LC)^2}}$$

视 R 为自变量，要想使得 $|Z_{eq}|$ 不随 R 的变化而变化，则需要 $\dfrac{R^2 + \omega^2 L^2}{(\omega^2 C^2)R^2 + (1 - \omega^2 LC)^2}$ 的分母是分子的常数倍（这个常数就是 $\omega^2 C^2$）

则

$$\omega^2 C^2 R^2 + (1 - \omega^2 LC)^2 = \omega^2 C^2 (R^2 + \omega^2 L^2)$$

整理，得 $2\omega^2 LC = 1$。

法二（取特殊值）：

当 $R = 0$ 时，有

$$Z_{eq} = \frac{1}{j\omega C} // j\omega L = \frac{\dfrac{L}{C}}{\dfrac{1}{\omega C} + j\omega L} = \frac{j\omega L}{1 - \omega^2 LC}$$

当 $R = \infty$ 时，有

$$Z_{eq} = \frac{1}{j\omega C}$$

两次求得的等效阻抗的模值应该相等，即

$$\frac{\omega L}{1 - \omega^2 LC} = \frac{1}{\omega C}$$

整理，得 $2\omega^2 LC = 1$。

9-13 如题 9-13 图所示电路在任意频率下都有 $U_{cd} = U_S$，试求：

（1）满足上述要求的条件。

（2）U_{cd} 相位的可变范围。

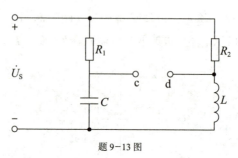

题 9-13 图

解：（1）画出相量图如题解 9-13（a）图所示。

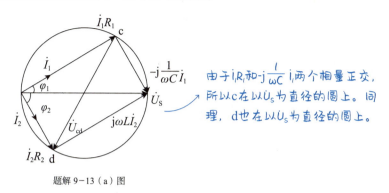

题解 9-13（a）图

由几何关系，有

$$\frac{\dfrac{1}{\omega C}}{R_1} = \frac{R_2}{\omega L}$$

解得 $L = R_1 R_2 C$。

（2）我们取两个极限情况如题解 9-13（b）图和题解 9-13（c）图所示。

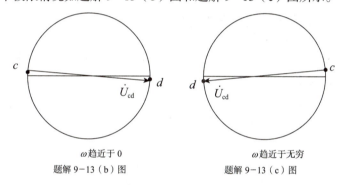

    ω 趋近于 0 ω 趋近于无穷
   题解 9-13（b）图   题解 9-13（c）图

当 ω 从 0 变化到无穷，c 在上半圆周顺时针移动。ω 趋近于 0 时，$\dot{U}_{cd}$ 相位小于 0 且趋近于 0；ω 趋近于无穷时，$\dot{U}_{cd}$ 相位趋近于 $-180°$。所以 U_{cd} 相位的可变范围为 $(-180°, 0°)$。

9-14 已知如题 9-14 图所示电路中的电压源为正弦量，$L = 1\text{mH}$，$R_0 = 1\text{k}\Omega$，$Z = (3 + \text{j}5)\Omega$。

（1）当 $\dot{I}_0 = 0$ 时，C 值为多少？

（2）当条件（1）满足时，试证明输入阻抗为 R_0。

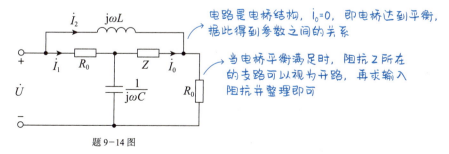

题 9-14 图

解：（1）由电桥平衡，有

$$\frac{R_0}{\dfrac{1}{\mathrm{j}\omega C}} = \frac{\mathrm{j}\omega L}{R_0}$$

整理，得 $R_0^2 = \dfrac{L}{C}$。

解得

$$C = \frac{L}{R_0^2} = \frac{10^{-3}}{(10^3)^2} = 10^{-9}\,\mathrm{F}$$

（2）输入阻抗

$$Z_{\mathrm{in}} = \left(R_0 + \frac{1}{\mathrm{j}\omega C}\right) // (R_0 + \mathrm{j}\omega L) = \frac{\left(R_0 + \dfrac{1}{\mathrm{j}\omega C}\right)(R_0 + \mathrm{j}\omega L)}{R_0 + \dfrac{1}{\mathrm{j}\omega C} + R_0 + \mathrm{j}\omega L}$$

$$= \frac{(\mathrm{j}\omega C R_0 + 1)(R_0 + \mathrm{j}\omega L)}{\mathrm{j}\omega C R_0 + 1 + \mathrm{j}\omega C R_0 - \omega^2 C L} = \frac{(\mathrm{j}\omega C R_0 + 1)(R_0 + \mathrm{j}\omega C R_0^2)}{\mathrm{j}2\omega C R_0 + 1 - \omega^2 C^2 R_0^2}$$

$$= \frac{\mathrm{j}\omega C R_0^2 - \omega^2 C^2 R_0^3 + R_0 + \mathrm{j}\omega C R_0^2}{\mathrm{j}2\omega C R_0 + 1 - \omega^2 C^2 R_0^2} = R_0$$

9-15 在如题 9-15 图所示电路中，已知 $U = 100\,\mathrm{V}$，$R_2 = 6.5\,\Omega$，$R = 20\,\Omega$，当调节触点 c 使 $R_{ac} = 4\,\Omega$ 时，电压表的读数最小，其值为 $30\,\mathrm{V}$，求阻抗 Z。

如果画相量图，点 c 会在 ab 中间移动

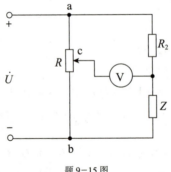

题 9-15 图

解： 在图中标出各相量，如题解 9-15（a）图所示。

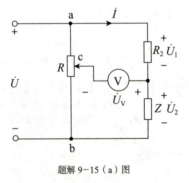

题解 9-15（a）图

阻抗 Z 可能是感性阻抗，也可能是容性阻抗，两种情况对应不同的相量图。

（1）若 Z 是感性阻抗，相量图如题解 9-15（b）图所示：

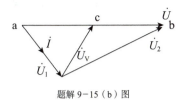

题解 9-15（b）图

其中，c 点可以在 $\dot{U}$ 上移动［见题解 9-15（c）图］，其位置随着变阻器的状态的改变而改变。

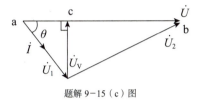

题解 9-15（c）图

一个点和一条直线的所有连线中，从点向直线引的垂线是最短的

当 $\dot{U}_V$ 与 $\dot{U}$ 正交时，电压表的读数最小，此时 $U_V = 30 \text{ V}$。

由串联分压，有
$$\frac{U_{ac}}{U_{cb}} = \frac{R_{ac}}{R - R_{ac}} = \frac{4}{16} = \frac{1}{4}$$

$$U_{ac} = \frac{1}{5}U = 20\text{V}$$

$\dot{U}_{ac}$、$\dot{U}_V$、$\dot{U}_1$ 构成直角三角形，$\dot{U}_1$ 是斜边

由勾股定理，有
$$U_1 = \sqrt{U_{ac}^2 + U_V^2} = \sqrt{30^2 + 20^2} = 10\sqrt{13} \text{ V}$$

$$\tan\theta = \frac{U_V}{U_{ac}} = \frac{30}{20} = 1.5$$

所以 $\theta = \arctan 1.5 = 56.3°$。

$$\dot{U}_1 = 10\sqrt{13}\angle -56.3° \text{ V}$$

$$\dot{U}_2 = \dot{U} - \dot{U}_1 = 100\angle 0° - 10\sqrt{13}\angle -56.3° = 85.43\angle 20.56° \text{ V}$$

$$\dot{I} = \frac{\dot{U}_1}{R_2} = \frac{10\sqrt{13}\angle -56.3°}{6.5} = \frac{20}{\sqrt{13}}\angle -56.3° \text{ A}$$

$$Z = \frac{\dot{U}_2}{\dot{I}} = \frac{85.43\angle 20.56°}{\frac{20}{\sqrt{13}}\angle -56.3°} = 15.4\angle 76.86° = (3.5 + \text{j}15) \text{ }\Omega$$

（2）若 Z 是容性阻抗，相量图如题解 9-15（d）图所示：

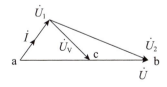

题解 9-15（d）图

同理，当 $\dot{U}_V$ 与 $\dot{U}$ 正交时，电压表的读数最小［见题解 9-15（e）图］。

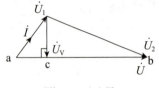

题解 9-15（e）图

事实上，这里的阻抗值可以直接由①写出。两种情形下，电流 $\dot{I}$ 和电压 $\dot{U}_2$ 的大小相等，相量夹角也相等，只不过是超前滞后的关系不一样。我们设①中阻抗 $Z=|Z|\angle\varphi$，那么②中阻抗就应该为 $Z'=|Z|\angle-\varphi$，即①中阻抗的共轭

此情形下，与①中的情况类似，同样得到 $Z=(3.5-\text{j}15)\Omega$。

9-16 已知如题 9-16 图所示电路中，当 $Z=0$ 时，$\dot{U}_{11'}=\dot{U}_0$；当 $Z=\infty$ 时，$\dot{U}_{11'}=\dot{U}_\text{k}$。端口 2-2' 的输入阻抗为 Z_A。试证明 Z 为任意值时，有

$$\dot{U}_{11'}=\dot{U}_\text{k}+\frac{(\dot{U}_0-\dot{U}_\text{k})Z_\text{A}}{Z+Z_\text{A}}$$

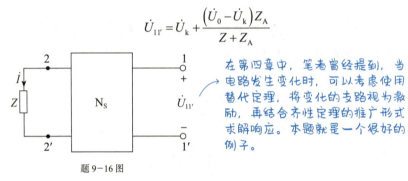

题 9-16 图

在第四章中，笔者曾经提到，当电路发生变化时，可以考虑使用替代定理，将变化的支路视为激励，再结合齐性定理的推广形式求解响应。本题就是一个很好的例子。

证明：

由替代定理，Z 所在支路可以由一个电流为 $\dot{I}$ 的电流源替代，将 $\dot{I}$ 视为激励，和 N_S 中的不变的独立源共同作用，由叠加定理和齐次定理，可设 $\dot{U}_{11'}=k\dot{I}+b$。

画出戴维南等效电路（见题解 9-16 图）：

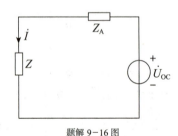

题解 9-16 图

①当 $Z=0$ 时，$\dot{I}=\dfrac{\dot{U}_\text{OC}}{Z_\text{A}}$，$\dot{U}_{11'}=\dot{U}_0=k\dfrac{\dot{U}_\text{OC}}{Z_\text{A}}+b$。

②当 $Z=\infty$ 时，$\dot{I}=0$，$\dot{U}_{11'}=\dot{U}_\text{k}=b$。

由①、②，得

$$\begin{cases}b=\dot{U}_\text{k}\\k=\dfrac{\dot{U}_0-\dot{U}_\text{k}}{\dot{U}_\text{OC}}Z_\text{A}\end{cases}$$

代入 $\dot{U}_{11'}=k\dot{I}+b$，得

$$\dot{U}_{11'}=\frac{\dot{U}_0-\dot{U}_\text{k}}{\dot{U}_\text{OC}}\dot{I}+\dot{U}_\text{k}$$

③当 Z 为任意值时，有
$$\dot{I} = \frac{\dot{U}_{OC}}{Z + Z_A}$$

$$\dot{U}_{11} = \frac{\dot{U}_0 - \dot{U}_k}{\dot{U}_{OC}} Z_A \cdot \frac{\dot{U}_{OC}}{Z + Z_A} + \dot{U}_k = \dot{U}_k + \frac{(\dot{U}_0 - \dot{U}_k) Z_A}{Z + Z_A}$$

证毕。

9-17 列出如题9-17图所示电路的回路电流方程和结点电压方程。已知 $u_S = 14.14\cos(2t)$ V，$i_S = 1.414\cos(2t + 30°)$ A。

列写方法和电阻电路中一致，只不过以相量形式表述

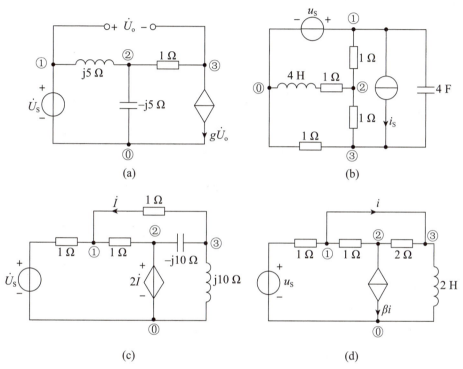

题9-17图

解：（a）选取回路和绕行方向 [见题解9-17（a）图]：

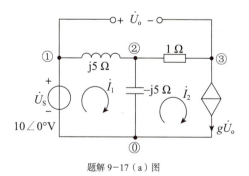

题解9-17（a）图

回路电流方程：

$$\begin{cases} (j5-j5)\dot{I}_1 - (-j5)\dot{I}_2 = 10\angle 0° \\ \dot{I}_2 = g\dot{U}_o \\ \dot{U}_o = j5\dot{I}_1 + \dot{I}_2 \end{cases}$$

结点电压方程：

$$\begin{cases} \dot{U}_{n1} = 10\angle 0°\text{ V} \\ -\dfrac{1}{j5}\dot{U}_{n1} + \left(\dfrac{1}{j5} + \dfrac{1}{-j5} + 1\right)\dot{U}_{n2} - \dot{U}_{n3} = 0 \\ -\dot{U}_{n2} + \dot{U}_{n3} = -g\dot{U}_o \\ \dot{U}_o = \dot{U}_{n1} - \dot{U}_{n3} \end{cases}$$

（b）选取回路和绕行方向 [见题解 9-17（b）图]：

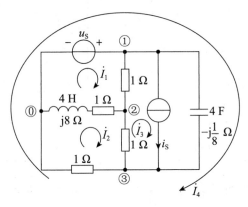

题解 9-17（b）图

回路电流方程：

$$\begin{cases} (j8+1+1)\dot{I}_1 - (j8+1)\dot{I}_2 - \dot{I}_3 = 10\angle 0°\text{ V} \\ -(j8+1)\dot{I}_1 + (j8+1+1+1)\dot{I}_2 - \dot{I}_3 + \dot{I}_4 = 0 \\ \dot{I}_3 = 1\angle 30°\text{ A} \\ \dot{I}_2 + \left(1 - j\dfrac{1}{8}\right)\dot{I}_4 = 10\angle 0° \end{cases}$$

结点电压方程：

$$\begin{cases} \dot{U}_{n1} = 10\angle 0°\text{ V} \\ -\dot{U}_{n1} + \left(1 + \dfrac{1}{j8+1} + 1\right)\dot{U}_{n2} - \dot{U}_{n3} = 0 \\ -j8\dot{U}_{n1} - \dot{U}_{n2} + (1+1+j8)\dot{U}_{n3} = 1\angle 230°\text{ A} \end{cases}$$

（c）选取回路和绕行方向 [见题解 9-17（c）图]：

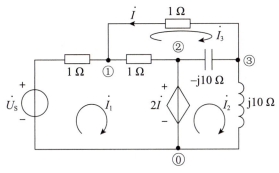

题解 9-17（c）图

回路电流方程：

$$\begin{cases} (1+1)\dot{I}_1 - \dot{I}_3 = 10\angle 0° - 2\dot{I} \\ (-j10+j10)\dot{I}_2 - (-j10)\dot{I}_3 = 2\dot{I} \\ -\dot{I}_1 - (-j10)\dot{I}_2 + (1+1-j10)\dot{I}_3 = 0 \\ \dot{I} = -\dot{I}_3 \end{cases}$$

结点电压方程：

$$\begin{cases} (1+1+1)\dot{U}_{n1} - \dot{U}_{n2} - \dot{U}_{n3} = 10\angle 0° \\ \dot{U}_{n2} = 2\dot{I} \\ -\dot{U}_{n1} - j0.1\dot{U}_{n2} + (1+j0.1-j0.1)\dot{U}_{n3} = 0 \\ \dot{I}_1 = \dot{U}_{n3} - \dot{U}_{n1} \end{cases}$$

（d）选取回路和绕行方向［见题解 9-17（d）图］：

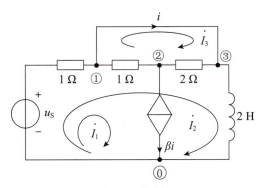

题解 9-17（d）图

回路电流方程：

$$\begin{cases} \dot{I}_1 = \beta\dot{I} \\ (1+1)\dot{I}_1 + (1+1+2+j4)\dot{I}_2 - (1+2)\dot{I}_3 = 10\angle 0° \\ -\dot{I}_1 - (1+2)\dot{I}_2 + (1+2)\dot{I}_3 = 0 \\ \dot{I} = \dot{I}_3 \end{cases}$$

结点电压方程：

$$\begin{cases} \dot{U}_{n1} = \dot{U}_{n3} \\ \left(1+1+\dfrac{1}{2}+\dfrac{1}{j4}\right)\dot{U}_{n1} - \left(1+\dfrac{1}{2}\right)\dot{U}_{n2} = 10\angle 0° \\ -\left(1+\dfrac{1}{2}\right)\dot{U}_{n1} + \left(1+\dfrac{1}{2}\right)\dot{U}_{n2} = -\beta\dot{I} \\ \dot{I} = \dfrac{10\angle 0° - \dot{U}_{n1}}{1} - \dfrac{\dot{U}_{n1} - \dot{U}_{n2}}{1} \end{cases}$$

9-18 已知如题 9-18 图所示电路中，$I_S = 10\,\text{A}$，$\omega = 5\,000\,\text{rad/s}$，$R_1 = R_2 = 10\,\Omega$，$C = 10\,\mu\text{F}$，$\mu = 0.5$。求电源发出的复功率。→已知电流源电流，要求复功率，只要再求出它的电压相量即可

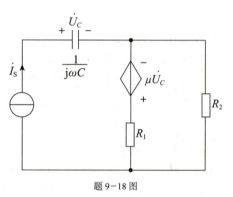

题 9-18 图

解： 如题解 9-18 图所示，

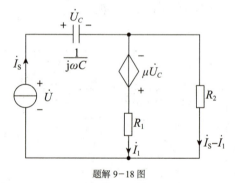

题解 9-18 图

不妨设 $\dot{I}_S = 10\angle 0°\,\text{A}$，计算

$$\dfrac{1}{\omega C} = \dfrac{1}{5\times 10^3 \times 10^{-5}} = 20\,\Omega$$

电容电压：$\dot{U}_C = -j20\dot{I}_S = 200\angle -90°\,\text{V}$

由 KVL，有 $-\mu\dot{U}_C + R_1\dot{I}_1 = R_2(\dot{I}_S - \dot{I}_1)$

解得 $\dot{I}_1 = 5\sqrt{2}\angle -45°\,\text{A}$。

由 KVL，计算电流源两端的电压：

$$\dot{U} = \dot{U}_C - \mu\dot{U}_C + R_1\dot{I}_1 = -j100 + 50 - j50 = (50 - j150)\,\text{V}$$

电源发出的复功率：

$$\overline{S} = \dot{U}\dot{I}_S^* = (50-j150)\cdot 10 = (500-j1\,500)\,\text{V}\cdot\text{A}$$

9-19 如题 9-19 图所示电路中 R 可变动，$\dot{U}_S = 200\angle 0°\text{V}$。试求 R 为何值时，电源 $\dot{U}_S$ 发出的功率最大（有功功率）？

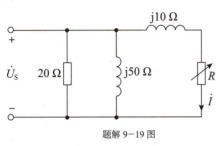

题 9-19 图

我们知道，电源发出的功率等于电路吸收的功率，所以只要使得电路吸收功率最大即可。
而电路中，两个 j10Ω 和 j50Ω 的纯电抗不吸收有功功率，只有电阻吸收有功功率。
20Ω 电阻并联在电压源两端，其电压不变，功率自然不变。
所以只要电阻 R 吸收的功率最大，电源 $\dot{U}_S$ 发出的功率就最大

解： 如题解 9-19 图所示，

题解 9-19 图

$$I = \frac{U_S}{\sqrt{R^2+10^2}} = \frac{200}{\sqrt{100+R^2}}$$

$$P_R = I^2 R = \frac{40\,000}{100+R^2} \cdot R = \frac{40\,000}{\frac{100}{R}+R}$$

$$\frac{40\,000}{\frac{100}{R}+R} \leqslant 2\,000\text{ W}\quad\left(\text{因为由基本不等式，}\frac{100}{R}+R \geqslant 20\right)$$

等号成立当且仅当 $R=10\,\Omega$，所以当 $R=10\,\Omega$ 时，电源 $\dot{U}_S$ 发出的功率最大。

9-20 求题 9-3（2）和（4）电路吸收的复功率。

用公式 $\overline{S}=\dot{U}\dot{I}^*$ 求复功率，由 $\dot{I}$ 得到 $\dot{I}^*$ 时，幅值不变，相位变为 $\dot{I}$ 的相位的相反数

（2）$\begin{cases} u=10\cos(10t+45°)\text{V} \\ i=2\cos(10t-90°)\text{A} \end{cases}$；（4）$\begin{cases} u=40\cos(100t+17°)\text{V} \\ i=8\sin\left(100t+\dfrac{\pi}{2}\right)\text{A} \end{cases}$。

解：（2）

$$\dot{U}=5\sqrt{2}\angle 45°\text{V}，\dot{I}=\sqrt{2}\angle -90°\text{A}$$

$$\overline{S}=\dot{U}\dot{I}^*=5\sqrt{2}\angle 45°\cdot\sqrt{2}\angle 90°=10\angle 135°=(-5\sqrt{2}+\text{j}5\sqrt{2})\text{V}\cdot\text{A}$$

（4）

$$\dot{U}=20\sqrt{2}\angle 17°\text{V}，\dot{I}=4\sqrt{2}\angle 0°\text{A}$$

$$\overline{S}=\dot{U}\dot{I}^*=20\sqrt{2}\angle 17°\cdot 4\sqrt{2}\angle 0°=160\angle 17°=(153.01+\text{j}46.78)\text{V}\cdot\text{A}$$

9-21 如题 9-21 图所示电路中，已知 $I_S=0.6\text{ A}$，$R=1\text{ k}\Omega$，$C=1\text{ μF}$。如果电流源的角频率可变，

问在什么频率时，RC 串联部分获最大功率？

> RC 串联部分的功率就等于右侧电阻 R 的功率。根据公式 $P=I^2R$，要想有最大功率，只要右侧电阻上的电流有效值最大即可

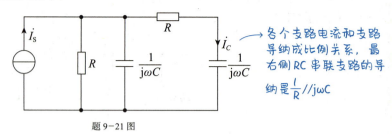

> 各个支路电流和支路导纳成比例关系，最右侧 RC 串联支路的导纳是 $\frac{1}{R}//j\omega C$

题 9-21 图

解： 由并联分流，有

$$\dot{I}_C = \frac{\frac{1}{R}//j\omega C}{\frac{1}{R}+j\omega C+\frac{1}{R}//(j\omega C)}\dot{I}_S$$

其中，

$$\frac{1}{R}//j\omega C = \frac{\frac{j\omega C}{R}}{\frac{1}{R}+j\omega C} = \frac{j\omega C}{1+j\omega CR}$$

所以，

$$\dot{I}_C = \frac{\frac{j\omega C}{1+j\omega CR}}{\frac{1}{R}+j\omega C+\frac{j\omega C}{1+j\omega CR}}\dot{I}_S = \frac{\frac{j\omega CR}{1+j\omega CR}}{1+j\omega CR+\frac{j\omega CR}{1+j\omega CR}}\dot{I}_S$$

$$= \frac{j\omega CR}{(1+j\omega CR)^2+j\omega CR}\dot{I}_S = \frac{j\omega CR}{1-(\omega CR)^2+j3\omega CR}\dot{I}_S$$

其模值：

$$I_C = \frac{\omega CR}{\sqrt{\left[1-(\omega CR)^2\right]^2+9(\omega CR)^2}}I_S = \frac{\omega CR}{\sqrt{(\omega CR)^4+7(\omega CR)^2+1}}I_S$$

$$= \frac{1}{\sqrt{(\omega CR)^2+\frac{1}{(\omega CR)^2}+7}}I_S$$

由基本不等式，$(\omega CR)^2+\frac{1}{(\omega CR)^2}\geq 2$，当且仅当 $(\omega CR)^2=1$ 取得等号，此时 I_C 有最大值。

所以当 $(\omega CR)^2=1$ 时，I_C 有最大值，RC 串联部分获最大功率。

解得 $\omega = 1000\,\text{rad}/\text{s}$。

9-22 如题 9-22 图所示电路中 $R_1=R_2=10\,\Omega$，电压表的读数为 $20\,\text{V}$，功率表的读数为 $120\,\text{W}$。试求 $\frac{\dot{U}_2}{\dot{U}_S}$ 和电源发出的功率 $\overline{S}$（$L=0.25\text{H}$，$C=10^{-3}\text{F}$）。

> 本题求"发出的复功率"，在用公式 $\overline{S}=\dot{U}_S\dot{I}^*$ 时，电压电流应该取非关联参考方向

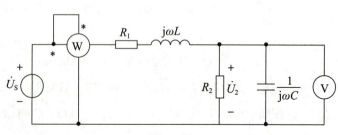

题 9-22 图

解：如题解 9-22（a）图所示，

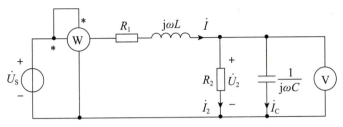

题解 9-22（a）图

电压表的读数为 20V，所以 $U_2 = 20$ V。

R_2 消耗的功率：
$$P_2 = \frac{U_2^2}{R_2} = \frac{20^2}{10} = 40 \text{ W}$$

R_1 消耗的功率：
$$P_1 = P - P_2 = 120 - 40 = 80 \text{ W}$$

由 $P_1 = I^2 R$，解得

$$I = \sqrt{\frac{P_1}{R}} = \sqrt{\frac{80}{10}} = 2\sqrt{2} \text{ A}$$

以 $\dot{I}_2$ 为参考相量画出相量图，如题解 9-22（b）图所示：

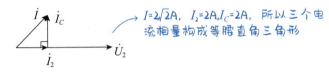

题解 9-22（b）图

$$I_2 = \frac{U_2}{R_2} = \frac{20}{10} = 2 \text{ A}$$

$$I_C = \sqrt{I^2 - I_2^2} = 2 \text{ A}$$

容纳

$$\omega C = \frac{I_C}{U_2} = \frac{2}{20} = 0.1$$

解得角频率为

$$\omega = \frac{0.1}{C} = \frac{0.1}{10^{-3}} = 100 \text{ rad/s}$$

所以感抗为

$$\omega L = 100 \times 0.25 = 25 \text{ }\Omega$$

$$\dot{U}_2 = 20\angle 0° \text{ V}$$
$$\dot{I} = 2\sqrt{2} \angle 45° \text{ A}$$

由 KVL，有

$$\dot{U}_S = \dot{U}_2 + \dot{I}(R_1 + j\omega L) = 20\angle 0° + 2\sqrt{2}\angle 45° \cdot (10 + j25)$$
$$= -10 + j70 = 50\sqrt{2} \angle 98.13° \text{ V}$$

所以

$$\frac{\dot{U}_2}{\dot{U}_S} = \frac{20\angle 0°}{50\sqrt{2}\angle 98.13°} = \frac{\sqrt{2}}{5} \angle -98.13°$$

电源发出的功率 $\bar{S} = \dot{U}_S \dot{I}^* = (-10+j70)(2-j2) = (120+j160)\text{V}\cdot\text{A}$

9-23 如题 9-23 图中 $R_1 = R_2 = 100\,\Omega$，$L_1 = L_2 = 1\,\text{H}$，$C = 100\,\mu\text{F}$，$\dot{U}_S = 100\angle 0°\,\text{V}$，$\omega = 100\,\text{rad/s}$。求 Z_L 能获得的最大功率。

本题是最大功率传输定理的应用，先求戴维南等效电路

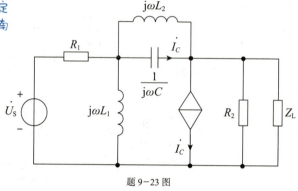

题 9-23 图

解： 求开路电压，如题解 9-23（a）图所示：

这里先用结点电压法。等我们学习谐振的知识之后，可以发现 C 和 L_2 发生并联谐振，相当于开路。所以 R_2 上的电流大小就等于 $\dot{I}_C$（电容电压等于 L_1 的电压，$\dot{I}_C$ 可以由电容电压和容抗值求得）↑

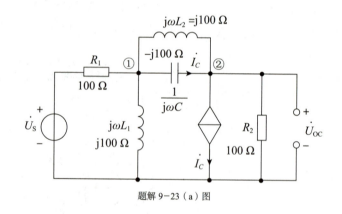

题解 9-23（a）图

列写结点电压方程：

$$\begin{cases} \left(\dfrac{1}{100}+\dfrac{1}{j100}+\dfrac{1}{-j100}+\dfrac{1}{j100}\right)\dot{U}_{n1} - \left(\dfrac{1}{-j100}+\dfrac{1}{j100}\right)\dot{U}_{n2} = \dfrac{100\angle 0°}{100} \\ -\left(\dfrac{1}{j100}+\dfrac{1}{-j100}\right)\dot{U}_{n1} + \left(\dfrac{1}{j100}+\dfrac{1}{-j100}+\dfrac{1}{100}\right)\dot{U}_{n2} = -\dot{I}_C \\ \dot{I}_C = \dfrac{\dot{U}_{n1}-\dot{U}_{n2}}{-j100} \end{cases}$$

方程看似复杂，实则化简之后形式较为简单

解得

$$\begin{cases} \dot{U}_{n1} = 50\sqrt{2}\angle 45°\,\text{V} \\ \dot{U}_{n2} = 50\angle 0°\,\text{V} \end{cases}$$

所以 $\dot{U}_{OC} = \dot{U}_{n2} = 50\angle 0°\,\text{V}$

求等效阻抗（加压求流法），如题解 9-23（b）图所示：

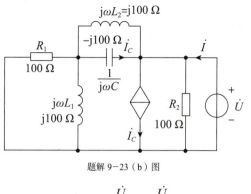

题解 9-23（b）图

$$\dot{I}_C = -\frac{\dot{U}}{-\text{j}100} = \frac{\dot{U}}{\text{j}100}$$

$$\dot{U} = \text{j}100\dot{I}_C \longrightarrow 端口电压、电流相量用控制量 \dot{I}_C 表示$$

$$\dot{I} = \dot{I}_C + \frac{\dot{U}}{100} = \dot{I}_C + \text{j}\dot{I}_C = (\text{j}+1)\dot{I}_C$$

$$Z_{\text{eq}} = \frac{\dot{U}}{\dot{I}} = \frac{\text{j}100\dot{I}_C}{(\text{j}+1)\dot{I}_C} = (50+\text{j}50)\Omega$$

当 $Z_L = Z_{\text{eq}}^* = (50-\text{j}50)\Omega$ 时，Z_L 能获得最大功率。

Z_L 能获得的最大功率为

$$P_{\max} = \frac{U_{\text{OC}}^2}{4\times 50} = \frac{2\,500}{200} = 12.5\ \text{W}$$

9-24 题 9-24 图中的独立电源为同频正弦量，当 S 打开时，电压表的读数为 25 V。电路中的阻抗为 $Z_1 = (6+\text{j}12)\Omega$，$Z_2 = 2Z_1$。求 S 闭合后 $-\text{j}\dfrac{1}{\omega C}$ 为何值时，图中电压表 V 的读数最大？并求此时电压表 V 的读数。

> Z_1 获得最大功率，也就是 Z_1 两端电压最大，也就是电容两端电压最大。
> 我们可以先求电容两侧的戴维南等效电路，然后看何时电容电压最大。

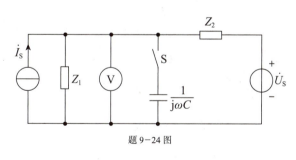

题 9-24 图

解：先求电容两侧的戴维南等效电路，如题解 9-24 图所示：

当 S 打开时，电压表的读数为 25 V，所以 $U_{\text{OC}} = 25\text{V}$。

$$Z_{\text{eq}} = Z_1 // Z_2 = Z_1 // 2Z_1 = \frac{2}{3}Z_1 = (4+\text{j}8)\ \Omega$$

题解 9-24 图

$$\dot{U} = \frac{\frac{1}{j\omega C}}{Z_{eq} + \frac{1}{j\omega C}} \dot{U}_{OC} = \frac{1}{j\omega C(4+j8)+1} \dot{U}_{OC} = \frac{1}{1-8\omega C + j4\omega C} \dot{U}_{OC}$$

其模值 $$U = \frac{1}{\sqrt{(1-8\omega C)^2 + 16(\omega C)^2}} \cdot 25 = \frac{25}{\sqrt{80(\omega C)^2 - 16\omega C + 1}}$$

→ 视 ωC 为自变量，则分母根号下的 $80(\omega C)^2 - 16\omega C + 1$ 就是一个二次函数

当 $\omega C = \frac{16}{2\times 80} = 0.1$，即 $-j\frac{1}{\omega C} = -j10\ \Omega$ 时，Z_1 获最大功率。

此时 $$U = \frac{25}{\sqrt{80\times 0.01 - 16\times 0.1 + 1}} = 25\sqrt{5} = 55.9\ \text{V}$$

即此时电压表 V 的读数为 55.9V。

9-25 把 3 个负载并联接到 220 V 正弦电源上，各负载取用的功率和电流分别为：$P_1 = 4.4\ \text{kW}$，$I_1 = 44.7\ \text{A}$（感性）；$P_2 = 8.8\ \text{kW}$，$I_2 = 50\ \text{A}$（感性）；$P_3 = 6.6\ \text{kW}$，$I_3 = 60\ \text{A}$（容性）。求题 9-25 图中表 A、W 的读数和电路的功率因数。

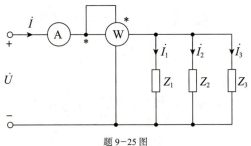

题 9-25 图

解： 设 $\dot{U} = 220\angle 0°\ \text{V}$，由 $P = UI\cos\varphi$

得 $$\cos\varphi_1 = \frac{P_1}{UI_1} = \frac{4\,400}{220\times 44.7} = 0.447$$

→ 已知每条支路的有功功率、电压有效值、电流有效值，那么由 $P = UI\cos\varphi$，可以得到每条支路阻抗的阻抗角，也就是电压相量和电流相量的夹角。

即 $\varphi_1 = \arccos 0.447 = 63.45°$

所以 $\dot{I}_1 = 44.7\angle -63.45°\ \text{A}$。→ 因为 Z_1 呈感性，所以电流滞后电压 φ_1 角度

同理，$\cos\varphi_2 = \frac{P_2}{UI_2} = \frac{8\,800}{220\times 50} = 0.8$，$\varphi_2 = \arccos 0.8 = 36.87°$，$\dot{I}_2 = 50\angle -36.87°\ \text{A}$

$\cos\varphi_3 = \frac{P_3}{UI_3} = \frac{6\,600}{220\times 60} = 0.5$，$\varphi_3 = \arccos 0.5 = 60°$，$\dot{I}_3 = 60\angle 60°\ \text{A}$

$\dot{I} = \dot{I}_1 + \dot{I}_2 + \dot{I}_3 = 44.7\angle -63.45° + 50\angle -36.87° + 60\angle 60° = 90 - j18 = 91.8\angle -11.3°\ \text{A}$

表 A 读数为 91.8 A。

$$P = P_1 + P_2 + P_3 = 4.4 + 8.8 + 6.6 = 19.8\ \text{kW}$$

→ 功率表的读数是右侧有功功率之和，也就是 Z_1、Z_2、Z_3 功率之和

表 W 读数为 19.8 kW。

功率因数 $$\cos\varphi = \frac{P}{UI} = \frac{19\,800}{220\times 91.8} = 0.98$$

9-26 已知题 9-26 图中

$$u(t) = 20\cos\left(10^3 t + 75°\right)\ \text{V}$$

$$i(t) = \sqrt{2}\sin(10^3 t + 120°)\,A$$

N_0 中无独立源。求 N_0 吸收的复功率和输入阻抗 Z_i。

求 N_0 吸收的复功率和输入阻抗 Z_i，只需要求出 N_0 的端口电压、电流相量

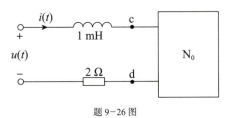

题 9-26 图

解：先化为相量形式：

$$\dot{U} = 10\sqrt{2}\angle 75°\,V$$

先将电流化为 cos 函数，再写相量

$$i = \sqrt{2}\sin(10^3 t + 120°) = \sqrt{2}\cos(10^3 t + 30°)\,A$$

$$\dot{I} = 1\angle 30°\,A$$

$$\dot{U}_{cd} = \dot{U} - (j1+2)\dot{I} = 10\sqrt{2}\angle 75° - (j1+2)\cdot 1\angle 30° = 2.43 + j11.79 = 12.04\angle 78.35°\,V$$

N_0 吸收的复功率为

$$\overline{S} = \dot{U}_{cd}\dot{I}^* = 12.04\angle 78.35°\cdot 1\angle -30° = 12.04\angle 48.35° = (8+j9)\,V\cdot A$$

N_0 的输入阻抗为

$$Z_i = \frac{\dot{U}_{cd}}{\dot{I}} = \frac{12.04\angle 78.35°}{1\angle 30°} = (8+j9)\,\Omega$$

9-27 已知题 9-27 图中 $\dot{U}_S = 100\angle 90°\,V$，$\dot{I}_S = 5\angle 0°\,A$。求当 Z_L 获最大功率时各独立源发出的复功率。

Z_L 获最大功率，则要先根据最大功率传输定理确定 Z_L 的值。在得到 Z_L 的电压之后，电流源电压也就知道了，进而电流源发出的复功率可以求出。求出流经电压源的电流之后，电压源发出的复功率也可以求出。

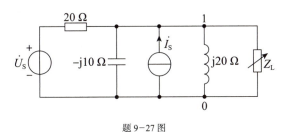

题 9-27 图

解：如题解 9-27（a）图所示，

题解 9-27（a）图

列写结点电压方程：

$$\left(\frac{1}{20} + \frac{1}{-j10} + \frac{1}{j20}\right)\dot{U}_{OC} = \frac{\dot{U}_S}{20} + \dot{I}_S$$

解得 $\dot{U}_{OC} = 100\angle 0°$ V。

$$Z_{eq} = 20 // (-j10) // j20 = (10-j10)\Omega$$

由最大功率传输定理，当 $Z_L = Z_{eq}^* = (10+j10)\Omega$ 时，Z_L 获最大功率。

等效电路如题解 9-27（b）图所示：

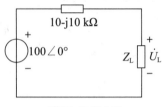

题解 9-27（b）图

Z_L 的电压为

$$\dot{U}_L = \frac{10+j10}{10+j10+10-j10} \cdot 100\angle 0° = 50\sqrt{2}\angle 45° \text{ V}$$

原电路图中，

$$\dot{I} = \frac{\dot{U}_S - \dot{U}_L}{20} = \frac{100\angle 90° - 50\sqrt{2}\angle 45°}{20} = \frac{5\sqrt{2}}{2}\angle 135° \text{ A}$$

各独立源发出的复功率：

电压源发出：

$$\overline{S}_U = \dot{U}_S \dot{I}^* = 100\angle 90° \cdot \frac{5\sqrt{2}}{2}\angle -135° = (250-j250) \text{ V}\cdot\text{A}$$

电流源发出：

$$\overline{S}_I = \dot{U}_L \dot{I}_S^* = 50\sqrt{2}\angle 45° \cdot 5\angle 0° = (250+j250) \text{ V}\cdot\text{A}$$

第十章 含有耦合电感的电路

10-1 互感

一、互感的由来

如图 10-1，施感电流 i_1，产生的磁通分为两部分：自感磁通 Φ_{11}、互感磁通 Φ_{21}，分别乘以对应的匝数，就是自感磁通链 $\Psi_{11}=N_1\Phi_{11}$、$\Psi_{21}=N_2\Phi_{21}$。我们在第六章中已经定义电感 $L_1=\dfrac{\Psi_{11}}{i_1}$，这里我们把 L_1 称为自感。另外定义互感 $M_{21}=\dfrac{\Psi_{21}}{i_1}$，它的单位也是 H（亨）。

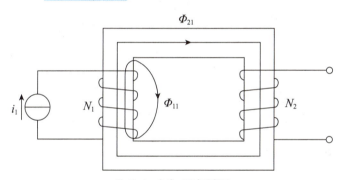

图 10-1 自感、互感示意图

我们用图 10-2，更加直观地反映各个物理量之间的关系：

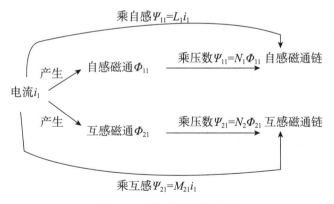

图 10-2 各物理量之间的关系图

类似地，如果在图 10-1 右侧线圈加施感电流 i_2，会产生自感磁通 Φ_{22}、互感磁通 Φ_{12}，进而有自感磁通链 $\Psi_{22}=N_2\Phi_{22}$、互感磁通链 $\Psi_{12}=N_1\Phi_{12}$。自感 $L_2=\dfrac{\Psi_{22}}{i_2}$，互感 $M_{12}=\dfrac{\Psi_{12}}{i_2}$。

可以证明，$M_{12} = M_{21}$，也就是说两个电感之间的互感是相等的。

二、耦合系数

定义耦合系数 $k = \dfrac{M}{\sqrt{L_1 L_2}} \leq 1$，用来衡量耦合的紧密程度。

（不等号说明互感 M 不会超过 $\sqrt{L_1 L_2}$）

$k \approx 1$ 称为全耦合，$k \approx 0$ 称为无耦合。

三、同名端

两个耦合电感的同名端，是两个电感各自的一个端口，当同时有电流从这两个端口流入时，产生的磁场相互增强。→据此判断同名端

四、互感电压

设线圈 1 和 2 中的电流分别为 i_1、i_2，磁通链分别为 Ψ_1、Ψ_2，电感分别为 L_1、L_2，互感为 M。磁通链和电流的参考方向取右手螺旋定则，电感的电压电流取关联参考方向。

（1）当电流从同名端流入时，M 前面的符号为 "+" 号，称为同向耦合。

$$\Psi_1 = L_1 i_1 + M i_2, \quad \Psi_2 = M i_1 + L_2 i_2$$

$$u_1 = \frac{d\Psi_1}{dt} = L_1 \frac{di_1}{dt} + M \frac{di_2}{dt}, \quad u_2 = \frac{d\Psi_2}{dt} = M \frac{di_1}{dt} + L_2 \frac{di_2}{dt}$$

（2）当电流从非同名端流入时，M 前面的符号为 "−" 号，称为反向耦合。

$$\Psi_1 = L_1 i_1 - M i_2, \quad \Psi_2 = M i_1 - L_2 i_2$$

$$u_1 = \frac{d\Psi_1}{dt} = L_1 \frac{di_1}{dt} - M \frac{di_2}{dt}, \quad u_2 = \frac{d\Psi_2}{dt} = -M \frac{di_1}{dt} + L_2 \frac{di_2}{dt}$$

10-2 含有耦合电感电路的计算

这类题型将在本章"斩题型"部分给出解法。

10-3 耦合电感的功率

同向耦合时，互感 M 的储能特性与电感相同；（→符号是 "+"，互感阻抗是 $j\omega M$，相当于电感）

反向耦合时，互感 M 的储能特性与电容相同。（→符号是 "−"，互感阻抗是 $-j\omega M$，相当于电容）

10-4 变压器原理

一、变压器模型

变压器由两个耦合线圈绕在一个共同的芯上构成，如图 10-3 所示。一个线圈接入电源，称为一次回路（也称原边），另一线圈接入负载，称为二次回路（也称副边），其电路模型为

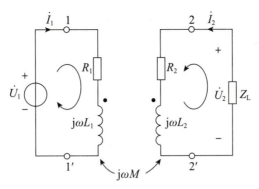

图 10-3 变压器模型

回路电流方程：
$$\begin{cases}(R_1+j\omega L_1)\dot{I}_1+j\omega M\dot{I}_2=\dot{U}_1\\ j\omega M\dot{I}_1+(R_2+j\omega L_2+Z_L)\dot{I}_2=0\end{cases}$$

如果令　　　$Z_{11}=R_1+j\omega L_1$，　$Z_{22}=R_2+j\omega L_2+Z_L$，　$Z_M=j\omega M$

一次回路阻抗　　二次回路阻抗　　　互感抗

则
$$\begin{cases}Z_{11}\dot{I}_1+Z_M\dot{I}_2=\dot{U}_1\\ Z_M\dot{I}_1+Z_{22}\dot{I}_2=0\end{cases}\quad(*)$$

二、原边等效电路

由（*）式，得
$$\dot{I}_1=\frac{\dot{U}_1}{Z_{11}-Z_M^2Y_{22}}=\frac{\dot{U}_1}{Z_{11}+(\omega M)^2Y_{22}}$$

如图 10-4 所示，根据此式可以画出将副边归算到原边的等效电路：

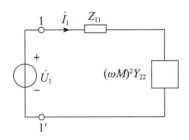

图 10-4 原边等效电路

根据原边等效电路，可以很方便地求出一次侧电流 $\dot{I}_1$。

三、副边等效电路

副边等效电路，就是把原边归算到副边的等效电路，其本质是负载两端的戴维南等效电路。

开路电压：
$$\dot{U}_{OC}=\frac{Z_M\dot{U}_1}{Z_{11}}$$

等效阻抗：
$$Z_{eq}=(\omega M)^2Y_{11}+R_2+j\omega L_2$$

如图 10-5 所示，据此画出副边等效电路为

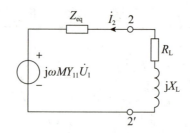

图 10-5 副边等效电路

根据副边等效电路，可以很方便地求出二次侧电流 $\dot{I}_2$，即

$$\dot{I}_2 = -\frac{\dot{U}_{OC}}{Z_{eq}+Z_L}$$

10-5 理想变压器

三个理想化条件：

（1）无损耗。→ 从原边到副边传输的功率没有损耗

（2）$k=1$，全耦合。

（3）L_1、L_2 同比趋于无穷大。→ L_1 和 L_2 都趋于无穷大，且比值 $\dfrac{L_1}{L_2}$ 保持不变

在图 10-6 所示的参考方向下，→ 两侧电流的参考方向是从同名端流入，电压的参考方向是两个正极性端是同名端

有方程：

$$\begin{cases} u_1 = nu_2 \\ i_1 = -\dfrac{1}{n}i_2 \end{cases}$$

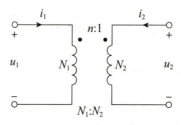

图 10-6 理想变压器模型

另外，我们可以根据方程，画出受控源等效电路（见图 10-7）。

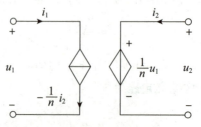

图 10-7 理想变压器的等效受控源模型

斩题型

题型1 含有互感的电路的计算

法一：去耦。

能去耦的电路，我们先去耦，没有耦合电感之后，用之前章节所学知识就可以处理。具体来说，去耦常见以下情形：

（1）串联耦合电感去耦（见图10-8）。

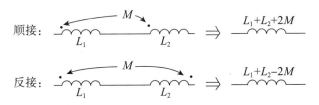

图10-8 串联耦合电感去耦

（2）T形去耦（见图10-9）。

星形联结的两个支路分别有一个电感，电感之间有互感。

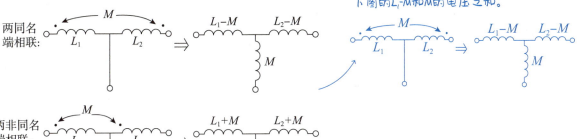

图10-9 T形去耦

（3）变压器去耦（见图10-10）。

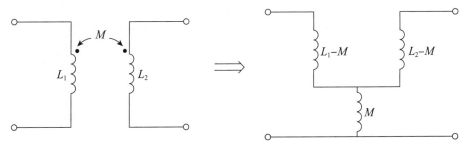

图10-10 变压器去耦

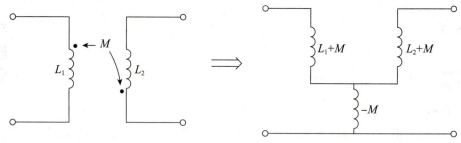

图 10-10 变压器去耦（续）

法二：直接列写方程。

有的电路不能去耦，我们可以列写电感的方程。

（1）当电流从同名端流入时：

$$u_1 = \frac{d\Psi_1}{dt} = L_1\frac{di_1}{dt} + M\frac{di_2}{dt}, \quad u_2 = \frac{d\Psi_2}{dt} = M\frac{di_1}{dt} + L_2\frac{di_2}{dt}$$

（2）当电流从非同名端流入时：

$$u_1 = \frac{d\Psi_1}{dt} = L_1\frac{di_1}{dt} - M\frac{di_2}{dt}, \quad u_2 = \frac{d\Psi_2}{dt} = -M\frac{di_1}{dt} + L_2\frac{di_2}{dt}$$

法三：建立耦合电感的受控源模型。

这也算是一个方法，不过有一说一不如直接去列写方程。

题型2 含有理想变压器的电路的计算

法一：用变压器方程。

对理想变压器（见图 10-11），有
$$\begin{cases} u_1 = nu_2 \\ i_1 = -\dfrac{1}{n}i_2 \end{cases}$$

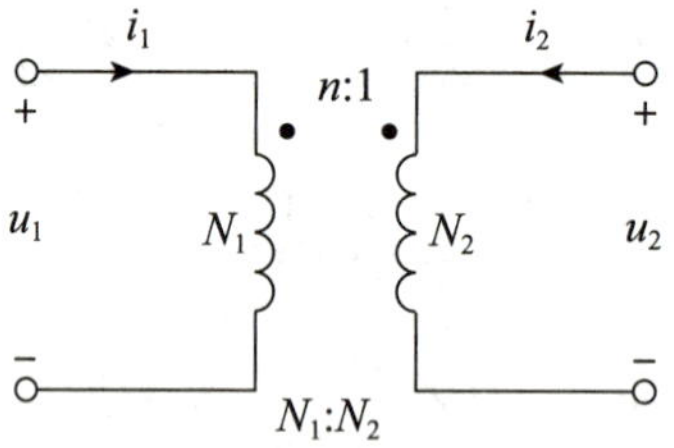

图 10-11 理想变压器模型

法二：变压器的归算。——→ 所谓归算，就是把变压器一侧的电路变换到另一侧，去掉变压器，同时使得另一侧电路状态不发生改变。说白了就是进行等效变换。

设原边和副边的变比是 $N_1:N_2$，则可以把副边归算到原边，副边的阻抗 Z 归算到原边为 $\left(\dfrac{N_1}{N_2}\right)^2 Z$，副边的电压源（包括独立电压源和受控电压源）$U_S$ 归算到原边为 $\dfrac{N_1}{N_2}U_S$，方向：变换前后的正极性端所在的端是同名端。副边的电流源（包括独立电流源和受控电流源）I_S 归算到原边为 $\dfrac{N_2}{N_1}I_S$，方向：变换前后的电流源的参考方向是从同名端一侧流入。

同理，也可以把原边归算到副边。

解习题

从同名端流入电流，产生的磁场相互增强，据此确定同名端

10-1 试确定如题 10-1 图所示耦合线圈的同名端。

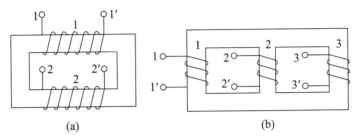

题 10-1 图

解：（a）当电流从端口 1 流入时，产生的磁通方向如题解 10-1（a）图所示。

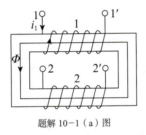

题解 10-1（a）图

当电流从 2′ 流入时，产生的磁通和 Φ 方向相同，所以 1 和 2′ 是同名端。相应地，1′ 和 2 是同名端。

（b）当电流从端口 1 流入时，产生的磁通方向如题解 10-1（b）图所示。

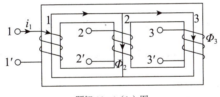

题解 10-1（b）图

当电流从 2′ 流入时，在中间铁芯产生的磁通和 Φ_2 方向相同，所以 1 和 2′ 是同名端；
当电流从 3′ 流入时，在右侧铁芯产生的磁通和 Φ_3 方向相同，所以 1 和 3′ 是同名端。
当电流从端口 1 流入时，产生的磁通方向如题解 10-1（c）图所示。

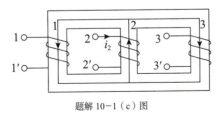

题解 10-1（c）图

1 和 2′ 是同名端，1 和 3′ 是同名端，而 2′ 和 3′ 不是同名端，说明同名端不具有"传递性"

当电流从 3′ 流入时，在右侧铁芯产生的磁通和图示方向相同，所以 2 和 3′ 是同名端。

10-2 两个耦合的线圈如题 10-2 图所示(黑盒子)。试根据图中开关 S 闭合时或闭合后再打开时，

毫伏表的偏转方向确定同名端。

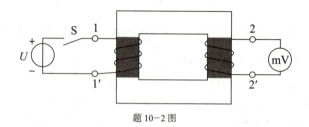

题 10-2 图

解：当开关 S 闭合时，左侧电流 i_1 突然增大，产生的磁通 Φ_1 增大，而根据楞次定律，感应电流的效果总是反抗引起感应电流的原因，所以在右侧想要产生的感应电流的磁通阻碍磁通的增加。

右侧的低电位端有电流流入线圈的趋势，低电位端流入的电流和 Φ_1 相互削弱，所以 1 端和低电位端互为非同名端，即 1 端和毫伏表的高电位端为同名端。

当开关 S 闭合后再打开，左侧电流 i_1 突然减小，产生的磁通 Φ_1 减小，所以在右侧想要产生的感应电流的磁通阻碍磁通的减小。

同样的道理，低电位端流入的电流和 Φ_1 相互增强，所以 1 端和毫伏表的低电位端为同名端。

10-3 若有电流 $i_1 = 2 + 5\cos(10t + 30°)\,\text{A}$，$i_2 = 10e^{-5t}\,\text{A}$，各从题 10-1（a）图所示线圈的 1 端和 2 端流入，并设线圈 1 的电感 $L_1 = 6\,\text{H}$，线圈 2 的电感 $L_2 = 3\,\text{H}$，互感为 $M = 4\,\text{H}$。试求：

（1）各线圈的磁通链。→先确定同名端（在写公式时，需要同名端的信息），然后代互感相应的公式即可

（2）端电压 $u_{11'}$ 和 $u_{22'}$。

（3）耦合因数 k。

解：（1）由题 10-1，1 和 2 是非同名端。

$$\Psi_1 = L_1 i_1 - M i_2 = 6(2 + 5\cos(10t + 30°)) - 40e^{-5t} = 12 + 30\cos(10t + 30°) - 40e^{-5t}\,\text{Wb}$$

$$\Psi_2 = -M i_1 + L_2 i_2 = -4(2 + 5\cos(10t + 30°)) + 30e^{-5t} = -8 - 20\cos(10t + 30°) + 30e^{-5t}\,\text{Wb}$$

（2）
$$u_{11'} = \frac{d\Psi_1}{dt} = -300\sin(10t + 30°) + 200e^{-5t}\,\text{V}$$

$$u_{22'} = \frac{d\Psi_2}{dt} = 200\sin(10t + 30°) - 150e^{-5t}\,\text{V}$$

（3）耦合系数
$$k = \frac{M}{\sqrt{L_1 L_2}} = \frac{4}{\sqrt{6 \times 3}} = \frac{2\sqrt{2}}{3}$$

10-4 题 10-4 图所示电路中，（1）$L_1 = 8\,\text{H}$，$L_2 = 2\,\text{H}$，$M = 2\,\text{H}$；（2）$L_1 = 8\,\text{H}$，$L_2 = 2\,\text{H}$，$M = 4\,\text{H}$；（3）$L_1 = L_2 = M = 4\,\text{H}$。试求以上三种情况从端子 1-1' 看进去的等效电感。

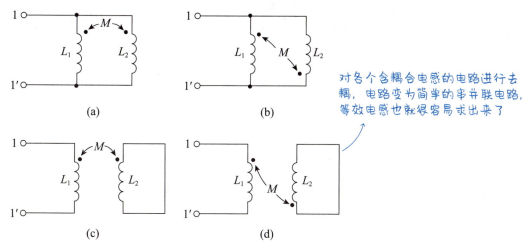

题 10-4 图

解：（a）去耦，如题解 10-4（a）图所示。

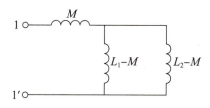

题解 10-4（a）图

情况（1）：如题解 10-4（b）图所示，

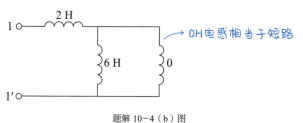

题解 10-4（b）图

$$L_{eq1} = 2\,\text{H}$$

情况（2）：如题解 10-4（c）图所示，

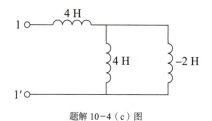

题解 10-4（c）图

$$L_{eq2} = 4 + 4\,//\,(-2) = 4 + \frac{-8}{2} = 0$$

情况（3）：如题解 10-4（d）图所示，

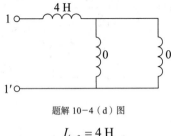

题解 10-4（d）图

$$L_{eq3} = 4 \text{ H}$$

（b）去耦，如题解 10-4（e）图所示。

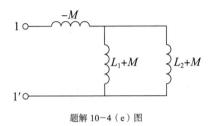

题解 10-4（e）图

情况（1）：如题解 10-4（f）图所示，

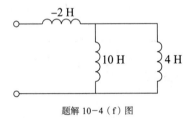

题解 10-4（f）图

$$L_{eq1} = -2 + 10 // 4 = -2 + \frac{40}{14} = \frac{6}{7} \text{ H}$$

情况（2）：如题解 10-4（g）图所示，

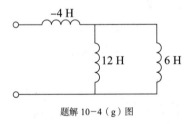

题解 10-4（g）图

$$L_{eq2} = -4 + 12 // 6 = -4 + \frac{72}{18} = 0$$

情况（3）：如题解 10-4（h）图所示，

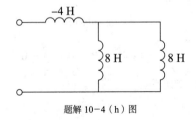

题解 10-4（h）图

$$L_{eq3} = -4 + 8//8 = -4 + 4 = 0$$

(c) 去耦,如题解 10-4(j)图所示。

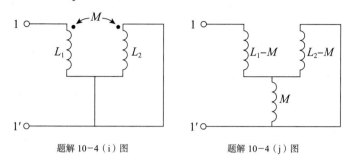

题解 10-4(i)图　　　　　题解 10-4(j)图

情况(1):如题解 10-4(k)图所示,

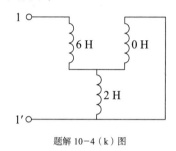

题解 10-4(k)图

$$L_{eq1} = 6\,\text{H}$$

情况(2):如题解 10-4(l)图所示,

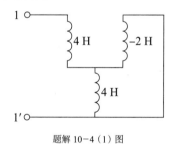

题解 10-4(l)图

$$L_{eq2} = 4 + (-2)//4 = 4 + \frac{-8}{2} = 0$$

情况(3):如题解 10-4(m)图所示,

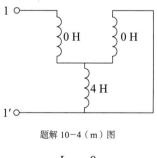

题解 10-4(m)图

$$L_{eq3} = 0$$

（d）去耦，如题解 10-4（o）图所示。

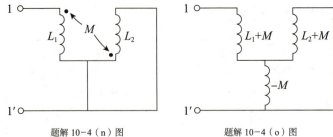

题解 10-4（n）图　　　题解 10-4（o）图

情况（1）：如题解 10-4（p）图所示，

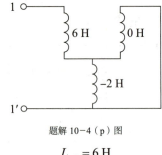

题解 10-4（p）图

$L_{eq1} = 6\,H$

情况（2）：如题解 10-4（q）图所示，

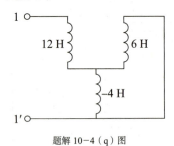

题解 10-4（q）图

$$L_{eq2} = 12 + 6\,//(-4) = 12 + \frac{-24}{2} = 0$$

情况（3）：如题解 10-4（r）图所示，

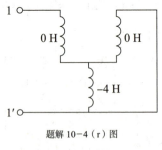

题解 10-4（r）图

$L_{eq3} = 0$

> 能去耦的还是先去耦，(a) 是变压器去耦，(b) 是T形去耦，(c) 是串联去耦（反接）。去耦之后，用串并联关系就可以求输入阻抗

10-5 求如题 10-5 图所示电路的输入阻抗 Z（$\omega = 1\,rad/s$）。

含有耦合电感的电路 • 第十章

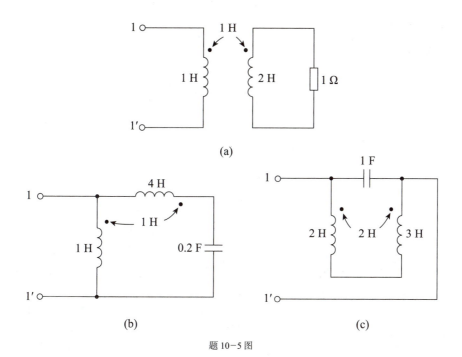

题 10-5 图

解：（a）去耦，如题解 10-5（b）图所示。

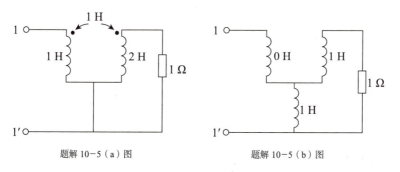

题解 10-5（a）图　　　题解 10-5（b）图

输入阻抗　　$Z = j1 // (1+j1) = \dfrac{-1+j1}{1+j2} = (0.2+j0.6)\ \Omega$

（b）T形去耦，如题解 10-5（c）图所示。

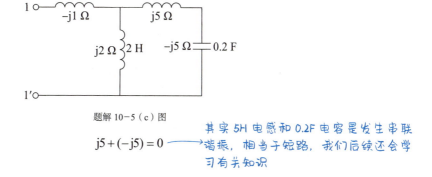

题解 10-5（c）图

$$j5 + (-j5) = 0$$

输入阻抗 $\qquad Z = -\text{j}1\,\Omega$

(c) 由题解 10-5 (d) 图, 得

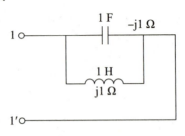

题解 10-5 (d) 图

输入阻抗 $\qquad Z = \text{j}1 /\!/ (-\text{j}1) = \infty$ → 1F 电容和 1H 电感发生并联谐振, 相当于开路, 阻抗为无穷大

10-6 题 10-6 图所示电路中, $R_1 = R_2 = 1\,\Omega$, $\omega L_1 = 3\,\Omega$, $\omega L_2 = 2\,\Omega$, $\omega M = 2\,\Omega$, $U_1 = 100\,\text{V}$, 求:

(1) 开关 S 打开和闭合时的电流 $\dot{I}_1$。→ S 打开时, 耦合电感串联, 可以进行串联去耦; S 闭合时可以进行 T 形去耦。

(2) S 闭合时各部分的复功率。

两种方法去耦之后, 都可以用串并联关系求出输入阻抗, 进而端口电流可以求出

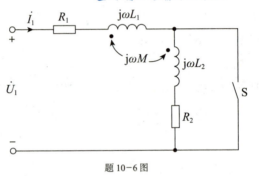

题 10-6 图

解: (1) 不妨设 $\dot{U}_1 = 100\angle 0°\,\text{V}$。

S 打开时, 如题解 10-6 (a) 图所示,

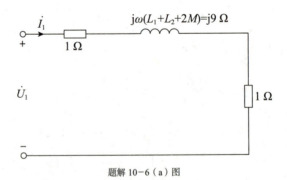

题解 10-6 (a) 图

$$\dot{I}_1 = \frac{\dot{U}_1}{2+\text{j}9} = \frac{100\angle 0°}{2+\text{j}9} = \frac{1\,000\angle 0°}{9.22\angle 77.47°} = 10.85\angle -77.47°\,\text{A}$$

S 闭合时, 如题解 10-6 (b) 图所示,

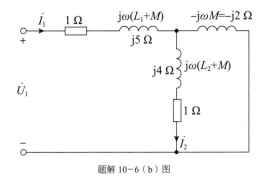

题解 10-6（b）图

输入电阻 $Z_{eq} = 1 + j5 + (1+j4)//(-j2) = 1 + j5 + \dfrac{8-j2}{1+j2} = (1.8 + j1.4)\,\Omega$

$$\dot{I}_1 = \dfrac{\dot{U}_1}{Z_{eq}} = \dfrac{100\angle 0°}{1.8 + j1.4} = \dfrac{100\angle 0°}{2.28\angle 37.87°} = 43.86\angle -37.8°\,\text{A}$$

（2）

$$\dot{I}_2 = \dfrac{-j2}{1+j4-j2}\dot{I}_1 = \dfrac{2\angle -90°}{\sqrt{5}\angle 63.43°}\cdot 43.86\angle -37.87° = 39.23\angle -191.3° = 39.23\angle 168.7°\,\text{A}$$

$$\dot{U}_{L_1} = j\omega L_1 \dot{I}_1 + j\omega M \dot{I}_2 = j3\cdot 43.86\angle -37.87° + j2\cdot 39.23\angle 168.7° = 70.73\angle 22.38°\,\text{V}$$

$$\dot{U}_{L_2} = j\omega M \dot{I}_1 + j\omega L_2 \dot{I}_2 = j2\cdot 43.86\angle -37.87° + j2\cdot 39.23\angle 168.7° = 39.24\angle -11.31°\,\text{V}$$

求各个元件的复功率：

$$P_{R_1} = I_1^2 R_1 = 43.86^2 \times 1 = 1\,923.7\,\text{W}$$

所以 $\bar{S}_{R_1} = (1\,923.7 + j0)\,\text{V}\cdot\text{A}$。

$$P_{R_2} = I_2^2 R_2 = 39.23^2 \times 1 = 1\,539\,\text{W}$$

所以 $\bar{S}_{R_2} = (1\,539 + j0)\,\text{V}\cdot\text{A}$。

$$\bar{S}_{L_1} = \dot{U}_{L_1}\dot{I}_1^* = 70.73\angle 22.38°\cdot 43.86\angle 37.8° = 3\,102.21\angle 60.18° = (1\,542.66 + j2\,691.45)\,\text{V}\cdot\text{A}$$

$$\bar{S}_{L_2} = \dot{U}_{L_2}\dot{I}_2^* = 39.24\angle -11.31°\cdot 39.23\angle -168.7° = 1\,539.39\angle -180° = (-1\,539.39 + j0)\,\text{V}\cdot\text{A}$$

10-7 把两个线圈串联起来接到 50 Hz、220 V 的正弦电源上，同向串联时得电流 $I = 2.7$ A，吸收的功率为 218.7 W；反向串联时电流为 7 A。求互感 M。

解： 同向串联时，等效感抗为 $\omega(L_1 + L_2 + 2M)$，由 $P = I^2 R$，有

$$R = \dfrac{P}{I^2} = \dfrac{218.7}{2.7^2} = 30\,\Omega$$

功率因数： $\cos\varphi_1 = \dfrac{218.7}{220\times 2.7} = 0.368$

得 $\varphi_1 = 68.4°$。

由

$$\tan\varphi_1 = \dfrac{\omega(L_1 + L_2 + 2M)}{R}$$

得

$$L_1 + L_2 + 2M = \dfrac{R\tan\varphi_1}{\omega} = \dfrac{30\tan 68.4°}{100\pi} = 0.2412\,\text{H} \quad ①$$

反向串联时，等效感抗为

$$\omega(L_1 + L_2 - 2M)$$

功率因数：
$$\cos\varphi_2 = \frac{7^2 \times 30}{220 \times 7} = \frac{21}{22}$$

得 $\varphi_2 = 17.34°$。

由
$$\tan\varphi_2 = \frac{\omega(L_1 + L_2 - 2M)}{R}$$

得
$$L_1 + L_2 - 2M = \frac{R\tan\varphi_2}{\omega} = \frac{30\tan 17.34°}{100\pi} = 0.0298 \text{ H} \quad ②$$

由①－②，得 $4M = 0.2412 - 0.0298 = 0.2114 \text{ H}$

进而 $M = 0.05285 \text{ H}$。

10-8 电路如题 10-8 图所示，已知两个线圈的参数为：$R_1 = R_2 = 100\ \Omega$，$L_1 = 3\text{ H}$，$L_2 = 10\text{ H}$，$M = 5\text{ H}$，正弦电源的电压 $U = 220\text{ V}$，$\omega = 100\text{ rad/s}$。

（1）试求两个线圈端电压，并作出电路的相量图；

（2）证明两个耦合电感反向串联时不可能有 $L_1 + L_2 - 2M \leqslant 0$； → 笔者认为，这里的等号可以取到，包括在课后题 10-4 中，也出现了 $L_1 = L_2 = M$ 的情形。

（3）电路中串联多大的电容可使 $\dot{U}$、$\dot{I}$ 同相？

（4）画出该电路的去耦等效电路。

串联去耦（反接）

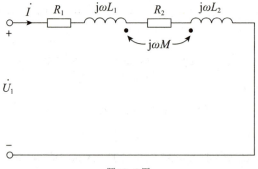

题 10-8 图

解：（1）等效感抗：$\omega(L_1 + L_2 - 2M) = 100(3 + 10 - 2 \times 5) = 300\ \Omega$

$$\dot{I} = \frac{\dot{U}_1}{R_1 + R_2 + j300} = \frac{220\angle 0°}{200 + j300} = \frac{220\angle 0°}{360.555\angle 56.31°} = 0.61\angle -56.31° \text{ A}$$

$$\dot{U}_{L_1} = R_1\dot{I} + j\omega L_1\dot{I} - j\omega M\dot{I}$$
$$= 100 \cdot 0.61\angle -56.31° + j100(3-5) \cdot 0.61\angle -56.31°$$
$$= 136.4\angle -119.74° \text{ V}$$

→ 线圈的电压不只是电感电压，也应当包括线圈电阻的电压

$$\dot{U}_{L_2} = R_2\dot{I} - j\omega M\dot{I} + j\omega L_2\dot{I}$$
$$= 100 \cdot 0.61\angle -56.31° + j100 \cdot (10-5) \cdot 0.61\angle -56.31°$$
$$= 311.04\angle 22.38° \text{ V}$$

相量图如题解 10-8（a）图所示：

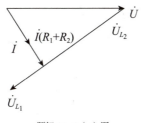

题解 10-8（a）图

（2）由耦合系数 $k = \dfrac{M}{\sqrt{L_1 L_2}} \leqslant 1$

得 $M \leqslant \sqrt{L_1 L_2}$。

$$L_1 + L_2 - 2M \geqslant L_1 + L_2 - 2\sqrt{L_1 L_2} \geqslant 0$$

当且仅当 $L_1 = L_2 = M$ 时，等号成立，所以不可能有 $L_1 + L_2 - 2M < 0$。

> 电路的阻抗是 $R + j(X_L + X_C)$ 当且仅当 $X_L + X_C = 0$ 时，阻抗是实数 R，$\dot{U}$、$\dot{I}$ 同相

（3）当串联的容抗的绝对值等于电路的等效感抗时，$\dot{U}$、$\dot{I}$ 同相，即 $\dfrac{1}{\omega C} = 300\,\Omega$，解得

$$C = \frac{1}{300\omega} = \frac{1}{300 \times 100} = 33.33\,\mu\text{F}$$

（4）去耦等效电路如题解 10-8（b）图所示：

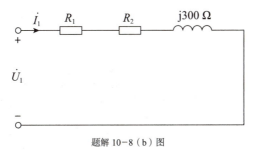

题解 10-8（b）图

10-9 题 10-9 图所示电路中，$L_1 = 0.2\,\text{H}$，$L_2 = M = 0.1\,\text{H}$，$u_S = 10\sqrt{2}\cos(2t + 30°)\,\text{V}$。求题 10-9 图中表 W 的读数，并说明该读数有无实际意义。

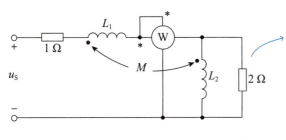

题 10-9 图

> 可以对电路进行T形去耦，去耦之后根据串并联关系可以求出各支路电流、电压。
> 求功率表的读数，就是求流经电流线圈的电流和电压线圈两端的电压。其中，在求电压时，建议直接求2Ω电阻的电压。如果是求 L_2 的电压，一定要注意它由两部分构成：自感电压和互感电压

解：如题解 10-9 图所示，先去耦，得

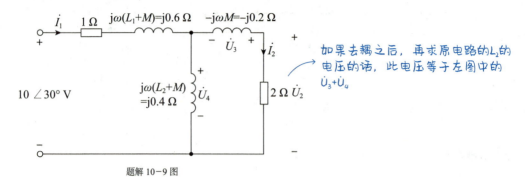

题解 10-9 图

$$Z_{eq} = 1 + j0.6 + (j0.4) / (2 - j0.2) = 1 + j0.6 + \frac{0.08 + j0.8}{2 + j0.2} = (1.08 + j0.99)\ \Omega$$

$$\dot{I}_1 = \frac{\dot{U}_S}{Z_{eq}} = \frac{10\angle 30°}{1.08 + j0.99} = \frac{10\angle 30°}{1.465\angle 42.5°} = 6.826\angle -12.51°\ A$$

$$\dot{I}_2 = \frac{j0.4}{j0.4 + 2 - j0.2}\dot{I}_1 = \frac{0.4\angle 90°}{2.01\angle 5.71°}\cdot 6.826\angle -12.51° = 1.36\angle 71.78°\ A$$

2Ω 电阻的电压： $\dot{U}_2 = 2\dot{I}_2 = 2.72\angle 71.78°\ V$

功率表读数：

$$P = \mathrm{Re}\left[\dot{U}_2 \cdot \dot{I}^*\right] = \mathrm{Re}\left[2.72\angle 71.78° \cdot 6.826\angle 12.51°\right] = \mathrm{Re}\left[18.57\angle 84.24°\right] = 1.85\ W$$

无实际意义。

10-10 当题 10-10 图所示电路中的电流 $\dot{I}_1$ 与 $\dot{I}_2$ 正交时，试证明：$R_1 R_2 = \dfrac{L_2}{C}$，并对此结果进行分析。

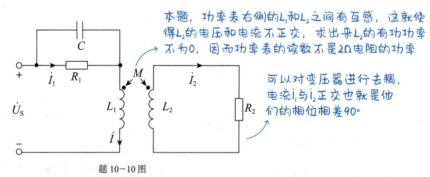

题 10-10 图

解： 如题解 10-10 图所示，去耦，得

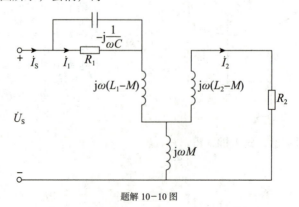

题解 10-10 图

$$\dot{I}_1 = \frac{-\mathrm{j}\frac{1}{\omega C}}{R_1 - \mathrm{j}\frac{1}{\omega C}}\dot{I}_\mathrm{S} = \frac{-\mathrm{j}1}{\omega C R_1 - \mathrm{j}1}\dot{I}_\mathrm{S} = \frac{1\angle -90°}{\sqrt{(\omega C R_1)^2 + 1}\angle -\arctan\frac{1}{\omega C R_1}}\dot{I}_\mathrm{S}$$

$$= \frac{1}{\sqrt{(\omega C R_1)^2 + 1}}\angle -90° + \arctan\frac{1}{\omega C R_1}\dot{I}_\mathrm{S}$$

$$\dot{I}_2 = \frac{\mathrm{j}\omega M}{\mathrm{j}\omega M + \mathrm{j}\omega(L_2 - M) + R_2}\dot{I}_\mathrm{S} = \frac{\mathrm{j}\omega M}{\mathrm{j}\omega L_2 + R_2}\dot{I}_\mathrm{S} = \frac{\omega M \angle 90°}{\sqrt{(\omega L_2)^2 + R_2^2}\angle \arctan\frac{\omega L_2}{R_2}}\dot{I}_\mathrm{S}$$

$$= \frac{\omega M}{\sqrt{(\omega L_2)^2 + R_2^2}}\angle 90° - \arctan\frac{\omega L_2}{R_2}\dot{I}_\mathrm{S}$$

$\dot{I}_1$ 和 $\dot{I}_2$ 的相位差：

$$\theta_1 - \theta_2 = -90° + \arctan\frac{1}{\omega C R_1} - 90° + \arctan\frac{\omega L_2}{R_2} = \arctan\frac{1}{\omega C R_1} + \arctan\frac{\omega L_2}{R_2} - 180°$$

电流 $\dot{I}_1$ 与 $\dot{I}_2$ 正交时，其相位差 $\theta_1 - \theta_2 = \pm 90°$。

$$\arctan\frac{1}{\omega C R_1} \in \left(0, \frac{\pi}{2}\right), \quad \arctan\frac{\omega L_2}{R_2} \in \left(0, \frac{\pi}{2}\right)$$

所以 $\theta_1 - \theta_2 \in (-180°, 0°)$，所以只能有

$$\theta_1 - \theta_2 = -90°$$

即

$$\arctan\frac{1}{\omega C R_1} + \arctan\frac{\omega L_2}{R_2} = 90°$$

所以 $\frac{1}{\omega C R_1} \cdot \frac{\omega L_2}{R_2} = 1$，即有 $R_1 R_2 = \frac{L_2}{C}$，证毕。

10-11 试求如题 10-11 图所示电路中电压源的角频率为何值时，功率表 W 的读数为零（题 10-11 图中元件的参数已知）。

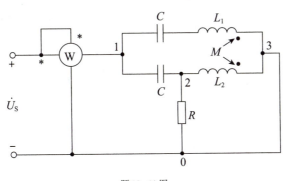

题 10-11 图

解： 由题易知，如题解 10-11 图所示。

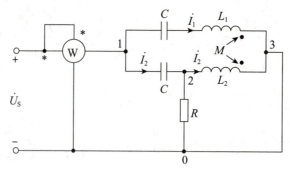

题解 10-11 图

功率表 W 的读数为零，即电路消耗的有功功率为 0，所以电阻上的电压、电流都为 0。

当 $\omega = 0$ 时，电容等效为开路，电阻功率当然为 0。

当 $\omega \neq 0$ 时，L_2 的电压也为 0，所以 $j\omega L_2 \dot{I}_2 + j\omega M \dot{I}_1 = 0$，所以 $\dot{I}_1 = -\dfrac{L_2}{M}\dot{I}_2$。

又 $\dot{U}_{13} = \dot{U}_{12}$，所以

$$\dfrac{1}{j\omega C}\dot{I}_1 + j\omega L_1 \dot{I}_1 + j\omega M \dot{I}_2 = \dfrac{1}{j\omega C}\dot{I}_2$$

将 $\dot{I}_1 = -\dfrac{L_2}{M}\dot{I}_2$ 代入，得

$$-\dfrac{L_2}{M}\left(\dfrac{1}{j\omega C} + j\omega L_1\right) = \dfrac{1}{j\omega C} - j\omega M$$

解得 $\omega = \sqrt{\dfrac{L_2 + M}{C(L_1 L_2 - M^2)}}$（当 $L_1 L_2 - M^2 = 0$ 时无解）。

10-12 题 10-12 图所示电路中 $R = 1\,\Omega$，$\omega L_1 = 2\,\Omega$，$\omega L_2 = 32\,\Omega$，耦合因数 $k = 1$，$\dfrac{1}{\omega C} = 32\,\Omega$，求电流 $\dot{I}_1$ 和电压 $\dot{U}_2$。

> 根据耦合系数可以求出互感感抗 ωM。对变压器我们可以进行去耦。正常求解待求量就可以

题 10-12 图

解：由 $k = \dfrac{M}{\sqrt{L_1 L_2}}$，得

$$\omega M = k\sqrt{\omega L_1 \cdot \omega L_2} = \sqrt{2 \times 32} = 8\,\Omega$$

如题解 10-12 图所示，去耦，得

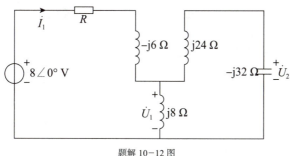

题解 10-12 图

$$(j8)//(-j8) = \infty$$

所以并联部分相当于开路，即

$$\dot{I}_1 = 0$$

开路部分的电压等于电源电压，即 $\dot{U}_1 = 8\angle 0°\text{ V}$，由串联分压，有

$$\dot{U}_2 = \frac{-j32}{j24 - j32}\dot{U}_1 = 4\dot{U}_1 = 32\angle 0°\text{ V}$$

10-13 已知变压器如题 10-13（a）图所示，一次侧的周期性电流源波形如题 10-13（b）图所示（一个周期），二次侧的电压表读数（有效值）为 25 V。

（1）画出一、二次电压的波形，并计算互感 M。

（2）给出它的等效受控源（CCVS）电路。

（3）如果同名端弄错，对（1），（2）的结果有无影响？

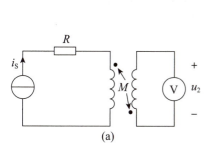

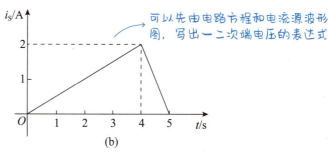

题 10-13 图

解：（1）设左边电感为 L_1，则

$$u_1 = L_1 \frac{di_S}{dt} = \begin{cases} 0.5L_1, & 0 \leqslant t < 4\text{ s} \\ -2L_1, & 4\text{ s} \leqslant t < 5\text{ s} \end{cases}$$

一次端电压波形［见题解 10-13（a）图］：

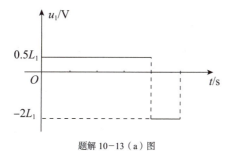

题解 10-13（a）图

$$u_2 = -M\frac{di_s}{dt} = \begin{cases} -0.5M, & 0 \leqslant t < 4\text{ s} \\ 2M, & 4\text{ s} \leqslant t < 5\text{ s} \end{cases}$$

二次端电压波形［见题解 10-13（b）图］：

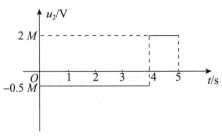

题解 10-13（b）图

有效值：

$$U_2 = \sqrt{\frac{1}{5}\left[4\cdot(-0.5M)^2 + 1\cdot(2M)^2\right]} = M \longrightarrow \text{有效值就是均方根值}$$

所以 $M = 25\text{ H}$。

（2）等效受控源电路如题解 10-13（c）图所示。

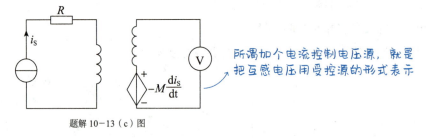

所谓加个电流控制电压源，就是把互感电压用受控源的形式表示

题解 10-13（c）图

（3）一次端电压波形不会有影响，因为其表达式仍然为 $u_1 = L_1\dfrac{di_s}{dt}$。

二次端电压波形绕时间轴翻转，因为表达式变为 $u_2 = M\dfrac{di_s}{dt}$。

所得互感 M 值不变，因为每个时间段都有电压 u_2 的绝对值不变。

等效受控源（CCVS）电路中，受控源的极性改变，或者极性不变的情况下，电压为 $M\dfrac{di_s}{dt}$。

10-14 题 10-14 图所示电路中 $R = 50\ \Omega$，$L_1 = 70\text{ mH}$，$L_2 = 25\text{ mH}$，$M = 25\text{ mH}$，$C = 1\mu\text{F}$，正弦电源的电压 $\dot{U} = 500\angle 0°\text{ V}$，$\omega = 10^4\text{ rad/s}$。求各支路电流。

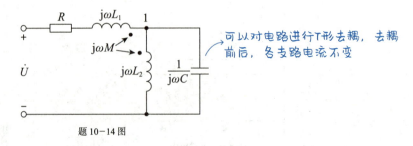

可以对电路进行T形去耦，去耦前后，各支路电流不变

题 10-14 图

解：先在图中标注各支路电流的参考方向［见题解 10－14（a）图］：

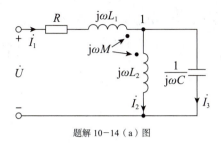

题解 10－14（a）图

如题解 10－14（b）图所示，去耦，得

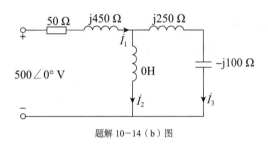

题解 10－14（b）图

右侧串联支路相当于被短路，所以 $\dot{I}_3 = 0$，即

$$\dot{I}_1 = \dot{I}_2 = \frac{500\angle 0°}{50+\text{j}450} = \frac{500\angle 0°}{452.77\angle 83.66°} = 1.1\angle -83.66° \text{ A}$$

10－15 列出题 10－15 图所示电路的回路电流方程。

> 列写回路电流方程时，每个回路方程都有四个互感电压，例如对于回路 l，电感 L_1 上有来自 L_2、L_3 的互感电压，L_2 上有来自 L_1、L_3 的互感电压，一共四个。这些互感电压的大小和方向都很容易出错，所以列写的时候要头脑清醒、非常仔细

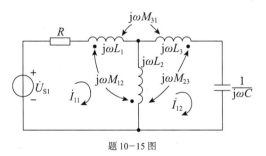

题 10－15 图

解：直接列写回路电流方程：

$$(R+\text{j}\omega L_1+\text{j}\omega L_2)\dot{I}_{11} - \text{j}\omega L_2\dot{I}_{12} - \text{j}\omega M_{31}\dot{I}_{12} - \text{j}\omega M_{12}(\dot{I}_{11}-\dot{I}_{12}) - \text{j}\omega M_{12}\dot{I}_{12} + \text{j}\omega M_{23}\dot{I}_{12} = \dot{U}_{S1} -$$

$$\text{j}\omega L_2\dot{I}_{11} + \left(\text{j}\omega L_2+\text{j}\omega L_3+\frac{1}{\text{j}\omega C}\right)\dot{I}_{12} + \text{j}\omega M_{12}\dot{I}_{11} - \text{j}\omega M_{23}\dot{I}_{12} - \text{j}\omega M_{31}\dot{I}_{11} + \text{j}\omega M_{23}(\dot{I}_{11}-\dot{I}_{12}) = 0$$

> **电路一点通**
>
> 另外，我们也可以考虑去耦（见题解 10-15 图）来做：

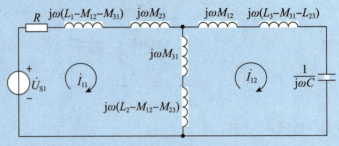

题解 10-15 图

根据上图可以很方便地列写回路电流方程，具体方程这里不再赘述。

可见，去耦之后，可以避免大量的互感电压的确定，大大方便了方程的列写。

10-16 已知题 10-16 图中 $u_S = 100\sqrt{2}\cos(\omega t)$ V，$\omega L_2 = 120\,\Omega$，$\omega M = \dfrac{1}{\omega C} = 20\,\Omega$。负载 Z_L 为何值时获最大功率？并求出最大功率。

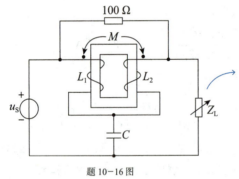

题 10-16 图

题目问负载 Z_L 为何值时获最大功率，我们可以很容易联想到最大功率传输定理，所以思路就是先求负载左侧的戴维南等效电路

解： 先画出电路模型［见题解 10-16（a）图］：

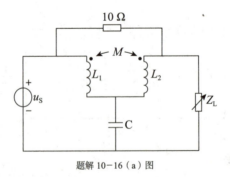

题解 10-16（a）图

在相量形式下去耦［见题解 10-16（b）图］：

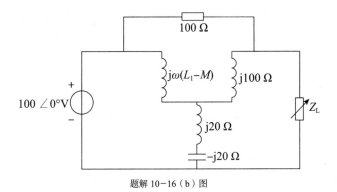

题解 10-16（b）图

如题解 10-16（c）图所示，求开路电压：

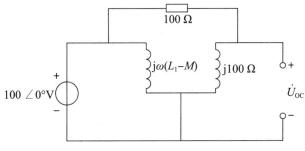

题解 10-16（c）图

开路电压： $$\dot{U}_{OC} = \frac{j100}{100+j100} \cdot 100\angle 0° = 50\sqrt{2}\angle 45° \text{ V}$$

如题解 10-16（d）图所示，求等效阻抗：

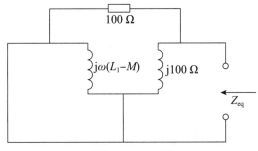

题解 10-16（d）图

等效阻抗： $$Z_{eq} = 100 // (j100) = \frac{j100 \cdot 100}{100+j100} = (50+j50) \text{ Ω}$$

当 $Z_L = Z_{eq}^* = (50-j50)\text{Ω}$ 时，负载 Z_L 获最大功率。

最大功率为 $$P_{max} = \frac{U_{OC}^2}{4\times 50} = \frac{(50\sqrt{2})^2}{4\times 50} = 25 \text{ W}$$

10-17 如果使 10Ω 电阻能获得最大功率，试确定题 10-17 图所示电路中理想变压器的变比 n。

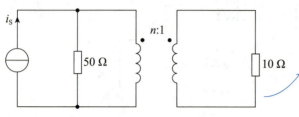

题 10-17 图

含理想变压器，如果列变压器方程求解，计算量大而且容易出错，本题用归算的方法。

可以采用一次侧归算到二次侧，也可以二次侧归算到一次侧（因为变压器是不消耗能量的，归算后的电阻的功率就是10Ω电阻的功率）

解： 如果将一次侧归算到二次侧（见题解 10-17 图），

变比是 n：1，归算后的电流源电流是原来的 n 倍，电阻是原来的 $\frac{1}{n^2}$

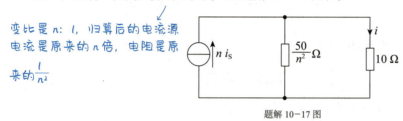

题解 10-17 图

10 Ω 电阻上的电流：

$$i = \frac{\frac{50}{n^2}}{10 + \frac{50}{n^2}} \cdot n i_S = \frac{50}{10n + \frac{50}{n}} i_S$$

对分母，由基本不等式：

$$10n + \frac{50}{n} \geq 2\sqrt{10n \cdot \frac{50}{n}} = 100\sqrt{2}$$

当且仅当 $10n = \frac{50}{n}$，即 $n = \sqrt{5}$ 时，等号成立，即 $n = \sqrt{5}$ 时，i 有最大值，10 Ω 电阻能获得最大功率。

10-18 求题 10-18 图所示电路中的阻抗 Z。已知电流表的读数为 10 A，正弦电压有效值 $U = 10$ V。

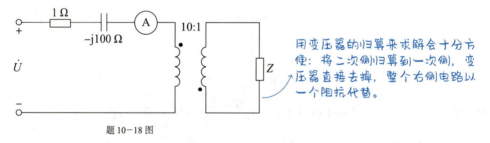

题 10-18 图

用变压器的归算来求解会十分方便：将二次侧归算到一次侧，变压器直接去掉，整个右侧电路以一个阻抗代替。

解： 将二次侧归算到一次侧（见题解 10-18 图）：

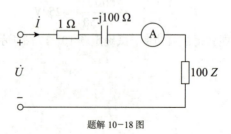

题解 10-18 图

等效阻抗的模值： 由正弦电压的有效值和电流的有效值，可以得到等效阻抗的模值。等效阻抗的模值也可以由元件参数表示出来，这样就可以建立方程

$$|Z_{eq}| = \frac{U}{I} = \frac{10}{10} = 1$$

设 $Z = R + jX$，则

$$Z_{eq} = 1 - j100 + 100R + j100X = (1+100R) + j(10X-100)$$

$$|Z_{eq}| = \sqrt{(1+100R)^2 + (100X-100)^2}$$

所以有

$$\sqrt{(1+100R)^2 + (100X-100)^2} = 1$$

因为 $1+100R \geq 1$，所以

$$\sqrt{(1+100R)^2 + (100X-100)^2} \geq 1$$

等号成立当且仅当 $R = 0$，$X = 1$，所以 $R = 0$，$X = 1$，即有 $Z = j1\Omega$。

10-19 已知题 10-19 图所示电路的输入电阻 $R_{ab} = 0.25\,\Omega$，求理想变压器的变比 n。

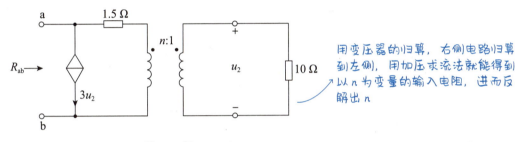

用变压器的归算，右侧电路归算到左侧，用加压求流法就能得到以 n 为变量的输入电阻，进而反解出 n

题 10-19 图

解：将变压器右侧电路归算到左侧（见题解 10-19 图）：

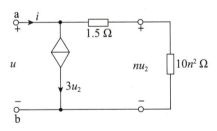

题解 10-19 图

用加压求流法求输入电阻：

端口电流：
$$i = 3u_2 + \frac{nu_2}{10n^2} = \left(3 + \frac{1}{10n}\right)u_2$$

端口电压：
$$u = 1.5 \cdot \frac{nu_2}{10n^2} + nu_2 = \left(\frac{3}{20n} + n\right)u_2$$

输入电阻：
$$R_{ab} = \frac{u}{i} = \frac{\left(\dfrac{3}{20n} + n\right)u_2}{\left(3 + \dfrac{1}{10n}\right)u_2} = \frac{3 + 20n^2}{2 + 60n}$$

所以 $\dfrac{3+20n^2}{2+60n}=0.25$，整理，得

$$8n^2-6n+1=0$$

解得 $n=0.25$ 或 $n=0.5$。

10-20 题 10-20 图所示电路中开关 S 闭合时 $u_S=10\sqrt{2}\cos t$ V，求电流 i_1 和 i_2，并根据结果给出含理想变压器的等效电路。

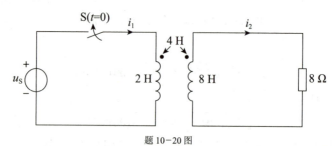

题 10-20 图

解： 如题解 10-20（a）图所示，

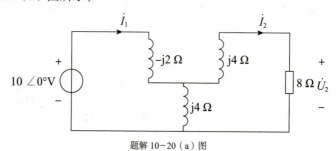

题解 10-20（a）图

输入阻抗： $Z_{eq}=-j2+(j4)//(j4+8)=-j2+\dfrac{j4(j4+8)}{8+j8}=(1+j1)\ \Omega$

$$\dot{I}_1=\dfrac{10\angle 0^\circ}{1+j1}=5\sqrt{2}\angle -45^\circ\ \text{A}$$

由并联分流： $\dot{I}_2=\dfrac{j4}{j4+8+j4}\dot{I}_1=2.5\angle 0^\circ\ \text{A}$

转化到时域中： $i_1=10\cos(t-45^\circ)\ \text{A}$，$i_2=2.5\sqrt{2}\cos t\ \text{A}$

下面再画含有理想变压器的等效电路：

$$\dot{U}_2=8\dot{I}_2=20\angle 0^\circ\ \text{A}$$

所以 $\dot{U}_2=2\dot{U}_S$，所以可以用含有一个变比为 1:2 的变压器的等效电路表示，具有如下形式［见题解 10-20（b）图］：

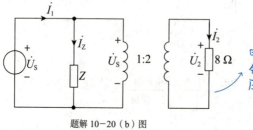

题解 10-20（b）图

理想变压器的电压、电流有特定的比例关系，而且两侧电压同相位，两侧电流也同相位。
如果我们先从电流入手，会发现 $\dot{I}_1$ 和 $\dot{I}_2$ 的相位不同，不好入手。注意到，8Ω 电阻的电压 $\dot{U}_2$ 和电压源 $\dot{U}_S$ 是同相位的，且 $\dot{U}_2=2\dot{U}_S$，那么就可以先确定一个变压器的变比 1:2，再想办法让变压器两侧电流同相位且满足相应的比例关系就可以了

电压源并联一个合适的阻抗，不会影响原边电压，还可以调整变压器原边电流

$$\dot{I}_Z = \dot{I}_1 - 2\dot{I}_2 = 5\sqrt{2}\angle-45° - 5\angle0° = 5\angle-90°\text{ A}$$

并联阻抗为
$$Z = \frac{\dot{U}_S}{\dot{I}_Z} = \frac{10\angle0°}{5\angle-90°} = \text{j}2\,\Omega$$

10-21 已知题 10-21 图所示电路中 $u_S = 10\sqrt{2}\cos(\omega t)\text{V}$，$R_1 = 10\,\Omega$，$L_1 = L_2 = 0.1\,\text{mH}$，$M = 0.02\,\text{mH}$，$C_1 = C_2 = 0.01\mu\text{F}$，$\omega = 10^6\,\text{rad/s}$，$R_2$ 为何值时获最大功率？求出最大功率。

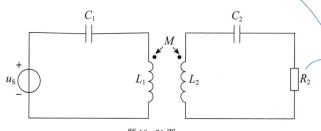

题 10-21 图

解： 如题解 10-21（a）图所示，去耦，得

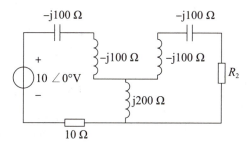

题解 10-21（a）图

如题解 10-21（b）图所示，求开路电压：

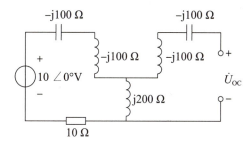

题解 10-21（b）图

$$\dot{U}_{OC} = \frac{\text{j}200}{10-\text{j}100-\text{j}100+\text{j}200}\cdot 10\angle0° = 200\angle90°\text{ V}$$

如题解 10-21（c）图所示，求等效阻抗：

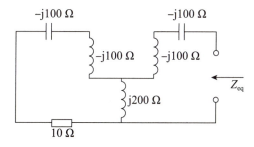

题解 10-21（c）图

$$Z_{eq} = -j200 + (j200)//(10-j200) = -j200 + \frac{j200(10-j200)}{10} = 4\,000\,\Omega$$

画出戴维南等效电路[见题解 10-21（d）图]：

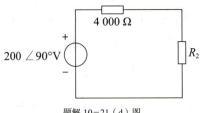

题解 10-21（d）图

当 $R_2 = 4\,000\,\Omega$ 时，获最大功率。

最大功率 $$P_{max} = \frac{U_{OC}^2}{4 \times 4\,000} = \frac{(200)^2}{4 \times 4\,000} = 2.5\,\text{W}$$

10-22 题 10-22 图所示电路中 $C_1 = 10^{-3}\,\text{F}$，$L_1 = 0.3\,\text{H}$，$L_2 = 0.6\,\text{H}$，$M = 0.2\,\text{H}$，$R = 10\,\Omega$，$u_1 = 100\sqrt{2}\cos(100t - 30°)\,\text{V}$，$C$ 可变动。C 为何值时，R 可获得最大功率？并求出最大功率。

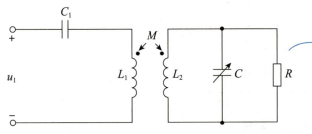

题 10-22 图

> 本题看似最大功率传输定理的应用，但是仔细一看，变化的是电容C，不是电阻R。电路中，C是变化的量，要看的是R的功率（何时最大），RC并联支路的左侧其实是不发生变动的，我们也不关心其内部，所以可以对RC左侧戴维南等效（或诺顿等效）。
> 又因为R和C已经是并联了，所以用诺顿等效再并联一个阻抗，电路更容易分析

解： 如题解 10-22（a）图所示，去耦，得

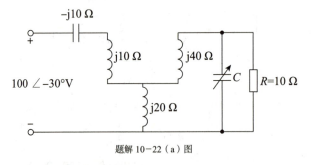

题解 10-22（a）图

如题解 10-20（b）图所示，求开路电压：

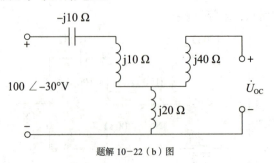

题解 10-22（b）图

$$\dot{U}_{OC} = \frac{j20}{-j10+j10+j20} \cdot 100\angle-30° = 100\angle-30° \text{ V}$$

如题解 10-22（c）图所示，求等效阻抗：

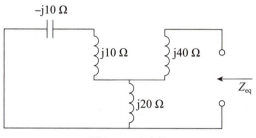

题解 10-22（c）图

$$Z_{eq} = j40 + 0 // (j20) = j40 \text{ Ω}$$

短路电流：
$$\dot{I}_{SC} = \frac{\dot{U}_{OC}}{Z_{eq}} = \frac{100\angle-30°}{j40} = 2.5\angle-120° \text{ A}$$

画出诺顿等效电路（见题解 10-22（d）图）：

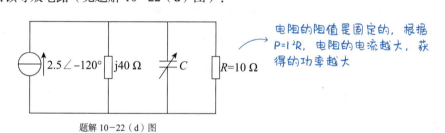

题解 10-22（d）图

当 j40 Ω 和电容的并联导纳最小时，流过电阻的电流最大，电阻功率最大。

$$-j\frac{1}{40} + j\omega C = 0$$

$$C = \frac{1}{40\omega} = \frac{1}{40 \times 100} = \frac{1}{4\,000} \text{ F}$$

$$P_{max} = I_{SC}^2 R = 2.5^2 \times 10 = 62.5 \text{ W}$$

第十一章 电路的频率响应

11-1 网络函数

在输入变量和输出变量之间建立函数关系，来描述电路的频率特性，这个函数关系就是网络函数。正弦稳态下，定义为

$$H(j\omega) = \frac{\dot{R}(j\omega)}{\dot{E}(j\omega)}$$

其中，$\dot{R}(j\omega)$ 为相量形式下的响应，$\dot{E}(j\omega)$ 是相量形式下的激励。

如果 $\dot{R}(j\omega)$、$\dot{E}(j\omega)$ 在同一端口，网络函数就是阻抗或者导纳，称为驱动点阻抗或导纳；

如果 $\dot{R}(j\omega)$、$\dot{E}(j\omega)$ 不在同一端口，将网络函数称为转移函数。

$H(j\omega)$ 是一个复数，其模值 $|H(j\omega)|$ 和频率之间的关系称为幅频特性，幅角 $\arg[H(j\omega)]$ 和频率之间的关系称为相频特性。

11-2 RLC 串联电路的谐振

一、不同频率下电路的状态

对于 RLC 串联电路（见图 11-1），其阻抗为

$$Z(j\omega) = R + j\left(\omega L - \frac{1}{\omega C}\right)$$

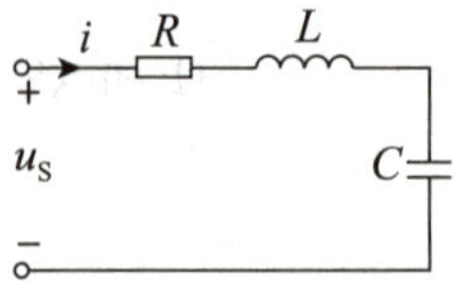

存在 ω_0，使得

$$\omega_0 L - \frac{1}{\omega_0 C} = 0$$

图 11-1 RLC 串联电路

解得 $\omega_0 = \frac{1}{\sqrt{LC}}$，我们称之为谐振角频率，称 $f_0 = \frac{1}{2\pi\sqrt{LC}}$ 为谐振频率。

当 $\omega = \omega_0$ 时，电路为所谓"谐振"的状态，此时，$Z(j\omega) = R$，电路呈纯电阻性。

当 $\omega < \omega_0$ 时，$\omega L - \frac{1}{\omega C} < 0$，电路呈容性。

当 $\omega > \omega_0$ 时，$\omega L - \frac{1}{\omega C} > 0$，电路呈感性。

二、RLC 电路串联谐振时的特征

当 $\omega = \frac{1}{\sqrt{LC}}$ 时，发生谐振（我们称之为串联谐振），振时有 $\omega L - \frac{1}{\omega C} = 0$，所以 $|Z|$ 有最小值 R，电路有以下特征：

阻抗的模值为 $|Z| = \sqrt{R^2 + \left(\omega L - \frac{1}{\omega C}\right)^2}$，谐

又 $I = \frac{U_S}{|Z|}$，U_S 固定，$|Z|$ 最小时当然有 I 最大

（1）电路呈纯电阻性，端口电压和电流同相位。
（2）阻抗的模值最小，进而端口电流的模值最大。

（3）电容和电感的串联相当于短路。

谐振时，电容与电感串联部分的电抗为 $j\left(\omega_0 L - \dfrac{1}{\omega_0 C}\right) = 0$。注意这里的短路是对外等效为短路，事实上，电容上有电压，电感上也有电压，只不过两个电压模值相等且反相。

（4）电路吸收的无功功率等于0，电压源只发出有功功率。

这是对于整个串联电路而言的，但是对于电容、电感单个元件，吸收的无功功率不等于0

→ 电感吸收的无功功率，等于电容发出的无功功率，所以就整个电路而言，吸收的无功功率等于0，电阻吸收有功功率。

> **电路一点通：关于品质因数（1）**
>
> 我们知道，在 RCL 串联电路发生串联谐振时，电容和电感的串联相当于短路，但是实际上，电容和电感上都有电压，而且这个电压是多少，只根据端口特性是无法知道的，我们引入品质因数的概念之后，可以描述电容电感的电压和端口电压之间的关系。
>
> 定义 $Q = \dfrac{\omega_0 L}{R} = \dfrac{1}{\omega_0 CR} = \dfrac{1}{R}\sqrt{\dfrac{L}{C}}$ 为品质因数，则有 $Q = \dfrac{U_C}{U_S} = \dfrac{U_L}{U_S}$，即 $U_C = U_L = QU_S$。
>
> 品质因数既然称为"品质"因数，那从字面意思来看，Q 越高越好。事实上，如果我们利用谐振时的过电压来获得较大的输入信号，我们希望 Q 比较大，才会有比较大的信号。然而在电力系统中，过电压会危及系统的安全，我们反而会希望 Q 低一些，以保证系统的安全运行。

11-3 RLC 串联电路的频率响应

不同的品质因数下，随 η 的变化如图 11-2 所示：

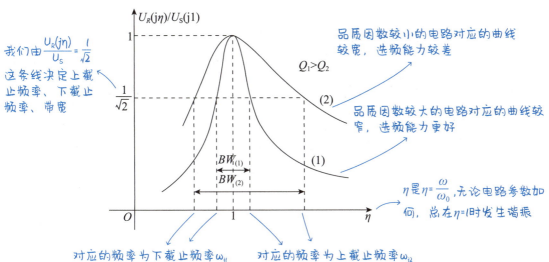

我们由 $\dfrac{U_R(j\eta)}{U_S} = \dfrac{1}{\sqrt{2}}$

这条线决定上截止频率、下截止频率、带宽

品质因数较小的电路对应的曲线较宽，选频能力较差

品质因数较大的电路对应的曲线较窄，选频能力更好

η 是 $\eta = \dfrac{\omega}{\omega_0}$，无论电路参数如何，总在 $\eta=1$ 时发生谐振

对应的频率为下截止频率 ω_{j1}

对应的频率为上截止频率 ω_{j2}

图 11-2 RLC 串联电路的频率响应

通带的带宽为

$$BW = \omega_{j2} - \omega_{j1} = \frac{\omega_0}{Q}$$

> 先求出 ω_{j1}、ω_{j2}，两式做差即可证明等号成立，具体不必掌握，记住结论即可

由上式可以看出，BW 与 Q 成反比，Q 值越大，BW 越窄，电路的选择性越好。

11-4 RLC 并联谐振电路（见图 11-3）

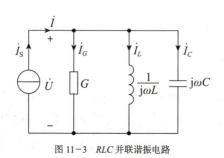

图 11-3 RLC 并联谐振电路

导纳

$$Y(\mathrm{j}\omega) = G + \mathrm{j}\left(\omega C - \frac{1}{\omega L}\right)$$

存在 ω_0，使得 _{表达式和串联谐振角频率相同}

$$\omega_0 C - \frac{1}{\omega_0 L} = 0$$

解得 $\omega_0 = \dfrac{1}{\sqrt{LC}}$，我们称之为谐振角频率，称 $f_0 = \dfrac{1}{2\pi\sqrt{LC}}$ 为谐振频率。

当 $\omega = \omega_0$ 时，称为并联谐振，发生并联谐振时，有：

（1）电路呈纯电阻性，端口电压和电流同相位。

（2）输入导纳的模值最小，输入阻抗的模值最大，端电压最大。

（3）电容和电感的并联部分，阻抗是无穷大，相当于开路。

（4）电路吸收的无功功率等于 0，电流源只发出有功功率。

> 注意这里还是对外相当于开路，电容和电感上都是有电流的，只不过两个电流模值相等、相位相反，所以相互抵消，对外相当于没有电流

电路一点通：关于品质因数（2）

对于 RLC 并联电路，也有品质因数，虽然其表达式与串联 RLC 电路的不同，但是有着相似的逻辑。在 RLC 并联电路中，品质因数可以描述电容电感的电流和电流源的电流之间的关系。

定义 $Q = \dfrac{1}{\omega_0 L G} = \dfrac{\omega_0 C}{G} = \dfrac{1}{G}\sqrt{\dfrac{C}{L}}$ 为品质因数，则 $Q = \dfrac{I_L}{I_S} = \dfrac{I_C}{I_S}$，即 $I_L = I_C = Q I_S$。

11-5 波特图

波特图用来描绘网络函数 $H(\mathrm{j}\omega)$ 的模值、幅角随角频率 ω 的变化，它包括：

（1）幅频波特图：横坐标是 $\lg(\omega)$，纵坐标是 $H_{\mathrm{dB}} = 20\lg\bigl[|H(\mathrm{j}\omega)|\bigr]$。

（2）相频波特图：横坐标是 $\lg(\omega)$，纵坐标是 $H(j\omega)$ 的幅角。

11-6 滤波器简介

滤波器通过我们需要的频率分量，而抑制不需要的频率分量。通常将希望通过的频率范围称为<u>通带</u>，将希望抑制的频率范围称为<u>阻带</u>。滤波器分为<u>低通</u>、<u>高通</u>、<u>带通</u>和<u>带阻</u>四种类型。

斩题型

题型1 求网络函数 $H(j\omega)$

步骤：
（1）在原电路的基础上，画出相量形式下的电路。
（2）应用电路的分析方法，找到响应和激励之间的关系，进而得到网络函数，最终的网络函数是复数，其自变量是角频率 ω。
注意：这里的网络函数 $H(j\omega)$ 是在正弦稳态下的。

题型2 由电路的拓扑结构求谐振频率

法一：
先求等效阻抗，求得

$$Z = R + j\frac{A(\omega)}{B(\omega)}$$

令 $A = 0$，解得串联谐振角频率；
令 $B = 0$，解得并联谐振角频率。

法二：
对于不含电阻的混联电路（只含有电容和电感），求谐振角频率时，可以将串联改为并联，也可以将并联改为串联。更改之后，将能合并的电感、电容进行合并，再用公式 $\omega_0 = \dfrac{1}{\sqrt{L_{eq}C_{eq}}}$ 求出谐振角频率。

例如：求下面电路（见图11-4）的并联谐振角频率：

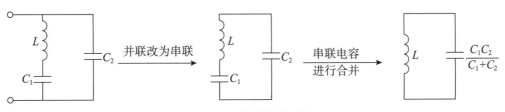

图11-4 谐振角频率的求解

所以并联谐振角频率为

$$\omega_0 = \frac{1}{\sqrt{L \cdot \dfrac{C_1 C_2}{C_1 + C_2}}}$$

> **电路一点通**
> 　　可以将串联改为并联，也可以将并联改为串联的原因是，串联谐振和并联谐振的公式是一样的。但是要注意，电路如果含有电阻的话，这种方法可能就不适用了。

解习题

11-1 求题 11-1 图所示电路端口 1-1′ 的驱动点阻抗 $\dfrac{\dot{U}}{\dot{I}_1}$、转移电流比 $\dfrac{\dot{I}_C}{\dot{I}_1}$ 和转移阻抗 $\dfrac{\dot{U}_2}{\dot{I}_1}$。

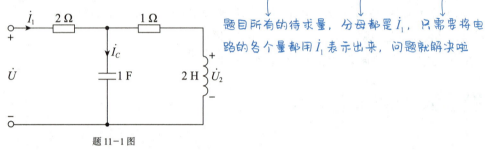

题 11-1 图

解： 由题画图（见题解 11-1 图）得，

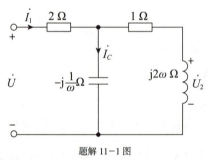

题解 11-1 图

由并联分流，有
$$\dot{I}_C = \frac{1+\mathrm{j}2\omega}{-\mathrm{j}\dfrac{1}{\omega}+1+\mathrm{j}2\omega} \dot{I}_1 = \frac{\omega + \mathrm{j}2\omega^2}{\omega + \mathrm{j}(2\omega^2 - 1)} \dot{I}_1$$

由 KCL，有
$$\dot{U} = 2\dot{I}_1 - \mathrm{j}\frac{1}{\omega} \dot{I}_C = 2\dot{I}_1 - \mathrm{j} \cdot \frac{1+\mathrm{j}2\omega}{\omega + \mathrm{j}(2\omega^2 - 1)} \dot{I}_1 = \frac{4\omega + \mathrm{j}(4\omega^2 - 3)}{\omega + \mathrm{j}(2\omega^2 - 1)} \dot{I}_1$$

由串联分压，有
$$\dot{U}_2 = -\mathrm{j}\frac{1}{\omega} \cdot \dot{I}_C \cdot \frac{\mathrm{j}2\omega}{1+\mathrm{j}2\omega} = \frac{2\omega}{\omega + \mathrm{j}(2\omega^2 - 1)} \dot{I}_1$$

综上，有
$$\frac{\dot{U}}{\dot{I}_1} = \frac{4\omega + \mathrm{j}(4\omega^2 - 3)}{\omega + \mathrm{j}(2\omega^2 - 1)}$$

$$\frac{\dot{I}_C}{\dot{I}_1} = \frac{\omega + j2\omega^2}{\omega + j(2\omega^2 - 1)}$$

$$\frac{\dot{U}_2}{\dot{I}_1} = \frac{2\omega}{\omega + j(2\omega^2 - 1)}$$

> 只需要将 $\dot{U}_2$ 和 $\dot{I}_1$ 用 $\dot{U}_1$ 表示即可。电路实际上只有一个结点（两个1Ω电阻之间不算），所以列结点电压方程，可以很方便地用 $\dot{U}_1$ 表示此结点的电压，进一步用 $\dot{U}_1$ 表示其他量。

11-2 求题 11-2 图所示电路的转移电压比 $\dfrac{\dot{U}_2}{\dot{U}_1}$ 和驱动点导纳 $\dfrac{\dot{I}_1}{\dot{U}_1}$。

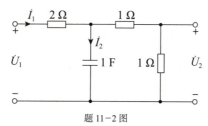

题 11-2 图

解： 由题画图（见题解 11-2 图），得

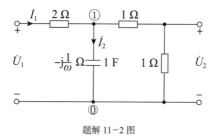

题解 11-2 图

电容的阻抗为 $\dfrac{1}{j\omega}\Omega$，由结点电压方程，有

$$\left(\frac{1}{2} + j\omega + \frac{1}{2}\right)\dot{U}_{n1} = \frac{\dot{U}_1}{2}$$

解得 $\dot{U}_{n1} = \dfrac{1}{2(1+j\omega)}\dot{U}_1$。

由串联分压公式，有

$$\dot{U}_2 = \frac{1}{2}\dot{U}_{n1} = \frac{1}{4(1+j\omega)}\dot{U}_1$$

$$\dot{I}_1 = \frac{\dot{U}_1 - \dot{U}_{n1}}{2} = \frac{1+j2\omega}{4(1+j\omega)}\dot{U}_1$$

综上，有

$$\frac{\dot{U}_2}{\dot{U}_1} = \frac{1}{4(1+j\omega)}, \quad \frac{\dot{I}_1}{\dot{U}_1} = \frac{1+j2\omega}{4(1+j\omega)}$$

11-3 RLC 串联电路中 $R=1\Omega$，$L=0.01\text{H}$，$C=1\mu\text{F}$，求：

（1）输入阻抗与频率 ω 的关系。

（2）画出阻抗的频率响应。

（3）谐振频率 ω_0。

（4）谐振电路的品质因数 Q。 → 代公式求解即可

（5）通频带的宽度 BW。

解：（1） $Z_{in} = R + j\left(\omega L - \dfrac{1}{\omega C}\right) = 1 + j\left(0.01\omega - \dfrac{10^6}{\omega}\right) \Omega$

（2）阻抗的频率响应：在谐振频率下阻抗模值最小（见题解11-3图）。

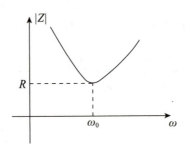

题解 11-3 图

（3） $\omega_0 = \dfrac{1}{\sqrt{LC}} = \dfrac{1}{\sqrt{0.01 \times 10^{-6}}} = 10^4 \text{ rad/s}$

（4） $Q = \dfrac{\omega_0 L}{R} = \dfrac{10^4 \times 0.01}{1} = 100$

（5） $BW = \dfrac{\omega_0}{Q} = \dfrac{10^4}{100} = 100 \text{ rad/s}$

11-4 RLC 并联电路中 $R = 10 \text{ k}\Omega$，$L = 1 \text{ mH}$，$C = 0.1 \mu\text{F}$，求习题 11-3 中所列各项。

↓ RLC 并联电路也是代公式。与 RLC 串联电路的品质因数的计算公式有所不同。

解：（1） $Y_{in} = \dfrac{1}{R} + j\left(\omega C - \dfrac{1}{\omega L}\right) = \dfrac{1}{10^4} + j\left(10^{-7}\omega - \dfrac{10^3}{\omega}\right)$

$Z_{in} = \dfrac{1}{Y_{in}} = \dfrac{1}{\dfrac{1}{10^4} + j\left(10^{-7}\omega - \dfrac{10^3}{\omega}\right)}$

（2）阻抗的频率响应：在谐振频率下阻抗模值最大（见题解11-4图）。

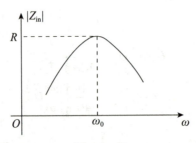

题解 11-4 图

（3） $\omega_0 = \dfrac{1}{\sqrt{LC}} = \dfrac{1}{\sqrt{10^{-3} \times 10^{-7}}} = 10^5 \text{ rad/s}$

（4） $Q = \omega_0 CR = 10^5 \cdot 10^{-7} \cdot 10^4 = 100$

（5）
$$BW = \frac{\omega_0}{Q} = \frac{10^5}{100} = 10^3 \text{ rad/s}$$

11-5 已知 RLC 串联电路中 $R = 50\ \Omega$，$L = 400\text{ mH}$ 谐振角频率 $\omega_0 = 5\,000\text{ rad/s}$，$U_S = 1\text{ V}$。求电容 C 及各元件电压的瞬时表达式。

→ 由谐振角频率的公式可以反求出电路的参数。各元件电压是非常好求的。

解：由 $\omega_0 = \dfrac{1}{\sqrt{LC}}$，得

$$C = \frac{1}{\omega_0^2 L} = \frac{1}{5\,000^2 \times 0.4} = 10^{-7}\text{ F} = 0.1\ \mu\text{F}$$

设 $\dot{U}_S = 1\angle 0°\text{ V}$，则

$$\dot{U}_R = \dot{U}_S = 1\angle 0°\text{ V}$$

$$\dot{I} = \frac{\dot{U}_R}{R} = 0.02\angle 0°\text{ A}$$

$$\dot{U}_L = j\omega_0 L \dot{I} = j \cdot 5\,000 \cdot 0.4 \cdot 0.02\angle 0° = 40\angle 90°\text{ V}$$

$$\dot{U}_C = -\dot{U}_L = 40\angle -90°\text{ V}$$

$$u_R = \sqrt{2}\cos(5\,000t)\text{ V}$$

$$u_L = 40\sqrt{2}\cos(5\,000t + 90°)\text{ V}$$

$$u_C = 40\sqrt{2}\cos(5\,000t - 90°)\text{ V}$$

→ 电感和电容的电压大小相等，相位差180°，可以由电感电压直接写出电容电压，而不必用电容参数计算电容电压。

11-6 求题 11-6 图所示电路在哪些频率时短路或开路。

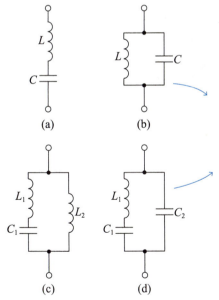

题 11-6 图

短路对应串联谐振，开路对应并联谐振。本题实质上就是求谐振频率。
题11-6（a），（b）图就是简单的电容、电感串并联。
题11-6（c），（d）图是混联，有局部谐振，也有全局谐振。求全局谐振的谐振角频率时，可以采用"斩题型"部分给出的方法进行快速计算

解：（a）当 $\omega = 0$ 或 $\omega = \infty$ 时，相当于开路。

当 $\omega = \dfrac{1}{\sqrt{LC}}$ 时，发生串联谐振，相当于短路。

（b）当 $\omega=0$ 或 $\omega=\infty$ 时，相当于短路。

当 $\omega=\dfrac{1}{\sqrt{LC}}$，发生并联谐振，相当于开路。

（c）当 $\omega=0$ 时，相当于短路；当 $\omega=\infty$ 时，相当于开路。

再考虑谐振：

局部：L_1 和 C_1 串联部分发生串联谐振，$\omega_1=\dfrac{1}{\sqrt{L_1C_1}}$ 时相当于短路。

全局：可以发生并联谐振。

计算谐振角频率，先将并联转为串联，再合并电感计算［见题解 11-6（a）图］。

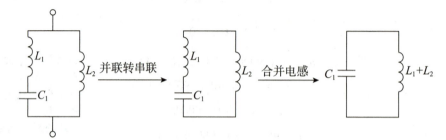

题解 11-6（a）图

当 $W_2=\dfrac{1}{\sqrt{(L_1+L_2)C_1}}$ 时，相当于开路。

（d）当 $\omega=0$ 时，相当于开路；当 $\omega=\infty$ 时，相当于短路。

再考虑谐振：

局部：L_1 和 C_1 串联部分发生串联谐振，$\omega_1=\dfrac{1}{\sqrt{L_1C_1}}$ 时相当于短路。

全局：可以发生并联谐振［见题解 11-6（b）图］。

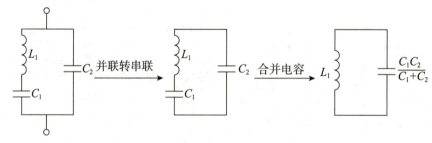

题解 11-6（b）图

$\omega_2=\dfrac{1}{\sqrt{L_1(C_1//C_2)}}=\dfrac{1}{\sqrt{L_1\dfrac{C_1C_2}{C_1+C_2}}}$ 时相当于开路。

> 本题也是代公式计算，要记住相
> 公式并灵活应用。

11-7 RLC 串联电路中，$L=50\,\mu\mathrm{H}$ m $C=100\,\mathrm{pF}$，$Q=50\sqrt{2}=70.71$，电源 $U_S=1\,\mathrm{mV}$。求电路的谐振频率 f_0、谐振时的电容电压 U_C 和通带 BW。

解：
$$f_0 = \frac{1}{2\pi\sqrt{LC}} = \frac{1}{2\pi\sqrt{5\times10^{-5}\times100\times10^{-12}}} = 2.25\times10^6 \text{ Hz}$$

$$U_C = QU_S = 70.71 \text{ mV}$$

$$BW = \frac{f_0}{Q} = \frac{2.25\times10^6}{70.71} = 3.18\times10^4 \text{ Hz}$$

11-8 RLC 串联电路谐振时，已知 $BW = 6.4$ kHz，电阻的功耗 2 μW，$u_S(t) = \sqrt{2}\cos(\omega_0 t)$ mV 和 $C = 400$ pF。求：L、谐振频率 f_0 和谐振时电感电压 U_L。

解： 由 $P = \dfrac{U_S^2}{R}$，得 → 谐振时，电阻上的电压就等于电源电压

$$R = \frac{U_S^2}{P} = \frac{(1\times10^{-3})^2}{2\times10^{-6}} = 0.5 \text{ Ω}$$

$$Q = \frac{1}{\omega_0 CR} = \frac{1}{2\pi f_0 CR}$$

$$BW = \frac{f_0}{Q} = 2\pi f_0^2 CR$$

所以
$$f_0 = \sqrt{\frac{BW}{2\pi CR}} = \sqrt{\frac{6.4\times10^3}{2\pi\cdot 4\times10^{-10}\cdot 0.5}} = 2.257 \text{ MHz}$$

由 $f_0 = \dfrac{1}{2\pi\sqrt{LC}}$，得

$$L = \frac{1}{C(2\pi f_0)^2} = \frac{1}{4\times10^{-10}\cdot(2\pi\cdot 2.257\times10^6)^2} = 12.43 \text{ μH}$$

$$U_L = QU_S = \frac{f_0}{BW}U_S = \frac{2.257\times10^6}{6.4\times10^3}\times 1 = 352.66 \text{ mV}$$

11-9 RLC 串联电路中，$U_S = 1$ V，电源频率 $f_S = 1$ MHz，发生谐振时 $I(j\omega_0) = 100$ mA，$U_C(j\omega_0) = 100$ V，试求 R、L 和 C 的值，Q 值和通带 BW。

解：
$$R = \frac{U_S}{I(j\omega_0)} = \frac{1}{0.1} = 10 \text{ Ω}$$

$$\omega_0 = 2\pi f_S = 2\pi\times 10^6 \text{ rad/s}$$

$$\frac{1}{\omega_0 C} = \frac{U_C(j\omega_0)}{I(j\omega_0)} = \frac{100}{0.1} = 1\,000 \text{ Ω}$$

所以，
$$C = \frac{1}{1\,000\omega_0} = \frac{1}{1000\times 2\pi\times 10^6} = 159.15 \text{ pF}$$

由 $\omega_0 = \dfrac{1}{\sqrt{LC}}$，得
$$L = \frac{1}{\omega_0^2 C} = \frac{1}{(2\pi\times 10^6)^2\times 159.15\times 10^{-12}} = 0.159 \text{ mH}$$

$$Q = \frac{\omega_0 L}{R} = \frac{2\pi\times 10^6\times 0.159\times 10^{-3}}{10} = 99.9$$

$$BW = \frac{\omega_0}{Q} = \frac{2\pi\times 10^6}{99.9} = 6.29\times 10^4 \text{ rad/s}$$

11-10 RLC 并联谐振时，$f_0 = 1$ kHz，$Z(j\omega_0) = 100$ kΩ，$BW = 100$ Hz，求 R、L 和 C。

解：
$$R = Z(j\omega_0) = 100 \text{ kΩ} \quad\rightarrow\text{并联谐振时，等效电抗就等于电阻} R$$

由

$$BW = \frac{f_0}{Q}$$

得

$$Q = \frac{f_0}{BW} = \frac{1000}{100} = 10$$

$$\omega_0 = 2\pi f_0 = 2\pi \times 10^3 \text{ rad/s}$$

由

$$Q = \omega_0 CR = \frac{R}{\omega_0 L} \quad \longrightarrow \text{由品质因数反求电路参数}$$

$$C = \frac{Q}{\omega_0 R} = \frac{10}{2\pi \times 10^3 \times 10^5} = 1.59 \times 10^{-8} \text{ F}$$

$$L = \frac{R}{\omega_0 Q} = \frac{10^5}{2\pi \times 10^3 \times 10^2} = 1.59 \text{ H}$$

11-11 求题 11-11 图所示电路的谐振频率及各频段的电抗性质。

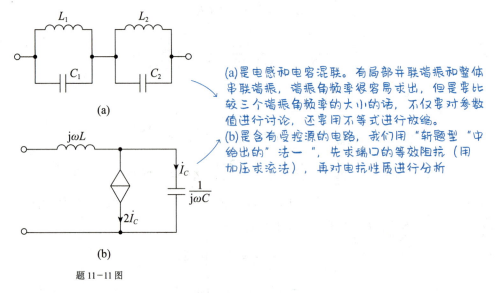

(a)是电感和电容混联。有局部并联谐振和整体串联谐振，谐振角频率很容易求出，但是要比较三个谐振角频率的大小的话，不仅要对参数值进行讨论，还要用不等式进行放缩。

(b)是含有受控源的电路，我们用"斩题型"中给出的"法一"，先求端口的等效阻抗（用加压求流法），再对电抗性质进行分析

题 11-11 图

解：（a）局部并联谐振：

$$\omega_1 = \frac{1}{\sqrt{L_1 C_1}}, \quad \omega_2 = \frac{1}{\sqrt{L_2 C_2}}$$

全局串联谐振 [见题解 11-11（a）图]：

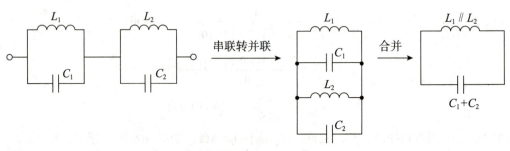

题解 11-11（a）图

$$\omega_3 = \frac{1}{\sqrt{(C_1+C_2)(L_1//L_2)}} = \sqrt{\frac{L_1+L_2}{(C_1+C_2)L_1L_2}}$$

①当 $\omega_1 \neq \omega_2$，不妨设 $\omega_1 < \omega_2$，则 $L_1C_1 > L_2C_2$。

$\dfrac{\omega_3}{\omega_1} = \sqrt{\dfrac{(L_1+L_2)C_1}{(C_1+C_2)L_2}} > \sqrt{\dfrac{L_2C_2+L_2C_1}{(C_1+C_2)L_2}} = 1$，所以 $\omega_3 > \omega_1$。

$\dfrac{\omega_3}{\omega_2} = \sqrt{\dfrac{(L_1+L_2)C_2}{(C_1+C_2)L_1}} < \sqrt{\dfrac{L_1C_2+L_1C_1}{(C_1+C_2)L_1}} = 1$，所以 $\omega_3 < \omega_2$。

$\omega_1 < \omega_3 < \omega_2$。

当 ω 趋近于 0，电容接近开路，电路由电感"主导"，所以电路呈感性。

在每个谐振频率处，电抗性质都会发生改变，画图表示［见题解 11-11（b）图］：

感性	容性	感性	容性
ω_1	ω_3	ω_2	

题解 11-11（b）图

即 $\omega < \omega_1$ 时，呈感性；$\omega_1 < \omega < \omega_3$ 时，呈容性；$\omega_3 < \omega < \omega_2$ 时，呈感性；$\omega > \omega_2$ 时，呈容性。

$\omega_1 > \omega_2$，只需要把上述结果中的 ω_1 和 ω_2 的位置对调即可。

②当 $\omega_1 = \omega_2$ 时，不难证明 $\omega_1 = \omega_2 = \omega_3$。

$\omega < \omega_1$ 时，呈感性；$\omega > \omega_1$ 时，呈容性。

（b）加压求流法求等效阻抗：

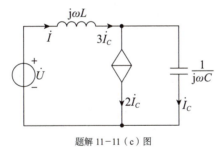

题解 11-11（c）图

由 KCL，有　　　　　　　　　　$\dot{I} = 3\dot{I}_C$

由 KVL，有　　　　　　　　　　$\dot{U} = \mathrm{j}\omega L\dot{I} + \dfrac{1}{\mathrm{j}\omega C}\dot{I}_C = \left(\mathrm{j}3\omega L + \dfrac{1}{\mathrm{j}\omega C}\right)\dot{I}_C$

等效阻抗：　　　　　　　　　　$Z_{\mathrm{eq}} = \dfrac{\dot{U}}{\dot{I}} = \mathrm{j}\left(\omega L - \dfrac{1}{3\omega C}\right)$

谐振角频率：　　　　　　　　　$\omega_0 = \dfrac{1}{\sqrt{3LC}}$

当 $\omega < \dfrac{1}{\sqrt{3LC}}$ 时，$\omega L - \dfrac{1}{3\omega C} < 0$，呈容性；

当 $\omega > \dfrac{1}{\sqrt{3LC}}$ 时，$\omega L - \dfrac{1}{3\omega C} > 0$，呈感性。

谐振时的通带 BW 和负载 R_L 有关，没有一个确切的值，所以这里不做解答。

如果 R_L 给定，求解思路是：可以先设定一个指标（这里设输出电压），求出谐振频率下的输出电压 $U(j\omega_0)$，再求出上下截止频率 ω_{j1}、ω_{j2} 使得输出电压为 $\dfrac{U(j\omega_0)}{\sqrt{2}}$，进而通带 $BW = \omega_{j2} - \omega_{j1}$。

11-12 题 11-12 图所示电路中 $I_S = 20\text{ mA}$，$L = 100\text{ μH}$，$C = 400\text{ pF}$，$R = 10\text{ Ω}$。电路谐振时的通带 BW 和 R_L 等于何值时能获得最大功率？求最大功率。

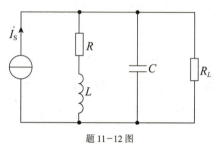

题 11-12 图

解： RL 串联支路的导纳是

$$\frac{1}{R + j\omega L} = \frac{R - j\omega L}{R^2 + \omega^2 L^2}$$

发生谐振时，$\dfrac{-j\omega_0 L}{R^2 + \omega_0^2 L^2} + j\omega_0 C = 0$，其中，$\omega_0$ 为谐振角频率。

整理，得

$$R^2 + \omega_0^2 L^2 = \frac{L}{C}$$

谐振时，等效电导为

$$G_{eq} = \frac{R}{R^2 + \omega_0^2 L^2} = \frac{RC}{L}$$

等效电阻：

$$R_{eq} = \frac{L}{RC} = \frac{10^{-4}}{10 \times 4 \times 10^{-10}} = 25 \times 10^3\text{ Ω} = 25\text{ kΩ}$$

短路电流：$I_{SC} = I_S = 20\text{ mA}$

开路电压：$U_{OC} = I_{SC} R_{eq} = 20 \times 25 = 500\text{ V}$

由最大功率传输定理，当 $R_L = R_{eq} = 25\text{ kΩ}$ 时，能获得最大功率。

最大功率

$$P_{max} = \frac{U_{OC}^2}{4R_{eq}} = \frac{500^2}{4 \times 25 \times 10^3} = 2.5\text{ W}$$

11-13 题 11-13 图所示电路中 $R = 10\text{ Ω}$，$C = 0.1\text{ μF}$，正弦电压 u_S 的有效值 $U_S = 1\text{ V}$，电路的 Q 值为 100，求参数 L 和谐振时的 U_L。

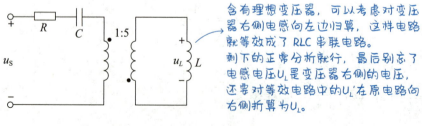

题 11-13 图

解： 将二次侧归算到一次侧（见题解 11-13 图）：

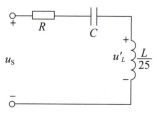

题解 11-13 图

谐振时的电流： $I = \dfrac{U_S}{R} = \dfrac{1}{10} = 0.1\,\text{A}$

电容电压： $U_C = QU_S = 100\,\text{V}$

电容电抗的绝对值： $\dfrac{1}{\omega C} = \dfrac{U_C}{I} = \dfrac{100}{0.1} = 1\,000\,\Omega$

所以 $\omega = \dfrac{1}{1\,000\,C} = \dfrac{1}{1\,000 \times 10^{-7}} = 10^4\,\text{rad/s}$

由 $\omega = \dfrac{1}{\sqrt{\dfrac{L}{25}C}} = \dfrac{5}{\sqrt{LC}}$

得 $L = \dfrac{25}{\omega^2 C} = \dfrac{21}{10^8 \times 10^{-7}} = 2.5\,\text{H}$

$U'_L = QU_S = 100\,\text{V}$

对变压器，有 $U_L = 5U'_L = 500\,\text{V}$

11-14 题 11-14 图中 $C_2 = 400\,\text{pF}$，$L_1 = 100\,\mu\text{H}$。求下列两种条件下，电路的谐振频率 ω_0。

（1） $R_1 = R_2 \neq \sqrt{\dfrac{L_1}{C_2}}$。

（2） $R_1 = R_2 = \sqrt{\dfrac{L_1}{C_2}}$。

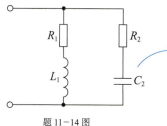

题 11-14 图

> 这是含有电阻的谐振，我们要先求出等效阻抗，再确定谐振角频率。由于电路是两个支路并联的形式，所以求等效导纳比等效阻抗更方便求解。

解： $Y_{eq} = \dfrac{1}{R_1 + j\omega L_1} + \dfrac{1}{R_2 + \dfrac{1}{j\omega C_2}} = \dfrac{R_1 - j\omega L_1}{R_1^2 + (\omega L_1)^2} + \dfrac{\omega^2 R_2 C_2^2 + j\omega C_2}{(\omega R_2 C_2)^2 + 1}$

发生谐振时，Y_{eq} 虚部等于 0，

$$\omega_0^2 R_2^2 C_2^2 L_1 + L_1 = C_2 R_1^2 + \omega_0^2 L_1^2 C_2$$

$$\omega_0^2 R_2^2 C_2^2 L_1 + L_1 = C_2 R_1^2 + \omega_0^2 L_1^2 C_2$$

$$\omega_0^2 \left(R_2^2 C_2^2 L_1 - L_1^2 C_2\right) = C_2 R_1^2 - L_1$$

$$\omega_0 = \sqrt{\frac{C_2 R_1^2 - L_1}{R_2^2 C_2^2 L_1 - L_1^2 C_2}} = \frac{1}{\sqrt{L_1 C_2}} \sqrt{\frac{C_2 R_1^2 - L_1}{C_2 R_2^2 - L_1}}$$

（1）当 $R_1 = R_2 \neq \sqrt{\dfrac{L_1}{C_2}}$ 时，$\omega_0 = \dfrac{1}{\sqrt{L_1 C_2}}$；

（2）当 $R_1 = R_2 = \sqrt{\dfrac{L_1}{C_2}}$ 时，ω_0 不是一个确定的数，可以任意。

11-15 求题 11-15 图所示电路的转移电压比 $\dfrac{\dot{U}_2}{\dot{U}_1}$。

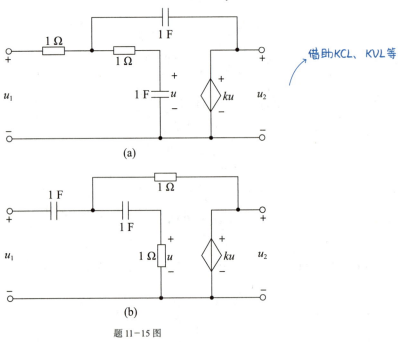

题 11-15 图

解：（a）由题得电路图如题解 11-15（a）图所示：

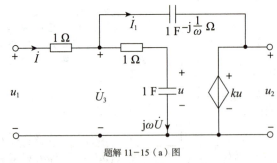

题解 11-15（a）图

由 KVL，有 $\dot{U}_3 = j\omega\dot{U} + \dot{U} = (j\omega + 1)\dot{U}$

对最上方电容，有 $\dot{I}_1 = j\omega(\dot{U}_3 - k\dot{U}) = j\omega(j\omega + 1 - k)\dot{U}$

由 KCL，有 $\dot{I} = j\omega\dot{U} + \dot{I}_1 = j\omega(j\omega + 2 - k)\dot{U}$

由 KVL，有 $\dot{U}_1 = \dot{I} + \dot{U}_3 = [j\omega(j\omega + 2 - k) + j\omega + 1]\dot{U} = [1 - \omega^2 + j\omega(3 - k)]\dot{U}$

$$\frac{\dot{U}_2}{\dot{U}_1} = \frac{k\dot{U}}{\left[1-\omega^2+\mathrm{j}\omega(3-k)\right]\dot{U}} = \frac{k}{1-\omega^2+\mathrm{j}\omega(3-k)}$$

（b）由题图得电路图如题解 11-15（b）图所示：

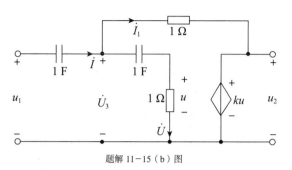

题解 11-15（b）图

由 KVL，有
$$\dot{U}_3 = \dot{U}\left(1-\mathrm{j}\frac{1}{\omega}\right)$$

对最上方电阻，有
$$\dot{I}_1 = \frac{\dot{U}_3 - k\dot{U}}{1} = \left(1-\mathrm{j}\frac{1}{\omega}-k\right)\dot{U}$$

由 KCL，有
$$\dot{I} = \dot{I}_1 + \dot{U} = \left(2-k-\mathrm{j}\frac{1}{\omega}\right)\dot{U}$$

$$\dot{U}_1 = -\mathrm{j}\frac{1}{\omega}\dot{I} + \dot{U}_3 = \left[-\mathrm{j}\frac{1}{\omega}\left(2-k-\mathrm{j}\frac{1}{\omega}\right)+1-\mathrm{j}\frac{1}{\omega}\right]\dot{U} = \left[1-\frac{1}{\omega^2}-\mathrm{j}\frac{1}{\omega}(3-k)\right]\dot{U}$$

$$\frac{\dot{U}_2}{\dot{U}_1} = \frac{k\dot{U}}{\left[1-\frac{1}{\omega^2}-\mathrm{j}\frac{1}{\omega}(3-k)\right]\dot{U}} = \frac{k\omega^2}{\omega^2-1-\mathrm{j}\omega(3-k)}$$

11-16 求题 11-16 图所示电路的转移电压比 $\dfrac{\dot{U}_2}{\dot{U}_1}$。

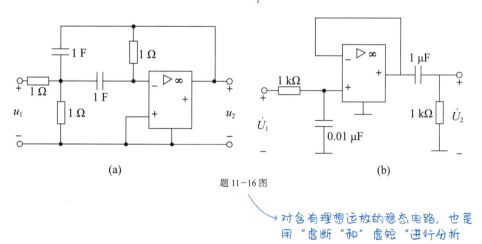

题 11-16 图

→ 对含有理想运放的稳态电路，也是用"虚断"和"虚短"进行分析

解：（a）由题图得电路图如题解 11-16（a）图所示：

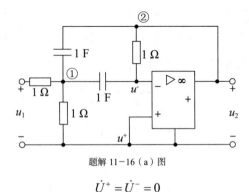

题解 11-16（a）图

由"虚短"，有
$$\dot{U}^+ = \dot{U}^- = 0$$

由结点电压方程：
$$(1+1+j\omega+j\omega)\dot{U}_{n1} - j\omega\dot{U}_{n2} = \frac{\dot{U}_1}{1}$$

对理想运放的负极性端，由"虚断"，有
$$j\omega\dot{U}_{n1} + \dot{U}_{n2} = 0$$

又 $\dot{U}_{n2} = \dot{U}_2$，故
$$\frac{\dot{U}_2}{\dot{U}_1} = \frac{1}{-2+j\left(\frac{2}{\omega}-\omega\right)} = \frac{\omega}{-2\omega+j(2-\omega^2)}$$

（b）由题图得电路图如题解 11-16（b）图所示：

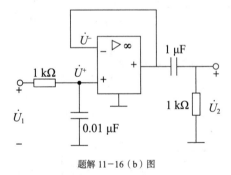

题解 11-16（b）图

由"虚断"，有
$$\dot{U}^+ = \frac{-j\frac{10^8}{\omega}}{1000-j\frac{10^8}{\omega}}\dot{U}_1 = \frac{-j10^5}{\omega - j\cdot 10^5}\dot{U}_1$$

由"虚短"，有 $\dot{U}^- = \dot{U}^+$，即
$$\dot{U}_2 = \frac{1000}{1000-j\frac{10^6}{\omega}}\dot{U}^- = \frac{1000\omega}{1000\omega-j10^6}\cdot\frac{-j10^5}{\omega-j10^5}\dot{U}_1 = \frac{-j10^5\omega}{(\omega-j10^3)(\omega-j10^5)}\dot{U}_1$$

11-17 题 11-17 图所示电路中，$RC=1\text{s}$。求：$\frac{\dot{U}_2}{\dot{U}_1}$ 和 $\frac{U_2}{U_1}-\omega$。

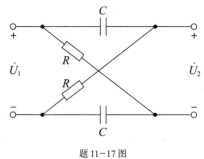

题 11-17 图

解： 如题解 11-17 图所示，

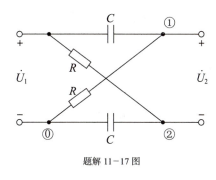

题解 11-17 图

由串联分压，有

$$\dot{U}_{n1} = \frac{R}{R + \dfrac{1}{j\omega C}}\dot{U}_1 = \frac{j\omega RC}{j\omega RC + 1}\dot{U}_1 = \frac{j\omega}{j\omega + 1}\dot{U}_1$$

$$\dot{U}_{n2} = \frac{\dfrac{1}{j\omega C}}{R + \dfrac{1}{j\omega C}}\dot{U}_1 = \frac{1}{j\omega RC + 1}\dot{U}_1 = \frac{1}{j\omega + 1}\dot{U}_1$$

$$\dot{U}_2 = \dot{U}_{n1} - \dot{U}_{n2} = \frac{j\omega - 1}{j\omega + 1}\dot{U}_1$$

所以

$$\frac{\dot{U}_2}{\dot{U}_1} = \frac{j\omega - 1}{j\omega + 1}$$

$$\frac{U_2}{U_1} = \frac{\sqrt{1+\omega^2}}{\sqrt{1+\omega^2}} = 1$$

11-18 题 11-18（a）图所示系统的网络函数 $H(j\omega) = \dfrac{\dot{U}_2}{\dot{U}_S}$，其幅频特性 $|H(j\omega)| - \omega$ 和相频特性 $\varphi(j\omega) - \omega$ 如题 11-18（b）图所示。求当 $u_S = 10 - 6.4\sin t - 3.2\sin(2t) - 2.1\sin(3t) + \cdots$ 时，输出 u_2

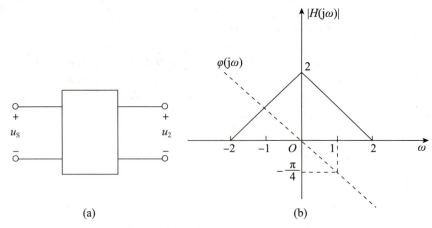

题 11-18 图

解： 由于 $H(j0) = 2\angle 0°$，所以 $u_{20} = 10 \times 2 = 20\text{ V}$

由于 $H(j1) = 1\angle -45°$，所以 $u_{21} = -6.4\sin(t-45°)\text{ V}$

由于 $H(j2) = 0\angle -90°$，所以 $u_{22} = 0$

由于 $|H(j3)| = 0$，所以 $u_{23} = 0$

综上所述，有 $u_2 = [20 - 6.4\sin(t-45°)]\text{ V}$

11-19 作下列网络函数 $H(j\omega)$ 的波特图。→画出草图即可。

（1） $H(j\omega) = \dfrac{1}{10 + j\omega}$。

（2） $H(j\omega) = \dfrac{5(j\omega+2)}{j\omega(j\omega+10)}$。

画波特图更偏重于自动控制理论的知识，我们在解答中只给出答案，具体这些环节如何对应于波特图，请参考自控相关知识。

解：（1）有一个惯性环节，转折频率：

$$\lg(\omega) = \lg 10 = 1$$

幅频波特图［见题解 11-19（a）图］：

转折频率之前，幅值 $20\lg[|H(j0)|] = 20 \cdot (-1) = -20$，斜率为 0。

转折频率之后，斜率变为 -20 dB/dec。

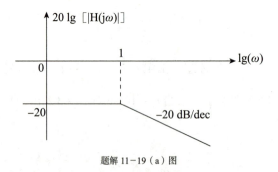

题解 11-19（a）图

相频波特图［见题解 11-19（b）图］：

转折频率之前，相角为 0；转折频率之后，相角为 $-90°$。

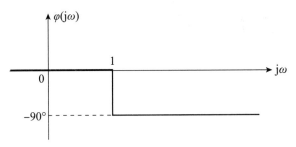

题解 11-19（b）图

（2）随着频率的增大，依次有一个积分环节、一个微分环节、一个惯性环节。

两个转折频率分别为 $\lg(\omega_1)=\lg 2$，$\lg(\omega_2)=\lg 10=1$。

幅频波特图［见题解 11-19（c）图］：

图像经过原点。转折频率 ω_1 之前，斜率为 $-20\,\mathrm{dB/dec}$；转折频率达到 ω_1 时，斜率变为 0；转折频率达到 ω_2 时，斜率又变为 $-20\,\mathrm{dB/dec}$。

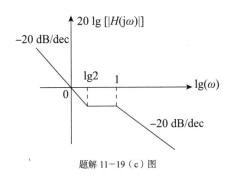

题解 11-19（c）图

相频波特图［见题解 11-19（d）图］：

转折频率 ω_1 之前，相角为 $-90°$；转折频率达到 ω_1 时，相角变为 0；转折频率达到 ω_2 时，相角又变为 $-90°$。

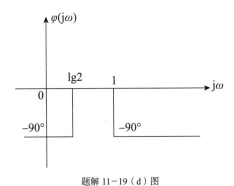

题解 11-19（d）图

第十二章 三相电路

12-1 三相电路

一、对称三相电源

对称三相电源的构成：由三个频率相等、幅值相等、相位互差120°的正弦电压源按照 Y 形联结或 Δ 形联结组成。

对称三相电源的相序：三个电源分为 A 相、B 相、C 相。如果 A 相超前 B 相 120°，B 相超前 C 相 120°，则称 A、B、C 为正序；如果 B 相超前 A 相 120°，C 相超前 B 相 120°，则称 A、B、C 为负序。

对称三相电源满足关系：

$$\dot{U}_A + \dot{U}_B + \dot{U}_C = 0$$

对称三相电源的连接方式（见图 12-1）：

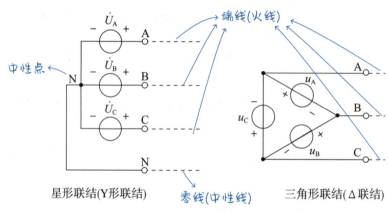

图 12-1　对称三相电源

二、对称三相电路

对称三相电源的三条端线可以接对称三相负载，这样就构成了对称三相电路。

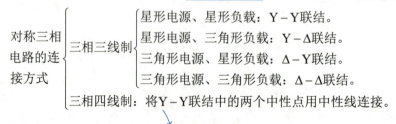

对称三相电路的连接方式
- 三相三线制
  - 星形电源、星形负载：Y–Y联结。
  - 星形电源、三角形负载：Y–Δ联结。
  - 三角形电源、星形负载：Δ–Y联结。
  - 三角形电源、三角形负载：Δ–Δ联结。
- 三相四线制：将Y–Y联结中的两个中性点用中性线连接。

图 12-2 所示为三相四线制，N 和 N′ 为两个中性点，Z_N 所在支路为中性线。

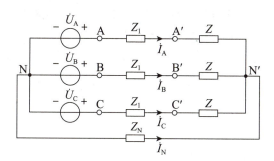

图 12-2 三相四线制

12-2 线电压（电流）与相电压（电流）的关系

线电压：各输电线（端线）线端之间的电压。

线电流：流经输电线（端线）的电流。

相电压：每一相的电压。

相电流：每一相的电流。

（1）对于星形电源如图 12-3 所示。

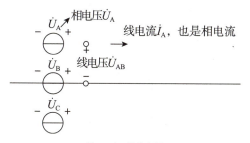

图 12-3 星接电源

（这里的"相应"，我们来看下标，线电压的 AB 对应相电压的 A，线电压的 BC 对应相电压的 B，线电压的 CA 对应相电压的 C）

①线电压与相电压的关系：线电压是相电压的 $\sqrt{3}$ 倍，线电压的相位超前相应的相电压的相位 0°。相电压是三相对称的，线电压也是三相对称的。

具体来说，即 $\dot{U}_{AB} = \sqrt{3}\dot{U}_A \angle 30°$、$\dot{U}_{BC} = \sqrt{3}\dot{U}_B \angle 30°$、$\dot{U}_{CA} = \sqrt{3}\dot{U}_C \angle 30°$。

②线电流等于相电流。

（这些成立的前提是：星形联结的正序对称电路，如果是负序，则需要把上式中的 30°改为 -30°。）

（2）对于三角形电源如图 12-4 所示。

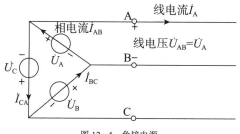

图 12-4 角接电源

①线电压等于相电压。这里的"相应"，和前面线电压与相电压的关系中的"相应"是一致的

②线电流与相电流的关系：线电流是相电流的$\sqrt{3}$倍，线电流的相位滞后相应的相电压的相位30°。相电流是三相对称的，线电流也是三相对称的。

具体来说，即 $\dot{I}_A = \sqrt{3}\dot{I}_{AB}\angle -30°$，$\dot{I}_B = \sqrt{3}\dot{I}_{BC}\angle -30°$，$\dot{I}_C = \sqrt{3}\dot{I}_{CA}\angle -30°$。

→ 这些成立的前提是：星形联结的正对称电路，如果是负序，则需要把上式的-30°改为30°

（3）对于负载，线电压（电流）与相电压（电流）的关系，与电源一致。

12-3 对称三相电路的计算

具体的计算方法，将在"斩题型"部分加以介绍。

12-4 不对称三相电路的概念

对称三相电路的某一条端线断开，或某一相负载发生短路或开路，它就失去了对称性，成为不对称的三相电路。

例如，对称三相电源接不对称三相负载，构成不对称三相电路，如图12-5所示。

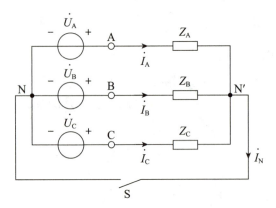

图12-5 不对称三相电路

如果开关S打开，两个中性点不等电位了，我们称之为"中性点的位移"。

如果开关S闭合，强制两个中性点等电位，此时，中性线上的电流 $\dot{I}_N = \dot{I}_A + \dot{I}_B + \dot{I}_C \neq 0$。

12-5 三相电路的功率

一、对称三相电路功率的计算

三相电路的瞬时功率等于各相负载的瞬时功率之和。

对于对称三相电路，平均功率

$$p = p_A + p_B + p_C = 3U_{AN}I_A\cos\varphi$$

式中，U_{AN}是相电压，I_A是相电流，φ是阻抗角，也是功率因数角。

三相功率也可以这样计算：

$$p = \sqrt{3}U_l I_l \cos\varphi$$

→ 此式对于星形联结和三角形联结都适用，同理 $Q = \sqrt{3}U_l I_l \sin\varphi$

式中，U_l是线电压，I_l是线电流，$\cos\varphi$是功率因数。

二、两表法测三相功率

对于三相三线制的电路，可以用两表法测量三相功率。

使线电流从*端分别流入两个功率表的电流线圈，它们的电压线圈的非*端共同接到非电流线圈所在的第3条端线上（图12-6所示为C端线）。

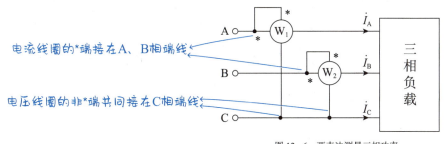

图12-6 两表法测量三相功率

可以证明，图12-6中两个功率表读数的代数和，就是三相三线制中右侧电路吸收的平均功率。

注意：

（1）适用范围：无论电路是否为三相对称电路，只要采用三相三线制，就可以用两表法测三相功率。对于三相四线制，如果$\dot{I}_A+\dot{I}_B+\dot{I}_C=0$，也可以用两表法，例如对称的三相四线制，但是如果不对称的三相四线制有$\dot{I}_A+\dot{I}_B+\dot{I}_C\neq 0$，则不能用两表法。→因为在两表读数代数和等于三相功率的证明中，需要使用$\dot{I}_A+\dot{I}_B+\dot{I}_C=0$这一条件

（2）注意是两个功率表读数的"代数和"，如果功率表读数计算出来为负，则求代数和时保留负号。

（3）一般来说，单独一个功率表的读数没有意义，两表读数的代数和才有意义。

> **电路一点通1**
>
> 对称三相三线制中，两表功率的快速计算：在图12-6中，如果负载是三相对称负载，则两个功率表的读数分别为
>
> $$P_1=U_{AC}I_A\cos(\varphi-30°),\quad P_2=U_{BC}I_B\cos(\varphi+30°)$$
>
> 式中，φ为负载的阻抗角。
>
> 对这两个表达式进行分析：功率表1电压线圈两端的电压为$\dot{U}_{AC}$，电流线圈流过的电流为$\dot{I}_A$，因而P_1表达式的前半部分是$U_{AC}I_A$，同理，功率表2读数P_2表达式的前半部分是$U_{BC}I_B$。P_1和P_2后半部分都是一个余弦值，角度一个是$\varphi-30°$，一个是$\varphi+30°$，那么怎么对应呢？答案是看电压的下标。如果电压的下标为"正序"，即下标为AB、BC、CA时，对应$\varphi+30°$；如果电压的下标为"负序"，即下标为CB、BA、AC时，对应$\varphi-30°$。
>
> 按照C、B、A的顺序　　按照A、B、C的顺序

电路一点通 2

对于对称的三相三线制，可以用两表法计算三相无功功率，且 $Q = \sqrt{3}(P_1 - P_2)$，其中，$P_1 = U_{AC}I_A \cos(\varphi - 30°)$，$P_2 = U_{BC}I_B \cos(\varphi + 30°)$。

证明：

对称电路中，各线电压、各线电流都是相等的，分别设为 U_l 和 I_l，所以

$$\sqrt{3}(P_1 - P_2) = \sqrt{3}\left[U_l I_l \cos(\varphi - 30°) - U_l I_l \cos(\varphi + 30°)\right]$$

$$= \sqrt{3}\left[\frac{\sqrt{3}}{2}U_l I_l \cos\varphi + \frac{1}{2}U_l I_l \sin\varphi - \frac{\sqrt{3}}{2}U_l I_l \cos\varphi + \frac{1}{2}U_l I_l \sin\varphi\right]$$

$$= \sqrt{3}U_l I_l \sin\varphi = Q$$

斩题型

题型 对称三相电路的计算

题目特征：电路对称三相电源，负载为三相对称负载。

步骤：

（1）一些约定：

如果题目没有给出三相电源的相位，我们一般设 A 相相电压的相位为 0。

如果题目没有给出电源的相序，我们一般默认三相电源是正序。

如果题目没有给出电源的频率，但是在计算中有需要用到频率的话，我们默认 $f = 50$ Hz。

（2）等效为星形联结。如果电源侧或负载侧有三角形联结的情况，则都通过 Y–Δ 变换等效为星形联结。

（3）将中性点短接。对称三相四线制电路的中性线上电流为 0，所以短接不影响电路中的各个量。

（4）抽单相。取一相，可以计算相电压、线电流。

（5）根据以上结果，结合原电路里面的三角形联结/星形联结的线、相电压/电流的关系，以及对称电路的对称关系（相位互差120°），可以计算出所有的线电压、相电压、线电流、相电流。

（6）根据以上结果得到待求量（比如功率表的读数）。

解习题

12-1 已知对称三相电路的星形负载阻抗 $Z = (165 + j84)\ \Omega$，端线阻抗 $Z_l = (2 + j1)\ \Omega$，中性线阻抗 $Z_N = (1 + j1)\ \Omega$，线电压 $U_l = 380$ V。求负载端的电流和线电压，并作电路的相量图。

→ 对称三相电路的中性线上电流为 0，Z_N 的值不影响计算结果。本题直接抽单相计算即可，注意负载的线电压不包括端线阻抗上的电压

解： 电源的相电压：
$$U_\varphi = \frac{U_l}{\sqrt{3}} = 220 \text{ V}$$

设 $\dot{U}_A = 220\angle 0° \text{ V}$。

线电流：
$$\dot{I}_A = \frac{\dot{U}_A}{Z + Z_l} = \frac{220\angle 0°}{167 + j85} = 1.174\angle -26.975° \text{ A}$$

负载的相电压：
$$\dot{U}_{Z\varphi A} = Z\dot{I}_A = (165 + j84) \cdot 1.174\angle -26.975° = 217.37\angle 0.05° \text{ V}$$

负载的线电压：
$$\dot{U}_{Z1AB} = \sqrt{3}\dot{U}_{Z\varphi A}\angle 30° = 376.49\angle 30.05° \text{ V}$$

相量图（见题解 12-1 图）：

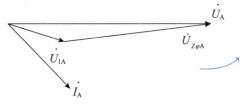

题解 12-1 图

12-2 已知对称三相电路的线电压 $U_l = 380 \text{ V}$（电源端），三角形负载阻抗 $Z = (4.5 + j14) \text{ Ω}$，端线阻抗 $Z_l = (1.5 + j2) \text{ Ω}$。求线电流和负载的相电流，并作相量图。

解： 电源相电压：
$$U_\varphi = \frac{U_l}{\sqrt{3}} = \frac{380}{\sqrt{3}} = 220 \text{ V}$$

设 $\dot{U}_A = 220\angle 0° \text{ V}$。

将三角形负载化为星形负载：
$$Z_Y = \frac{1}{3}Z = \left(1.5 + j\frac{14}{3}\right) \text{ Ω}$$

线电流：
$$\dot{I}_A = \frac{\dot{U}_A}{Z_l + Z_Y} = \frac{220\angle 0°}{3 + j\frac{20}{3}} = 30.09\angle -65.77° \text{ A}$$

负载的相电流：
$$\dot{I}_{A'B'} = \frac{1}{\sqrt{3}}\dot{I}_A\angle 30° = 17.37\angle -35.77° \text{ A}$$

相量图如题解 12-2 图所示。

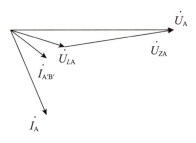

题解 12-2 图

> 如果将端线阻抗考虑在内，本题计算量极大，这里考虑近似计算，忽略端线阻抗的影响

12-3 将题 12-1 中负载 Z 改为三角形联结（无中性线），比较两种连接方式中负载所吸收的复功率。

解： 题 12-1 中，端线阻抗远小于负载阻抗，所以我们可以忽略端线阻抗的影响。

（1）负载 Z 为星形联结时，线电流

$$\dot{I}_A = \frac{\dot{U}_A}{Z}$$

> 其中，$\dot{U}_A \dot{U}_A^* = U_A^2$，一个复数乘以它的共轭，等于其模值的平方

三相负载吸收的复功率：

$$\bar{S} = 3\dot{U}_A \dot{I}_A^* = 3\frac{\dot{U}_A \dot{U}_A^*}{Z^*} = \frac{3U_A^2}{Z^*}$$

（2）负载 Z 为三角形联结时，线电流

$$\dot{I}_A = \frac{\dot{U}_A}{\frac{Z}{3}} = \frac{3\dot{U}_A}{Z}$$

三相负载吸收的复功率：

$$\bar{S}' = 3\dot{U}_A \dot{I}_A^* = 3\frac{\dot{U}_A \cdot 3\dot{U}_A^*}{Z^*} = \frac{9U_A^2}{Z^*}$$

所以三角形联结下，三相负载吸收的复功率是星形联结的三倍。

12-4 题 12-4 图所示对称三相耦合电路接于对称三相电源，电源频率为 50 Hz，线电压 $U_1 = 380\ \text{V}$，$R = 30\ \Omega$，$L = 0.29\ \text{H}$，$M = 0.12\ \text{H}$。求相电流和负载吸收的总功率。

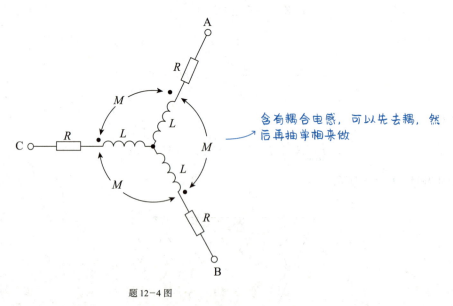

> 含有耦合电感，可以先去耦，然后再抽单相来做

题 12-4 图

解： 去耦（见题解 12-4 图）：

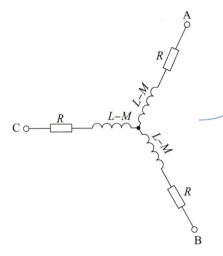

题解 12-4 图

可以对三相耦合电感进行两两去耦，每两个电感会在两个电感所在支路添一个-M的电感，在另一支路添一个M的电感。经过三次这样的两两去耦，每个支路添一个M的电感，两个-M的电感，所以每条支路的等效电感为L-M

$$\omega = 2\pi f = 100\pi \text{ rad/s}$$

$$Z = R + j\omega(L-M) = (30 + j17\pi)\,\Omega$$

相电压：
$$U_\varphi = \frac{U_l}{\sqrt{3}} = \frac{380}{\sqrt{3}} = 220 \text{ V}$$

设 $\dot{U}_A = 220\angle 0°$ V，相电流

$$\dot{I}_A = \frac{\dot{U}_A}{Z} = \frac{220\angle 0°}{30 + j17\pi} = 3.59\angle -60.68° \text{ A}$$

负载吸收的总功率：
$$P = 3I_A^2 R = 3 \times 3.59^2 \times 30 = 1\,159.93 \text{ W}$$

12-5 题 12-5 图所示对称 Y-Y 三相电路中，电压表的读数为 1 143.16 V，$Z = (15 + j15\sqrt{3})\,\Omega$，$Z_1 = (1 + j2)\,\Omega$。

（1）求图中电流表的读数及线电压 U_{AB}。

（2）求三求相负载吸收的功率。

（3）如果 A 相的负载阻抗等于零(其他不变)，再求（1）和（2）。

（4）如果 A 相负载开路，再求（1）和（2）。

（5）如果加接零阻抗中性线 $Z_N = 0$，则（3）和（4）将发生怎样的变化？

（3）、（4）、（5）问中，线电压 U_{AB} 都不变

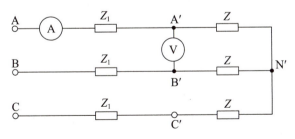

题 12-5 图

解：（1）负载相电压：
$$U_{A'N'} = \frac{U_{A'B'}}{\sqrt{3}} = \frac{1\,143.16}{\sqrt{3}} = 660 \text{ V}$$

$$I_A = \frac{U_{A'N'}}{|Z|} = \frac{660}{30} = 22 \text{ A}$$

设 $\dot{I}_A = 22\angle 0°\text{ A}$，则 →本题如果设电源A相电压的相位为0，其他量的相位并不好确定，所以这里以A相电流为参考

$$\dot{U}_{A'N'} = \dot{I}_A Z = 22\angle 0° \times 30\angle 60° = 660\angle 60° \text{ V}$$
$$\dot{U}_{Z_1 A} = \dot{I}_A Z_1 = 22\angle 0°(1+\text{j}2) = (22+\text{j}44)\text{ V}$$

A相电源电压：
$$\dot{U}_{AN} = \dot{U}_{Z_1 A} + \dot{U}_{A'N'} = 22+\text{j}44+330+\text{j}330\sqrt{3} = 352+\text{j}615.58 = 709.11\angle 60.24° \text{ V}$$

线电压：
$$\dot{U}_{AB} = \sqrt{3}\dot{U}_{AN}\angle 30° = 1228.21\angle 90.24° \text{ V}$$

（2）
$$P = 3I_A^2 \cdot 15 = 3\times 22^2 \times 15 = 21780 \text{ W}$$

→由公式 $P = I^2R$ 求功率，注意，Z_1 是端线阻抗，三相负载的功率应该是不包括 Z_1 的功率的

（3）→此题计算过于复杂，了解解题思路即可
列写结点电压方程：
$$\left(\frac{1}{Z_1} + \frac{1}{Z_1+Z} + \frac{1}{Z_1+Z}\right)\dot{U}_{N'N} = \frac{\dot{U}_A}{Z_1} + \frac{\dot{U}_B}{Z_1+Z} + \frac{\dot{U}_C}{Z_1+Z}$$

据此可以求出 $\dot{U}_{N'N}$，进而可以求出电流 $\dot{I}_A$、$\dot{I}_B$、$\dot{I}_C$。
再由 $P = I_B^2\text{Re}[Z] + I_C^2\text{Re}[Z]$ 求出三相负载吸收的功率。

（4）A相负载开路，所以 $I_A = 0$。
$$I_B = I_C = \frac{U_{BC}}{2|Z_1+Z|} = \frac{1228.21}{2\sqrt{16^2+(15\sqrt{3}+2)^2}} = 19.05 \text{ A}$$

→A相负载开路，则B、C两相串联

$$P = I_B^2 \text{Re}[2Z] = 19.05^2 \times 30 = 10887.08 \text{ W}$$

（5）如果加接零阻抗中性线 $Z_N = 0$，则强迫中性点等电位，每相可以分开计算。
如果A相的负载阻抗等于零，则→A相负载短路，所以A相负载功率为0，B、C两相与无中性线对称负载的情形一致。A相负载开路时，也是类似的

$$I_A = \frac{U_A}{|Z_1|} = \frac{709.11}{\sqrt{5}} = 317.12 \text{ A}$$
$$P = \frac{2}{3} \times 21780 = 14520 \text{ W}$$

如果A相负载开路，
$$I_A = 0$$
$$P = \frac{2}{3} \times 21780 = 14520 \text{ W}$$

12-6 题12-6图所示对称三相电路中，$U_{A'B'} = 380$ V，三相电动机吸收的功率为1.4 kW，其功率因数 $\lambda = 0.866$（滞后），$Z_1 = -\text{j}55$ Ω。求 U_{AB} 和电源端的功率因数 λ'。

→本题由两个功率因数，一个是三相电动机的，一个是从电源端看过去的

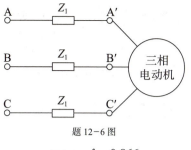

题 12-6 图

解：
$$\cos\varphi = \lambda = 0.866$$
由
$$P = \sqrt{3}U_{A'B'}I_A\cos\varphi$$
解得线电流
$$I_A = \frac{P}{\sqrt{3}U_{A'B'}\cos\varphi} = \frac{1400}{\sqrt{3}\times 380\times 0.866} = 2.47 \text{ A}$$

负载相电压 $U_{A'} = \dfrac{U_{A'B'}}{\sqrt{3}} = 220$ V，设 $\dot{U}_{A'} = 220\angle 0°$ V

由于
$$\cos\varphi = 0.866, \quad \varphi = 30°$$
所以
$$\dot{I}_A = 2.47\angle -30° \text{ A}$$
得到电源相电压
$$\dot{U}_A = \dot{I}_A Z_1 + \dot{U}_{A'} = 2.47\angle -30° \cdot (-j55) + 220\angle 0° = 192.28\angle -37.73° \text{ V}$$
电源线电压
$$\dot{U}_{AB} = \sqrt{3}\dot{U}_A\angle 30° = 333.04\angle -7.73° \text{ V}$$
所以
$$\lambda' = \cos(\varphi_{U_A} - \varphi_{I_A}) = \cos 7.73° = 0.991$$

12-7 题 12-7 图所示对称 Y-Δ 三相电路中，$U_{AB} = 380$ V，功率表的读数 W_1 为 782，W_2 为 1976.44。求：

（1）负载吸收的复功率 $\bar{S}$ 和阻抗 Z。

（2）开关 S 打开后，功率表的读数。

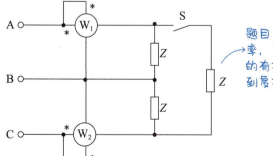

题 12-7 图

题目是"两表法"，已知两表功率，可以快速求解三相负载吸收的有功功率、无功功率，从而得到复功率

解：（1）两个功率表读数分别为 $P_1 = U_l I_l \cos(\varphi + 30°)$，$P_2 = U_l I_l \cos(\varphi - 30°)$，即
$$P = P_1 + P_2 = 782 + 1976.44 = 2758.44 \text{ W}$$
$$Q = \sqrt{3}(P_2 - P_1) = \sqrt{3}\times (1976.44 - 782) = 2068.83 \text{ var}$$

$$\tan\varphi = \frac{Q}{P} = \frac{2\,068.83}{2\,758.44} = 0.75$$

得 $\varphi = 36.87°$，功率因数 $\cos\varphi = 0.8$。

由
$$P = \sqrt{3}U_l I_l \cos\varphi$$

解得
$$I_l = \frac{P}{\sqrt{3}U_l \cos\varphi} = \frac{2\,758.44}{\sqrt{3}\times 380\times 0.8} = 5.24\text{ A}$$

相电流：
$$I_\varphi = \frac{I_l}{\sqrt{3}} = 3.025\text{ A}$$

阻抗的幅值：
$$|Z| = \frac{U_{AB}}{I_A} = \frac{380}{3.025} = 125.62\ \Omega$$

所以阻抗为
$$Z = |Z|\angle\varphi = 125.62\angle 36.87° = (100.5 + \text{j}75.37)\ \Omega$$

（2）

设 $\dot{U}_{AB} = 380\angle 0°\text{ V}$，则

$$\dot{U}_{BC} = 380\angle -120°\text{ V}$$

$$\dot{U}_{CB} = -\dot{U}_{BC} = 380\angle 60°\text{ V}$$

$$\dot{I}_A = \frac{\dot{U}_{AB}}{Z} = \frac{380\angle 0°}{125.62\angle 36.87°} = 3.025\angle -36.87°\text{ A}$$

$$\dot{I}_C = \frac{\dot{U}_{CB}}{Z} = \frac{380\angle 60°}{125.83\angle 36.81°} = 3.025\angle 23.13°\text{ A}$$

$$P_1 = \text{Re}\left[\dot{U}_{AB}\dot{I}_A^*\right] = \text{Re}\left[380\angle 0°\cdot 3.025\angle 36.87°\right] = 919.6\text{ W}$$

$$P_2 = \text{Re}\left[\dot{U}_{CB}\dot{I}_C^*\right] = \text{Re}\left[380\angle 60°\cdot 3.025\angle -23.13°\right] = 919.6\text{ W}$$

开关 S 打开后，左边两个负载 Z 的电压仍然为相应的电源线电压，因而电流与 S 打开之前一致。进而由 KCL，我们可以知道 B 相的线电流也不变，A、C 的线电流直接就等于相应的负载相电流

12-8 题 12-8 图所示电路中，对称三相电源端的线电压 $U_l = 380$ V，$Z = (50 + \text{j}50)\ \Omega$，$Z_1 = (100 + \text{j}100)\ \Omega$，$Z_A$ 为 R、L、C 串联组成，$R = 50\ \Omega$，$X_L = 314\ \Omega$，$X_C = -264\ \Omega$。

（1）求开关 S 打开时的线电流。

（2）若用二瓦计法测量电源端三相功率，试画出接线图，并求两个功率表的读数 (S 闭合时)。

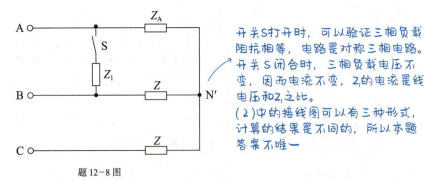

题 12-8 图

开关 S 打开时，可以验证三相负载阻抗相等，电路是对称三相电路。开关 S 闭合时，三相负载电压不变，因而电流不变，Z 的电流是线电压和 Z 之比。
(2) 中的接线图可以有三种形式，计算的结果是不同的，所以本题答案不唯一

解：（1）开关 S 打开时，有

$$Z_A = R + \text{j}(X_L + X_C) = (50 + \text{j}50)\ \Omega$$

$Z_A = Z$，负载是三相对称负载，所以电路是三相对称电路。

相电压:
$$U_\varphi = \frac{U_l}{\sqrt{3}} = \frac{380}{\sqrt{3}} = 220 \text{ V}$$

设 $\dot{U}_A = 220\angle 0° \text{ V}$，抽单相，有

$$\dot{I}_A = \frac{\dot{U}_A}{Z_A} = \frac{220\angle 0°}{50+\text{j}50} = 2.2\sqrt{2}\angle -45° \text{ A}$$

由对称性，有 $\dot{I}_B = 2.2\sqrt{2}\angle -165° \text{ A}$，$\dot{I}_C = 2.2\sqrt{2}\angle 75° \text{ A}$

（2）接线图如题解 12-8 图所示。

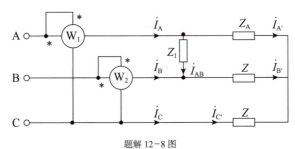

题解 12-8 图

$$\dot{U}_{AB} = 380\angle 30° \text{ V}, \quad \dot{U}_{BC} = 380\angle -90° \text{ V}, \quad \dot{U}_{CA} = 380\angle 150° \text{ V}$$

所以 $\dot{U}_{AC} = 380\angle -30° \text{ V}$，即

$$\dot{I}_{AB} = \frac{\dot{U}_{AB}}{Z_1} = \frac{380\angle 30°}{100+\text{j}100} = 2.687\angle -15° \text{ A}$$

由 KCL，有

$$\dot{I}_A = \dot{I}_{A'} + \dot{I}_{AB} = 2.2\sqrt{2}\angle -45° + 2.687\angle -15° = 5.6\angle -31.12° \text{ A}$$

$$\dot{I}_B = \dot{I}_{B'} - \dot{I}_{AB} = 2.2\sqrt{2}\angle -165° - 2.687\angle -15° = 5.6\angle 178.87° \text{ A}$$

两个功率表的读数:

$$P_1 = \text{Re}[\dot{U}_{AC}\dot{I}_A^*] = \text{Re}[380\angle -30° \cdot 5.6\angle 31.12°] = 2127.59 \text{ W}$$

$$P_2 = \text{Re}[\dot{U}_{BC}\dot{I}_B^*] = \text{Re}[380\angle -90° \cdot 5.84\angle 178.80°] = 43.46 \text{ W}$$

12-9 题 12-9 图所示电路中，电源为对称三相电源。

（1）L、C 满足什么条件时，线电流对称？

（2）若 $R = \infty$（开路），再求线电流。

题 12-9 图

解：（1）设 $\dot{U}_{AB} = U_L\angle 0°$，则 $\dot{U}_{BC} = U_L\angle -120°$，$\dot{U}_{CA} = U_L\angle 120°$。

求各个相电流：

$$\dot{I}_{AB} = \frac{U_L}{R}\angle 0°$$

$$\dot{I}_{BC} = j\omega C\dot{U}_{BC} = \omega CU_L\angle -30°$$

$$\dot{I}_{CA} = \frac{\dot{U}_{CA}}{j\omega L} = \frac{U_L\angle 120°}{j\omega L} = \frac{U_L}{\omega L}\angle 30°$$

由 KCL，求各个线电流：

$$\dot{I}_A = \dot{I}_{AB} - \dot{I}_{CA} = \frac{U_L}{R}\angle 0° - \frac{U_L}{\omega L}\angle 30°$$

$$\dot{I}_B = \dot{I}_{BC} - \dot{I}_{AB} = \omega CU_L\angle -30° - \frac{U_L}{R}$$

$$\dot{I}_C = \dot{I}_{CA} - \dot{I}_{BC} = \frac{U_L}{\omega L}\angle 30° - \omega CU_L\angle 30°$$

三相电流对称，则 $\dot{I}_A = \dot{I}_B\angle 120° = \dot{I}_C\angle -120°$，得 →线电流对称的条件是：各电流幅值相等，相位互差120°

$$\frac{1}{R} - \frac{1}{\omega L}\angle 30° = j\omega C - \frac{1}{R}\angle 120° = -j\frac{1}{\omega L} - \omega C\angle -150°$$

令实部和虚部分别相等，得

$$\begin{cases} \dfrac{1}{R} - \dfrac{\sqrt{3}}{2}\dfrac{1}{\omega L} = \dfrac{1}{2}\dfrac{1}{R} = \dfrac{\sqrt{3}}{2}\omega C \\ -\dfrac{1}{2}\dfrac{1}{\omega L} = \omega C - \dfrac{\sqrt{3}}{2}\dfrac{1}{R} = -\dfrac{1}{\omega L} + \dfrac{1}{2}\omega C \end{cases}$$

解得 $\begin{cases} \omega L = \sqrt{3}R \\ \dfrac{1}{\omega C} = \sqrt{3}R \end{cases}$

（2）若 $R = \infty$（开路），则

$$\dot{I}_A = \frac{\dot{U}_{AC}}{j\omega L} = \frac{U_L\angle -60°}{\sqrt{3}R\angle 90°} = \frac{U_L}{\sqrt{3}R}\angle -150°$$

$$\dot{I}_B = j\omega C\dot{U}_{BC} = j\frac{1}{\sqrt{3}R}\cdot U_L\angle -120° = \frac{U_L}{\sqrt{3}R}\angle -30°$$

$$\dot{I}_C = -\dot{I}_A - \dot{I}_B = \frac{U_L}{\sqrt{3}R}\angle 30° + \frac{U_L}{\sqrt{3}R}\angle 150° = \frac{U_L}{\sqrt{3}R}\angle 90°$$

12-10 已知对称三相电路中的线电压为 380 V，$f = 50$ Hz，负载吸收的功率为 2.4 kW（参阅题 12-7 图），功率因数为 0.4（感性）。

（1）求两个功率表的读数（用二瓦计法测量功率时）。

（2）怎样才能使负载端的功率因数提高到 0.8？并求出两个功率表的读数。

> 求出线电流之后，两个功率表的读数可以快速求出负载为感性负载，提高负载端的功率因数，可以并联电容（星形联结或三角形联结均可，答案不唯一）。并联电容前后，电路发生变化，但是要在变化中抓住不变的量：电路吸收的有功功率不变

解： 如题解 12-10（a）图所示。

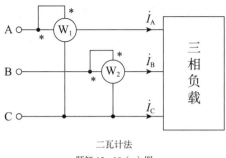

二瓦计法
题解 12-10（a）图

（1）由 $P = \sqrt{3}U_l I_l \cos\varphi$，得

$$I_l = \frac{P}{\sqrt{3}U_l \cos\varphi} = \frac{2\,400}{\sqrt{3}\times 380\times 0.4} = 9.116\text{ A}$$

由 $\cos\varphi = 0.4$，所以 $\varphi = 66.42°$，即

$$P_1 = U_{AC}I_A\cos(\varphi - 30°) = 380\times 9.116\times\cos(36.42°) = 2\,787.5\text{ W}$$
$$P_2 = U_{BC}I_B\cos(\varphi + 30°) = 380\times 9.116\times\cos(96.42°) = -387.34\text{ W}$$

（2）如题解 12-10（b）图所示，设 $\dot{U}_A = 220\angle 0°$ V，则 $\dot{I}_A = 9.116\angle -66.42°$ A。

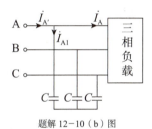

题解 12-10（b）图

可以并联电容，使负载端的功率因数提高到 0.8。

并联电容之后，$\cos\varphi' = 0.8$，$\varphi' = 36.87°$。

线电流：

$$I_l' = \frac{P}{\sqrt{3}U_C \cos\varphi'} = \frac{2\,400}{\sqrt{3}\times 380\times 0.8} = 4.558\text{ A}$$ ⟶ 并联电容不影响电路的有功功率

$$\dot{I}_{A'} = 4.558\angle -36.87°\text{ A}$$

由 KCL，有 $\dot{I}_{A1} = \dot{I}_{A'} - \dot{I}_A = 4.558\angle -36.87° - 9.116\angle -66.42° = 5.62\angle 90°$ A

$$\frac{1}{\omega C} = \frac{U_A}{I_{A1}} = \frac{220}{5.62} = 39.146\text{ }\Omega$$

解得

$$C = \frac{1}{39.146\omega} = \frac{1}{39.146\times 100\pi} = 81.31\text{ }\mu\text{F}$$

$$P_1 = U_{AC}I_A'\cos(\varphi' - 30°) = 380\times 4.558\cos 6.87° = 1\,719.6\text{ W}$$
$$P_2 = U_{BC}I_B'\cos(\varphi' + 30°) = 380\times 4.558\cos 66.87° = 680.38\text{ W}$$

12-11 题 12-11 图所示三相（四线）制电路中 $Z_1 = -\text{j}10\text{ }\Omega$，$Z_2 = (5+\text{j}12)\text{ }\Omega$，对称三相电源的线电压为 380 V，图中电阻 R 吸收的功率为 24 200 W（S 闭合时）。

（1）开关 S 闭合时图中各表的读数。根据功率表的读数能否求得整个负载吸收的总功率？

（2）开关 S 打开时图中各表的读数有无变化？功率表的读数有无意义？

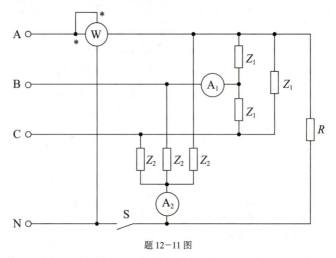

题 12-11 图

解：（1）画出电路图 [见题解 12-11（a）图]：

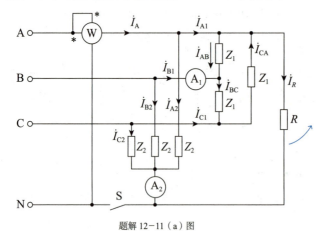

题解 12-11（a）图

当开关 S 闭合时，电阻 R 的存在使得电路不对称了，虽然电路整体不对称，但是三相负载 Z_2 仍然局部对称，是可以抽单相来求 Z_2 负载上的电流的。另外，负载 Z_1 的相电流是对称的，因为其线电压和电源线电压是一致的。电阻 R 上的电流也是容易求得的。结合 KCL 可以求各支路电流，这个问题的计算就可以解决了。

设 $\dot{U}_A = 220\angle 0° \text{ V}$，有

$$\dot{I}_{AB} = \frac{\dot{U}_{AB}}{Z_1} = \frac{380\angle 30°}{-\text{j}10} = 38\angle 120° \text{ A}$$

$$\dot{I}_{BC} = 38\angle 0° \text{ A}$$

由 KCL，有 $\dot{I}_{B1} = \dot{I}_{BC} - \dot{I}_{AB} = 38\sqrt{3}\angle -30° \text{ A} = 65.82\angle -30° \text{ A}$

电流表 A_1 的读数为 65.82A，则

$$\dot{I}_{A2} + \dot{I}_{B2} + \dot{I}_{C2} = 0$$

由 KCL 可知电流表 A_2 的读数为 0。

下面求功率表的读数：

法一（用功率表读数的定义式硬算）：

可以由电阻功率计算电阻阻值：
由 $P_R = \dfrac{U_A^2}{R}$，得 $R = \dfrac{U_A^2}{P_R} = \dfrac{220^2}{24\,200} = 2\,\Omega$

$$\dot{I}_{A2} = \frac{\dot{U}_A}{Z_2} = \frac{220\angle 0°}{5+\mathrm{j}12} = 16.923\angle -67.38° \text{ A}$$

$$\dot{I}_{A1} = \dot{I}_{AB} - \dot{I}_{CA} + \dot{I}_R = \sqrt{3}\dot{I}_{AB}\angle 30° + \dot{I}_R = 38\sqrt{3}\angle 90° + \dot{I}_R$$

$$P = \mathrm{Re}\left[\dot{U}_A \dot{I}_A^*\right] = \mathrm{Re}\left[\dot{U}_A \left(\dot{I}_{A1} + \dot{I}_{A2}\right)^*\right]$$

$$= \mathrm{Re}\left[\dot{U}_A \dot{I}_{A2}^*\right] + \mathrm{Re}\left[\dot{U}_A 38\sqrt{3}\angle -90°\right] + \mathrm{Re}\left[\dot{U}_A \dot{I}_R^*\right]$$

$$= \mathrm{Re}\left[220\angle 0° \cdot 16.923\angle 67.38°\right] + 0 + P_R$$

$$= 1\,432.7 + 24\,200 = 25\,632.7 \text{ W}$$

法二：

R 的存在不影响 Z_1 负载部分、Z_2 负载部分的对称性，两个负载部分的电压、电流仍然是对称的。如果把 R 所在支路去掉，那么其他各部分电压、电流都不发生改变，此时功率表的读数是三相负载（包括 Z_1 和 Z_2）的有功功率的三分之一。带上 R 所在支路后，功率表的读数就变成三相负载有功功率的三分之一，再加上 R 的功率。

> 因为功率表的电流线圈的电流增加了 $\dot{I}_R$，电压线圈的电流正是 R 两端的电压

Z_1 是纯电抗，不吸收有功功率，所以功率表的读数就是 Z_2 的一相的功率和电阻功率之和。

$$I_{A2} = \frac{U_A}{|Z_2|} = \frac{220}{\sqrt{5^2 + 12^2}} = 16.923 \text{ A}$$

$$P_{A2} = I_{A2}^2 \mathrm{Re}[Z_2] = 16.923^2 \times 5 = 1\,431.94 \text{ W}$$

$$P = P_{A2} + P_R = 1\,431.94 + 2\,4200 = 25\,631.94 \text{ W}$$

根据功率表的读数能否求得整个负载吸收的总功率？

如果只给出功率表的读数不能求得整个负载吸收的总功率，因为 R 的存在使得电路不是对称的三相四线制，因而不能用所谓的"一表法"求整个负载吸收的功率。

如果给出功率表的读数和电阻 R 吸收的功率 P_R，那么根据前面的分析，我们有

$$\text{功率表的读数} = \frac{1}{3} \times \text{三相负载功率} + P_R$$

从而可以求出：

$$\text{三相负载功率} = 3 \times (\text{功率表的读数} - P_R)$$

> 开关 S 打开时，电路是不对称三相电路，考虑用结点电压法求出 N′ 点的电压，然后再求其他各量

（2）

开关 S 打开时［见题解 12-11（b）图］，A_1 表读数不变，仍然为 65.82 A，因为 Z_1 负载组的相电流保持不变。

A_2 的读数发生改变，不再为 0，因为 R 的存在破坏了 Z_2 负载组线电流的对称关系。

下面计算 A_2 的读数和功率表的读数：

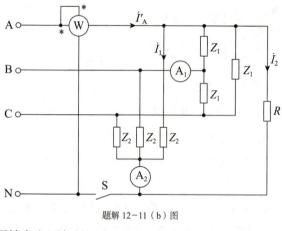

题解 12-11（b）图

列写结点电压方程：

$$\left(\frac{1}{Z_2}+\frac{1}{Z_2}+\frac{1}{Z_2}+\frac{1}{R}\right)\dot{U}_{N'N} = \frac{\dot{U}_A}{Z_2}+\frac{\dot{U}_B}{Z_2}+\frac{\dot{U}_C}{Z_2}+\frac{\dot{U}_A}{R}$$

> 由电源的对称性，方程右边的 $\frac{\dot{U}_A}{Z_2}+\frac{\dot{U}_B}{Z_2}+\frac{\dot{U}_C}{Z_2}$ 等于0，从而大大简化了计算

解得 $\dot{U}_{N'N} = 175.69\angle 19.89°$ V。

$$\dot{I}'_A = \dot{I}_1 + 38\sqrt{3}\angle 90° + \dot{I}_2$$

> 式中，$38\sqrt{3}\angle 90°$ 是 Z_1 负载组对 $\dot{I}'_A$ 的贡献（与开关闭合时的情形下是一致的）

$$\dot{I}_1 = \frac{\dot{U}_A - \dot{U}_{N'N}}{Z_2} = \frac{220\angle 0° - 175.69\angle 19.89°}{5+\mathrm{j}12} = 6.237\angle -114.87° \text{ A}$$

$$\dot{I}_2 = \frac{\dot{U}_A - \dot{U}_{N'N}}{R} = \frac{220\angle 0° - 175.69\angle 19.89°}{2} = 40.54\angle -47.49° \text{ A}$$

$$P' = \mathrm{Re}\left[\dot{U}_A \dot{I}'^*_A\right] = \mathrm{Re}\left[\dot{U}_A\left(\dot{I}^*_1 + 38\sqrt{3}\angle -90° + \dot{I}^*_2\right)\right]$$

$$= 220\times 6.237\cdot\cos 114.87° + 0 + 220\times 40.54\cdot\cos 47.49° = 5449.53 \text{ W}$$

A_2 的读数为 40.54 A，功率表读数为 5 449.53 W。

功率表的读数是 A 相电压源发出的功率，有实际意义。

12-12 题 12-12 图所示为对称三相电路，线电压为 380 V，$R = 200\ \Omega$，负载吸收的无功功率为 $1520\sqrt{3}$ var。试求：

> 题目中的"吸收"表述不准确，我们一般认为电容是发出无功功率的

（1）各线电流。

（2）电源发出的复功率。

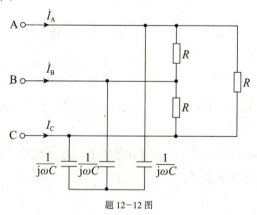

题 12-12 图

解：（1）画出电路图（见题解 12-12 图）。

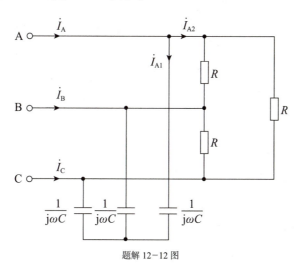

题解 12-12 图

相电压 $U_\varphi = \dfrac{U_L}{\sqrt{3}} = \dfrac{380}{\sqrt{3}}$ V，设 $\dot{U}_A = \dfrac{380}{\sqrt{3}}\angle 0°$ V。

A 相负载发出的无功功率：

$$|Q_A| = \dfrac{1520\sqrt{3}}{3} \text{ var}$$

由 $|Q_A| = U_A I_{A1}$，有 → 只有电容会发出无功功率，所以这里是乘以一相电容的电流 I_{A1}

$$I_{A1} = \dfrac{|Q_A|}{U_A} = \dfrac{1520\sqrt{3}}{3 \times \dfrac{380}{\sqrt{3}}} = 4 \text{ A}$$

$$\dot{I}_{A1} = 4\angle 90° \text{ A}$$

$$\dot{I}_{A2} = \dfrac{\dot{U}_A}{\dfrac{R}{3}} = \dfrac{3 \times 220\angle 0°}{200} = 3.3\angle 0° \text{ A}$$

→ 相当于将三角形联结的电阻变换为星形联结，等效的星形联结的一相电阻为 $\dfrac{R}{3}$

由 KCL，有 $\dot{I}_A = \dot{I}_{A1} + \dot{I}_{A2} = 3.3 + j4 = 5.186\angle 50.48° \text{ A}$

由对称性，有 $\dot{I}_B = 5.186\angle -69.52° \text{ A}$，$\dot{I}_C = 5.186\angle 170.48° \text{ A}$

（2）

$$P = \sqrt{3} U_L I_{A2} = \sqrt{3} \times 380 \times 3.3 = 2172 \text{ W}$$

$$\bar{S} = P + jQ = (2172 - j1520\sqrt{3}) \text{V}\cdot\text{A}$$

→ 注意电容是发出无功，所以复功率的 Q 应该在前面添负号

12-13 题 12-13 图所示为对称三相电路，线电压为 380 V，相电流 $I_{A'B'} = 2$ A。求图中功率表的读数。

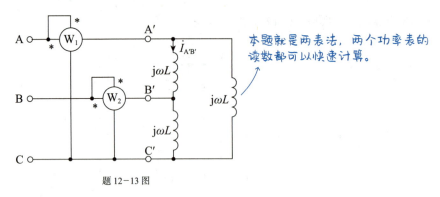

题 12-13 图

解：负载是纯电感负载，所以 $\varphi = 90°$。

由线、相电流之间的关系，$I_l = \sqrt{3}I_{A'B'} = 2\sqrt{3}$ A，有

$$P_1 = U_{AC}I_A\cos(\varphi - 30°) = 380 \times 2\sqrt{3} \times \cos 60° = 658.18 \text{ W}$$

$$P_2 = U_{BC}I_B\cos(\varphi + 30°) = 380 \times 2\sqrt{3} \times \cos 120° = -658.18 \text{ W}$$

12-14 题 12-14 图所示电路中的 U_S 是频率 $f = 50$ Hz 的正弦电压源。若要使 $\dot{U}_{ao}$、$\dot{U}_{bo}$、$\dot{U}_{co}$ 构成对称三相电压，R、L、C 之间应当满足什么关系？设 $R = 20 \Omega$，求 L 和 C 的值。

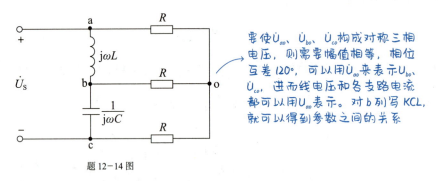

题 12-14 图

解：画出电路图（见题解 12-14 图）。

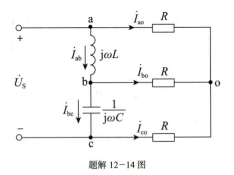

题解 12-14 图

由对称三相电压之间的关系，有 $\dot{U}_{ao} = \dot{U}_{bo}\angle 120° = \dot{U}_{co}\angle -120°$，即

$$\dot{U}_{ab} = \sqrt{3}\dot{U}_{ao}\angle 30°$$

$$\dot{U}_{bc} = \dot{U}_{ab}\angle -120° = \sqrt{3}\dot{U}_{ao}\angle -90°$$

$$\dot{I}_{ab} = \frac{\dot{U}_{ab}}{j\omega L} = \frac{\sqrt{3}\dot{U}_{ao}\angle 30°}{j\omega L} = \frac{\sqrt{3}}{\omega L}\dot{U}_{ao}\angle -60°$$

$$\dot{I}_{bc} = j\omega C\dot{U}_{bc} = \sqrt{3}\omega C\dot{U}_{ac}$$

$$\dot{I}_{bo} = \frac{\dot{U}_{bo}}{R} = \frac{\dot{U}_{ao}\angle -120°}{R} \longrightarrow 将所有的量都用 \dot{U}_{ao} 表示,最后等$$
$$式两端可以消去 \dot{U}_{ao}$$

由 KCL,有
$$\dot{I}_{ab} = \dot{I}_{bc} + \dot{I}_{bo}$$

所以
$$\frac{\sqrt{3}}{\omega L}\angle -60° = \sqrt{3}\omega C + \frac{1}{R}\angle -120° \longrightarrow 复数方程可以导出两个代数方程$$

令实部和虚部分别相等,有

$$\begin{cases} \dfrac{\sqrt{3}}{2\omega L} = \sqrt{3}\omega C - \dfrac{1}{2}\dfrac{1}{R} \\ -\dfrac{3}{2}\dfrac{1}{\omega L} = -\dfrac{\sqrt{3}}{2}\dfrac{1}{R} \end{cases}$$

解得 $\begin{cases} \omega L = \sqrt{3}R \\ \dfrac{1}{\omega C} = \sqrt{3}R \end{cases}$。

设 $R = 20\,\Omega$,则

$$\omega = 2\pi f = 100\pi\ \text{rad}/\text{s}$$

$$L = \frac{\sqrt{3}R}{\omega} = \frac{20\sqrt{3}}{100\pi} = 0.11\,\text{H}$$

$$C = \frac{1}{\sqrt{3}\omega R} = \frac{1}{\sqrt{3}\cdot 100\pi \cdot 20} = 91.89\,\mu\text{F}$$

12-15

略

12-16

略

第十三章 非正弦周期电流电路和信号的频谱

13-1 非正弦周期信号

非正弦周期信号的波形是非正弦波,分为周期的和非周期的两种。

13-2 非正弦周期函数分解为傅里叶级数

如果一个周期函数(周期为 T)满足狄里赫利条件,那么就可以把它展开成收敛的傅里叶级数,也就是无数不同频率(这些频率都是 $\dfrac{2\pi}{T}$ 的整数倍)的正弦函数之和,即

$$f(t) = \dfrac{a_0}{2} + \sum_{k=1}^{\infty}\left[a_k\cos(k\omega_1 t) + b_k\sin(k\omega_1 t)\right]$$

式中,$\omega_1 = \dfrac{2\pi}{T}$,$a_k = \dfrac{2}{T}\int_0^T f(t)\cos(k\omega_1 t)\mathrm{d}t$,$b_k = \dfrac{2}{T}\int_0^T f(t)\sin(k\omega_1 t)\mathrm{d}t$。

非正弦周期函数的频谱是离散的,每个 $k\omega_1$ 对应一个幅值。

> **电路一点通**
>
> 需要记住以下结论:
>
> 如果 $f(t)$ 是奇函数,$f(t) = -f(-t)$,则 $a_k = 0$,函数图像关于原点对称。
>
> 如果 $f(t)$ 是偶函数,$f(t) = f(-t)$,则 $b_k = 0$,函数图像关于纵轴对称。
>
> 如果 $f(t)$ 是半波奇对称函数,$f(t) = -f\left(t + \dfrac{T}{2}\right)$,则 $a_{2k} = b_{2k} = 0$(无偶次谐波),将图像平移 $\dfrac{T}{2}$ 后,得到的图像是关于原来的函数图像的横轴对称。

13-3 有效值、平均值和平均功率

一、有效值

有效值定义为

$$I = \sqrt{\dfrac{1}{T}\int_0^T i^2 \mathrm{d}t}$$

如果

$$i = I_0 + \sum_{k=1}^{\infty} I_{km}\cos(k\omega_1 t + \phi_k)$$

那么可以证明,它的有效值是 $I = \sqrt{I_0^2 + \sum\limits_{k=1}^{\infty} I_k^2}$,其中,$I_k = \dfrac{I_{km}}{\sqrt{2}}$。

总的有效值是各分量的有效值的平方和再开根号

二、平均值

以电流为例，我们把平均值定义为

$$I_{av} = \frac{1}{T}\int_0^T |i|\,dt$$

即电流的平均值是此电流绝对值的平均值。

三、不同仪表的测量结果

磁电系仪表（直流仪表）：测量电流的恒定分量，也就是<u>直流分量</u>。

电磁系仪表：测量电流的<u>有效值</u>。

全波整流仪表：测量电流的<u>平均值</u>。

四、平均功率

设关联参考方向下：

$$u = U_0 + \sum_{k=1}^{\infty} U_{km}\cos(k\omega_1 t + \phi_{uk}), \quad i = I_0 + \sum_{k=1}^{\infty} I_{km}\cos(k\omega_1 t + \phi_{ik})$$

则吸收的平均功率（有功功率）为

$$P = U_0 I_0 + \sum_{k=1}^{\infty} U_k I_k \cos\varphi_k$$

其中，$U_k = \dfrac{U_{km}}{\sqrt{2}}$，$I_k = \dfrac{I_{km}}{\sqrt{2}}$，$\varphi_k = \phi_{uk} - \phi_{ik}$。

故 平均功率 = 直流分量功率 + 各次谐波平均功率。

13-4 非正弦周期电流电路的计算

具体的求解步骤和方法，将在"斩题型"部分介绍。

13-5 对称三相电路中的高次谐波

一、各次谐波的对称性

三相电压分别为 $u_A = u(t)$，$u_B = u\left(t - \dfrac{T}{3}\right)$，$u_C = u\left(t + \dfrac{T}{3}\right)$。

发电机每相电压为奇谐波函数，对于 k 次谐波，k 只能为奇数。

$k = 6n+1$ 次谐波：构成<u>正序</u>对称的三相电压，这类谐波组成正序对称组；

$k = 6n+3$ 次谐波：构成<u>零序</u>对称的三相电压，这类谐波组成零序对称组；→ 零序对称是指等幅、同相位

$k = 6n+5$ 次谐波：构成<u>负序</u>对称的三相电压，这类谐波组成负序对称组。

二、零序分量的分析

↗ 零序分量的分析并不是电路课程中的重点，但是它为以后电气工程的课程（例如电机学、电力系统分析）打下基础

当三相零序电源有不同接法的时候，零序组分量的作用效果也不同。

（1）<u>对称角接</u>：在三角形电源回路中产生"<u>零序环流</u>"，零序<u>线电压为0</u>，因而电源所接的外电路不含零序分量。

（2）对称星接无中性线：零序分量不能流通，只有电源相电压有零序分量，其余电压、电流不含零序分量。

（3）对称星接有中性线：零序分量可以流通，中性线中的电流等于三相电流相加。

13-6 傅里叶级数的指数形式

傅里叶级数的指数形式为

$$f(t) = \sum_{k=-\infty}^{\infty} c_k e^{jk\omega_1 t}$$ ——注意这里的 k 有正有负

式中，$c_k = \dfrac{1}{T}\int_0^T f(t)e^{-jk\omega_1 t}dt$。

幅度频谱图关于纵轴对称。

13-7 傅里叶积分简介

本章第二节中的傅里叶分解适用于非正弦周期函数，而本节的傅里叶变换可以适用于非周期函数。

傅里叶积分，也称傅里叶变换，定义为

$$F(j\omega) = \int_{-\infty}^{\infty} f(t)e^{-j\omega t}dt$$ ——在下一章中，我们将会介绍拉普拉斯变换，可以更好地应用到电路分析里面

傅里叶逆变换为

$$f(t) = \frac{1}{2\pi}\int_{-\infty}^{\infty} F(j\omega)e^{j\omega t}d\omega$$

通过上面两个变换，就可以在时域和频域之间建立一一对应关系，$F(j\omega)$揭示$f(t)$的频域特性。

斩题型

题型 求非正弦周期激励下的响应

步骤：

（1）分别计算直流分量和各次谐波分量单独作用时，在电路产生的稳态响应。

（2）对每一响应，将直流分量和各次谐波分量的瞬时值相加，得到电路稳态响应的瞬时值。

> **电路一点通**
>
> （1）以上响应是指电流或者电压，不包括功率。
>
> （2）如果求响应的有效值，则利用公式 $I = \sqrt{I_0^2 + \sum\limits_{k=1}^{\infty} I_k^2}$ 求出。
>
> （3）如果求某元件的平均功率，也是先算出这个元件在直流分量和各次谐波分量单独作用下的平均功率，然后再相加。注意，这里的相加不是叠加定理。

> （4）在不同的频率下，电容、电感、互感的电抗值会不同，因为 $\dfrac{1}{\omega C}$、ωL、ωM 都与频率有关。
>
> （5）同一频率分量下，如果有多个电源作用，应该多个电源共同作用，求出该频率下的响应。
>
> （6）这种题型经常结合谐振的知识进行考查，当题目出现滤去或者全部通过某一分量等信息时，应该联想到串并联谐振的知识。

解习题

13-1 求下列非正弦周期函数 $f(t)$ 的频谱函数(傅里叶级数系数)，并作频谱图。

（1）$f(t)=\cos(4t)+\sin(6t)$。→ 已经是正弦项相加的形式了，傅里叶级数的系数可以直接得到

（2）$f(t)$ 如题 13-1（a）、（b）、（c）图所示。

→ 给出一个周期内的函数图像，用傅里叶分解的公式求各个系数。
→ 注意应用奇、偶函数傅里叶级数系数的特殊性

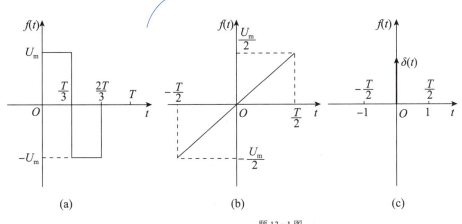

题 13-1 图

解：（1）$\cos(4t)$ 的周期 $T_1=\dfrac{2\pi}{4}=\dfrac{\pi}{2}$，$\cos(6t)$ 的周期 $T_2=\dfrac{2\pi}{6}=\dfrac{\pi}{3}$，所以 $f(t)$ 的周期为 $T=\pi$，即

$$\omega=\dfrac{2\pi}{T}=2$$

← T_1 和 T_2 的最小公倍数

$$f(t)=\cos(4t)+\sin(6t)=\cos(4t)+\cos(6t-90°)=\cos(2\omega t)+\cos(3\omega t-90°)$$

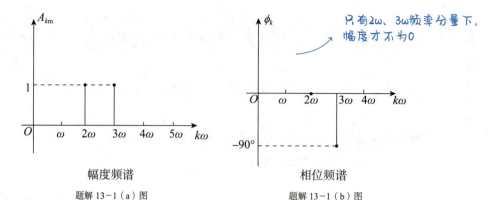

幅度频谱

题解 13-1（a）图

相位频谱

题解 13-1（b）图

（2）（a）时域表达式：

$$f(t)=\begin{cases} U_\mathrm{m}, & 0 \leqslant t < \dfrac{T}{3} \\ -U_\mathrm{m}, & \dfrac{T}{3} \leqslant t < \dfrac{2T}{3} \\ 0, & \dfrac{2T}{3} \leqslant t < T \end{cases}$$

由 $\dfrac{2}{T}\int_0^T f(t)\mathrm{d}t = 0$，所以 $A_{k0} = 0$。

当 $k \neq 0$ 时，有

$$A_{km}\mathrm{e}^{\mathrm{j}\phi_k} = \dfrac{2}{T}\int_0^T f(t)\mathrm{e}^{-\mathrm{j}k\omega_1 t}\mathrm{d}t = \dfrac{2}{T}\int_0^{\frac{T}{3}} U_\mathrm{m}\mathrm{e}^{-\mathrm{j}k\omega_1 t}\mathrm{d}t - \dfrac{2}{T}\int_{\frac{T}{3}}^{\frac{2T}{3}} U_\mathrm{m}\mathrm{e}^{-\mathrm{j}k\omega_1 t}\mathrm{d}t + 0$$

$$= \dfrac{2}{T}\dfrac{\mathrm{j}U_\mathrm{m}}{k\omega_1}\left(\mathrm{e}^{-\mathrm{j}k\frac{2\pi}{3}} - 1\right) - \dfrac{2}{T}\dfrac{\mathrm{j}U_\mathrm{m}}{k\omega_1}\left(\mathrm{e}^{-\mathrm{j}k\frac{4\pi}{3}} - \mathrm{e}^{-\mathrm{j}k\frac{2\pi}{3}}\right)$$

$$= \dfrac{2}{T}\dfrac{\mathrm{j}U_\mathrm{m}}{k\omega_1}\left(2\mathrm{e}^{-\mathrm{j}\frac{k\pi}{3}} - \mathrm{e}^{-\mathrm{j}k\frac{4\pi}{3}} - 1\right) = -\dfrac{2}{T}\dfrac{\mathrm{j}U_\mathrm{m}}{k\omega_1}\left(1 - \mathrm{e}^{-\mathrm{j}k\frac{2\pi}{3}}\right)^2$$

$$= -\dfrac{\mathrm{j}U_\mathrm{m}}{k\pi}\left(1 - \mathrm{e}^{-\mathrm{j}k\frac{2\pi}{3}}\right)^2 \quad\rightarrow\text{视 } k \text{ 为变量，则相位以 3 为周期}$$

当 $k = 1$ 时，有

$$A_{k1}\mathrm{e}^{\mathrm{j}\phi_1} = -\dfrac{\mathrm{j}U_\mathrm{m}}{\pi}\left(1 - \mathrm{e}^{-\mathrm{j}\frac{2\pi}{3}}\right)^2 = -\dfrac{\mathrm{j}U_\mathrm{m}}{\pi}\left(\sqrt{3}\mathrm{e}^{\mathrm{j}\frac{\pi}{6}}\right)^2 = \dfrac{3U_\mathrm{m}}{\pi}\mathrm{e}^{-\mathrm{j}\frac{\pi}{6}}$$

当 $k = 2$ 时，有

$$A_{k2}\mathrm{e}^{\mathrm{j}\phi_2} = -\dfrac{\mathrm{j}U_\mathrm{m}}{2\pi}\left(1 - \mathrm{e}^{-\mathrm{j}\frac{4\pi}{3}}\right)^2 = -\dfrac{\mathrm{j}U_\mathrm{m}}{2\pi}\left(\sqrt{3}\mathrm{e}^{-\mathrm{j}\frac{\pi}{6}}\right)^2 = \dfrac{3U_\mathrm{m}}{2\pi}\mathrm{e}^{-\mathrm{j}\frac{5\pi}{6}}$$

当 $k = 3$ 时，有

$$A_{k3}\mathrm{e}^{\mathrm{j}\phi_3} = -\dfrac{\mathrm{j}U_\mathrm{m}}{3\pi}\left(1 - \mathrm{e}^{-\mathrm{j}2\pi}\right)^2 = 0$$

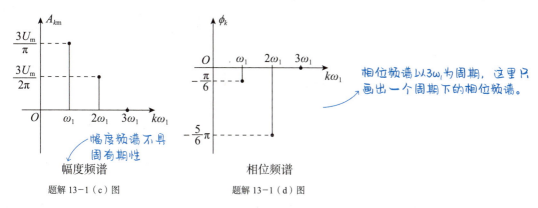

幅度频谱

题解 13-1（c）图

相位频谱

题解 13-1（d）图

（b）$f(t)$ 是奇函数，所以 $a_k = 0$。

$$b_k = \frac{2}{T}\int_{-\frac{T}{2}}^{\frac{T}{2}} f(t)\sin(k\omega_1 t)\mathrm{d}t = \frac{4}{T}\int_{0}^{\frac{T}{2}} \frac{U_m}{T} t\sin(k\omega_1 t)\mathrm{d}t = \frac{4U_m}{T^2}\cdot\frac{-1}{k\omega_1}\int_{0}^{\frac{T}{2}} t\,\mathrm{d}\left[\cos(k\omega_1 t)\right]$$

$$= -\frac{2U_m}{k\pi T}\left[t\cos(k\omega_1 t)\Big|_{0}^{\frac{T}{2}} - \int_{0}^{\frac{T}{2}}\cos(k\omega_1 t)\mathrm{d}t\right]$$

$$= -\frac{2U_m}{k\pi T}\left[\frac{T}{2}\cos(k\pi) - \frac{1}{k\omega_1}\sin(k\omega_1 t)\Big|_{0}^{\frac{T}{2}}\right]$$

$$= -\frac{2U_m}{k\pi T}\left[\frac{T}{2}(-1)^k + 0\right] = -\frac{U_m}{k\pi}\cdot(-1)^k = \frac{U_m}{k\pi}(-1)^{k+1}$$

$$A_{km} = |b_k| = \frac{U_m}{k\pi}$$

当 k 为偶数时，$\phi_k = 90°$；当 k 为奇数时，$\phi_k = -90°$。

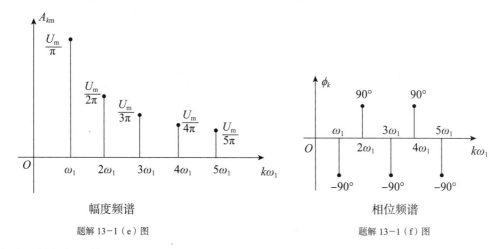

幅度频谱

题解 13-1（e）图

相位频谱

题解 13-1（f）图

（c）$f(t)$ 是偶函数，所以 $b_k = 0$。

$$a_k = \frac{2}{T}\int_{-\frac{T}{2}}^{\frac{T}{2}} \delta(t)\cos(k\omega_1 t)\mathrm{d}t = \frac{2}{T}$$

$$A_{km} = |a_k| = \frac{2}{T}, \quad \phi_k = 0$$

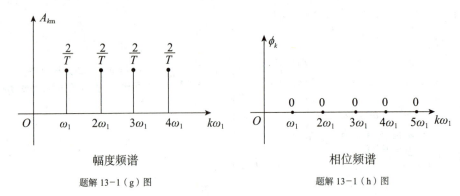

幅度频谱　　　　　　　　　　　相位频谱

题解 13-1（g）图　　　　　　　题解 13-1（h）图

13-2 设非正弦周期函数 $f(t)$ 的频谱函数为 $A_{km}\mathrm{e}^{\mathrm{j}\phi_k} = a_k - \mathrm{j}b_k$，试表述下列与 $f(t)$ 相关函数的频谱函数。

（1）$f(t-t_0)$。→原来函数基础上有延迟

（2）$f(t) = f(-t)$。→偶函数

（3）$f(t) = -f(-t)$。→奇函数

（4）$f(t) = -f\left(t+\dfrac{T}{2}\right)$。→奇谐波函数

（5）$\dfrac{\mathrm{d}}{\mathrm{d}t}f(t)$。→对原来函数求导

解：
$$A_{km}\mathrm{e}^{\mathrm{j}\phi_k} = \frac{2}{T}\int_0^T f(t)\mathrm{e}^{-\mathrm{j}k\omega_1 t}\mathrm{d}t$$

（1）
$$A'_{km}\mathrm{e}^{\mathrm{j}\phi'_k} = \frac{2}{T}\int_0^T f(t-t_0)\mathrm{e}^{-\mathrm{j}k\omega_1 t}\mathrm{d}t = \mathrm{e}^{-\mathrm{j}k\omega_1 t_0}\frac{2}{T}\int_0^T f(t-t_0)\mathrm{e}^{-\mathrm{j}k\omega_1(t-t_0)}\mathrm{d}t$$
$$= \mathrm{e}^{-\mathrm{j}k\omega_1 t_0} A_{km}\mathrm{e}^{\mathrm{j}\phi_k} = A_{km}\mathrm{e}^{\mathrm{j}(\phi_k - k\omega_1 t_0)}$$

→ $f(t)\mathrm{e}^{-\mathrm{j}k\omega_1 t}$ 在一个周期内的积分是定值，奏出 $f(t-t_0)\mathrm{e}^{-\mathrm{j}k\omega_1(t-t_0)}$，两个式子在一个周期内积分值是相等的

幅度：$A'_{km} = A_{km}$，相位：$\phi'_k = \phi_k - k\omega_1 t_0$。

（2）$f(t)$ 是偶函数，所以 $b_k = 0$。

（3）$f(t)$ 是奇函数，所以 $a_k = 0$。

（4）
$$A'_{km}\mathrm{e}^{\mathrm{j}\phi'_k} = \frac{2}{T}\int_0^T f(t)\mathrm{e}^{-\mathrm{j}k\omega_1 t}\mathrm{d}t = -\frac{2}{T}\int_0^T f\left(t+\frac{T}{2}\right)\mathrm{e}^{-\mathrm{j}k\omega_1 t}\mathrm{d}t$$
$$= -\mathrm{e}^{\mathrm{j}k\omega_2\frac{T}{2}} \cdot \frac{2}{T}\int_0^T f\left(t+\frac{T}{2}\right)\mathrm{e}^{-\mathrm{j}k\omega_1\left(t+\frac{T}{2}\right)}\mathrm{d}t = -\mathrm{e}^{\mathrm{j}k\pi}A_{km}\mathrm{e}^{\mathrm{j}\phi_k}$$

→ 和（1）类似，这里是奏出 $f\left(t+\dfrac{T}{2}\right)\mathrm{e}^{-\mathrm{j}k\omega_1\left(t+\frac{T}{2}\right)}$

$$-\mathrm{e}^{\mathrm{j}k\pi} = -[\cos(k\lambda)+\mathrm{j}\sin(k\pi)] = -\cos(k\pi) = (-1)^{k+1}$$

$(-1)^{k+1} = 1$，所以 k 只能为奇数，所以有 $a_{2k} = b_{2k} = 0$。

（5）
$$A'_{km}e^{j\phi'_k} = \frac{2}{T}\int_0^T \frac{d}{dt}f(t)e^{-jk\omega_1 t}dt = \frac{2}{T}\int_0^T e^{-jk\omega_1 t}d[f(t)]$$
$$= \frac{2}{T}\left[e^{-jk\omega_1 t}f(t)\Big|_0^T - (-jk\omega_1)\int_0^T f(t)e^{-jk\omega_1 t}dt\right]$$
$$= \frac{2}{T}\left[e^{-j2k\pi}f(T) - f(0)\right] + jk\omega_1 A_{km}e^{j\phi_k}$$
$$= \frac{2}{T}[f(T) - f(0)] + k\omega_1 A_{km}e^{j\left(\phi_k + \frac{\pi}{2}\right)}$$
$$= k\omega_1 A_{km}e^{j\left(\phi_k + \frac{\pi}{2}\right)}$$

幅度 $A'_{km} = k\omega_1 A_{km}$，相位 $\phi'_k = \phi_k + \frac{\pi}{2}$。 *不同的傅里叶级数系数的特点，决定着函数图像的特征*

13-3 已知某信号半周期的波形如题 13-3 图所示。试在下列各不同条件下画出整个周期的波形：

（1） $a_0 = 0$。

（2）对所有 k，$b_k = 0$。

（3）对所有 k，$a_k = 0$。

（4）当 k 为偶数时，a_k 和 b_k 为零。

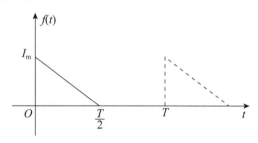

题 13-3 图

解：（1）由 $\quad a_0 = \frac{2}{T}\int_0^T f(t)dt = \frac{2}{T}\left[\int_0^{\frac{T}{2}} f(t)dt + \int_{\frac{T}{2}}^T f(t)dt\right] = 0$

所以 $\quad \int_{\frac{T}{2}}^T f(t)dt = -\int_0^{\frac{T}{2}} f(t)dt = -\frac{1}{2}\cdot\frac{T}{2}\cdot I_m = -\frac{TI_m}{4}$

只要满足上式的函数都有 $a_0 = 0$，给出一个可能的答案如题解 13-3（a）图所示：

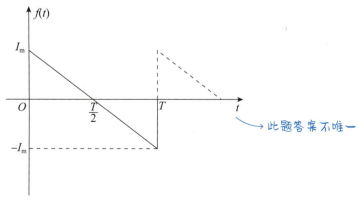

→ 此题答案不唯一

题解 13-3（a）图

（2）对所有 k，$b_k = 0$，则 $f(t)$ 为偶函数，波形图如题解 13-3（b）图所示。

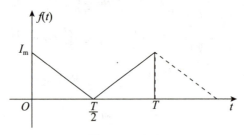

题解 13-3（b）图

（3）对所有 k，$a_k = 0$，则 $f(t)$ 为奇函数，波形图如题解 13-3（c）图所示。

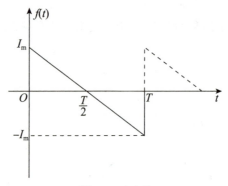

题解 13-3（c）图

（4）当 k 为偶数时，a_k 和 b_k 为零，则函数图像为半波奇对称，波形图如题解 13-3（d）图所示。

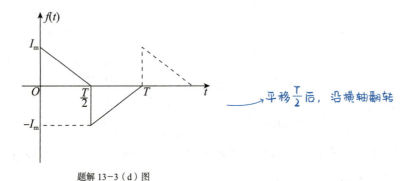

→ 平移 $\dfrac{T}{2}$ 后，沿横轴翻转

题解 13-3（d）图

13-4 一个 RLC 串联电路，其 $R = 1\,\Omega$，$\omega_1 L = 10\,\Omega$，$\dfrac{1}{\omega_1 C} = 90\,\Omega$，外加电压为 $u_S(t) = f\left(t - \dfrac{T}{2}\right) + \dfrac{U_m}{2}$，$f(t)$ 的波形如题 13-1（b）图所示，$U_m = 100\,\text{V}$，$\omega_1 = 10\,\text{rad/s}$。试求电路中的电流 $i(t)$ 和电路消耗的功率。

先对外加电压进行傅里叶分解，再对直流和每个频率分量单独分析求解 $i(t)$ 和功率。当谐波次数较高时，电流幅值较小，功率较小，所以较高次谐波作用下的电流和功率可忽略

解： 由题 13-1，对于 $f(t)$，有

$$b_k = \frac{U_m}{k\pi}(-1)^{k+1},$$

所以

$$A_{km}e^{j\phi_k} = -jb_k = j\frac{U_m}{k\pi}(-1)^k$$

所以对于 $f\left(t-\frac{T}{2}\right)$，有

$$A'_{km}e^{j\phi'_k} = A_{km}e^{j\left(\phi_k - k\omega_1 \frac{T}{2}\right)} = A_{km}e^{j\phi_k}e^{-jk\pi} = j\frac{U_m}{k\pi}(-1)^k \cos(k\pi) = j\frac{U_m}{k\pi}$$

$$a'_k = 0, \quad b'_k = -\frac{U_m}{k\pi}$$

展开后为

$$u_S(t) = \frac{U_m}{2} - \frac{U_m}{\pi}\left[\sin(\omega_1 t) + \frac{1}{2}\sin(2\omega_1 t) + \frac{1}{3}\sin(3\omega_1 t) + \cdots\right]$$

$$= 50 - \frac{100}{\pi}\left[\sin(10t) + \frac{1}{2}\sin(20t) + \frac{1}{3}\sin(30t) + \cdots\right]$$

（1）当 $k = 0$ 时，电容相当于开路，所以 $I_0 = 0$，$P_0 = 0$。

（2）当 $k \neq 0$，有

$$Z_k = R + j\left(k\omega_1 L - \frac{1}{k\omega_1 C}\right) = 1 + j\left(10k - \frac{90}{k}\right) = |Z_k|\angle\varphi_k$$

每个频率的电流的幅值，等于相应频率的电压除以 $|Z_k|$。

每个频率的电流的相位，等于相应频率的电压的相位减去 φ_k。

① 当 $k = 1$ 时，$Z_1 = 1 - j80 = 80.006\angle-89.28°\,\Omega$，即

$$i_1 = -\frac{100}{\pi \cdot 80.006}\sin(10t + 89.28°) = -0.398\sin(10t + 89.28°)\,\text{A}$$

$$P_1 = \left(\frac{0.398}{\sqrt{2}}\right)^2 = 0.079\,\text{W}$$

② 当 $k = 2$ 时，$Z_2 = 1 - j25 = 25.02\angle-87.71°\,\Omega$，即

$$i_2 = -\frac{100}{2\pi \cdot 25.02}\sin(20t + 87.71°) = -0.636\sin(20t + 81.71°)\,\text{A}$$

$$P_2 = \left(\frac{0.636}{\sqrt{2}}\right)^2 = 0.202\,\text{W}$$

③ 当 $k = 3$ 时，$Z_3 = 1\,\Omega$，即

$$i_3 = -\frac{100}{3\pi}\sin(30t) = -10.61\sin(30t)\,\text{A}$$

$$P_3 = \left(\frac{10.61}{\sqrt{2}}\right)^2 = 56.286\,\text{W}$$

④ 当 $k = 4$ 时，$Z_4 = 1 + j17.5 = 17.529\angle 86.73°\,\Omega$，即

$$i_4 = -\frac{100}{4\pi \cdot 17.529}\sin(40t - 86.73°) = 0.454\sin(40t - 86.73°) \text{ A}$$

$$P_4 = \left(\frac{0.454}{\sqrt{2}}\right)^2 = 0.103 \text{ W}$$

⑤当 $k=5$ 时, $Z_5 = 1 + \text{j}32 = 32.016\angle 88.21° \ \Omega$, 即

$$i_5 = -\frac{100}{5\pi \cdot 32.016}\sin(50t - 88.21°) = -0.199\sin(50t - 88.21°) \text{ A}$$

$$P_5 = \left(\frac{0.199}{\sqrt{2}}\right)^2 = 0.02 \text{ W}$$

⑥当 $k=6$ 时, $Z_6 = 1 + \text{j}45 = 45.011\angle 88.73° \ \Omega$, 即 *当 $k=6$ 时, 电流的幅值和功率较小, 当 $k>6$ 时可以忽略不计, 不再计算*

$$i_6 = -\frac{100}{6\pi \cdot 45.011}\sin(60t - 88.73°) = -0.118\sin(60t - 88.73°) \text{ A}$$

$$P_6 = \left(\frac{0.118}{\sqrt{2}}\right)^2 = 0.007 \text{ W}$$

综上所述, 有

$$i(t) = -0.398\sin(10t + 89.28°) - 0.636\sin(20t + 81.71°) - 10.61\sin(30t) -$$
$$0.454\sin(40t - 86.73°) - 0.199\sin(50t - 88.21°) - 0.118\sin(60t - 88.73°) - \cdots$$

$$P = P_0 + P_1 + P_2 + \cdots = 0.079 + 0.202 + 56.286 + 0.103 + 0.02 + 0.007 = 56.70 \text{ W}$$

13-5 电路如题 13-5 图所示(实线部分), 为了在端口 1-0 获得关于 $u_S(t)$ 的最佳的传输信号, 可在端口 1-0 并联 RC 串联支路(图中虚线所示), 使输出电压 $u_{10}(t)$ 为

$$u_{10}(t) = ku_S(t)$$

式中, $u_S(t)$ 为任意频率的输入信号。求参数 R、C 和 k(实数)。

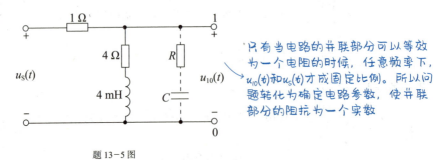

题 13-5 图

只有当电路的并联部分可以等效为一个电阻的时候, 任意频率下, $u_{10}(t)$ 和 $u_S(t)$ 才成固定比例。所以问题转化为确定电路参数, 使并联部分的阻抗为一个实数

解: 由题意, 并联阻抗为

$$Z = (4 + \text{j}\omega L) // \left(R + \frac{1}{\text{j}\omega C}\right) = \frac{4R + \dfrac{4}{\text{j}\omega C} + \text{j}\omega LR + \dfrac{L}{C}}{4 + R + \text{j}\omega L + \dfrac{1}{\text{j}\omega C}} = \frac{4 - \omega^2 LCR + \text{j}(\omega L + 4\omega CR)}{1 - \omega^2 LC + \text{j}(4\omega C + \omega CR)}$$

并联阻抗应该为一个确定的实数, 所以

$$\frac{4 - \omega^2 LCR}{1 - \omega^2 LC} = \frac{\omega L + 4\omega CR}{4\omega C + \omega CR} = A$$

解得 $R=4\,\Omega$，$C=\dfrac{L}{16}=\dfrac{4\times 10^{-3}}{16}=0.25\times 10^{-3}\,\text{F}$。

所以并联阻抗为 $Z=4\,\Omega$。

所以
$$u_{10}(t)=\dfrac{4}{4+1}u_{\text{S}}(t)=0.8u_{\text{S}}(t)$$

即 $k=0.8$。

13-6 有效值为 100 V 的正弦电压加在电感 L 两端时，得电流 $I=10\,\text{A}$。当电压中有 3 次谐波分量，而有效值仍为 100 V 时，得电流 $I=8\,\text{A}$。试求这一电压的基波和 3 次谐波的有效值。

解：正弦电压加在电感 L 两端时，有
$$\omega_1 L=\dfrac{U}{I}=\dfrac{100}{10}=10\,\Omega$$

当电压中有 3 次谐波分量，设基波有效值为 U_1，三次谐波有效值为 U_3，则电压的有效值为
$$U=\sqrt{U_1^2+U_3^2}=100\,\text{V} \quad ①$$

基波单独作用时：
$$I_1=\dfrac{U_1}{\omega_1 L}=\dfrac{U_1}{10}$$

三次谐波单独作用时：
$$I_3=\dfrac{U_3}{3\omega_1 L}=\dfrac{U_3}{30}$$

电流的有效值为
$$I=\sqrt{I_1^2+I_3^2}=\sqrt{\dfrac{U_1^2}{100}+\dfrac{U_3^2}{900}}=8\,\text{A} \quad ②$$

联立①、②，解得：
$$U_1=\sqrt{5\,950}=77.14\,\text{V}，\quad U_3=\sqrt{4\,050}=45\sqrt{2}=63.64\,\text{V}$$

13-7 已知一 RLC 串联电路的端口电压和电流为
$$u(t)=\left[100\cos(314t)+50\cos(942t-30°)\right]\text{V}$$
$$i(t)=\left[10\cos(314t)+1.755\cos(942t+\theta_3)\right]\text{A}$$

试求：（1）R、L、C 的值。

（2）θ_3 的值。

（3）电路消耗的功率。

解：（1）当 $\omega_1=314\,\text{rad/s}$ 时，端口电压和电流同相位，所以电路发生串联谐振。

又由 $\dfrac{1}{\sqrt{LC}}=\omega_1=314\,\text{rad/s}$，所以 $\omega_1^2 LC=1$。

发生串联谐振时，端口的等效阻抗 $Z_{\text{eq1}}=R$，所以 $R=\dfrac{100}{10}=10\,\Omega$。

再看三次谐波，当 $3\omega_1=942\,\text{rad/s}$ 时，有
$$Z_{\text{eq3}}=R+\text{j}\left(3\omega_1 L-\dfrac{1}{3\omega_1 C}\right)=10+\text{j}\dfrac{9\omega_1^2 LC-1}{3\omega_1 C}=10+\text{j}\dfrac{8}{3\omega_1 C}$$

其模值为
$$|Z_{eq3}| = \sqrt{10^2 + \left(\frac{8}{3\omega_1 C}\right)^2} = \frac{50}{1.755}$$

解得 $C = 318.34\ \mu\text{F}$。

所以
$$L = \frac{1}{\omega_1^2 C} = \frac{1}{314^2 \times 3.1834 \times 10^{-4}} = 31.86\ \text{mH}$$

（2）由（1），得
$$Z_{eq3} = 10 + \text{j}\frac{8}{3 \times 314 \times 3.1834 \times 10^{0-4}} = 10 + \text{j}26.678 = 28.49\angle 69.45°\ \Omega$$

所以 $\theta_3 = -30° - 69.45° = -99.45°$

（3）
$$P = I_1^2 R + I_3^2 R = \left(\frac{10}{\sqrt{2}}\right)^2 \times 10 + \left(\frac{1.755}{\sqrt{2}}\right)^2 \times 10 = 500 + 15.4 = 515.4\ \text{W}$$

13-8 题 13-8 图所示为滤波电路，要求负载中不含基波分量，但 $4\omega_1$ 的谐波分量能全部传送至负载。如 $\omega_1 = 1000\ \text{rad/s}$，$C = 1\ \mu\text{F}$，求 L_1 和 L_2。

根据"不含基波分量"，我们应该联想到并联谐振滤去基波分量；根据"$4\omega_1$ 的谐波分量能全部传送至负载"，我们应该联想到串联谐振此频率分量全部通过。

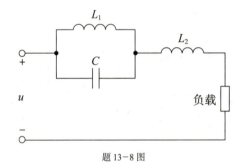

题 13-8 图

解： 要求负载中不含基波分量，则基波作用时，L_1 与 C 应该发生并联谐振。

所以 $\dfrac{1}{\sqrt{L_1 C}} = \omega_1 = 1000\ \text{rad/s}$，解得 $L_1 = 1\ \text{H}$。

要求 $4\omega_1$ 的谐波分量能全部传送至负载，则 $4\omega_1$ 的谐波作用时，L_2 与 $L_1 C$ 并联部分发生串联谐振，

所以
$$\frac{1}{\sqrt{C(L_1 // L_2)}} = 4\omega_1 = 4000\ \text{rad/s}$$

得 $L_1 // L_2 = \dfrac{1}{16}\ \text{H}$，即
$$\frac{L_1 L_2}{L_1 + L_2} = \frac{L_2}{1 + L_2} = \frac{1}{16}\ \text{H}$$

解得 $L_2 = \dfrac{1}{15}\ \text{H}$。

13-9 题 13-9 图所示电路中 $u_S(t)$ 为非正弦周期电压，其中含有 $3\omega_1$ 及 $7\omega_1$ 的谐波分量。如果要

求在输出电压 $u(t)$ 中不含这两个谐波分量,那么 L、C 应为多少?

根据"不含这两个谐波分量",应该联想到谐振滤波的知识

题 13-9 图

解: 要想使得输出电压 $u(t)$ 中不含某个谐波分量,则在这个谐波分量作用时,L 和 1 F 电容发生并联谐振,或 C 和 1H 电感发生串联谐振。→ 相当于短路,此分量作用下输出电压为 0

相当于开路,阻断此分量的流通

要求在输出电压 $u(t)$ 中同时不含 $3\omega_1$ 和 $7\omega_1$ 这两个谐波分量,则在其中一个频率下 L 和 1 F 电容发生并联谐振,另一个频率下 C 和 1H 电感发生串联谐振。

所以 $\begin{cases} \dfrac{1}{\sqrt{1 \cdot L}} = 3\omega_1 \\ \dfrac{1}{\sqrt{1 \cdot C}} = 7\omega_1 \end{cases}$ 或 $\begin{cases} \dfrac{1}{\sqrt{1 \cdot L}} = 7\omega_1 \\ \dfrac{1}{\sqrt{1 \cdot C}} = 3\omega_1 \end{cases}$,解得 $\begin{cases} L = \dfrac{1}{9\omega_1^2} \\ C = \dfrac{1}{49\omega_1^2} \end{cases}$ 或 $\begin{cases} L = \dfrac{1}{49\omega_1^2} \\ C = \dfrac{1}{9\omega_1^2} \end{cases}$。

13-10 题 13-10 图所示电路中 $i_{S1} = \left[5 + 10\cos(10t - 30°) - 5\sin(30t + 60°)\right]$ A,$u_{S2} = 300\sin(10t) + 150\cos(30t - 30°)$ V,$L_1 = L_2 = 2$ H,$M = 0.5$ H。求图中交流电表的读数和电源发出的功率 P。

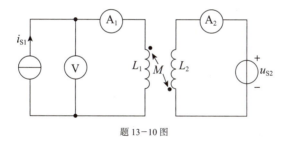

题 13-10 图

解: 去耦,如题解 13-10(a)图所示:

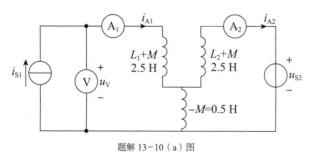

题解 13-10(a)图

(1) 直流作用,如题解 13-10(b)图所示:

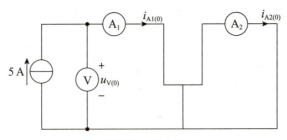

题解 13-10（b）图

$I_{S1(0)} = 5\,\text{A}$，电流源右侧电路相当于短路，$I_{A1(0)} = 5\,\text{A}$。

电流表 A_2 流过的电流无法确定，但它一定是某一常数 $I_{A2(0)}$。

（2）$\omega = 10\,\text{rad/s}$ 分量作用下，如题解 13-10（c）图所示：

如果不为常数，电流发生变化→将会有感应电压，与"相当于短路"矛盾

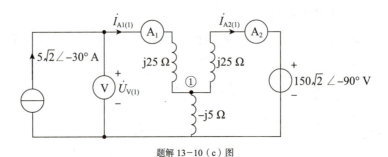

题解 13-10（c）图

$$u_{S2(1)} = 300\cos(10t - 90°)\,\text{V}$$

$$\left(\frac{1}{-\text{j}5} + \frac{1}{\text{j}25}\right)\dot{U}_{n1(1)} = 5\sqrt{2}\angle 30° + \frac{150\sqrt{2}\angle 90°}{\text{j}25}$$

解得 $\dot{U}_{n1(1)} = (-22.1 + \text{j}14.76)\,\text{V}$。

由 KVL，有 $\dot{U}_{V(1)} = \dot{I}_{A1(1)} \cdot \text{j}25 + \dot{U}_{n1(1)} = 66.29 + \text{j}167.85 = 180.47\angle 68.45°\,\text{V}$

$$\dot{I}_{A2(1)} = \frac{\dot{U}_{n1(1)} - 150\sqrt{2}\angle -90°}{\text{j}25} = 9.076 + \text{j}0.884 = 9.12\angle 5.56°\,\text{A}$$

$$P_{IS(1)} = \text{Re}\left[180.47\angle 68.45° \cdot 5\sqrt{2}\angle 30°\right] = -187.52\,\text{W}$$

$$P_{US(1)} = -\text{Re}\left[150\sqrt{2}\angle -90° \cdot 9.12\angle -5.56°\right] = 187.44\,\text{W}$$

电压源发出的功率可以直接由电流源发出的功率写出。因为电感不消耗有功功率，电压源发出的功率就等于电流源吸收的功率。

（3）$\omega = 30\,\text{rad/s}$ 分量作用下，如题解 13-10（d）图所示：

题解 13-10（d）图

$$i_{S1(3)} = -5\sin(30t + 60°) = -5\cos(30t - 30°) = 5\cos(30t + 150°)\,\text{A}$$

$$\left(\frac{1}{-\mathrm{j}15}+\frac{1}{\mathrm{j}75}\right)\dot{U}_{\mathrm{n1(3)}}=\frac{5}{\sqrt{2}}\angle 150°+\frac{75\sqrt{2}\angle -30°}{\mathrm{j}75}$$

解得 $\dot{U}_{\mathrm{n1(3)}} = (10.18 + \mathrm{j}70.67)\,\mathrm{V}$。

由 KVL，有 $\dot{U}_{\mathrm{V(3)}} = \dot{I}_{\mathrm{A1}}\mathrm{j}75 + \dot{U}_{\mathrm{n1}} = -122.4 - \mathrm{j}158.97 = 200.63\angle -127.59°\,\mathrm{V}$

$$\dot{I}_{\mathrm{A2(3)}} = \frac{\dot{U}_{\mathrm{n1(3)}} - 75\sqrt{2}\angle -30°}{\mathrm{j}75} = 1.65 + \mathrm{j}1.09 = 1.98\angle 33.45°\,\mathrm{A}$$

$$P_{\mathrm{IS(3)}} = \mathrm{Re}\!\left[\dot{U}_{\mathrm{V(3)}}\dot{I}^{*}_{\mathrm{A1(3)}}\right] = \mathrm{Re}\!\left[200.63\angle -127.59°\cdot\frac{5}{\sqrt{2}}\angle -150°\right] = 93.69\,\mathrm{W}$$

$$P_{\mathrm{US(3)}} = \mathrm{Re}\!\left[75\sqrt{2}\angle 30°\cdot 1.98\angle -33.45°\right] = -93.87\,\mathrm{W}$$

综上所述，有

$$I_{\mathrm{A1}} = \sqrt{5^2 + (5\sqrt{2})^2 + \left(\frac{5}{\sqrt{2}}\right)^2} = 9.35\,\mathrm{A}$$

$$I_{\mathrm{A2}} = \sqrt{I_{\mathrm{A2(0)}}^2 + 9.12^2 + 1.98^2} = \sqrt{I_{\mathrm{A2(0)}}^2 + 87.09}\,\mathrm{A}$$

$$U_{\mathrm{V}} = \sqrt{0 + 180.47^2 + 200.63^2} = 269.86\,\mathrm{V}$$

$$P_{\mathrm{IS}} = -187.52 + 93.69 = -93.83\,\mathrm{W}$$

$$P_{\mathrm{US}} = 187.44 - 93.87 = 93.57\,\mathrm{W}$$

13-11 题 13-11 图所示电路中 $u_{\mathrm{S1}} = \left[1.5 + 5\sqrt{2}\sin(2t + 90°)\right]\mathrm{V}$，电流源电流 $i_{\mathrm{S2}} = 2\sin(1.5t)\,\mathrm{A}$。求 u_R 及 u_{S1} 发出的功率。

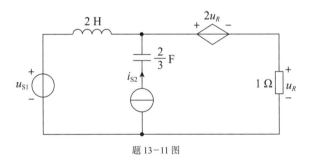

题 13-11 图

解： ①直流作用下，如题解 13-11（a）图所示：

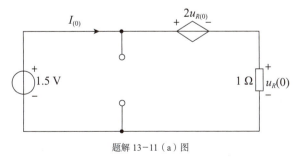

题解 13-11（a）图

$3U_{R(0)} = 1.5$，解得 $U_{R(0)} = 0.5\,\mathrm{V}$。

$$I_{(0)} = \frac{U_{R(0)}}{1} = 0.5 \text{ A}$$

$$P_{(0)} = 1.5 \times 0.5 = 0.75 \text{ W}$$

② $\omega = 2$ rad/s 频率分量作用下，如题解 13-11（b）图所示：

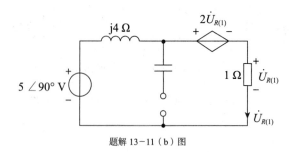

题解 13-11（b）图

由 KVL，有
$$5\angle 90° = j4 \cdot \dot{U}_{R(1)} + 3\dot{U}_{R(1)}$$

解得 $\dot{U}_{R(1)} = \dfrac{5\angle 90°}{3+j4} = 1\angle 36.87°$ V。

$$U_{R(1)} = \sqrt{2}\sin(2t + 36.87°) \text{ V}$$

$$P_{(1)} = \text{Re}\left[5\angle 90° \cdot 1\angle -36.87°\right] = 3 \text{ W}$$

③ $\omega = 1.5$ rad/s 频率分量作用下，如题解 13-11（c）图所示：

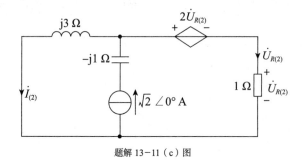

题解 13-11（c）图

$$\dot{I}_{(2)} = \frac{2\dot{U}_{R(2)} + \dot{U}_{R(2)}}{j3} = -j\dot{U}_{R(2)}$$

由 KCL，有
$$\sqrt{2}\angle 0° = \dot{U}_{R(2)} - j\dot{U}_{R(2)}$$

$$\dot{U}_{R(2)} = \frac{\sqrt{2}\angle 0°}{1-j} = \frac{\sqrt{2}\angle 0°}{\sqrt{2}\angle -45°} = 1\angle 45° \text{ V}$$

$$U_{R(2)} = \sqrt{2}\sin(1.5t + 45°) \text{ V}$$

综上所述，有

$$U_R = \left[0.5 + \sqrt{2}\sin(2t + 36.87°) + \sqrt{2}\sin(1.5t + 45°)\right] \text{ V}$$

$$P = 0.75 + 3 = 3.75 \text{ W}$$

13-12 对称三相星形联结的发电机如题 13-12 图所示，其 A 相电压为 $u_A = \left[215\sqrt{2}\cos(\omega_1 t) - 30\sqrt{2}\cos(3\omega_1 t) + 10\sqrt{2}\cos(5\omega_1 t)\right]$ V，在基波频率下 RL 串联负载阻抗为 $Z = (6+j3)\Omega$，中性线阻抗

$Z_N = (1+j2)\Omega$。试求各相电流、中性线电流以及负载消耗的功率。如不接中性线，再求各相电流及负载消耗的功率；此时中性点电压 $U_{N'N}$ 为多少？

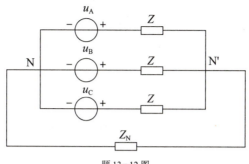

题 13-12 图

解：（1）有中性线时，

① 基波作用： → 基波作用时，三相电源正序对称，所以电路是对称电路，三相电流也对称，中性线电流为 0

$$\dot{U}_{A(1)} = 215\angle 0° \text{ V}$$

$$\dot{I}_{A(1)} = \frac{\dot{U}_{A(1)}}{Z} = \frac{215\angle 0°}{6+j3} = 32.05\angle -26.57° \text{ A}$$

$$\dot{I}_{N'N(1)} = 0$$

$$P_{(1)} = 3I_{A(1)}^2 \cdot 6 = 3 \cdot (32.05)^2 \cdot 6 = 18\,489.65 \text{ W}$$

$$i_{A(1)} = 32.05\sqrt{2}\cos(\omega_1 t - 26.57°) \text{ A}$$

$$i_{B(1)} = 32.05\sqrt{2}\cos(\omega_1 t - 146.57°) \text{ A}$$

$$i_{C(1)} = 32.05\sqrt{2}\cos(\omega_1 t + 93.43°) \text{ A}$$

② 三次谐波作用，如题解 13-12 图所示： → 三次谐波作用时，三相电压零序对称，也就是三相的电压源是相同的，三相电流也相同。中性线电流等于三相电流之和，也等于一相电流的三倍。

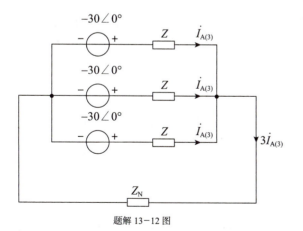

题解 13-12 图

$$\dot{U}_{A(3)} = \dot{U}_{B(3)} = \dot{U}_{C(3)} = -30\angle 0° \text{ V}$$

$$Z = (6+j9)\ \Omega, \quad Z_N = (1+j6)\Omega$$

$$Z\dot{I}_{A(3)} + 3Z_N\dot{I}_{A(3)} = -30\angle 0°$$

→ 根据此式可以看出，接中性线的零序对称电路也可以抽单相来做，等效电阻为 $Z+3Z_N$

$$\dot{I}_{A(3)} = \frac{-30\angle 0°}{Z+3Z_N} = \frac{-30\angle 0°}{6+j9+(3+j18)} = 1.05\angle 108.43°\text{ A}$$

$$i_{A(3)} = i_{B(3)} = i_{C(3)} = 1.05\sqrt{2}\cos(3\omega_1 t + 108.43°)\text{ A}$$

$$i_{NN'(3)} = 3i_{A(3)} = 3.15\sqrt{2}\cos(3\omega_1 t + 108.43°)\text{ A}$$

$$P_{(3)} = 3I_{A(3)}^2 \cdot 6 = 3\cdot 1.05^2 \cdot 6 = 19.85\text{ W}$$

> 注意负载的功率不包括中性线的功率，如果用 $P = 3\text{Re}[\dot{U}_A \dot{I}_A^*]$ 计算是错误的！

③ 五次谐波作用：

> 五次谐波作用时，三相电源负序对称，所以电路是对称电路，三相电流也负序对称，中性线电流为 0

$$\dot{U}_{A(5)} = 10\angle 0°\text{ V},\quad Z = (6+j15)\ \Omega$$

$$\dot{I}_{A(5)} = \frac{\dot{U}_{A(5)}}{Z} = \frac{10\angle 0°}{6+j15} = 0.619\angle -68.2°\text{ A}$$

$$I_{N'N(5)} = 0$$

$$P_{(5)} = 3I_{A(5)}^2 \cdot 6 = 3\cdot 0.619^2 \cdot 6 = 6.90\text{ W}$$

$$i_{A(5)} = 0.619\sqrt{2}\cos(5\omega_1 t - 68.2°)\text{ A}$$

$$i_{B(5)} = 0.619\sqrt{2}\cos(5\omega_1 t + 51.8°)\text{ A}$$

$$i_{C(5)} = 0.619\sqrt{2}\cos(5\omega_1 t + 171.8°)\text{ A}$$

综上所述，有

$$i_A = \left[32.05\sqrt{2}\cos(\omega_1 t - 26.57°) + 1.05\sqrt{2}\cos(3\omega_1 t + 108.43°) + 0.619\sqrt{2}\cos(5\omega_1 t - 68.2°)\right]\text{ A}$$

$$i_B = \left[32.05\sqrt{2}\cos(\omega_1 t - 146.57°) + 1.05\sqrt{2}\cos(3\omega_1 t + 108.43°) + 0.619\sqrt{2}\cos(5\omega_1 t + 51.8°)\right]\text{ A}$$

$$i_C = \left[32.05\sqrt{2}\cos(\omega_1 t + 93.43°) + 1.05\sqrt{2}\cos(3\omega_1 t + 108.43°) + 0.619\sqrt{2}\cos(5\omega_1 t + 171.8°)\right]\text{ A}$$

$$i_{N'N} = 3.15\sqrt{2}\cos(3\omega_1 t + 108.43°)\text{ A}$$

$$P = 18\,489.65 + 19.85 + 6.90 = 18\,516.4\text{ W}$$

（2）无中性线：

基波作用和五次谐波作用时，有无中性线对（1）中结果无影响。三次谐波作用时，无中性线则对称的零序分量无法流通，所以各相电流没有三次谐波分量，相应地，三次谐波作用下负载消耗的功率是 0。

各相电流：

$$i_A = \left[32.05\sqrt{2}\cos(\omega_1 t - 26.57°) + 0.619\sqrt{2}\cos(5\omega_1 t - 68.2°)\right]\text{ A}$$

$$i_B = \left[32.05\sqrt{2}\cos(\omega_1 t - 146.57°) + 0.619\sqrt{2}\cos(5\omega_1 t + 51.8°)\right]\text{ A}$$

$$i_C = \left[32.05\sqrt{2}\cos(\omega_1 t + 93.43°) + 0.619\sqrt{2}\cos(5\omega_1 t + 171.8°)\right]\text{ A}$$

负载消耗的功率： $P = 18\,489.65 + 6.90 = 18\,496.55\text{ W}$

基波作用对应正序对称电压，中性点电压为 0；五次谐波作用对应负序对称电压，中性点电压也为 0；三次谐波作用对应零序电压，中性点电压等于零序相电压。所以 $U_{N'N} = U_{A(3)} = 30\text{ V}$。

13-13 如果将上题中三相电源改为三角形联结并计算每相电源的阻抗。

（1）试求测相电压的电压表 V_1 的读数，但三角形电源没有插入电压表 V_2。

（2）打开三角形电源接入电压表 V_2，如题 13-13 图所示，试求此时两个电压表的读数。

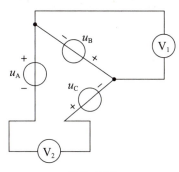

题 13-13 图

解：（1）题目表述不是很清楚，本题应该是不接负载阻抗（见题解 13-13 图）。

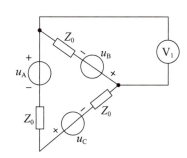

题解 13-13 图

因为正序对称或负序对称时，三个电源的瞬时值之和是 0，闭合回路的等效电源电压为 0，回路电流当然为 0。

基波和五次谐波作用时，不产生环流，电路中电流处处为 0，电压表所测的电压就是相电压的有效值，分别为 215 V 和 10 V。

三次谐波作用时，$u_A = u_B = u_C$，将产生三次谐波环流，每相电抗的电压和每相电源电压相互抵消（*大小相等，方向相反*），所以每相的相电压为 0。

所以电压表 V_1 的读数为

$$U_1 = \sqrt{215^2 + 10^2} = 215.23 \text{ V}$$

（2）无论是基波、三次谐波还是五次谐波，电路电流都为 0（由于 V_2 表相当于开路，三次谐波也不会产生环流），电压表 V_1 的读数就是相电压的有效值，即

$$U_1 = \sqrt{215^2 + 30^2 + 10^2} = 217.31 \text{ V}$$

电压表 V_2 的电压为 $u_2 = u_A + u_B + u_C$。

基波作用时，u_A、u_B、u_C 构成正序对称电压，所以 $u_{2(1)} = 0$。

三次谐波作用时，u_A、u_B、u_C 构成零序对称电压，所以 $u_{2(3)} = 3u_{A(3)} = -90\sqrt{2}\cos(3\omega_1 t)$ V，其有效值为 $U_{2(3)} = 90$ V。

五次谐波作用时，u_A、u_B、u_C 构成负序对称电压，所以 $u_{2(5)} = 0$。

电压表 V_2 的读数为

$$U_2 = \sqrt{0^2 + 0^2 + 90^2} = 90 \text{ V}$$

第十四章 线性动态电路的复频域分析

14-1 拉普拉斯变换的定义

定义拉普拉斯变换为：

$$F(s) = \int_{0_-}^{\infty} f(t) \mathrm{e}^{-st} \mathrm{d}t \longrightarrow 积分起点是0_-$$

其中，$f(t)$ 是定义在 $[0,\infty)$ 的函数，$s = \sigma + \mathrm{j}\omega$ 是一个复数。

$F(s)$ 是 $f(t)$ 的象函数，$f(t)$ 是 $F(s)$ 的原函数。

拉普拉斯反变换：

$$f(t) = \frac{1}{2\pi \mathrm{j}} \int_{c-\mathrm{j}\infty}^{c+\mathrm{j}\infty} F(s) \mathrm{e}^{st} \mathrm{d}s$$

其中，c 是正的有限常数。

通常可用符号 $L[\ ]$ 表示对方括号里的时域函数作拉氏变换，用符号 $L^{-1}[\ ]$ 表示对方括号内的复变函数作拉氏反变换。

14-2 拉普拉斯变换的基本性质

一、线性性质

设 $f_1(t)$ 和 $f_2(t)$ 是两个任意的时间函数，它们的象函数分别为 $F_1(s)$ 和 $F_2(s)$，A_1 和 A_2 是两个任意实常数，则

$$L[A_1 f_1(t) + A_2 f_2(t)] = A_1 L[f_1(t)] + A_2 L[f_2(t)] \\ = A_1 F_1(s) + A_2 F_2(s)$$

二、微分性质

若 $L[f(t)] = F(s)$，则 $L[f'(t)] = sF(s) - f(0_-)$。

三、积分性质

若 $L[f(t)] = F(s)$，则 $L\left[\int_{0_-}^{t} f(\xi)\mathrm{d}\xi\right] = \dfrac{F(s)}{s}$。

四、延迟性质（时域平移）

若 $L[f(t)] = F(s)$，则 $L[f(t-t_0)\varepsilon(t-t_0)] = \mathrm{e}^{-st_0} F(s)$。

五、复频域平移性质

若 $L[f(t)] = F(s)$，则 $L[\mathrm{e}^{-at} f(t)] = F(s+a)$。

六、卷积定理

$$f_1(t) * f_2(t) = \int_0^t f_1(t-\xi) f_2(\xi) \mathrm{d}\xi$$

设 $f_1(t)$ 和 $f_2(t)$ 的象函数分别为 $F_1(s)$ 和 $F_2(s)$，有

$$L[f_1(t)*f_2(t)] = L\left[\int_0^t f_1(t-\xi)f_2(\xi)\mathrm{d}\xi\right]$$
$$= F_1(s)F_2(s)$$

七、常用变换对

只需要记住这五对变换对，其他很多都可以由这五对及拉普拉斯变换的性质得到

原函数	象函数
$f(t) = \delta(t)$	$F(s) = 1$
$f(t) = \varepsilon(t)$	$F(s) = \dfrac{1}{s}$
$f(t) = t^n$	$F(s) = \dfrac{n!}{s^{n+1}}$
$f(t) = \sin(\omega t)$	$F(s) = \dfrac{\omega}{s^2+\omega^2}$
$f(t) = \cos(\omega t)$	$F(s) = \dfrac{s}{s^2+\omega^2}$

14-3 拉普拉斯反变换的部分分式展开

如果象函数是一个有理分式

$$F(s) = \frac{N(s)}{D(s)} = \frac{a_0 s^m + a_1 s^{m-1} + \cdots + a_m}{b_0 s^n + b_1 s^{n-1} + \cdots + b_n} \quad (n \geqslant m)$$

在进行反变换时，我们通常将这个有利分式分解为若干个分式之和，利用线性性质，对每项进行反变换，再求和即可。

按照以下步骤：

（1）化为真分式。

如果 $n > m$，则 $F(s)$ 自然是真分式。

如果 $n = m$，则化为

$$F(s) = A + \frac{N_0(s)}{D(s)}$$

式中，A 是常数，$\dfrac{N_0(s)}{D(s)}$ 是真分式。

（2）求出 $D(s) = 0$ 的根。 → *在进行部分分式展开时，如果分子和分母最高阶次数相同，则需要先化为真分式*

（3）根据根的不同情况，对真分式进行因式分解，从而求出原函数。

我们先假设 $F(s)$ 是真分式（如果不是真分式，化为 $A + \dfrac{N_0(s)}{D(s)}$ 之后，处理方式是相同的）。

① $D(s) = 0$ 有 n 个单根 $p_1, p_2, \cdots, p_n$，则可以将真分式 $F(s)$ 分解为

$$F(s) = \frac{k_1}{s-p_1} + \frac{k_2}{s-p_2} + \cdots + \frac{k_n}{s-p_n}$$

各个待定系数的计算：

$$k_i = \left[(s-p_i)F(s)\right]_{s=p_i}$$

原函数为

$$f(t) = k_1 e^{p_1 t} + k_2 e^{p_2 t} + \cdots + k_n e^{p_n t}$$

② $D(s)=0$ 有一对共轭复根 $p_1 = \alpha + j\omega$，$p_2 = \alpha - j\omega$，可以将真分式 $F(s)$ 分解为

$$F(s) = \frac{k_1}{s-p_1} + \frac{k_2}{s-p_2}$$

其中，$k_1 = \left[(s-\alpha-j\omega)F(s)\right]_{s=\alpha+j\omega}$。

我们一般将其写成指数形式 $k_1 = |k_1|e^{j\theta_1}$，根据这个形式，直接写出原函数：

$$f(t) = 2|k_1|e^{\alpha t}\cos(\omega t + \theta_1)$$

→ 最终原函数的表达式里面的 $|k_1|$ 和 θ_1，是 $\dfrac{1}{s-p_1}$（其中 $p_1 = \alpha + j\omega$，也就是虚部为正的那个复数）对应的 k_1 的模值和幅角

③ $D(s)=0$ 有 q 重根 p_1，可以将真分式 $F(s)$ 分解为

$$F(s) = \frac{k_{11}}{(s-p_1)^q} + \frac{k_{12}}{(s-p_1)^{q-1}} + \cdots + \frac{k_{1q}}{s-p_1}$$

各个待定系数

$$k_{11} = \left.(s-p_1)^q F(s)\right|_{s=p_1}$$

$$k_{12} = \left.\frac{\mathrm{d}}{\mathrm{d}s}\left[(s-p_1)^q F(s)\right]\right|_{s=p_1}$$

……

$$k_{1q} = \frac{1}{(q-1)!}\left.\frac{\mathrm{d}^{q-1}}{\mathrm{d}s^{q-1}}\left[(s-p_1)^q F(s)\right]\right|_{s=p_1}$$

$$f(t) = k_{1q}e^{-p_1 t} + k_{1(q-1)}te^{-p_1 t} + \cdots + k_{11}\frac{t^{q-1}}{(q-1)!}e^{-p_1 t}$$

④ $D(s)=0$ 的一对共轭复根也是 q 重根。→ 这种情况就是②和③的结合

设这对共轭复根为 $p_1 = \alpha + j\omega$，$p_2 = \alpha - j\omega$，则

$$F(s) = \frac{k_{11}}{(s-p_1)^q} + \frac{k_{12}}{(s-p_1)^{q-1}} + \cdots + \frac{k_{1q}}{s-p_1} + \frac{k_{21}}{(s-p_2)^q} + \frac{k_{22}}{(s-p_2)^{q-1}} + \cdots + \frac{k_{2q}}{s-p_2}$$

$$k_{11} = \left.(s-p_1)^q F(s)\right|_{s=p_1} = |k_{11}|\angle\varphi_1$$

$$k_{12} = \left.\frac{\mathrm{d}}{\mathrm{d}s}\left[(s-p_1)^q F(s)\right]\right|_{s=p_1} = |k_{12}|\angle\varphi_2$$

……

$$k_{1q} = \frac{1}{(q-1)!} \frac{d^{q-1}}{ds^{q-1}} \left[(s-p_1)^q F(s) \right] \bigg|_{s=p_1} = |k_{1q}| \angle \varphi_q$$

$$f(t) = 2|k_{1q}| e^{-\alpha t} \cos(\omega t - \varphi_q) + 2|k_{1(q-1)}| t e^{-\alpha t} \cos(\omega t - \varphi_{q-1}) + \cdots + 2|k_{11}| \frac{t^{q-1}}{(q-1)!} e^{-\alpha t} \cos(\omega t - \varphi_1)$$

14-4 运算电路

一、运算形式的定律

运算形式的基尔霍夫定律：对结点 $\sum I(s) = 0$，对回路 $\sum U(s) = 0$。

运算形式的欧姆定律：$U(s) = Z(s)I(s)$。

二、各元件的运算电路

（1）电阻的运算电路。

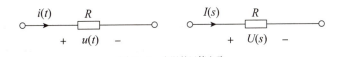

图 14-1 电阻的运算电路

（2）电感的运算电路。

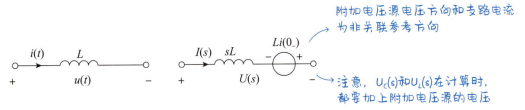

图 14-2 电感的运算电路

sL 是电感的运算阻抗，$Li(0_-)$ 是由电感初始电流决定的附加电压源的电压。

（3）电容的运算电路。

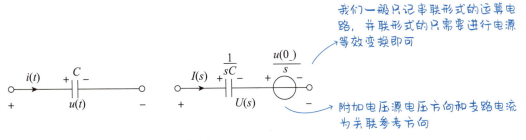

图 14-3 电容的运算电路

$\frac{1}{sC}$ 是电容的运算阻抗，$\frac{u(0_-)}{s}$ 是由电容初始电压决定的附加电压源的电压。

（4）耦合电感的运算电路（见图 14-4）。

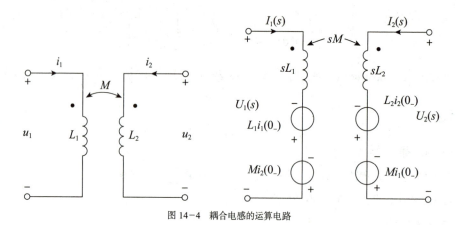

图 14-4 耦合电感的运算电路

每个电感的支路,都有两个附加电压源,附加电压源的参考方向和<u>同名端的位置、两个电感电流的参考方向</u>都有关系。

其中,$L_1i_1(0_-)$、$L_2i_2(0_-)$ 的参考方向与电感的运算电路一致。如果 $I_1(s)$、$I_2(s)$ 从同名端流入,则附加电压源 $Mi_2(0_-)$、$Mi_1(0_-)$ 的参考方向分别与所在支路的 $L_1i_1(0_-)$、$L_2i_2(0_-)$ 的参考方向一致,反之则参考方向相反。

14-5 应用拉普拉斯变换法分析线性电路

具体求解步骤将在本章"斩题型"部分给出。

14-6 网络函数的定义

一、网络函数的定义

定义网络函数:
$$H(s) = \frac{R(s)}{E(s)}$$

式中,$R(s)$ 是零状态响应 $r(t)$ 的象函数,$E(s)$ 是单一激励 $e(t)$ 的象函数。

若 $E(s)=1$,则 $e(t)=\delta(t)$,响应 $r(t)=h(t)$(因为 $R(s)=H(s)$),所以<u>网络函数的原函数 $h(t)$ 就是单位冲激响应</u>。

二、用卷积定理求电路响应

具体求解将在"斩题型"部分给出。

14-7 网络函数的极点和零点

网络函数可以写成一般形式:
$$H(s) = H_0 \frac{(s-z_1)(s-z_2)\cdots(s-z_m)}{(s-p_1)(s-p_2)\cdots(s-p_n)}$$

式中,$z_1, z_2, \cdots, z_m$ 是网络函数的 m 个零点,$p_1, p_2, \cdots, p_n$ 是网络函数的 n 个极点。

如果以复数 s 的实部 σ 为横轴,虚部 $j\omega$ 为纵轴,则得到复平面(s 面)。在复平面上,零点用"○"表示,极点用"×"表示,绘制的图就是网络函数的<u>零、极点分布图</u>。

14-8 极点、零点与冲激响应

网络函数极点性质	冲激响应的图像特点
负实数	单调衰减
正实数	单调发散
共轭复数（实部为负）	振荡衰减
共轭复数（实部为正）	振荡发散
纯虚数	等幅振荡

规律：只要极点位于左半平面，则 $h(t)$ 就随时间衰减，电路就是稳定的。

14-9 极点、零点与频率响应

一、$H(\mathrm{j}\omega)$ 在正弦稳态电路中的应用

如果令网络函数 $H(s)$ 中复频率 s 等于 $\mathrm{j}\omega$，分析 $H(\mathrm{j}\omega)$ 随 ω 变化的情况，就可以预见网络函数在正弦稳态情况下随 ω 变化的特性。

写成极坐标形式，即

$$H(\mathrm{j}\omega) = |H(\mathrm{j}\omega)| \angle \varphi(\mathrm{j}\omega)$$

设 $e(t) = A\cos(\omega t + \varphi)$，如果已知 $H(\mathrm{j}\omega)$，则可以直接写出响应

$$r(t) = A|H(\mathrm{j}\omega)|\cos[\omega t + \varphi + \varphi(\mathrm{j}\omega)]$$

二、由零、极点求 $H(\mathrm{j}\omega)$

根据零、极点形式下的 $H(s)$，可以写出

$$H(\mathrm{j}\omega) = H_0 \frac{\prod_{i=1}^{m}(\mathrm{j}\omega - z_i)}{\prod_{j=1}^{n}(\mathrm{j}\omega - p_j)}$$

模值

$$|H(\mathrm{j}\omega)| = H_0 \frac{\prod_{i=1}^{m}|(\mathrm{j}\omega - z_i)|}{\prod_{j=1}^{n}|(\mathrm{j}\omega - p_j)|}$$

幅角

$$\arg[H(\mathrm{j}\omega)] = \sum_{i=1}^{m}\arg(\mathrm{j}\omega - z_i) - \sum_{j=1}^{n}\arg(\mathrm{j}\omega - p_j)$$

三、极点的品质因数

当极点为共轭复数 $p_{1,2} = -\delta + j\omega_d$ 时，定义 $Q_p = \dfrac{\omega_0}{2\delta}$ 为品质因数，其中，$\omega_0 = \sqrt{\omega_d^2 + \delta^2}$ 是极点到坐标原点的距离，δ 是极点实部的绝对值。对于二阶电路，品质因数 $Q = Q_p$。

题型1　用拉普拉斯变换法（复频域法）求解电路

步骤：

（1）求初值。　　*注意电容和电感可能会有附加源*

求出 $i_L(0_-)$ 和 $u_C(0_-)$ 后，才能在运算电路中确定出附加电压源的值。

（2）画运算电路。

将激励函数进行拉普拉斯变换，各个元件按照 14-4 节的运算电路画出。

注意，如果激励为常数 A，也不要忘记对其进行拉普拉斯变换为 $\dfrac{A}{s}$

（3）求象函数。

运用电路定理、方法，对复频域电路求解，求出响应的象函数。

（4）进行拉普拉斯反变换。

对求得的响应的象函数进行拉普拉斯反变换，得到响应的时域表达式。

补充说明：

（1）拉普拉斯变换法思路简单，只需要按照上述步骤操作即可，但是运算复杂。

（2）对于以下情况，一般来说，用复频域法比时域法更简单：高阶电路（时域分析需要列写高阶微分方程）、会发生跃变的电路（时域分析需要求跃变后的初值）。

（3）当需要求解的量不止一个，可以考虑先求出其中一个的时域表达式，然后其他待求量在时域中求出。　*如果都用拉普拉斯反变换求解的话，多个部分分式展开，计算复杂*

题型2　用卷积定理求电路响应

法一：先求出象函数，再拉普拉斯反变换。

（1）求单位冲激响应 $h(t)$。

（2）进行拉普拉斯变换，求出 $E(s)$、$H(s)$。

（3）得到响应的象函数 $R(s) = E(s)H(s)$。

（4）进行拉普拉斯反变换，求得 $r(t) = L^{-1}[E(s)H(s)]$。

法二：频域相乘对应时域卷积。　→*对于拉普拉斯变换后，表达式复杂，但是函数图像较为简单的题目，法二更为简便*

（1）求单位冲激响应 $h(t)$。

（2）由 $R(s)=E(s)H(s)$，得 $r(t)=e(t)*h(t)$，进行卷积运算。

解习题

14-1 求下列各函数的象函数： →用那五对变换对，结合拉普拉斯变换的性质

（1）$f(t)=1-\mathrm{e}^{-at}$；　　　　　（2）$f(t)=\sin(\omega t+\varphi)$；

（3）$f(t)=\mathrm{e}^{-at}(1-at)$；　　　（4）$f(t)=\dfrac{1}{a}(1-\mathrm{e}^{-at})$；

（5）$f(t)=t^2$；　　　　　　　　（6）$f(t)=t+2+3\delta(t)$；

（7）$f(t)=t\cos(at)$；　　　　　　（8）$f(t)=\mathrm{e}^{-at}+at-1$。

解：（1）
$$F(s)=\frac{1}{s}-\frac{1}{s+a}=\frac{a}{s(s+a)}$$

（2）
$$f(t)=\sin(\omega t+\varphi)=\sin(\omega t)\cos\varphi+\cos(\omega t)\sin\varphi$$ →先用公式展开，再用变换对反变换
$$F(s)=\frac{\omega\cos\varphi}{s^2+\omega^2}+\frac{s\sin\varphi}{s^2+\omega^2}=\frac{\omega\cos\varphi+s\sin\varphi}{s^2+\omega^2}$$

（3）
$$\mathcal{L}[(1-at)]=\frac{1}{s}-a\cdot\frac{1}{s^2}=\frac{s-a}{s^2}$$
$$F(s)=\frac{s}{(s+a)^2}$$ →复频域平移性质

（4）
$$F(s)=\frac{1}{a}\cdot\frac{a}{s(s+a)}=\frac{1}{s(s+a)}$$ →根据线性性质，（4）的结果就是（1）的 $\dfrac{1}{a}$ 倍

（5）
$$F(s)=\frac{2!}{s^3}=\frac{2}{s^3}$$

（6）
$$F(s)=\frac{1}{s^2}+\frac{2}{s}+3=\frac{3s^2+2s+1}{s^2}$$

（7）
$$f(t)=t\cos(at)=t\left(\frac{\mathrm{e}^{-\mathrm{j}at}+\mathrm{e}^{\mathrm{j}at}}{2}\right)=\frac{1}{2}t\mathrm{e}^{-\mathrm{j}at}+\frac{1}{2}t\mathrm{e}^{\mathrm{j}at}$$ →先用欧拉公式，把余弦项化为指数项，方便用复频域平移性质
$$F(s)=\frac{1}{2}\frac{1}{(s-\mathrm{j}a)^2}+\frac{1}{2}\frac{1}{(s+\mathrm{j}a)^2}=\frac{s^2-a^2+s^2-a^2}{2\left(s^2+a^2\right)^2}=\frac{s^2-a^2}{\left(s^2+a^2\right)^2}$$

（8）
$$F(s)=\frac{1}{s+a}+a\cdot\frac{1}{s^2}-\frac{1}{s}=\frac{s^2+a(s+a)-s(s+a)}{s^2(s+a)}=\frac{a^2}{s^2(s+a)}$$

14-2 求下列各函数的原函数： →本题都是单根。其中，（3）和（4）的分子和分母次数相同，需要先分离出常数，得到真分式。

（1）$\dfrac{(s+1)(s+3)}{s(s+2)(s+4)}$；　　　（2）$\dfrac{2s^2+16}{(s^2+5s+6)(s+12)}$；

（3）$\dfrac{2s^2+9s+9}{s^2+3s+2}$；　　　　（4）$\dfrac{s^3}{(s^2+3s+2)s}$。

解：（1）

设
$$F(s)=\frac{(s+1)(s+3)}{s(s+2)(s+4)}=\frac{k_1}{s}+\frac{k_2}{s+2}+\frac{k_3}{s+4}$$

$$k_1 = \left.\frac{(s+1)(s+3)}{(s+2)(s+4)}\right|_{s=0} = \frac{1\times 3}{2\times 4} = \frac{3}{8}$$

$$k_2 = \left.\frac{(s+1)(s+3)}{s(s+4)}\right|_{s=-2} = \frac{-1\times 1}{-2\times 2} = \frac{1}{4}$$

$$k_3 = \left.\frac{(s+1)(s+3)}{s(s+2)}\right|_{s=-4} = \frac{-3\times(-1)}{-4\times(-2)} = \frac{3}{8}$$

所以
$$F(s) = \frac{3}{8}\cdot\frac{1}{s} + \frac{1}{4}\cdot\frac{1}{s+2} + \frac{3}{8}\cdot\frac{1}{s+4}$$

拉普拉斯反变换，得
$$f(t) = \frac{3}{8} + \frac{1}{4}e^{-2t} + \frac{3}{8}e^{-4t}$$

（2）

设
$$F(s) = \frac{2s^2+16}{(s+2)(s+3)(s+12)} = \frac{k_1}{s+2} + \frac{k_2}{s+3} + \frac{k_3}{s+12}$$

$$k_1 = \left.\frac{2s^2+16}{(s+3)(s+12)}\right|_{s=-2} = \frac{8+16}{1\times 10} = 2.4$$

$$k_2 = \left.\frac{2s^2+16}{(s+2)(s+12)}\right|_{s=-3} = \frac{18+16}{-1\times 9} = -\frac{34}{9}$$

$$k_3 = \left.\frac{2s^2+16}{(s+2)(s+3)}\right|_{s=-12} = \frac{2\cdot 12^2+16}{-10\times(-9)} = \frac{152}{45}$$

所以
$$F(s) = 2.4\cdot\frac{1}{s+2} - \frac{34}{9}\cdot\frac{1}{s+3} + \frac{152}{45}\cdot\frac{1}{s+12}$$

拉普拉斯反变换，得
$$f(t) = 2.4e^{-2t} - \frac{34}{9}e^{-3t} + \frac{152}{45}e^{-12t}$$

（3）

设
$$F(s) = \frac{2s^2+9s+9}{s^2+3s+2} = \frac{2(s^2+3s+2)+3s+5}{s^2+3s+2} = 2 + \frac{3s+5}{(s+1)(s+2)} = 2 + \frac{k_1}{s+1} + \frac{k_2}{s+2}$$

$$k_1 = \left.\frac{3s+5}{s+2}\right|_{s=-1} = \frac{2}{1} = 2$$

$$k_2 = \left.\frac{3s+5}{s+1}\right|_{s=-2} = \frac{-1}{-1} = 1$$

所以
$$F(s) = 2 + \frac{2}{s+1} + \frac{1}{s+2}$$

拉普拉斯反变换，得
$$f(t) = 2\delta(t) + 2e^{-t} + e^{-2t}$$

（4）

设
$$F(s) = \frac{s^2}{s^2+3s+2} = \frac{s^2+3s+2-3s-2}{s^2+3s+2} = 1 + \frac{-3s-2}{(s+1)(s+2)} = 1 + \frac{k_1}{s+1} + \frac{k_2}{s+2}$$

$$k_1 = \left.\frac{-3s-2}{s+2}\right|_{s=-1} = \frac{1}{1} = 1$$

$$k_2 = \left.\frac{-3s-2}{s+1}\right|_{s=-2} = \frac{6-2}{-1} = -4$$

所以
$$F(s) = 1 + \frac{1}{s+1} - 4 \cdot \frac{1}{s+2}$$

拉普拉斯反变换，得
$$f(t) = \delta(t) + e^{-t} - 4e^{-2t}$$

14-3 求下列各函数的原函数： →（1）是有重根的情况，（2）和（3）是有复根的情况，（4）是有复根也有重根的情况。我们都已经给出过求解方法

（1）$\dfrac{1}{(s+1)(s+2)^2}$；　　（2）$\dfrac{(s+1)}{s^3+2s^2+2s}$

（3）$\dfrac{s^2+6s+5}{s(s^2+4s+5)}$；　　（4）$\dfrac{s}{(s^2+1)^2}$。

解：（1）
$$F(s) = \frac{1}{(s+1)(s+2)^2} = \frac{k_1}{s+1} + \frac{k_{21}}{(s+2)^2} + \frac{k_{22}}{s+2}$$

$$k_1 = \left.\frac{1}{(s+2)^2}\right|_{s=-1} = 1$$

$$k_{21} = \left.\frac{1}{s+1}\right|_{s=-2} = -1$$

$$k_{22} = \left.\frac{d}{ds}\frac{1}{s+1}\right|_{s=-2} = \left.-\frac{1}{(s+1)^2}\right|_{s=-2} = -1$$

$$F(s) = \frac{1}{s+1} - \frac{1}{(s+2)^2} - \frac{1}{s+2}$$

$$f(t) = e^{-t} - e^{-2t} - te^{-2t}$$

（2）
$$F(s) = \frac{s+1}{s\left[(s+1)^2+1\right]} = \frac{k_1}{s} + \frac{k_2}{s-(-1+j)} + \frac{k_3}{s-(-1-j)}$$

$$k_1 = \left.\frac{s+1}{(s+1)^2+1}\right|_{s=0} = \frac{1}{2}$$

$$k_2 = \left.\frac{s+1}{s(s+1+j)}\right|_{s=-1+j} = \frac{j}{(-1+j)\cdot 2j} = \frac{\sqrt{2}}{4}\angle -135°$$

$$f(t) = \frac{1}{2} + \frac{\sqrt{2}}{2}e^{-t}\cos(t-135°)$$

（3）
$$F(s) = \frac{s^2+6s+5}{s\left[(s+2)^2+1\right]} = \frac{k_1}{s} + \frac{k_2}{s-(-2+j)} + \frac{k_3}{s-(-2-j)}$$

$$k_1 = \left.\frac{s^2+6s+5}{(s+2)^2+1}\right|_{s=0} = 1$$

$$k_2 = \left.\frac{s^2+6s+5}{s(s+2+j)}\right|_{s=-2+j} = \frac{-4+j2}{(-2+j)\cdot j2} = \frac{1}{j} = 1\angle -90°$$

$$f(t) = 1 + 2e^{-2t}\cos(t-90°)$$

（4）

$$F(s) = \frac{s}{(s-j)^2(s+j)^2} = \frac{k_{11}}{(s-j)^2} + \frac{k_{12}}{s-j} + \frac{k_{21}}{(s+j)^2} + \frac{k_{22}}{s+j}$$

$$k_{11} = \left.\frac{s}{(s+j)^2}\right|_{s=j} = \frac{j}{(2j)^2} = -\frac{1}{4}j = \frac{1}{4}\angle -90°$$

$$k_{12} = \left.\frac{d}{ds}\frac{s}{(s+j)^2}\right|_{s=j} = \left.\frac{(s+j)^2 - 2s(s+j)}{(s+j)^4}\right|_{s=j} = 0$$

$$f(t) = \frac{1}{2}t\cos(t - 90°)$$

14-4 题 14-4（a）、（b）与（c）图所示电路原已达稳态，$t=0$ 时把开关 S 合上，分别画出运算电路。

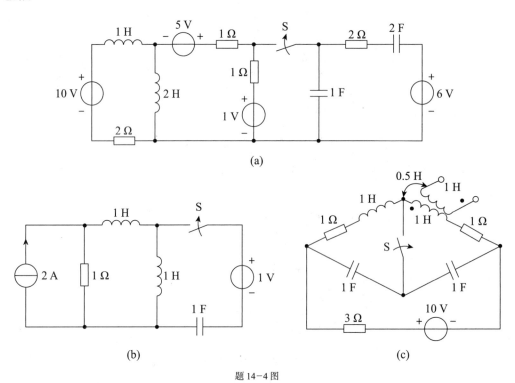

题 14-4 图

解：（a）当 $t<0$ 时：运算电路，如题解 14-4（a）图所示。

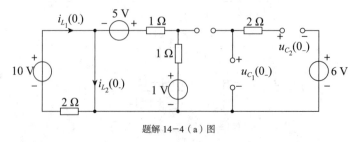

题解 14-4（a）图

$$i_{L_1}(0_-) = \frac{10}{2} = 5\,\text{A},\quad i_{L_2}(0_-) = i_{L_1}(0) - \frac{5-1}{1+1} = 5 - \frac{4}{2} = 3\,\text{A}$$

$$u_{C_1}(0_-) = \frac{2}{1+2} \times 6 = 4\text{ V}, \quad u_{C_2}(0_-) = -2\text{ V}$$

所求运算电路，如题解 14-4（b）图所示。

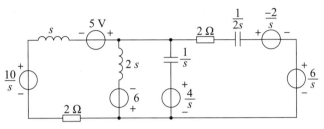

题解 14-4（b）图

（b）当 $t<0$ 时：运算电路，如题解 14-4（c）图所示。

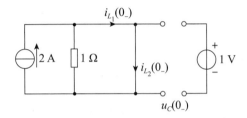

题解 14-4（c）图

$$i_{L_1}(0_-) = i_{L_2}(0_-) = 2\text{ A}$$

$u_C(0_-)$ 是一个无法确定的值。

所求运算电路，如题解 14-4（d）图所示。

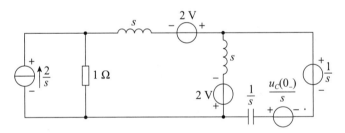

题解 14-4（d）图

（c）当 $t<0$ 时：运算电路，如题解 14-4（e）图所示。

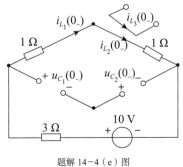

题解 14-4（e）图

$$i_{L_1}(0_-) = i_{L_2}(0_-) = \frac{10}{3+1+1} = 2\text{ A}, \quad i_{L_3}(0_-) = 0$$

→ 最右侧电感的电流 $i_{L_3}(0_-) = 0$，所以通过互感对其左下方支路产生的附加电压源的电压为0，右侧电感支路由此电感产生的附加电压源也为0

$$u_{C_1}(0_-) = \frac{1}{2} \times 4 = 2\text{ V}, \quad u_{C_2}(0_-) = 2\text{ V}$$

所求运算电路，如题解 14-4（f）图所示。

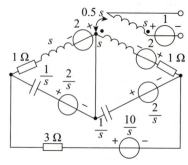

题解 14-4（f）图

14-5 题 14-5 图所示电路原处于零状态，$t=0$ 时合上开关 S，试求电流 i_L。

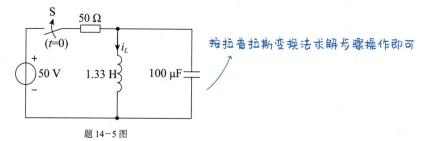

题 14-5 图

→ 按拉普拉斯变换法求解步骤操作即可

解： 画出运算电路，如题解 14-5 图所示。

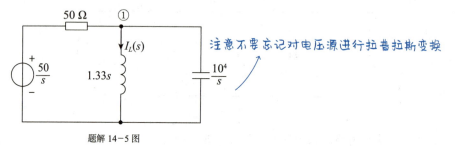

题解 14-5 图

→ 注意不要忘记对电压源进行拉普拉斯变换

列写结点电压方程：

$$\left(\frac{1}{50} + \frac{1}{1.33s} + \frac{s}{10^4}\right)U_{n1}(s) = \frac{\frac{50}{s}}{50}$$

解得

$$U_{n1}(s) = \frac{10^4}{s^2 + 200s + 7518.8}$$

$$I_L(s) = \frac{U_{n1}(s)}{1.33s} = \frac{7518.8}{s(s^2+200s+7518.8)} = \frac{7518.8}{s(s+50.19)(s+149.81)} = \frac{k_1}{s} + \frac{k_2}{s+50.19} + \frac{k_3}{s+149.81}$$

→ 部分分式展开

$$k_1 = \frac{7518.8}{(s+50.19)(s+149.81)}\bigg|_{s=0} = 1$$

$$k_2 = \frac{7518.8}{s(s+149.81)}\bigg|_{s=-50.19} = -1.50$$

$$k_3 = \frac{7518.8}{s(s+50.19)}\bigg|_{s=-149.81} = 0.50$$

所以
$$I_L(s) = \frac{1}{s} + \frac{-1.50}{s+50.19} + \frac{0.50}{s+149.81}$$

拉普拉斯反变换，得
$$i_L(t) = \left(1 - 1.50e^{-50.19t} + 0.50e^{-149.81t}\right)\text{A}$$

14-6 电路如题 14-6 图所示，已知 $i_L(0_-) = 0\text{A}$，$t = 0$ 时将开关 S 闭合，求 $t > 0$ 时的 $u_L(t)$。

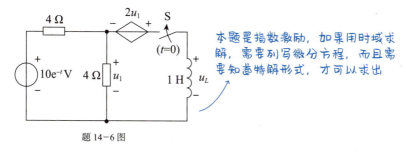

题 14-6 图

解：画出运算电路，如题解 14-6 图所示。

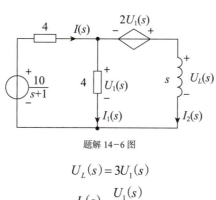

题解 14-6 图

由 KVL，有
$$U_L(s) = 3U_1(s)$$

$$I_1(s) = \frac{U_1(s)}{4}$$

$$I_2(s) = \frac{U_L(s)}{s} = \frac{3U_1(s)}{s}$$

由 KCL，有
$$I(s) = I_1(s) + I_2(s) = \left(\frac{1}{4} + \frac{3}{s}\right)U_1(s)$$

由 KVL，有
$$\frac{10}{s+1} = 4I(s) + U_1(s) = \left(2 + \frac{12}{s}\right)U_1(s)$$

解得
$$U_1(s) = \frac{\frac{10}{s+1}}{2 + \frac{12}{s}} = \frac{5s}{(s+1)(s+6)}$$

$$U_L(s) = 3U_1(s) = \frac{15s}{(s+1)(s+6)} = \frac{k_1}{s+1} + \frac{k_2}{s+6}$$

$$k_1 = \frac{15s}{s+6}\bigg|_{s=-1} = \frac{-15}{5} = -3$$

$$k_2 = \left.\frac{15s}{s+1}\right|_{s=-6} = \frac{-90}{-5} = 18$$

所以
$$U_L(s) = \frac{-3}{s+1} + \frac{18}{s+6}$$

拉普拉斯反变换，得
$$u_L(t) = \left(-3\mathrm{e}^{-t} + 18\mathrm{e}^{-6t}\right)\mathrm{V}$$

14-7 电路如题 14-7 图所示，设电容上原有电压 $U_{C0}=100\,\mathrm{V}$，电源电压 $U_S = 200\,\mathrm{V}, R_1 = 30\,\Omega, R_2 = 10\,\Omega, L = 0.1\,\mathrm{H}, C = 1\,000\,\mathrm{\mu F}$。求 S 合上后电感中的电流 $i_L(t)$。

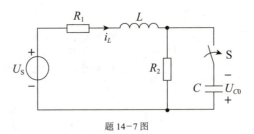

题 14-7 图

解： 求初值：
$$i_L(0_-) = \frac{U_S}{R_1+R_2} = \frac{200}{30+10} = 5\,\mathrm{A}$$

运算电路如题解 14-7 图所示。

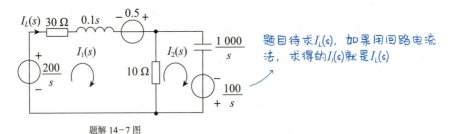

题解 14-7 图

题目待求 $I_L(s)$，如果用回路电流法，求得的 $I_1(s)$ 就是 $I_L(s)$

列写回路电流方程：
$$\begin{cases}(30+0.1s+10)I_1(s)-10I_2(s)=\dfrac{200}{s}+0.5\\[4pt] -10I_1(s)+\left(\dfrac{1000}{s}+10\right)I_2(s)=\dfrac{100}{s}\end{cases}$$

要解的方程组含有字母，如果用消元法，计算量太大，用克拉默法则更为方便

$$I_L(s) = I_1(s) = \frac{\begin{vmatrix}\dfrac{200}{s}+0.5 & -10 \\[6pt] \dfrac{100}{s} & \dfrac{1000}{s}+10\end{vmatrix}}{\begin{vmatrix}0.15+40 & -10 \\[6pt] -10 & \dfrac{1000}{s}+10\end{vmatrix}} = \frac{\left(\dfrac{200}{s}+0.5\right)\times\left(\dfrac{1000}{s}+10\right)+10\times\dfrac{100}{s}}{(0.15+40)\times\left(\dfrac{1000}{s}+10\right)-100}$$

$$= \frac{5s^2+3\,500s+200\,000}{s\left(s^2+400s+40\,000\right)} = \frac{k_1}{s}+\frac{k_{21}}{(s+200)^2}+\frac{k_{22}}{s+200}$$

$$k_1 = \left.\frac{5s^2+3500s+200000}{s^2+400s+40000}\right|_{s=0}=5$$

$$k_{21}=\left.\frac{5s^2+3500s+200000}{s}\right|_{s=-200}=\frac{200000-700000+200000}{-200}=1500$$

$$k_{22}=\left.\left(5-\frac{200000}{s^2}\right)\right|_{s=-200}=5-\frac{200000}{40000}=0$$

所以
$$I_L(s)=\frac{5}{s}+\frac{1500}{(s+200)^2}$$

拉普拉斯反变换，得
$$i_L(t)=5+1500te^{-200t}$$

14-8 题 14-8 图所示电路中的储能元件均为零初始值，$u_S(t)=5\varepsilon(t)\mathrm{V}$，在下列条件下求 $U_1(s)$：

（1）$r=-3\Omega$。

（2）$r=3\Omega$。

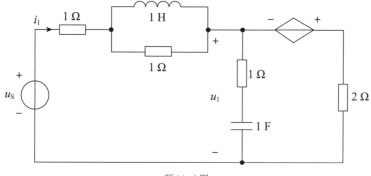

题 14-8 图

解： 运算电路如题解 14-8 图所示。

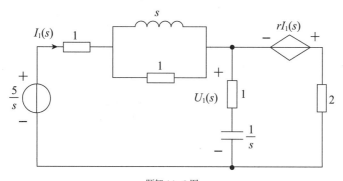

题解 14-8 图

并联支路等效阻抗：
$$s//1=\frac{s}{s+1}$$

列写结点电压方程：
$$\left(\frac{1}{1+\frac{s}{s+1}}+\frac{1}{1+\frac{1}{s}}+\frac{1}{2}\right)U_1(s)=\frac{\frac{5}{s}}{1+\frac{s}{s+1}}-\frac{rI_1(s)}{2}$$

又 $I_1(s)=\dfrac{\dfrac{5}{s}-U_1(s)}{1+\dfrac{s}{s+1}}$，故

$$\left(\frac{s+1}{2s+1}+\frac{s}{s+1}+\frac{1}{2}\right)U_1(s)=\frac{s(s+1)}{s(s+2)}-\frac{r}{2}\frac{s(s+1)-s(s+1)U_1(s)}{s(2s+1)}$$

$$\left[\frac{s+1}{2s+1}+\frac{s}{s+1}+\frac{1}{2}-\frac{r}{2}\frac{(s+1)}{(2s+1)}\right]U_1(s)=\frac{s-(s+1)}{s(2s+1)}-\frac{r}{2}\frac{s(s+1)}{s(2s+1)}$$

$$\frac{(8s^2+9s+3)-r(s+1)^2}{2(s+1)(2s+1)}U_1(s)=\frac{5(s+1)(2-r)}{2s(2s+1)}$$

→ 草稿纸上的步骤

解得

$$U_1(s)=\frac{5(s+1)^2(2-r)}{\left[(8s^2+9s+3)-r(s+1)^2\right]\cdot s}$$

（1）$r=-3$，有

$$U_1(s)=\frac{5(s+1)^2\cdot 5}{(8s^2+9s+3+3s^2+6s+3)s}=\frac{25(s+1)^2}{s(11s^2+15s+6)}$$

→ 代入 r 的值即可

（2）$r=3$，有

$$U_1(s)=\frac{5(s+1)^2\cdot(-1)}{(8s^2+9s+3-3s^2-6s-3)s}=\frac{-5(s+1)^2}{s(5s^2+3s)}=\frac{-5(s+1)^2}{s^2(5s+3)}$$

14-9 题 14-9 图所示电路中，$i_S=2\sin(1\,000t)$A，$R_1=R_2=20\,\Omega$，$C=1\,000\,\mu$F，$t=0$ 时合上开关 S，用运算法求 $u_C(t)$。

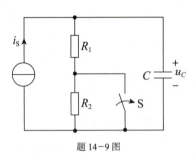

题 14-9 图

解：求初值：当 $t<0$ 时，运算电路如题解 14-9（a）图所示。

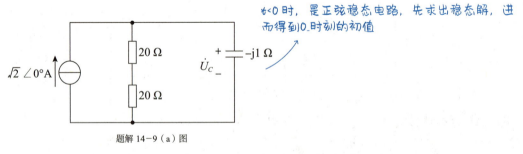

题解 14-9（a）图

t<0 时，是正弦稳态电路，先求出稳态解，进而得到0_时刻的初值

$$\dot{U}_C=\sqrt{2}\angle 0°\cdot[40//(-j1)]=0.035\,3-j1.413\,3=1.414\angle-88.57°\text{ V}$$

$$u_C(t)=1.414\sqrt{2}\sin(1\,000t-88.57°)$$

$$u_C(0_-)=1.414\sqrt{2}\sin(-88.57°)=-2.00\text{ V}$$

所求运算电路如题解 14-9（b）图所示。

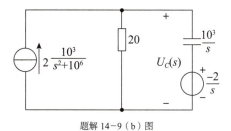

题解 14-9（b）图

列写结点电压方程：

$$\left(\frac{1}{20}+\frac{s}{10^3}\right)U_C(s)=2\cdot\frac{10^3}{s^2+10^6}+\frac{-\frac{2}{s}}{\frac{10^3}{s}}$$

$$\frac{50+s}{10^3}U_C(s)=\frac{2\cdot10^3}{s^2+10^6}-\frac{2}{10^3}=\frac{2\cdot10^6-2(s^2+10^6)}{10^3(s^2+10^6)} \longrightarrow 草稿纸步骤$$

设

$$U_C(s)=\frac{-2s^2}{(s+50)(s^2+10^6)}=\frac{k_1}{s+50}+\frac{k_2}{s-j10^3}+\frac{k_3}{s+j10^3} \longrightarrow 有一个单根，一对复根$$

$$k_1=\left.\frac{-2s^2}{s^2+10^6}\right|_{s=-50}=\frac{-2\times2\,500}{2\,500+10^6}=-4.99\times10^{-3}$$

$$k_2=\left.\frac{-2s^2}{(s+50)(s+j10^3)}\right|_{s=j10^3}=\frac{2\cdot10^6}{(50+j10^3)j\cdot2\times10^3}=-0.997\,5-j0.049\,9=0.998\,7\angle-177.136°$$

所以

$$u_C(t)=\left[-4.99\times10^{-3}\mathrm{e}^{-50t}+1.997\,4\cos(1\,000t-177.136°)\right]\mathrm{V}$$

14-10 题 14-10 图所示电路中 $L_1=1\,\mathrm{H}, L_2=4\,\mathrm{H}, M=2\,\mathrm{H}, R_1=R_2=1\,\Omega, U_\mathrm{S}=1\,\mathrm{V}$，电感中原无磁场能量。$t=0$ 时合上开关 S，用运算法求 i_1、i_2。

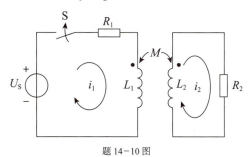

题 14-10 图

解：电感无初始储能，可以很方便地画出运算电路，如题解 14-10 图所示。

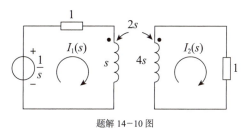

题解 14-10 图

回路电流方程：

$$\begin{cases}(1+s)I_1(s)-2sI_2(s)=\dfrac{1}{s}\\-2sI_1(s)+(4s+1)I_2(s)=0\end{cases}$$

→ 对于此方程组，我们同样用克拉默法则求解

$$I_1(s)=\dfrac{\begin{vmatrix}\dfrac{1}{s}&-2s\\0&4s+1\end{vmatrix}}{\begin{vmatrix}1+s&-2s\\-2s&4s+1\end{vmatrix}}=\dfrac{\dfrac{1}{s}(4s+1)}{(4s+1)(1+s)-4s^2}=\dfrac{4s+1}{s(5s+1)}=\dfrac{\dfrac{1}{5}(4s+1)}{s\left(s+\dfrac{1}{5}\right)}=\dfrac{k_1}{s}+\dfrac{k_2}{s+\dfrac{1}{5}}$$

$$k_1=\left.\dfrac{\dfrac{1}{5}(4s+1)}{s+\dfrac{1}{5}}\right|_{s=0}=1,\quad k_2=\left.\dfrac{\dfrac{1}{5}(4s+1)}{s}\right|_{s=-\tfrac{1}{5}}=\dfrac{\dfrac{1}{5}\times\dfrac{1}{5}}{-\dfrac{1}{5}}=-\dfrac{1}{5}$$

$$I_1(s)=\dfrac{1}{s}-\dfrac{1}{5}\dfrac{1}{s+\dfrac{1}{5}}$$

$$I_2(s)=\dfrac{\begin{vmatrix}1+s&\dfrac{1}{s}\\-2s&0\end{vmatrix}}{\begin{vmatrix}1+s&-2s\\-2s&4s+1\end{vmatrix}}=\dfrac{2}{5s+1}=\dfrac{2}{5}\dfrac{1}{s+\dfrac{1}{5}}$$

拉普拉斯反变换，得

$$i_1(t)=\left(1-\dfrac{1}{5}e^{-\tfrac{t}{5}}\right)\text{A},\quad i_2(t)=\dfrac{2}{5}e^{-\tfrac{t}{5}}\text{A}$$

14-11 题 14-11 图所示电路，当 $t<0$ 时开关 S 打开，电路已稳定；当 $t=0$ 时闭合开关 S。求当 $t>0$ 时的电流 $i_2(t)$。

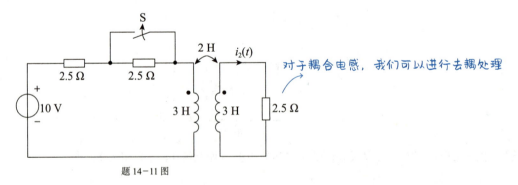

对于耦合电感，我们可以进行去耦处理

题 14-11 图

解：去耦，如题解 14-11（a）图所示。

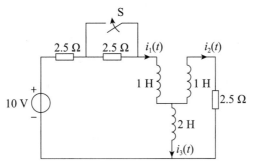

题解 14-11（a）图

求初值：当 $t<0$ 时，如题解 14-11（b）图所示。

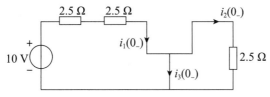

题解 14-11（b）图

$$i_1(0_-)=i_3(0_-)=\frac{10}{2.5+2.5}=2\text{ A}, \quad i_2(0_-)=0$$

画运算电路，如题解 14-11（c）图所示。

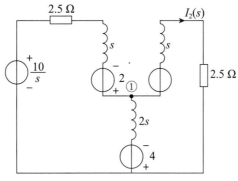

题解 14-11（c）图

列写结点电压方程：

$$\left(\frac{1}{2.5+s}+\frac{1}{2s}+\frac{1}{s+2.5}\right)U_{n1}(s)=\frac{\frac{10}{s}+2}{2.5+s}-\frac{4}{2s}$$

$$\frac{2s+s+2.5+2s}{2s(s+2.5)}U_{n1}(s)=\frac{2(2s+10)-4(s+2.5)}{2s(s+2.5)}$$

解得

$$U_{n1}(s)=\frac{10}{5s+2.5}=\frac{2}{s+\frac{1}{2}}$$

所以

$$I_2(s)=\frac{U_{n1}(s)}{s+2.5}=\frac{2}{(s+0.5)(s+2.5)}=\frac{k_1}{s+0.5}+\frac{k_2}{s+2.5}$$

$$k_1=\left.\frac{2}{s+2.5}\right|_{s=-0.5}=1, \quad k_2=\left.\frac{2}{s+0.5}\right|_{s=-2.5}=-1$$

拉普拉斯反变换，得 $i_2(t) = \left(e^{-0.5t} - e^{-2.5t}\right)$ A

14-12 题 14-12 图所示电路含理想运算放大器，已知 $R_1 = 1\,\text{k}\Omega$，$R_2 = 2\,\text{k}\Omega$，$C_1 = 1\,\mu\text{F}$，$C_2 = 2\,\mu\text{F}$，$u_S(t) = 2\varepsilon(t)\,\text{V}$，试求电压 $u_2(t)$。

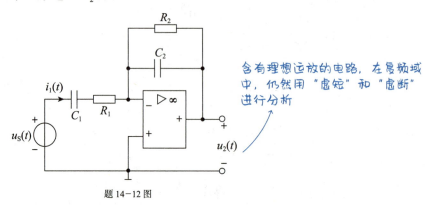

题 14-12 图

解： 运算电路如题解 14-12 图所示。

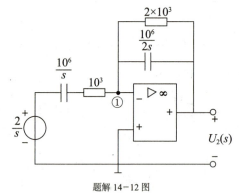

题解 14-12 图

由"虚短"，有 $U_{n1}(s) = 0$。

由 KCL，有

$$\frac{\dfrac{2}{s}}{\dfrac{10^6}{s} + 10^3} + \frac{U_2(s)}{2\times 10^3} + \frac{U_2(s)}{\dfrac{10^6}{2s}} = 0$$

解得

$$U_2(s) = \frac{-10^3}{(s+10^3)(s+250)} = \frac{k_1}{s+10^3} + \frac{k_2}{s+250}$$

$$k_1 = \left.\frac{-10^3}{s+250}\right|_{s=-10^3} = \frac{-10^3}{-750} = \frac{4}{3}$$

$$k_2 = \left.\frac{-10^3}{s+10^3}\right|_{s=-250} = \frac{-1\,000}{750} = -\frac{4}{3}$$

所以

$$U_2(s) = \frac{4}{3}\frac{1}{s+10^3} - \frac{4}{3}\frac{1}{s+250}$$

拉普拉斯反变换，得

$$u_2(t) = \frac{4}{3}e^{-10^3 t} - \frac{4}{3}e^{-250t}$$

14-13 题 14-13 图所示电路含理想变压器，已知 $R = 1\,\Omega$，$C_1 = 1\,\text{F}$，$C_2 = 2\,\text{F}$，$i_S(t) = e^{-t}\varepsilon(t)\,\text{V}$，

试求电路的零状态响应 $u(t)$。

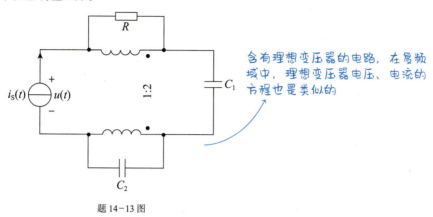

题 14-13 图

解：画运算电路如题解 14-13 图所示。

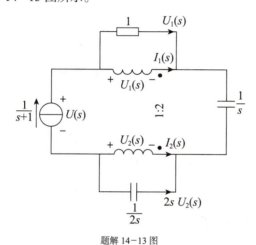

题解 14-13 图

对理想变压器，有

$$U_1(s) = 2U_2(s), \quad I_1(s) = -\frac{1}{2}I_2(s)$$

由 KCL，有

$$U_1(s) + I_1(s) = \frac{1}{s+1}$$

以及

$$U_1(s) + I_1(s) + I_2(s) + 2sU_2(s) = 0$$

解得

$$U_2(s) = \frac{1}{2(s+1)(s+2)} = \frac{1}{2}\frac{1}{s+1} - \frac{1}{2}\frac{1}{s+2}$$

由 KVL，有

$$U(s) = U_1(s) + \frac{1}{s} \cdot \frac{1}{s+1} - U_2(s) = \frac{1}{s} - \frac{1}{s+1} + U_2(s)$$

$$= \frac{1}{s} - \frac{1}{s+1} + \frac{1}{2}\frac{1}{s+1} - \frac{1}{2}\frac{1}{s+2} = \frac{1}{s} - \frac{1}{2}\frac{1}{s+1} - \frac{1}{2}\frac{1}{s+2}$$

拉普拉斯反变换，得

$$u(t) = \left(1 - \frac{1}{2}e^{-t} - \frac{1}{2}e^{-2t}\right)\varepsilon(t) \text{ V}$$

14-14 题 14-14（a）图所示电路激励 $u_S(t)$ 的波形如题 14-14（b）图所示，已知 $R_1 = 6\Omega$，

$R_2 = 3\,\Omega, L = 1\,\text{H}, \mu = 1$,求电路的零状态响应 $i_L(t)$。

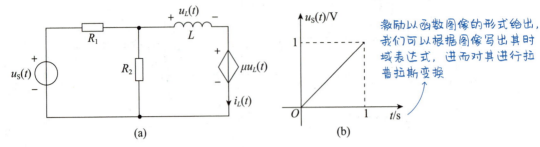

题 14-14 图

解：画电路图，如题解 14-14（a）图所示。

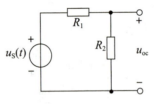

题解 14-14（a）图

开路电压： $u_{\text{oc}} = \dfrac{R_2}{R_1 + R_2} u_s(t) = \dfrac{1}{3} u_s(t)$

等效电阻： $R_{\text{eq}} = R_1 // R_2 = 3 // 6 = 2\,\Omega$

$u_s(t) = t[\varepsilon(t) - \varepsilon(t-1)] = t\varepsilon(t) - (t-1)\varepsilon(t-1) - \varepsilon(t-1)$

对激励进行拉普拉斯变换，有 $U_s(s) = \dfrac{1}{s^2} - \dfrac{1}{s^2} e^{-s} - \dfrac{1}{s} e^{-s}$

运算电路，如题解 14-14（b）图所示。

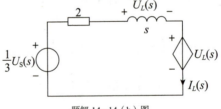

题解 14-14（b）图

由 KVL，有

$$\dfrac{1}{3} U_s(s) = \dfrac{2}{s} U_L(s) + U_L(s) + \mu U_L(s) = 2 \cdot \dfrac{s+1}{s} U_L(s)$$

所以 $U_L(s) = \dfrac{1}{6} \dfrac{s}{s+1} U_s(s)$

$I_L(s) = \dfrac{U_L(s)}{s} = \dfrac{1}{6(s+1)} U_s(s) = \dfrac{1}{6(s+1)s^2} - \dfrac{1}{6(s+1)s^2} e^{-s} - \dfrac{1}{6s(s+1)} e^{-s}$

设 $\dfrac{1}{6(s+1)s^2} = \dfrac{k_1}{s+1} + \dfrac{k_{21}}{s^2} + \dfrac{k_{22}}{s}$，则

$k_1 = \dfrac{1}{6s^2}\bigg|_{s=-1} = \dfrac{1}{6}$, $k_{21} = \dfrac{1}{6(s+1)}\bigg|_{s=0} = \dfrac{1}{6}$, $k_{22} = -\dfrac{1}{6(s+1)^2}\bigg|_{s=0} = -\dfrac{1}{6}$

$$I_L(s) = \frac{1}{6}\frac{1}{s+1} + \frac{1}{6}\frac{1}{s^2} - \frac{1}{6}\frac{1}{s} + \left(-\frac{1}{6}\frac{1}{s+1} - \frac{1}{6}\frac{1}{s^2} + \frac{1}{6}\frac{1}{s} - \frac{1}{6}\frac{1}{s} + \frac{1}{6}\frac{1}{s+1}\right)e^{-s}$$

$$= \frac{1}{6}\frac{1}{s+1} + \frac{1}{6}\frac{1}{s^2} - \frac{1}{6}\frac{1}{s} - \frac{1}{6}\frac{1}{s^2}e^{-s}$$

拉普拉斯反变换，得

$$i_L(t) = \left(\frac{1}{6}e^{-t} + \frac{1}{6}t - \frac{1}{6}\right)\varepsilon(t) - \frac{1}{6}(t-1)\varepsilon(t-1)$$

14-15 题 14-15 图所示各电路在 $t=0$ 时合上开关 S，用运算法求 $i(t)$ 及 $u_C(t)$。

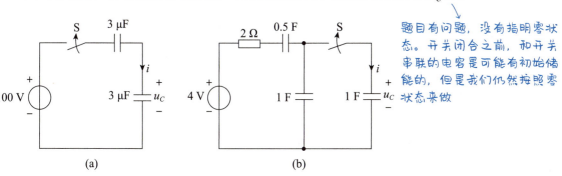

题 14-15 图

解：（a）运算电路如题解 14-15（a）图所示。

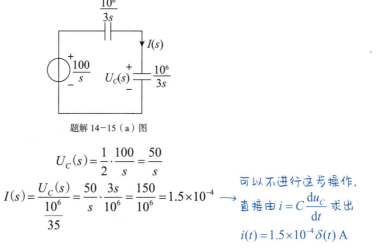

题解 14-15（a）图

$$U_C(s) = \frac{1}{2} \cdot \frac{100}{s} = \frac{50}{s}$$

$$I(s) = \frac{U_C(s)}{\dfrac{10^6}{3s}} = \frac{50}{s} \cdot \frac{3s}{10^6} = \frac{150}{10^6} = 1.5 \times 10^{-4}$$

拉普拉斯反变换，得

$$i(t) = 1.5 \times 10^{-4}\delta(t)\,\text{A}, \quad u_C(t) = 50\varepsilon(t)\,\text{V}$$

（b）求初值，先画运算电路如题解 14-15（b）图所示。

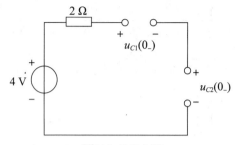

题解 14-15 (b) 图

$$u_{C1}(0_-) = \frac{1}{0.5+1} \times 4 = \frac{8}{3} \text{ V}$$

$$u_{C2}(0_-) = 4 - \frac{8}{3} = \frac{4}{3} \text{ V}$$

运算电路如题解 14-15 (c) 图所示。

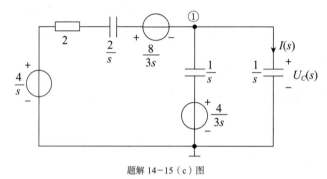

题解 14-15 (c) 图

列写结点电压方程：

$$\left(\frac{1}{2+\frac{2}{s}} + s + s\right) U_{n1}(s) = \frac{\frac{4}{s} - \frac{8}{3s}}{2 + \frac{2}{s}} + \frac{\frac{4}{3s}}{\frac{1}{s}}$$

解得 $U_{n1}(s) = \frac{4}{3} \cdot \frac{2s+3}{4s^2+5s}$。

$$U_C(s) = U_{n1}(s) = \frac{4}{3} \cdot \frac{2s+3}{4s^2+5s} = \frac{1}{3} \cdot \frac{2s+3}{s\left(s+\frac{5}{4}\right)} = \frac{k_1}{s} + \frac{k_2}{s+\frac{5}{4}}$$

$$k_1 = \frac{1}{3} \cdot \frac{2s+3}{s+\frac{5}{4}} \bigg|_{s=0} = \frac{4}{5}, \quad k_2 = \frac{1}{3} \cdot \frac{2s+3}{s} \bigg|_{s=-\frac{5}{4}} = \frac{1}{3} \cdot \frac{-\frac{5}{2}+3}{-\frac{5}{4}} = -\frac{2}{15}$$

所以
$$U_C(s) = \frac{4}{5} \cdot \frac{1}{s} - \frac{2}{15} \cdot \frac{1}{s+\frac{5}{4}}$$

$$I(s) = \frac{U_{n1}(s)}{\frac{1}{s}} = \frac{4}{3} \cdot \frac{2s^2+3s}{4s^2+5s} = \frac{2}{3} + \frac{2}{3} \cdot \frac{1}{4s+5} = \frac{2}{3} + \frac{1}{6} \cdot \frac{1}{s+\frac{5}{4}}$$

$$i(t) = \left[\frac{2}{3}\delta(t) + \frac{1}{6}e^{-\frac{5}{4}t}\varepsilon(t)\right] \text{A}$$

→ 也可以直接由 $i = C\dfrac{du_C}{dt}$ 求出 $i(t)$,

$$u_C(t) = \left(\frac{4}{5} - \frac{2}{15}e^{-\frac{5}{4}t}\right)\varepsilon(t)\text{V}$$

但是要注意"全时域求导", $u_C(t) = \left(\dfrac{4}{5} - \dfrac{2}{15}e^{-\frac{5}{4}t}\right)\varepsilon(t)\text{V}$ 中,把 $\varepsilon(t)$ 视为一个函数

14-16 电路如题 14-16 图所示,已知 $u_{S1}(t) = \varepsilon(t)\text{V}$, $u_{S2}(t) = \delta(t)\text{V}$, 试求 $u_1(t)$ 和 $u_2(t)$。

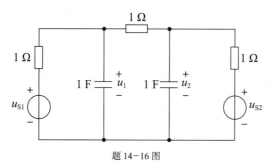

题 14-16 图

解: 画运算电路,如题解 14-16 图所示。

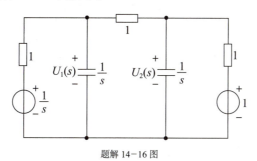

题解 14-16 图

列写结点电压方程:

$$\begin{cases}(1+s+1)U_1(s) - U_2(s) = \dfrac{1}{s} \\ -U_1(s) + (1+s+1)U_2(s) = 1\end{cases}$$

→ 同样用克拉默法则求解

$$U_1(s) = \frac{\begin{vmatrix}\dfrac{1}{s} & -1 \\ 1 & s+2\end{vmatrix}}{\begin{vmatrix}s+2 & -1 \\ -1 & s+2\end{vmatrix}} = \frac{\dfrac{s+2}{s} + 1}{s^2 + 4s + 3} = \frac{2s+2}{s(s+1)(s+3)} = \frac{2}{s(s+3)} = \frac{2}{3}\left(\frac{1}{s} - \frac{1}{s+3}\right)$$

$$U_2(s) = \frac{\begin{vmatrix}s+2 & \dfrac{1}{s} \\ -1 & 1\end{vmatrix}}{\begin{vmatrix}s+2 & -1 \\ -1 & s+2\end{vmatrix}} = \frac{s+2 + \dfrac{1}{s}}{s^2 + 4s + 3} = \frac{s^2 + 2s + 1}{s(s+1)(s+3)} = \frac{s+1}{s(s+3)} = \frac{k_1}{s} + \frac{k_2}{s+3}$$

$$k_1 = \left.\frac{s+1}{s+3}\right|_{s=0} = \frac{1}{3}, \quad k_2 = \left.\frac{s+1}{s}\right|_{s=-3} = \frac{-2}{-3} = \frac{2}{3}$$

$$U_2(s) = \frac{1}{3} \cdot \frac{1}{s} + \frac{2}{3} \cdot \frac{1}{s+3}$$

进行拉普拉斯反变换，得

$$u_1(t) = \frac{2}{3}(1-e^{-3t})\varepsilon(t) \text{ V}, \quad u_2(t) = \left(\frac{1}{3} + \frac{2}{3}e^{-3t}\right)\varepsilon(t) \text{ V}$$

14-17 电路如题 14-17 图所示，已知 $u_S(t) = [\varepsilon(t) + \varepsilon(t-1) - 2\varepsilon(t-2)]$ V，求 $i_L(t)$。

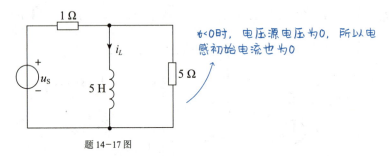

题 14-17 图

解：运算电路如题解 14-17 图所示。

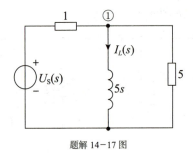

题解 14-17 图

对激励进行拉普拉斯变换，有 $$U_S(s) = \frac{1}{s} + \frac{1}{s}e^{-s} - \frac{2}{s}e^{-2s}$$

由结点电压方程，有 $$\left(1 + \frac{1}{5s} + \frac{1}{s}\right)U_{n1}(s) = \frac{U_S(s)}{1}$$

解得 $U_{n1}(s) = \dfrac{5s}{6s+1}U_S(s)$。

$$I_L(s) = \frac{U_{n1}(s)}{5s} = \frac{1}{6s+1}U_S(s) = \frac{1}{6} \cdot \frac{1}{s+\frac{1}{6}}U_S(s) = \frac{1}{6} \cdot \frac{1}{s+\frac{1}{6}}\left(\frac{1}{s} + \frac{1}{s}e^{-s} - \frac{2}{s}e^{-2s}\right)$$

$$= \left(\frac{1}{s} - \frac{1}{s+\frac{1}{6}}\right)(1 + e^{-s} - e^{-2s})$$

拉普拉斯反变换，得

$$i_L(t) = \left[\left(1 - e^{-\frac{1}{6}t}\right)\varepsilon(t) + \left(1 - e^{-\frac{1}{6}(t-1)}\right)\varepsilon(t-1) - \left(2 - 2e^{-\frac{1}{6}(t-2)}\right)\varepsilon(t-2)\right] \text{A}$$

14-18 电路如题 14-18 图所示，开关 S 原是闭合的，电路处于稳态。若 S 在 $t=0$ 时打开，已知 $U_S = 2$ V，$L_1 = L_2 = 1$ H，$R_1 = R_2 = 1$ Ω。试求 $t \geq 0$ 时的 $i_1(t)$ 和 $u_{L_2}(t)$。

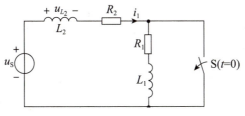

题 14-18 图

解：求初值： $i_1(0_-) = \dfrac{U_S}{R_2} = 2\text{ A}$ ， $i_2(0_-) = 0 \longrightarrow L_1$ 所在支路被短路，电流为 0

运算电路如题解 14-18 图所示。

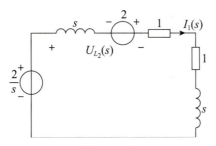

题解 14-18 图

$$I_1(s) = \dfrac{\dfrac{2}{s}+2}{s+1+1+s} = \dfrac{1}{s}$$

$$U_{L_2}(s) = sI_1(s) - 2 = 1 - 2 = -1 \longrightarrow 注意\ U_{L_2}(s)\ 要包括附加电源的电压$$

拉普拉斯反变换，得 $i_1(t) = \varepsilon(t)\text{A}$ ， $u_{L_2}(t) = -\delta(t)\text{V}$ 。

14-19 题 14-19 图所示电路中 U_S 为恒定值， $u_{C_2}(0_-) = 0$ ，开关闭合前电路已达稳态。$t = 0$ 时 S 闭合，求开关闭合后，电容电压 u_{C_1} 和 u_{C_2} 及电流 i_{C_1} 和 i_{C_2} 。

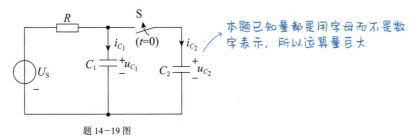

题 14-19 图

本题已知量都是用字母而不是数字表示，所以运算量巨大

解：法一 求初值： $u_{C_1}(0_-) = U_S$ 。

运算电路如题解 14-19 图所示。

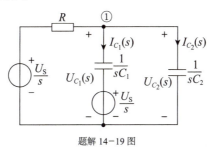

题解 14-19 图

列写结点电压方程：$\left(\dfrac{1}{R}+sC_1+sC_2\right)U_{n1}(s)=\dfrac{U_S}{sR}+C_1U_S$

$$U_{n1}(s)=\dfrac{\dfrac{1}{sR}+C_1}{\dfrac{1}{R}+s(C_1+C_2)}U_S=\dfrac{1+sC_1R}{s[1+sR(C_1+C_2)]}U_S=\left[\dfrac{k_1}{s}+\dfrac{k_2}{s+\dfrac{1}{R(C_1+C_2)}}\right]U_S$$

$$k_1=\dfrac{1+sC_1R}{1+sR(C_1+C_2)}\bigg|_{s=0}=1$$

$$k_2=\dfrac{1+sC_1R}{sR(C_1+C_2)}\bigg|_{s=-\frac{1}{R(C_1+C_2)}}=\dfrac{1-\dfrac{C_1}{C_1+C_2}}{-1}=-\dfrac{C_2}{C_1+C_2}$$

所以 $$U_{n1}(s)=\left[\dfrac{1}{s}-\dfrac{C_2}{C_1+C_2}\dfrac{1}{s+\dfrac{1}{R(C_1+C_2)}}\right]U_S$$

拉普拉斯反变换，得

$$u_{C_1}=u_{C_2}=u_{n1}=\left[1-\dfrac{C_2}{C_1+C_2}e^{-\frac{1}{R(C_1+C_2)}t}\right]U_S\varepsilon(t)\text{V}$$

$$I_{C_1}(s)=\dfrac{U_{C_1}(s)-\dfrac{U_S}{s}}{\dfrac{1}{sC_1}}=\dfrac{C_1(1+sC_1R)U_S}{1+sR(C_1+C_2)}-C_1U_S$$

$$=\dfrac{\dfrac{C_1^2}{C_1+C_2}[sR(C_1+C_2)+1]+C_1-\dfrac{C_1^2}{C_1+C_2}}{1+sR(C_1+C_2)}U_S-C_1U_S$$

$$=\left[\dfrac{C_1^2}{C_1+C_2}+\dfrac{C_1C_2}{C_1+C_2}\cdot\dfrac{1}{R(C_1+C_2)}\cdot\dfrac{1}{s+\dfrac{1}{R(C_1+C_2)}}\right]U_S-C_1U_S$$

$$=-\dfrac{C_1C_2}{C_1+C_2}U_S+\dfrac{C_1C_2}{R(C_1+C_2)^2}\dfrac{1}{s+\dfrac{1}{R(C_1+C_2)}}U_S$$

拉普拉斯反变换，得

$$i_{C_1}(t)=\left[-\dfrac{C_1C_2U_S}{C_1+C_2}\delta(t)+\dfrac{C_1C_2U_S}{R(C_1+C_1)^2}e^{-\frac{1}{R(C_1+C_2)}t}\varepsilon(t)\right]\text{A}$$

$$I_{C_2}(s) = \frac{U_{C_2}(s)}{\dfrac{1}{sC_2}} = \frac{C_2(1+sC_1R)}{1+sR(C_1+C_2)}U_s$$

$$= \frac{\dfrac{C_1C_2}{C_1+C_2}[1+sR(C_1+C_2)]+C_2-\dfrac{C_1C_2}{C_1+C_2}}{1+sR(C_1+C_2)}U_s$$

$$= \frac{C_1C_2}{C_1+C_2}U_s + \frac{C_2^2}{C_1+C_2}\cdot\frac{1}{R(C_1+C_2)}\frac{1}{s+\dfrac{1}{R(C_1+C_2)}}U_s$$

$$= \frac{C_1C_2}{C_1+C_2}U_s + \frac{C_2^2 U_s}{R(C_1+C_2)^2}\frac{1}{s+\dfrac{1}{R(C_1+C_2)}}$$

$$i_{C_2}(t) = \left[\frac{C_1C_2}{C_1+C_2}U_s\delta(t) + \frac{C_2^2 U_s}{R(C_1+C_2)^2}\mathrm{e}^{-\frac{1}{R(C_1+C_2)}t}\varepsilon(t)\right]\mathrm{A}$$

> **电路一点通**
>
> 通过此题可以看出，纯用拉普拉斯变换法，先求所有的象函数，再反变换求原函数，计算量巨大。而如果借助电容的 VCR，在时域中求电流，计算将大为简便。还是要注意全时域求导。

法二 在时域中求电容电流。

全时域表达式：

$$u_{C_1} = \left[1-\frac{C_2}{C_1+C_2}\mathrm{e}^{-\frac{1}{R(C_1+C_2)}t}\right]U_s\varepsilon(t) + U_s\varepsilon(-t) \longrightarrow \begin{array}{l}\varepsilon(-t) \text{ 求导是 } \delta(-t),\\ \text{且 } \delta(-t)=\delta(t)\end{array}$$

$$i_{C_1} = C_1\frac{\mathrm{d}u_{C_1}}{\mathrm{d}t} = C_1\left[\frac{C_2}{C_1+C_2}\cdot\frac{1}{R(C_1+C_2)}\mathrm{e}^{-\frac{1}{R(C_1+C_2)}t}\right]U_s\varepsilon(t) + \left(1-\frac{C_2}{C_1+C_2}\right)U_s\delta(t) - C_1U_s\delta(t)$$

$$= \left[\frac{C_1C_2U_s}{R(C_1+C_2)^2}\mathrm{e}^{-\frac{1}{R(C_1+C_2)}t}\varepsilon(t) - \frac{C_1C_2U_s}{C_1+C_2}\delta(t)\right]\mathrm{A}$$

全时域表达式：

$$u_{C_2} = \left[1-\frac{C_2}{C_1+C_2}\mathrm{e}^{-\frac{1}{R(C_1+C_2)}t}\right]U_s\varepsilon(t)$$

$$i_{C_2} = C_2\frac{\mathrm{d}u_{C_2}}{\mathrm{d}t} = C_2\left[\frac{C_2}{C_1+C_2}\frac{1}{R(C_1+C_2)}\mathrm{e}^{-\frac{1}{R(C_1+C_2)}t}\right]U_s\varepsilon(t) + C_2\left(1-\frac{C_2}{C_1+C_2}\right)U_s\delta(t)$$

$$= \frac{C_2^2 U_s}{R(C_1+C_2)^2}\mathrm{e}^{-\frac{1}{R(C_1+C_2)}t}\varepsilon(t) + \frac{C_1C_2}{C_1+C_2}U_s\delta(t)$$

14-20 题 14-20 图所示电路中两电容原来未充电，在 $t=0$ 时将开关 S 闭合，已知 $U_s=10\,\mathrm{V}$, $R=5\,\Omega$, $C_1=2\,\mathrm{F}$, $C_2=3\,\mathrm{F}$。求 $t\geqslant 0$ 时的 u_{C_1}、u_{C_2} 及 i_1、i_2、i。

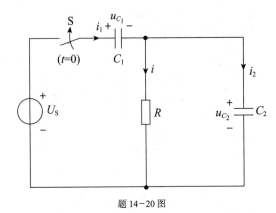

题 14-20 图

解： 运算电路如题解 14-20 图所示。

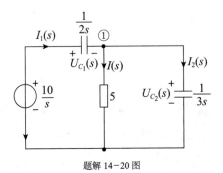

题解 14-20 图

列写结点电压方程：
$$\left(2s+\frac{1}{5}+3s\right)U_{n1}(s)=\frac{\frac{10}{s}}{\frac{1}{2s}}$$

解得 $U_{n1}(s)=\dfrac{20}{\frac{1}{5}+5s}=\dfrac{4}{s+\frac{1}{25}}$。

$$U_{C_1}(s)=\frac{10}{s}-\frac{4}{s+\frac{1}{25}}$$

$$U_{C_2}(s)=U_{n1}(s)=\frac{4}{s+\frac{1}{25}}$$

$$I_1(s)=2sU_{C_1}(s)=20-\frac{8s}{s+\frac{1}{25}}=20-\frac{8\left(s+\frac{1}{25}\right)-\frac{8}{25}}{s+\frac{1}{25}}=12+\frac{8}{25}\cdot\frac{1}{s+\frac{1}{25}}$$

$$I_2(s)=3sU_{C_2}(s)=\frac{12s}{s+\frac{1}{25}}=\frac{12\left(s+\frac{1}{25}\right)-\frac{12}{25}}{s+\frac{1}{25}}=12-\frac{12}{25}\frac{1}{s+\frac{1}{25}}$$

$$I(s)=\frac{U_{n1}(s)}{5}=\frac{4}{5}\frac{1}{s+\frac{1}{25}}$$

进行拉普拉斯反变换，得

$$u_{C_1} = \left(10 - 4e^{-\frac{1}{25}t}\right)\varepsilon(t)\,\text{V}$$

$$u_{C_2} = 4e^{-\frac{1}{25}t}\varepsilon(t)\,\text{V}$$

$$i_1 = \left[12\delta(t) + \frac{8}{25}e^{-\frac{1}{25}t}\varepsilon(t)\right]\text{A}$$

$$i_2 = \left[12\delta(t) - \frac{12}{25}e^{-\frac{1}{25}t}\varepsilon(t)\right]\text{A}$$

$$i = \frac{4}{5}e^{-\frac{1}{25}t}\varepsilon(t)\,\text{A}$$

14-21 电路如题 14-21 图所示，已知电容 C_1 和 C_2 原带电荷，方向如题 14-21 图所示，$C_1 = 3\,\text{F}$，$q_{C_1}(0_-) = 15\,\text{C}$，$C_2 = 6\,\text{F}$，$q_{C_2}(0_-) = 60\,\text{C}$，$t = 0$ 时，开关 S 闭合，求开关 S 闭合后电压 $u(t)$。

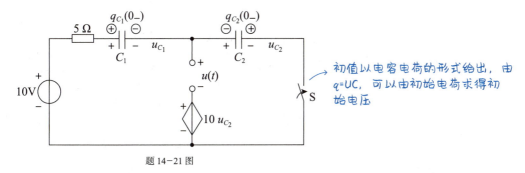

题 14-21 图

解： 求初值：

$$u_{C_1}(0_-) = \frac{q_{C_1}(0_-)}{C_1} = \frac{15}{3} = 5\,\text{V}$$

$$u_{C_2}(0_-) = -\frac{q_{C_2}(0_-)}{C_2} = -\frac{60}{6} = -10\,\text{V}$$

画出运算电路如题解 14-21 图所示。

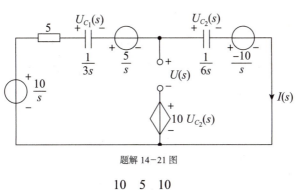

题解 14-21 图

$$I(s) = \frac{\dfrac{10}{s} - \dfrac{5}{s} + \dfrac{10}{s}}{5 + \dfrac{1}{3s} + \dfrac{1}{6s}} = \frac{3}{s + \dfrac{1}{10}}$$

注意电容电压要包括受控源电压

$$U_{C_2}(s) = \frac{1}{6s} \cdot I(s) - \frac{10}{s} = \frac{1}{2s\left(s+\frac{1}{10}\right)} - \frac{10}{s} = 5\left(\frac{1}{s} - \frac{1}{s+\frac{1}{10}}\right) - \frac{10}{s} = -\frac{5}{s} - \frac{5}{s+\frac{1}{10}}$$

由 KVL，有 $\qquad U(s) + 10U_{C_2}(s) = U_{C_2}(s)$

得 $\qquad U(s) = -9U_{C_2}(s) = \dfrac{45}{s} + \dfrac{45}{s+\dfrac{1}{10}}$

拉普拉斯反变换，得 $u(t) = \left(45 + 45\mathrm{e}^{-\frac{1}{10}t}\right)$ V。

14-22 绘出 $H(s) = \dfrac{2s^2 - 12s + 16}{s^3 + 4s^2 + 6s + 3}$ 的零、极点图。→ 求出零、极点，在复平面图中标注即可

解： $\qquad N(s) = 2s^2 - 12s + 16 = 2(s^2 - 6s + 8) = 2(s-2)(s-4)$

零点：$z_1 = 2$，$z_2 = 4$。

$$D(s) = s^3 + 4s^2 + 6s + 3$$
$$D(s) = (s+1)(s^2 + 3s + 3)$$

极点：$p_1 = -1$。

$$s^2 + 3s + 3 = 0$$
$$\Delta = 9 - 4 \times 3 = -3$$

极点：$p_2 = \dfrac{-3 + \mathrm{j}\sqrt{3}}{2}$，$p_3 = \dfrac{-3 - \mathrm{j}\sqrt{3}}{2}$。

零、极点图如题解 14-22 图所示。

求这样的三次方程，我们一般先"试根"，通过代入一些简单的值，试出来一个根，然后再用多项式的除法，找到另外两个根。试根的范围：常数项除以三次项的系数所得值的因数，比如这里 $3 \div 1 = 3$，试根的范围就是 3 的因数：1, 3, -1, -3

$$\begin{array}{r} s^2+3s+3 \\ s+1\overline{\smash{)}s^3+4s^2+6s+3} \\ \underline{s^3+s^2} \\ 3s^2+6s+3 \\ \underline{3s^2+3s} \\ 3s+3 \\ \underline{3s+3} \\ 0 \end{array}$$

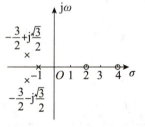

题解 14-22 图

14-23 试求题 14-23 图所示线性一端口网络的驱动点阻抗 $Z(s)$ 的表达式，并在 s 平面上绘出极点和零点。已知 $R = 1\ \Omega$，$L = 0.5\ \mathrm{H}$，$C = 0.5\ \mathrm{F}$。

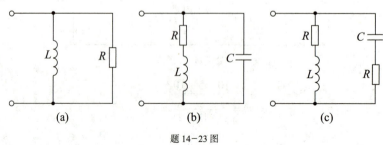

题 14-23 图

解：（a）

$$Z(s) = R//(sL) = 1//0.5s = \frac{0.5s}{1+0.5s} = \frac{s}{s+2}$$

→ 用串并联公式求出 $Z(s)$ 的表达式，再求出其零、极点，在复平面图中标出

零点 $z=0$，极点 $p=-2$。画出复平面图如题解 14-23（a）图所示。

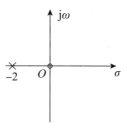

题解 14-23（a）图

（b）

$$Z(s) = (R+sL)//\frac{1}{sC} = (1+0.5s)//\frac{2}{s} = \frac{(1+0.5s)\cdot\frac{2}{s}}{1+0.5s+\frac{2}{s}}$$

$$= \frac{s+2}{0.5s^2+s+2} = \frac{2s+4}{s^2+2s+4} = \frac{2(s+2)}{(s+1)^2+3}$$

零点 $z=-2$，极点 $p_{1,2}=-1\pm j\sqrt{3}$。画出复平面图如题解 14-23（b）图所示。

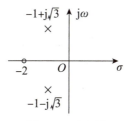

题解 14-23（b）图

（c）

$$Z(s) = (R+sL)//\left(R+\frac{1}{sC}\right) = (1+0.5s)//\left(1+\frac{2}{s}\right)$$

$$= \frac{(1+0.5s)\left(1+\frac{2}{s}\right)}{1+0.5s+1+\frac{2}{s}} = \frac{0.5s^2+2s+2}{0.5s^2+2s+2} = 1$$

零点 $z_{1,2}=-2$，极点 $p_{1,2}=-2$。

画出复平面图如题解 14-23（c）图所示。

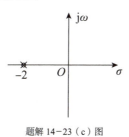

题解 14-23（c）图

14-24 求如题 14-24 图所示各电路的驱动点阻抗 $Z(s)$ 的表达式，并在 s 平面上绘出极点和零点。

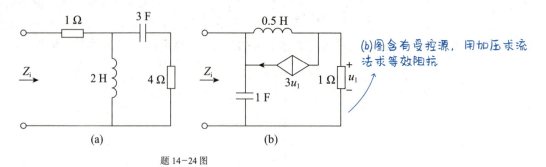

(b)图含有受控源，用加压求流法求等效阻抗

题 14-24 图

解：（a）画出运算电路，如题解 14-24（a）图所示。

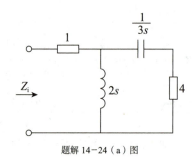

题解 14-24（a）图

$$Z(s) = 1 + 2s // \left(\frac{1}{3s} + 4\right) = 1 + \frac{2s\left(\frac{1}{3s} + 4\right)}{2s + \frac{1}{3s} + 4} = 1 + \frac{24s^2 + 2s}{6s^2 + 12s + 1} = \frac{30s^2 + 14s + 1}{6s^2 + 12s + 1}$$

分子： $\qquad N(s) = 30s^2 + 14s + 1 = 0$

解得零点：$z_1 = -0.088$，$z_2 = -0.379$。

分母： $\qquad D(s) = 6s^2 + 12s + 1 = 0$

解得极点：$p_1 = -0.087$，$p_2 = -1.913$。

画出复平面图，如题解 14-24（b）图所示。

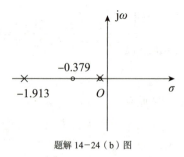

题解 14-24（b）图

（b）

用加压求流法［见题解 14-24（c）图］。

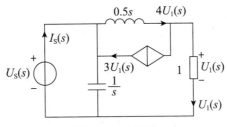

题解 14-24（c）图

由 KVL，有
$$U_S(s) = 0.5s \cdot 4U_1(s) + U_1(s) = (2s+1)U_1(s)$$

由 KCL，有
$$I_S(s) = U_1(s) + \frac{U_S(s)}{\frac{1}{s}} = (2s^2+s+1)U_1(s)$$

$$Z(s) = \frac{U_S(s)}{I_S(s)} = \frac{(2s+1)U_1(s)}{(2s^2+s+1)U_1(s)} = \frac{2s+1}{2s^2+s+1}$$

分子：$N(s) = 2s+1 = 0$。

零点：$z = -\dfrac{1}{2}$。

分母：$D(s) = 2s^2+s+1$。

极点：$p_1 = -\dfrac{1}{4} + j\dfrac{\sqrt{7}}{4}$，$p_2 = -\dfrac{1}{4} - j\dfrac{\sqrt{7}}{4}$。

画出复平面图，如题解 14-24（d）图所示。

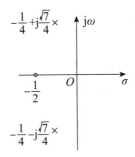

题解 14-24（d）图

14-25 题 14-25 图所示为一线性电路，输入电流源的电流为 i_S。

（1）试计算驱动点阻抗 $Z_d(s) = \dfrac{U_1(s)}{I_S(s)}$；→ $Z_d(s) = \dfrac{U_1(s)}{I_S(s)}$ 其实就是电路的等效阻抗，通过串并联关系求出。$U_2(s)$ 和 $U_1(s)$ 成电阻分压关系，进而 $Z_t(s) = \dfrac{U_2(s)}{I_S(s)}$ 也

（2）试计算转移阻抗 $Z_t(s) = \dfrac{U_2(s)}{I_S(s)}$；很容易求出

（3）在 s 平面上绘出 $Z_d(s)$ 和 $Z_t(s)$ 的极点和零点。

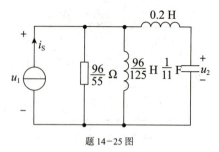

题 14-25 图

解： 运算电路如题解 14-25（a）图所示。

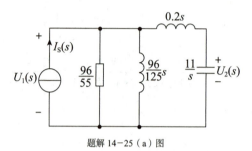

题解 14-25（a）图

（1）

$$Z_d(s) = \frac{U_1(s)}{I_s(s)} = \frac{96}{55} // \frac{96}{125}s // \left(0.2s + \frac{11}{s}\right) = \frac{\frac{96}{55} \cdot \frac{96}{125}s}{\frac{96}{55} + \frac{96}{125}s} // \left(0.2s + \frac{11}{s}\right)$$

$$= \frac{96s}{125 + 55s} // \left(0.2s + \frac{11}{s}\right) = \frac{\frac{96s}{125 + 55s} \cdot \left(0.2s + \frac{11}{s}\right)}{\frac{96s}{125 + 55s} + 0.2s + \frac{11}{s}}$$

$$= \frac{96s(0.2s^2 + 11)}{96s^2 + (0.2s^2 + 11)(125 + 55s)} = \frac{19.2s(s^2 + 55)}{11s^3 + 121s^2 + 11 \times 55s + 11 \times 125}$$

$$= \frac{19.2s(s^2 + 55)}{11(s^3 + 11s^2 + 55s + 125)} = \frac{19.2s(s^2 + 55)}{11(s + 5)(s^2 + 6s + 25)}$$

（2）

$$U_2(s) = \frac{\frac{11}{s}}{0.2s + \frac{11}{s}} U_1(s) = \frac{11}{0.2s^2 + 11} U_1(s) = \frac{55}{s^2 + 55} U_1(s)$$

根据串联分压，得到此式，找到 $U_2(s)$ 和 $U_1(s)$ 的关系

$$Z_t(s) = \frac{U_2(s)}{I_1(s)} = \frac{55}{s^2 + 55} \frac{U_1(s)}{I_1(s)} = \frac{55}{s^2 + 55} \cdot \frac{19.2s(s^2 + 55)}{11(s + 5)(s^2 + 6s + 25)} = \frac{96s}{(s + 5)(s^2 + 6s + 25)}$$

（3）

$$N_d(s) = 19.2s(s^2 + 55) = 0$$

$Z_d(s)$ 的零点：$z_1 = 0$，$z_2 = j\sqrt{55}$，$z_3 = -j\sqrt{55}$。

$$D_d(s) = 11(s + 5)(s^2 + 6s + 25)$$

$Z_d(s)$ 的极点：$p_1 = -5$，$p_2 = -3+j4$，$p_3 = -3-j4$。

画出复平面图，如题解 14−25（b）图所示。

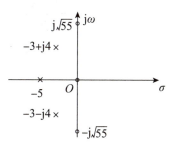

题解 14−25（b）图

$Z_t(s)$ 的零点为 $z = 0$，极点和 $Z_d(s)$ 的一致。

画出复平面图，如题解 14−25（c）图所示。

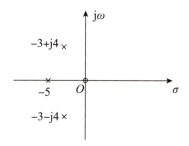

题解 14−25（c）图

14-26 电路如题 14−26 图所示，已知 $u_S(t) = 4\varepsilon(t) \text{V}$。

（1）求网络函数 $H(s) = \dfrac{U_o(s)}{U_S(s)}$。

（2）绘出 $H(s)$ 的零、极点图。

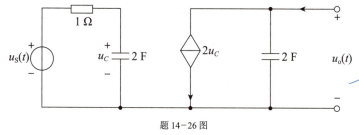

题 14−26 图

解：（1）运算电路如题解 14−26（a）图所示。

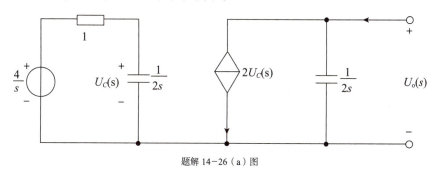

题解 14−26（a）图

对左侧电路，由串联分压，有

$$U_C(s) = \frac{\dfrac{1}{2s}}{1+\dfrac{1}{2s}} \cdot \frac{4}{s} = \frac{4}{s(2s+1)}$$

对右侧电路，有

$$U_o(s) = -2U_C(s) \cdot \frac{1}{2s} = -\frac{4}{s^2(2s+1)}$$

$$H(s) = \frac{U_o(s)}{U_S(s)} = \frac{-\dfrac{4}{s^2(2s+1)}}{\dfrac{4}{s}} = -\frac{1}{s(2s+1)}$$

（2）

分子： $D(s) = s(2s+1) = 0$

解得极点： $p_1 = 0$， $p_2 = -\dfrac{1}{2}$。无零点。

画出复平面图，如题解 14-26（b）图所示。

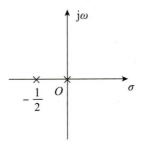

题解 14-26（b）图

14-27 题 14-27 图所示为 RC 电路，求它的转移函数 $H(s) = \dfrac{U_o(s)}{U_i(s)}$。

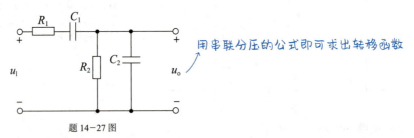

题 14-27 图

用串联分压的公式即可求出转移函数

解： 运算电路如题解 14-27 图所示。

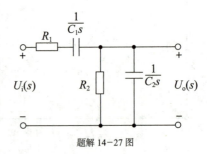

题解 14-27 图

并联支路的等效阻抗：

$$R_2 \,//\, \frac{1}{C_2 s} = \frac{\dfrac{R_2}{C_2 s}}{R_2 + \dfrac{1}{C_2 s}} = \frac{R_2}{R_2 C_2 s + 1}$$

由串联分压，得

$$H(s) = \frac{U_o(s)}{U_i(s)} = \frac{R_2 \,//\, \dfrac{1}{C_2 s}}{R_1 + \dfrac{1}{C_1 s} + R_2 \,//\, \dfrac{1}{C_2 s}} = \frac{\dfrac{R_2}{R_2 C_2 s + 1}}{R_1 + \dfrac{1}{C_1 s} + \dfrac{R_2}{R_2 C_2 s + 1}} = \frac{R_2 C_1 s}{(R_1 C_1 s + 1)(R_2 C_2 s + 1) + R_2 C_1 s}$$

14-28 题 14-28 图所示电路中，$L = 0.2\,\text{H}$，$C = 0.1\,\text{F}$，$R_1 = 6\,\Omega$，$R_2 = 4\,\Omega$，$u_S(t) = 7\text{e}^{-2t}\,\text{V}$，求 R_2 中的电流 $i_2(t)$，并求网络函数 $H(s) = \dfrac{I_2(s)}{U_S(s)}$ 及单位冲激响应。——求单位冲激响应，直接对 $H(s)$ 进行拉普拉斯反变换即可

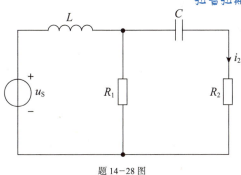

题 14-28 图

解：画出运算电路，如题解 14-28 图所示。其中，电源进行拉普拉斯变换之后，有 $\dfrac{7}{s+2}$。

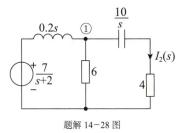

题解 14-28 图

列写结点电压方程，得

$$\left(\frac{1}{0.2s} + \frac{1}{6} + \frac{1}{\dfrac{10}{s} + 4} \right) U_{n1}(s) = \frac{\dfrac{7}{s+2}}{0.2s}$$

$$\frac{30(2s+5) + s(2s+5) + 3s^2}{6s(2s+5)} U_{n1}(s) = \frac{35}{s(s+2)}$$

解得

$$U_{n1}(s) = \frac{35}{s(s+2)} \cdot \frac{6s(2s+5)}{5(s^2 + 13s + 30)} = \frac{42(2s+5)}{(s+2)(s+3)(s+10)}$$

$$I_2(s) = \frac{U_{n1}(s)}{\dfrac{10}{s} + 4} = \frac{42(2s+5)}{(s+2)(s+3)(s+10)} \cdot \frac{s}{10 + 4s} = \frac{21s}{(s+2)(s+3)(s+10)} = \frac{k_1}{s+2} + \frac{k_2}{s+3} + \frac{k_3}{s+10}$$

$$k_1 = \frac{21s}{(s+3)(s+10)}\bigg|_{s=-2} = \frac{-42}{1\times 8} = -\frac{21}{4}$$

$$k_2 = \frac{21s}{(s+2)(s+10)}\bigg|_{s=-3} = \frac{2\times(-3)}{-1\times 7} = 9$$

$$k_3 = \frac{21s}{(s+2)(s+3)}\bigg|_{s=-10} = \frac{-210}{-8\times(-7)} = -\frac{15}{4}$$

所以
$$I_2(s) = -\frac{21}{4}\frac{1}{s+2} + 9\frac{1}{s+3} - \frac{15}{4}\frac{1}{s+10}$$

拉普拉斯反变换，得

$$i_2(t) = \left(-\frac{21}{4}e^{-2t} + 9e^{-3t} - \frac{15}{4}e^{-10t}\right)A$$

网络函数：
$$H(s) = \frac{I_2(s)}{U_S(s)} = \frac{21s}{(s+2)(s+3)(s+10)} \cdot \frac{s+2}{7} = \frac{3s}{(s+3)(s+10)}$$

设 $H(s) = \frac{k_4}{s+3} + \frac{k_5}{s+10}$，则

$$k_4 = \frac{3s}{s+10}\bigg|_{s=-3} = \frac{-9}{7}, \quad k_5 = \frac{3s}{s+3}\bigg|_{s=-10} = \frac{-30}{-7} = \frac{30}{7}$$

所以
$$H(s) = -\frac{9}{7}\frac{1}{s+3} + \frac{30}{7}\frac{1}{s+10}$$

所以单位冲激响应为
$$h(t) = \left(-\frac{9}{7}e^{-3t} + \frac{30}{7}e^{-10t}\right)\varepsilon(t)A$$

14-29 已知网络函数为

（1）$H(s) = \dfrac{2}{s-0.3}$。

（2）$H(s) = \dfrac{s-5}{s^2-10s+125}$。

（3）$H(s) = \dfrac{s+10}{s^2+20s+500}$。

试定性作出单位冲激响应的波形。

解：（1）

拉普拉斯反变换，得 $h(t) = 2e^{0.3t}\varepsilon(t)$ ［见题解14-29（a）图］。

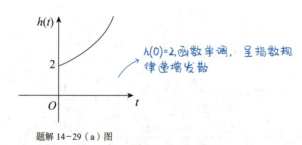

题解14-29（a）图

（2）

分母：
$$s^2 + 10s + 125 = 0$$

整理，得
$$(s+5)^2+100=0$$
解得两个极点：$s=-5\pm j10$。

设
$$H(s)=\frac{s-5}{s^2+10s+125}=\frac{k_1}{s-(-5+j10)}+\frac{k_2}{s-(-s-j10)}$$

$$k_1=\left.\frac{s-5}{s-(-5-j10)}\right|_{s=-5+j10}=\frac{-10+j10}{j20}=0.5+j0.5=0.5\sqrt{2}\angle 45°$$

所以 $h(t)=\sqrt{2}e^{-5t}\cos(10t+45°)$ ［见题解 14-29（b）图］。

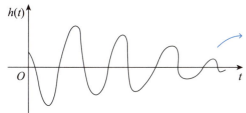

题解 14-29（b）图

（3）

分母：
$$s^2+20s+500=0$$
$$(s+10)^2+400=0$$

解得极点：$s=-10\pm j20$。

设
$$H(s)=\frac{s+10}{s^2+20s+500}=\frac{k_1}{s-(-10+j20)}+\frac{k_2}{s-(-10-j20)}$$

$$k_1=\left.\frac{s+10}{s-(-10-j20)}\right|_{s=-10+j20}=\frac{j20}{j40}=0.5$$

所以 $h(t)=e^{-10t}\cos(20t)$ ［见题解 14-29（c）图］。

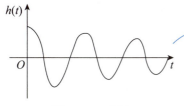

题解 14-29（c）图

14-30 设某线性电路的冲激响应 $h(t)=e^{-t}+2e^{-2t}$，试求相应的网络函数，并绘出零、极点图。

解： 对 $h(t)$ 进行拉普拉斯变换，得

$$H(s)=\frac{1}{s+1}+\frac{2}{s+2}=\frac{s+2+2(s+1)}{(s+1)(s+2)}=\frac{3s+4}{(s+1)(s+2)}$$

可以很容易地求出零点为 $z=-\dfrac{4}{3}$，极点为 $p_1=-1$，$p_2=-2$。

画出复平面图，如题解 14-30 图所示。

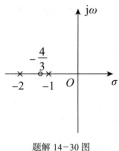

题解 14-30 图

14-31 设网络的冲激响应为

（1） $h(t) = \delta(t) + \dfrac{3}{5}e^{-t}$。

（2） $h(t) = e^{-at}\sin(\omega t + \theta)$。

（3） $h(t) = \dfrac{3}{5}e^{-t} - \dfrac{7}{9}te^{-3t} + 3t$。

试求相应的网络函数的极点。

解：（1）拉普拉斯变换，得

$$H(s) = 1 + \frac{3}{5}\frac{1}{s+1}$$

极点：$p = -1$。

（2）用公式展开 $\sin(\omega t + \theta) = \sin(\omega t)\cos\theta + \cos(\omega t)\sin\theta$

拉普拉斯变换：

$$L[\sin(\omega t + \theta)] = \cos\theta \cdot \frac{\omega}{s^2 + \omega^2} + \sin\theta \frac{s}{s^2 + \omega^2} = \frac{\omega\cos\theta + s\sin\theta}{s^2 + \omega^2}$$

运用复频域平移的性质，有

$$H(s) = L\left[e^{-at}\sin(\omega t + \theta)\right] = \frac{\omega\cos\theta + (s+a)\sin\theta}{(s+a)^2 + \omega^2}$$

极点为：$p_1 = -a + j\omega$，$p_2 = -a - j\omega$。

（3）拉普拉斯变换，得

$$H(s) = \frac{3}{5}\frac{1}{s+1} - \frac{7}{9}\frac{1}{(s+3)^2} + 3\frac{1}{s^2}$$

所以极点：$p_1 = -1$，$p_2 = p_3 = -3$，$p_4 = p_5 = 0$。

14-32 画出与题 14-32 图所示零、极点分布相应的幅频响应 $|H(j\omega)| - \omega$ 曲线。

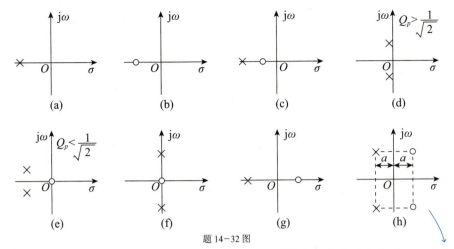

题 14-32 图

根据零、极点的分布情况，可以设出H(s)的表达式，把s换成jω，就得到H(jω)的表达式，进而绘制其幅频响应曲线

解：（a）$H(s)$ 有一个负实数极点。

设 $H(s)=\dfrac{A}{s-a}$（$a<0$），有

$$|H(\mathrm{j}\omega)|=\left|\dfrac{A}{\mathrm{j}\omega-a}\right|=\dfrac{|A|}{\sqrt{\omega^2+a^2}} \quad [见题解 14-32（a）图]$$

$|H(\mathrm{j}\omega)|$ 单调递减，$|H(\mathrm{j}0)|=\left|\dfrac{A}{a}\right|$，当 ω 趋于无穷时，$|H(\mathrm{j}\omega)|$ 趋于 0，据此画出幅频响应曲线

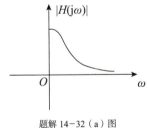

题解 14-32（a）图

（b）$H(s)$ 有一个负实数零点。

设 $H(s)=A(s-a)$（$a<0$），有

$$|H(\mathrm{j}\omega)|=|A(\mathrm{j}\omega-a)|=|A|\sqrt{\omega^2+a^2} \quad [见题解 14-32（b）图]$$

$|H(\mathrm{j}\omega)|$ 单调递增，$|H(\mathrm{j}0)|=|Aa|$，当 ω 趋于无穷时，$|H(\mathrm{j}\omega)|$ 也趋于无穷，据此画出幅频响应曲线

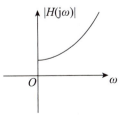

题解 14-32（b）图

（c）$H(s)$ 有一个负实数零点，一个负实数极点，且两个负实数的大小关系是确定的。

设 $H(s)=A\dfrac{s-a}{s-b}$ ($b<a<0$)，则

$$|H(j\omega)|=\left|A\dfrac{j\omega-a}{j\omega-b}\right|=|A|\sqrt{\dfrac{\omega^2+a^2}{\omega^2+b^2}}=|A|\sqrt{1-\dfrac{b^2-a^2}{\omega^2+b^2}}$$ ［见题解 14-32（c）图］

$|H(j\omega)|$ 单调递增，$|H(j0)|=\left|A\dfrac{a}{b}\right|$，当 ω 趋于无穷时，$|H(j\omega)|$ 趋于 $|A|$，据此画出幅频响应曲线

题解 14-32（c）图

（d）$H(s)$ 的极点为一对共轭复根（实部为负），$Q_p>\dfrac{1}{\sqrt{2}}$。

$$H(s)=\dfrac{A}{(s+\alpha)^2+\omega_0^2}\quad(\alpha,\omega_0>0)$$ ［见题解 14-32（d）图］

因为 $Q_p>\dfrac{1}{\sqrt{2}}$，所以 $|H(j\omega)|$ 会有一个峰值。当 ω 趋于无穷时，$|H(j\omega)|$ 趋于 0，据此画出幅频响应曲线

题解 14-32（d）图

（e）$H(s)$ 的极点为一对共轭复根（实部为负），有一个零点为 0。

设 $H(s)=\dfrac{As}{(s+\alpha)^2+\omega_0^2}$ ($\alpha>0,\omega_0>0$)，则

$$|H(j\omega)|=\dfrac{|A|\omega}{|(j\omega+\alpha)^2+\omega_0^2|}$$ ［见题解 14-32（e）图］ $\longrightarrow$ $|H(j0)|=0$，$|H(j\infty)|=0$

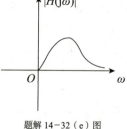

题解 14-32（e）图

（f）$H(s)$ 有一个零点是 0，有一对共轭虚根。

设 $H(s)=A\dfrac{s}{s^2+\omega_0^2}$，则

$|H(j0)|=0$，$|H(j\infty)|=0$

当 $\omega\to\omega_0$ 时，$|H(j\omega)|$ 趋于无穷大，据此画出幅频响应曲线

$$|H(j\omega)|=|A|\dfrac{\omega}{-\omega^2+\omega_0^2}\quad[\text{见题解 }14-32\text{（f）图}]$$

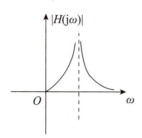

题解 14-32（f）图

（g）$H(s)$ 有一个负实数极点，一个正实数零点，两个数的绝对值有一定关系。

设 $H(s)=A\dfrac{s-a}{s-b}\ (b<0<a<-b)$，则

$$|H(j\omega)|=\left|A\dfrac{j\omega-a}{j\omega-b}\right|=|A|\sqrt{\dfrac{\omega^2+a^2}{\omega^2+b^2}}=|A|\sqrt{1-\dfrac{b^2-a^2}{\omega^2+b^2}}\quad[\text{见题解 }14-32\text{（g）图}]$$

$|H(j\omega)|$ 单调递增，$|H(j0)|=\left|A\dfrac{a}{b}\right|$，当 ω 趋于无穷时，$|H(j\omega)|$ 趋于 $|A|$，据此画出幅频响应曲线

题解 14-32（g）图

（h）$H(s)$ 有一对共轭复数极点（实部为负），有一对共轭复数零点（实部为正）。

设 $H(s)=A\dfrac{(s-a)^2+\omega_0^2}{(s+a)^2+\omega_0^2}$，则

$$|H(j\omega)|=\left|A\dfrac{(j\omega-a)^2+\omega_0^2}{(j\omega+a)^2+\omega_0^2}\right|=|A|\left|\dfrac{a^2-\omega^2+\omega_0^2-j2a\omega}{a^2-\omega^2+\omega_0^2+j2a\omega}\right|$$

$$=|A|\sqrt{\dfrac{(a^2-\omega^2+\omega_0^2)^2+(2a\omega)^2}{(a^2-\omega^2+\omega_0^2)^2+(2a\omega)^2}}=|A|\quad[\text{见题解}14-32(\text{h})\text{图}]$$

$|H(j\omega)|$ 是一个常数，所以幅频响应曲线是一条与实轴平行的直线（射线）

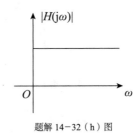

题解 14-32（h）图

14-33 已知电路如题 14-33 图所示，求网络函数 $H(s)=\dfrac{U_2(s)}{U_S(s)}$，定性画出幅频特性和相频特性示意图。

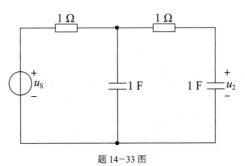

题 14-33 图

解： 运算电路如题解 14-33（a）图所示：

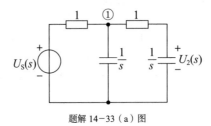

题解 14-33（a）图

列写结点电压方程，得

$$\left(1+s+\dfrac{1}{1+\dfrac{1}{s}}\right)U_{n1}(s)=\dfrac{U_S(s)}{1}$$

解得 $U_{n1}(s)=\dfrac{s+1}{s^2+3s+1}U_S(s)$。

由串联分压，有

$$U_2(s)=\dfrac{\dfrac{1}{s}}{1+\dfrac{1}{s}}U_{n1}(s)=\dfrac{1}{s+1}\cdot\dfrac{s+1}{s^2+3s+1}U_S(s)=\dfrac{1}{s^2+3s+1}U_S(s)$$

$$H(s)=\dfrac{U_2(s)}{U_S(s)}=\dfrac{1}{s^2+3s+1}$$

$$H(\mathrm{j}\omega)=\dfrac{1}{1-\omega^2+\mathrm{j}3\omega}$$

$$|H(\mathrm{j}\omega)| = \frac{1}{\sqrt{(1-\omega^2)^2 + 9\omega^2}} = \frac{1}{\sqrt{\omega^4 + 7\omega^2 + 1}} \longrightarrow \begin{array}{l} |H(\mathrm{j}\omega)| \text{ 随 } \omega \text{ 的增大而减小,} \\ |H(\mathrm{j}0)| = 1, \quad |H(\mathrm{j}\infty)| = 0 \end{array}$$

$$\angle H(\mathrm{j}\omega) = -\arctan\left(\frac{3\omega}{1-\omega^2}\right)(\omega \neq 1)$$

画出所求示意图: $\angle H(\mathrm{j}\omega)$ 随 ω 的增大而减小, $\angle H(\mathrm{j}0) = 0$, $\angle H(\mathrm{j}1) = -\dfrac{\pi}{2}$, $\angle H(\mathrm{j}\infty) = -\pi$

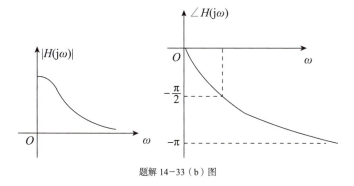

题解 14-33（b）图

14-34 题 14-34 图所示电路为 RLC 并联电路，试用网络函数的图解法分析 $H(s) = \dfrac{U_2(s)}{I_S(s)}$ 的频率响应特性。

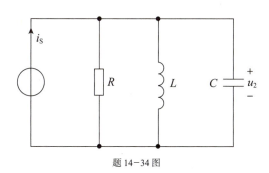

题 14-34 图

解：
$$H(s) = \frac{U_2(s)}{I_S(s)} = Z_{\mathrm{eq}}(s) = R \,//\, (sL) \,//\, \frac{1}{sC} = \frac{sRL}{R+sL} \,//\, \frac{1}{sC} = \frac{\dfrac{RL}{C}}{R+sL+\dfrac{1}{sC}}$$

$$= \frac{sRL}{sCR + s^2LC + 1} = \frac{R}{C} \cdot \frac{s}{(s-p_1)(s-p_2)} \longrightarrow \text{需要对极点类型进行分类讨论}$$

$$H(\mathrm{j}\omega) = \frac{R}{C} \cdot \frac{\mathrm{j}\omega}{(\mathrm{j}\omega - p_1)(\mathrm{j}\omega - p_2)} \longrightarrow \text{把上式中的 } s \text{ 换成 } \mathrm{j}\omega$$

$$|H(\mathrm{j}\omega)| = \frac{R}{C} \cdot \frac{\omega}{|\mathrm{j}\omega - p_1| \cdot |\mathrm{j}\omega - p_2|}$$

$$\arg[H(\mathrm{j}\omega)] = \frac{\pi}{2} - \left[\arg(\mathrm{j}\omega - p_1) + \arg(\mathrm{j}\omega - p_2)\right]$$

① 当 $\Delta = C^2R^2 - 4LC \geq 0$ 时，p_1 和 p_2 是两个负实数 [见题解 14-34（a）图]。

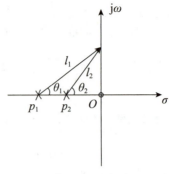

题解 14-34（a）图

根据题解 14-34（a）图，有

$$|H(\mathrm{j}\omega)| = \frac{R}{C}\frac{\omega}{l_1 l_2}, \quad \arg[H(\mathrm{j}\omega)] = \frac{\pi}{2} - (\theta_1 + \theta_2)$$

→ 当 ω 增大时，θ_1 和 θ_2 都增大，$\arg[H(\mathrm{j}\omega)]$ 减小

$|H(\mathrm{j}0)| = 0$，$|H(\mathrm{j}\infty)| = 0$，$\arg[H(\mathrm{j}0)] = \frac{\pi}{2}$，$\arg[H(\mathrm{j}\infty)] = \frac{\pi}{2} - \left(\frac{\pi}{2} + \frac{\pi}{2}\right) = -\frac{\pi}{2}$

根据以上条件画出频率响应特性曲线如题解 14-34（b）图所示。

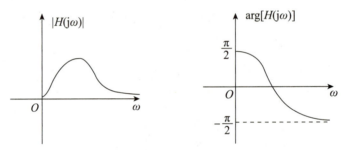

题解 14-34（b）图

② 当 $\Delta = C^2 R^2 - 4LC < 0$ 时，p_1 和 p_2 是两个负实数 [见题解 14-34（c）图]。

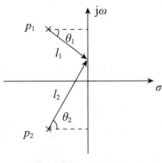

题解 14-34（c）图

和①中的分析是类似的，故所得的频率响应特性曲线也是类似的。

14-35 题 14-35 图所示电路，试求：

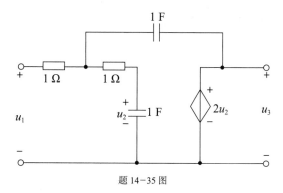

题 14-35 图

（1）网络函数 $H(s)=\dfrac{U_3(s)}{U_1(s)}$ 并绘出幅频特性示意图。

（2）冲激响应 $h(t)$。

解：（1）运算电路 [见题解 14-35（a）图]：

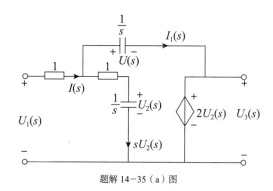

题解 14-35（a）图

由 KVL，有 $\quad U(s)=sU_2(s)+U_2(s)-2U_2(s)=(s-1)U_2(s)$

$$I_1(s)=\dfrac{U(s)}{\dfrac{1}{s}}=s(s-1)U_2(s)$$

由 KCL，有 $\quad I(s)=sU_2(s)+s(s-1)U_2(s)=s^2U_2(s)$

由 KVL，有 $\quad U_1(s)=I(s)+sU_2(s)+U_2(s)=(s^2+s+1)U_2(s)$

又 $U_3(s)=2U_2(s)$，所以

$$H(s)=\dfrac{U_3(s)}{U_1(s)}=\dfrac{2U_2(s)}{(s^2+s+1)U_2(s)}=\dfrac{2}{s^2+s+1}$$

$$|H(j\omega)|=\left|\dfrac{2}{1-\omega^2+j\omega}\right|=\dfrac{2}{\sqrt{(1-\omega^2)^2+\omega^2}}=\dfrac{2}{\sqrt{\omega^4-\omega^2+1}}=\dfrac{2}{\sqrt{\left(\omega^2-\dfrac{1}{2}\right)^2+\dfrac{3}{4}}}$$

当 $\omega=\dfrac{\sqrt{2}}{2}\,\text{rad/s}$ 时，$|H(j\omega)|$ 有最大值，$\left|H\left(j\dfrac{\sqrt{2}}{2}\right)\right|=\dfrac{4}{\sqrt{3}}$。

又 $|H(j0)|=2$，故 $|H(j\infty)|=0$。

画出幅频特性曲线[见题解 14-35（b）图]：

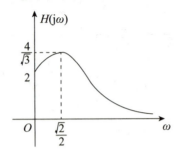

题解 14-35（b）图

（2）

$$H(s)=\frac{2}{\left(s+\frac{1}{2}\right)^2+\frac{3}{4}}=\frac{2}{\left[s-\left(-\frac{1}{2}+j\frac{\sqrt{3}}{2}\right)\right]\left[s-\left(-\frac{1}{2}-j\frac{\sqrt{3}}{2}\right)\right]}$$

$$=\frac{k_1}{s-\left(-\frac{1}{2}+j\frac{\sqrt{3}}{2}\right)}+\frac{k_2}{s-\left(-\frac{1}{2}-j\frac{\sqrt{3}}{2}\right)}$$

$$k_1=\left.\frac{2}{s-\left(-\frac{1}{2}-j\frac{\sqrt{3}}{2}\right)}\right|_{s=-\frac{1}{2}+j\frac{\sqrt{3}}{2}}=\frac{2}{j\sqrt{3}}=\frac{2}{\sqrt{3}}\angle-90°$$

所以拉普拉斯反变换，得

$$h(t)=\frac{4}{\sqrt{3}}e^{-\frac{1}{2}t}\cos\left(\frac{\sqrt{3}}{2}t-90°\right)$$

14-36 求题 14-36 图所示电路的电压转移函数 $H(s)=\dfrac{U_o(s)}{U_i(s)}$，设运放是理想的。

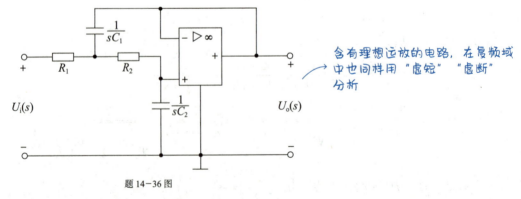

题 14-36 图

解：运算电路（见题解 14-36 图）：

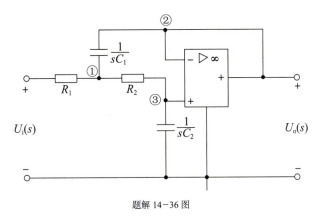

题解 14-36 图

列写结点电压方程：

$$\begin{cases} \left(\dfrac{1}{R_1}+\dfrac{1}{R_2}+sC_1\right)U_{n1}(s)-sC_1U_{n2}(s)-\dfrac{1}{R_2}U_{n3}(s)=\dfrac{U_i(s)}{R_1} \\ -\dfrac{1}{R_2}U_{n1}(s)+\left(\dfrac{1}{R_2}+sC_2\right)U_{n3}(s)=0 \end{cases}$$

由"虚短"，有

$$U_{n2}(s)=U_{n3}(s)$$
$$U_o(s)=U_{n2}(s)$$

联立以上各式，得

$$\left[\left(\dfrac{1}{R_1}+\dfrac{1}{R_2}+sC_1\right)(1+sC_2R_2)-sC_2-\dfrac{1}{R_2}\right]U_o(s)=\dfrac{U_i(s)}{R_1}$$

$$H(s)=\dfrac{U_o(s)}{U_i(s)}=\dfrac{1}{R_1\left[\left(\dfrac{1}{R_1}+\dfrac{1}{R_2}+sC_1\right)(1+sC_2R_2)-sC_2-\dfrac{1}{R_2}\right]}$$

$$=\dfrac{R_2}{(R_1+R_2+sC_1R_1R_2)(1+sC_2R_2)-sC_2R_1R_2-R_1}$$

$$=\dfrac{R_2}{R_2+sC_1R_1R_2+sC_2R_2^2+s^2C_1C_2R_1R_2^2}$$

$$=\dfrac{1}{C_1C_2R_1R_2s^2+(C_1R_1+C_2R_2)s+1}$$

14-37 题 14-37 图所示电路为一低通滤波器，若已知冲激响应为 $h(t)=\left[\sqrt{2}\mathrm{e}^{-\frac{\sqrt{2}}{2}t}\sin\left(\dfrac{1}{\sqrt{2}}t\right)\right]\varepsilon(t)$。

求（1）L、C 值。→由冲激响应 $h(t)$ 进行拉普拉斯变换，得到 $H(s)$，又可以通过运算电路求出 $H(s)$，两式对比就可以得到电路参数

（2）幅频响应 $|H(j\omega)|-\omega$ 曲线。

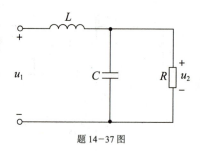

题 14-37 图

解：（1）

$$\mathcal{L}^{-1}\left[\sin\left(\frac{1}{\sqrt{2}}t\right)\right] = \frac{\frac{1}{\sqrt{2}}}{s^2 + \frac{1}{2}}$$

由复频域平移性质，有

$$\mathcal{L}^{-1}\left[e^{-\frac{\sqrt{2}}{2}t}\sin\left(\frac{1}{\sqrt{2}}t\right)\right] = \frac{\frac{1}{\sqrt{2}}}{\left(s+\frac{\sqrt{2}}{2}\right)^2 + \frac{1}{2}} = \frac{\frac{1}{\sqrt{2}}}{s^2 + \sqrt{2}s + 1}$$

所以

$$H(s) = \frac{1}{s^2 + \sqrt{2}s + 1} \quad ①$$

运算电路[见题解 14-37（a）图]：

题解 14-37（a）图

$$\frac{1}{sC} // R = \frac{\frac{R}{sC}}{\frac{1}{sC} + R} = \frac{R}{1+sCR}$$

$$H(s) = \frac{U_2(s)}{U_1(s)} = \frac{\frac{1}{sC} // R}{sL + \frac{1}{sC} // R} = \frac{\frac{R}{1+sCR}}{sL + \frac{R}{1+sCR}} = \frac{R}{sL + s^2LCR + R} = \frac{1}{LCs^2 + \frac{L}{R}s + 1} \quad ②$$

对比①和②，可得 $\begin{cases} LC = 1 \\ \dfrac{L}{R} = \sqrt{2} \end{cases}$。

所以 $L = \sqrt{2}R$，$C = \dfrac{1}{\sqrt{2}R}$。

（2）

$$|H(j\omega)| = \left|\frac{1}{1-\omega^2 + j\sqrt{2}\omega}\right| = \frac{1}{\sqrt{(1-\omega^2)^2 + (\sqrt{2}\omega)^2}} = \frac{1}{\sqrt{\omega^4 + 1}}$$

幅值 $|H(j\omega)|$ 随 ω 的增大而减小，且 $|H(j0)| = 1$，$|H(j\infty)| = 0$

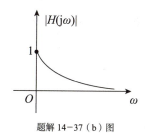

题解 14-37（b）图

14-38 电路题 14-38 图所示，已知激励 $u(t)=10\mathrm{e}^{-at}[\varepsilon(t)-\varepsilon(t-1)]\mathrm{V}$，试用卷积定理求电流 $i(t)$。

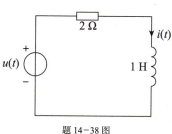

题 14-38 图

> 激励的图像和冲激函数的图像都可以很容易画出，用时域卷积较为方便。根据卷积定理，复频域相乘对应时域卷积。

解： 运算电路 [见题解 14-38（a）图]：

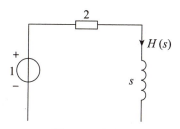

题解 14-38（a）图

$$H(s)=\frac{1}{s+2}$$

拉普拉斯反变换，得

$$h(t)=\mathrm{e}^{-2t}\varepsilon(t)$$

在复频域：　　　　　　$I(s)=H(s)U(s)$ ⟶ 复频域相乘

由卷积定理，有　　　　$i(t)=h(t)\cdot u(t)$ ⟶ 时域卷积

$$i(t)=\int_0^t h(t-\tau)u(\tau)\mathrm{d}\tau=\int_0^t \mathrm{e}^{-2(t-\tau)}\varepsilon(t-\tau)10\mathrm{e}^{-a\tau}[\varepsilon(\tau)-\varepsilon(\tau-1)]\mathrm{d}\tau$$

画出示意图 [见题解 14-38（b）图]：

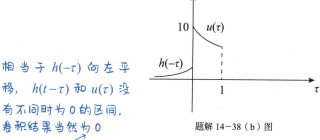

题解 14-38（b）图

> 相当于 $h(-\tau)$ 向左平移，$h(t-\tau)$ 和 $u(\tau)$ 没有不同时为0的区间，卷积结果当然为0

① 当 $t<0$ 时，$i(t)=0$。

②当 $0 \leqslant t < 1\,\text{s}$，$i(t) = \int_0^t e^{-2(t-\tau)} 10 e^{-a\tau} \mathrm{d}\tau = 10 e^{-2t} \int_0^t e^{(2-a)\tau} \mathrm{d}\tau$。

若 $a = 2$ 时，则 $i(t) = 10 e^{-2t} \int_0^t 1 \mathrm{d}\tau = 10 t e^{-2t}$。

若 $a \neq 2$，则 $i(t) = 10 e^{-2t} \dfrac{1}{2-a} e^{(2-a)\tau} \Big|_0^t = \dfrac{10 e^{-2t}}{2-a} \left[e^{(2-a)t} - 1 \right]$。

③当 $t \geqslant 1\,\text{s}$ 时，$i(t) = \int_0^1 e^{-2(t-\tau)} 10 e^{-a\tau} \mathrm{d}\tau = 10 e^{-2t} \int_0^1 e^{(2-a)\tau} \mathrm{d}\tau$。

若 $a = 2$，则 $i(t) = 10 e^{-2t}$。

若 $a \neq 2$，则 $i(t) = 10 e^{-2t} \dfrac{1}{2-a} e^{(2-a)\tau} \Big|_0^1 = \dfrac{10 e^{-2t}}{2-a} \left(e^{2-a} - 1 \right)$。

综上所述，

若 $a = 2$，则 $i(t) = \begin{cases} 0, & t < 0 \\ 10 t e^{-2t}, & 0 \leqslant t < 1\,\text{s} \\ 10 e^{-2t}, & t \geqslant 1\,\text{s} \end{cases}$。

若 $a \neq 2$，则 $i(t) = \begin{cases} 0, & t < 0 \\ \dfrac{10 e^{-2t}}{2-a} \left[e^{(2-a)t} - 1 \right], & 0 \leqslant t < 1\,\text{s} \\ \dfrac{10 e^{-2t}}{2-a} \left(e^{2-a} - 1 \right), & t \geqslant 1\,\text{s} \end{cases}$。

14-39 电路如题 14-39 图所示，网络 N 为线性无源网络，已知其网络函数 $H(s) = \dfrac{I(s)}{U(s)} = \dfrac{s}{s^2 + 2s + 2}$。

（1）给出该网络的一种结构及合适的元件值。

（2）判断该网络冲激响应的性质。

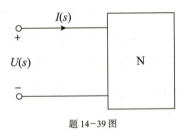

题 14-39 图

解：（1）等效导纳：$Y_{\text{eq}}(s) = \dfrac{s}{s^2 + 2s + 2}$

等效阻抗：$Z_{\text{eq}}(s) = \dfrac{s^2 + 2s + 2}{s} = s + 2 + \dfrac{2}{s}$

可以是 RLC 串联电路，即

$$R = 2\,\Omega$$

由 $sL = s$，得 $L = 1\,\text{H}$。

由 $\dfrac{1}{sC} = \dfrac{2}{s}$，得 $C = 0.5\text{ F}$。

（2）分母：

$$s^2 + 2s + 2 = (s+1)^2 + 1 = 0$$

解得 $p_{1,2} = -1 \pm \text{j}1$。

所以冲激响应的性质是振荡衰减。

14-40 电路如题14-40图所示，网络函数 $H(s) = \dfrac{U(s)}{I(s)}$，其零、极点分布如题14-40（b）图所示，且 $H(0) = 1$，求 R、L、C 的值。

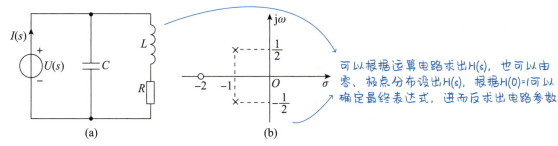

题 14-40 图

解： 运算电路（见题解 14-40 图）：

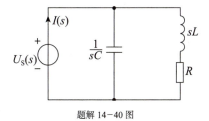

题解 14-40 图

$$H(s) = \dfrac{U(s)}{I(s)} = Z_{eq}(s) = \dfrac{1}{sC} // (sL + R) = \dfrac{\dfrac{1}{sC}(sL+R)}{\dfrac{1}{sC} + sL + R} = \dfrac{sL + R}{s^2 CL + sCR + 1} \quad ①$$

由零、极点分布图，得 $p_{1,2} = -1 \pm \text{j}\dfrac{1}{2}$，$z = -2$。

设 $H(s) = A\dfrac{s+2}{(s+1)^2 + \dfrac{1}{4}}$，则

$$H(0) = A \cdot \dfrac{2}{\dfrac{5}{4}} = \dfrac{8}{5} A = 1$$

解得 $A = \dfrac{5}{8}$。

$$H(s) = \dfrac{5}{8} \dfrac{s+2}{s^2 + 2s + \dfrac{5}{4}} = \dfrac{\dfrac{1}{2}(s+2)}{\dfrac{4}{5} s^2 + \dfrac{8}{5} s + 1} \quad ②$$

对比①、②两式，得 $\begin{cases} L = \dfrac{1}{2} \\ R = 1 \\ CL = \dfrac{4}{5} \\ CR = \dfrac{8}{5} \end{cases}$ ，解得 $\begin{cases} R = 1\,\Omega \\ L = \dfrac{1}{2}\,\text{H} \\ C = \dfrac{8}{5}\,\text{F} \end{cases}$ 。

14-41 电路如题 14-41 图所示，已知 $R_1 = R_2 = 1\,\Omega, C = \dfrac{1}{2}\,\text{F}, L = 2\,\text{H}, g = \dfrac{1}{2}\,\text{S}$。

（1）求电压转移函数 $H(s) = \dfrac{U_\text{o}(s)}{U_\text{S}(s)}$ 及其冲激响应。

（2）定性绘出 $|H(\text{j}\omega)| - \omega$ 及 $\arg[H(\text{j}\omega)] - \omega$ 曲线。

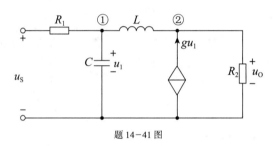

题 14-41 图

解：（1）运算电路[见题解 14-41（a）图]：

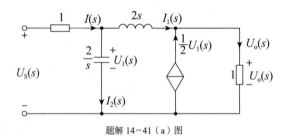

题解 14-41（a）图

由 KCL，有 $\qquad I_1(s) = U_\text{o}(s) - \dfrac{1}{2}U_1(s)$

由 KVL，有 $\qquad U_1(s) = 2sI_1(s) + U_\text{o}(s)$

联立以上两式，有 $\qquad U_\text{o}(s) = \dfrac{s+1}{2s+1}U_1(s)$

所以 $\quad I_1(s) = \dfrac{s+1}{2s+1}U_1(s) - \dfrac{1}{2}U_1(s) = \dfrac{2s+2-(2s+1)}{2(2s+1)}U_1(s) = \dfrac{1}{2(2s+1)}U_1(s)$

又 $I_2(s) = \dfrac{sU_1(s)}{2}$，故

$$I(s) = I_1(s) + I_2(s) = \dfrac{1}{2(2s+1)}U_1(s) + \dfrac{s}{2}U_1(s)$$

$$U_\text{S}(s) = I(s) + U_1(s) = \dfrac{2s^2 + s + 1 + 4s + 2}{2(2s+1)}U_1(s) = \dfrac{2s^2 + 5s + 3}{2(2s+1)}U_1(s)$$

$$H(s) = \frac{U_o(s)}{U_S(s)} = \frac{\dfrac{s+1}{2s+1}U_1(s)}{\dfrac{2s^2+5s+3}{2(2s+1)}U_1(s)} = \frac{2(s+1)}{2s^2+5s+3} = \frac{s+1}{(s+1)\left(s+\dfrac{3}{2}\right)} = \frac{1}{s+\dfrac{3}{2}}$$

拉普拉斯反变换，得到冲激响应 $h(t) = e^{-\frac{3}{2}t}\varepsilon(t)$。

（2）

$$H(j\omega) = \frac{1}{\dfrac{3}{2} + j\omega}$$

$$|H(j\omega)| = \frac{1}{\sqrt{\omega^2 + \left(\dfrac{3}{2}\right)^2}} \longrightarrow |H(j\omega)|\text{随着}\omega\text{的增大而减小}$$

$$|H(j0)| = \frac{2}{3}, \quad |H(j\infty)| = 0$$

$$\arg[H(j\omega)] = -\arctan\left(\frac{2\omega}{3}\right) \longrightarrow \arg[H(j\omega)]\text{随着}\omega\text{的增大而减小}$$

$$\arg[H(j0)] = 0, \quad \arg[H(j\infty)] = -\frac{\pi}{2}$$

画出所求曲线［见题解 14-41（b）图］：

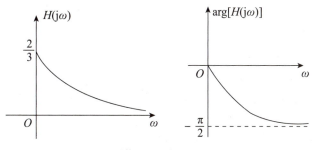

题解 14-41（b）图

第十五章 电路方程的矩阵形式

 划重点

15-1 割集

一、割集的概念

> 注意在割集的定义中，其实是有两个条件限制的。在判断一个支路集合是否为割集时，要看两个条件是否同时满足

割集是一个支路集合，把这些支路移去，会使得连通图分离为两个部分，但是如果少移去其中一条支路，图仍然是连通的。

> **电路一点通**
>
> 割集的概念，可以认为与前面已描述的"广义结点"的概念有所关联。割集实质上是将图划分为了两个广义结点，根据 KCL，割集上所有支路电流之和为 0，流入广义结点的支路之和也是 0。

二、单树支割集的概念

> 单树支割集和后面将会提到的单连支回路的概念有类似之处，建议将两个概念对比记忆

对于一个连通图，在确定它的一个树之后，每一个树支都可以和相应的连支构成一个割集。这样的割集称为单树支割集（或基本割集）。

> **电路一点通**
>
> （1）对应一组独立的 KCL 方程组的割集称为独立割集。单树支割集一定是独立割集，但是独立割集未必是单树支割集。
>
> （2）不同的树，对应不同的单树支割集。
>
> （3）设结点数为 n，树支数是 $n-1$，单树支割集数也是 $n-1$，独立的 KCL 方程数也是 $n-1$。

15-2 关联矩阵、回路矩阵、割集矩阵

如果将图的每一支路都赋予方向，那么图就是有向图。

一、关联矩阵

关联矩阵 A_a 的每一行对应一个结点，每一列对应一条支路。具体来说，如果支路方向背离结点，关联矩阵的相应位置是 $+1$；如果支路方向指向结点，关联矩阵的相应位置是 -1；如果支路和结点不直接相连，关联矩阵的相应位置是 0。

关联矩阵逐行相加，都是 0，说明关联矩阵的行不是彼此独立的。任意去掉一行，就是降阶关联矩阵 A。

降阶关联矩阵有下面两个公式：

$Ai = 0$，其中，i 是支路电流列向量。→ 本质是 KCL

$u = A^T u_n$，其中，u 是支路电压列向量，u_n 是结点电压列向量。

→ 本质是 KVL，是用结点电压取表示支路电压

二、回路矩阵

回路矩阵 B 的每一行对应一个独立回路，每一列对应一条支路。具体来说，如果支路方向与回路方向一致，回路矩阵相应位置是 $+1$；如果支路方向与回路方向相反，回路矩阵的相应位置是 -1；如果支路与回路无关联，回路矩阵相应位置是 0。（有方向）

如果所选的独立回路组是单连支回路组，这种回路矩阵就称为基本回路矩阵 B_f。

对于基本回路矩阵，我们一般这样对列进行排序：前 $b-n+1$ 列对应连支，且连支和相应回路序号相同、方向一致。如此，B_f 中会出现一个单位矩阵，$B_f = [\mathbf{1}_l | B_t]$。

回路矩阵也有两个公式：

$Bu = 0$，其中，u 是支路电压列向量。→ 本质是 KVL

$i = B^T i_l$，其中，i 是支路电流列向量，i_l 是回路电流列向量。

→ 本质是 KCL，是用回路电流表示支路电流

三、割集矩阵

割集矩阵 Q 的每一行对应一个独立割集，每一列对应一条支路。具体来说，如果支路方向与割集方向一致，割集矩阵的相应位置是 $+1$；如果支路方向与割集方向相反，割集矩阵的相应位置是 -1；如果支路与割集无关联，割集矩阵的相应位置是 0。（有方向）

如果所选的独立割集组是单树支割集组，这种割集矩阵就称为基本割集矩阵 Q_f。

对于基本割集矩阵，我们一般这样对列进行排序：前 $n-1$ 列对应树支，且树支和相应割集序号相同，方向一致。如此，Q_f 中会出现一个单位矩阵，$Q_f = [\mathbf{1}_t | Q_l]$。

割集矩阵也有两个公式：

$Qi = 0$，其中，i 是支路电流列向量。→ 本质是 KCL

$u = Q_f^T u_t$，其中，u 是支路电压列向量，u_t 是树支电压列向量。

→ 本质是 KVL，是用树支电压表示支路电压

15-3 矩阵 A、B_f、Q_f 之间的关系

如果矩阵的支路排列顺序不同，则没有相应结论

支路排列顺序相同时，有 $AB^T = 0$、$BA^T = 0$、$QB^T = 0$、$BQ^T = 0$。

如果按照先树支、后连支的相同支路顺序排列，则

$A = [A_t | A_l]$，$B_f = [B_t | \mathbf{1}_l]$、$Q_f = [\mathbf{1}_t | Q_l]$ → 三个矩阵都可以写成分块矩阵的形式

可以证明 $\boxed{\boldsymbol{Q}_l = -\boldsymbol{B}_t^T = \boldsymbol{A}_l^{-1}\boldsymbol{A}_t}$

> **电路一点通**
> （1）式 $\boldsymbol{Q}_l = -\boldsymbol{B}_t^T$ 说明，$\boldsymbol{Q}_l$ 和 $\boldsymbol{B}_t$ 互为负转置的关系。
> （2）如果我们已知 $\boldsymbol{B}_f = \begin{bmatrix} \boldsymbol{B}_t | \boldsymbol{1}_l \end{bmatrix}$，那么可以直接根据 $\boldsymbol{B}_f$ 矩阵写出 $\boldsymbol{Q}_f$ 矩阵，$\boldsymbol{Q}_f = \begin{bmatrix} \boldsymbol{1}_t | -\boldsymbol{B}_t^T \end{bmatrix}$。

15-4 回路电流方程的矩阵形式 → 不允许存在无伴电流源支路

一、复合支路

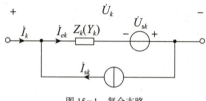

图 15-1 复合支路

（1）一定要注意各电压、电流的参考方向：支路电压、电流成关联参考方向，<u>电压源</u>参考方向与支路电压参考方向<u>相反</u>，<u>电流源</u>参考方向与支路电流参考方向<u>相反</u>（这么说并不严谨，但是视觉上来看是这样的，也方便记忆）。

（2）Z_k 只能是电阻、电感、电容，而不能是它们的组合。

（3）不是每条支路都必须包含独立电压源、独立电流源、阻抗这三个元件。

二、支路阻抗矩阵 $\boldsymbol{Z}$

分以下三种情况介绍如何写出支路阻抗矩阵。

1. 如果电路没有互感也没有受控源

支路阻抗矩阵 $\boldsymbol{Z}$ 是一个对角矩阵，即

$$\boldsymbol{Z} = \begin{bmatrix} Z_1 & & & 0 \\ & Z_2 & & \\ & & \ddots & \\ 0 & & & Z_b \end{bmatrix} \longrightarrow 其中，Z_i 是第 i 条支路的阻抗$$

2. 如果电路有互感

分两步写出：

（1）先写主对角线，主对角线元素是各支路阻抗。

（2）在互感所在的行列添加元素 $\pm j\omega M$（例如，如果支路 2 和支路 3 之间有互感，则在矩阵的第三行第二列、第二行第三列添加元素）。如果支路电流的参考方向从同名端流入，则两个相应位置添 $j\omega M$；反之添 $-j\omega M$。

3. 如果电路有受控源

情形1：如果在支路 k 中含有电流控制电压源，控制量是支路 j 的阻抗的电流，$\dot{U}_{dk} = r\dot{I}_{ej}$。

注意，这里的控制量是和支路 j 方向相同的流经阻抗的电流，受控源的参考方向与支路方向相同。简记为"同同为正"（控制量、受控源的参考方向都和支路方向相同时，Z 矩阵相应位置添加的元素为 $+r$）

当受控源的参考方向改变，或者控制量的参考方向改变，则添加的元素是 $-r$

图 15-2 含有 CCVS 的支路

支路阻抗矩阵：写完主对角线元素后，在第 k 行第 j 列加元素 r。

情形2：如果在支路 k 中含有其他类型的受控源，那么要先把其他类型的受控源转化为电流控制电压源，再写出受控源所在支路的方程，进而写出支路阻抗矩阵。→ 用电源等效变换和支路的 VCR 方程

三、支路方程的矩阵形式

$$\dot{U} = Z(\dot{I} + \dot{I}_s) - \dot{U}_s$$

→ 向量中的所有元素都按照前面复合支路设定的参考方向。

式中，

$\dot{U}$ 是支路电压列向量；

Z 是支路阻抗矩阵；

$\dot{I}$ 是支路电流列向量；

$\dot{I}_s$ 是支路电流源的电流列向量；

$\dot{U}_s$ 是支路电压源的电压列向量。

四、回路电流方程的矩阵形式

$$BZB^T \dot{I}_l = B\dot{U}_s - BZ\dot{I}_s$$

其中，$Z_l = BZB^T$，是回路阻抗矩阵，其主对角线元素是自阻抗，非主对角线元素是互阻抗。

15-5 结点电压方程的矩阵形式 → 不允许存在无伴电压源支路

一、支路导纳矩阵

我们称 $Y = Z^{-1}$ 为支路导纳矩阵，下面同样分三种情况介绍求法：

（1）电路不含互感，也不含受控源。

Y 是对角矩阵，主对角线元素是各个支路的导纳。

（2）电路含有互感。

先写出支路阻抗矩阵 Z，再求逆矩阵得到 $Y = Z^{-1}$。

（3）电路含有受控源。

先写出不考虑受控源的对角阵 Y_1，然后分以下两种情形讨论：

情形 1：支路 k 含有电压控制电流源 $\dot{I}_{dk} = g\dot{U}_{ej}$（参考方向与支路方向相同），控制量是支路 j 阻抗上的电压（参考方向与支路方向相同）。

> 注意，这里的控制量是和支路 j 方向相同的阻抗两端的电压，受控源的参考方向与支路方向相同。也简记为"同同为正"（控制量、受控源的参考方向都和支路方向相同时，Y 矩阵相应位置添加的元素为 $+g$）

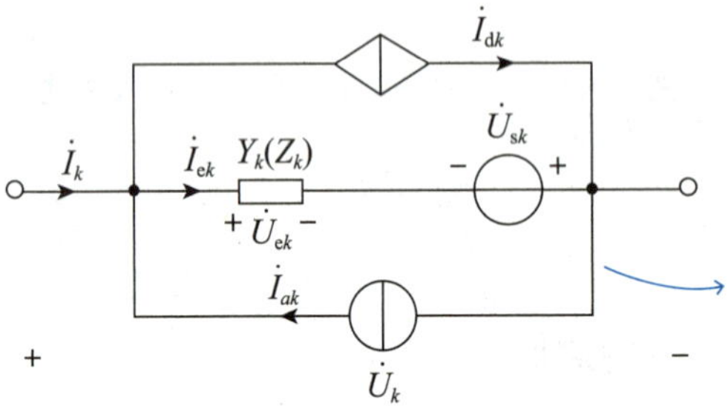

<当受控源的参考方向改变，或者控制量的参考方向改变，则添加的元素是 $-g$>

图 15-3 含有 VCCS 的支路

则需要在 Y_1 第 k 行第 j 列添加元素 g 得到 Y。

情形 2：受控源是其他情况。

用电源等效变换、支路的 VCR 方程，把受控源转化为"情形 1"，再在 Y_1 相应位置添加相应元素得到 Y。

二、支路方程的矩阵形式

前面已经给出一种形式：

$$\dot{U} = Z(\dot{I} + \dot{I}_s) - \dot{U}_s$$

可以推导出：

$$\dot{I} = Y(\dot{U} + \dot{U}_s) - \dot{I}_s$$

其中，$\boxed{Y = Z^{-1}}$，是支路导纳矩阵。

三、结点电压方程的矩阵形式

$$AYA^T\dot{U}_n = A\dot{I}_s - AY\dot{U}_s$$

令 $Y_n = AYA^T$，称为结点导纳矩阵；令 $\dot{J}_n = A\dot{I}_s - AY\dot{U}_s$，是独立电压源引起的注入结点的电流列向量。

则

$$Y_n \dot{U}_n = \dot{J}_n$$

15-6 割集电压方程的矩阵形式 → 不允许存在无伴电压源支路

$$Q_f Y Q_f^T \dot{U}_t = Q_f \dot{I}_s - Q_f Y \dot{U}_s$$

令 $Y_t = Q_f Y Q_f^T$，称为割集导纳矩阵。

结点电压法是割集电压法的一个特例。

> 割集电压方程和结点电压方程的矩阵形式很像，不同之处在于：
> (1) A 矩阵换成了 Q_f 矩阵；(2) 结点电压列向量 $\dot{U}_n$ 换成了割集电压列向量 $\dot{U}_t$。
>
> 注：割集电压是和回路电流类似的一个概念，是假想的，可以由 $\dot{U} = Q_f^T \dot{U}_t$ 求出支路电压列向量。

15-7 列表法

列表法对支路类型无过多限制，适应性强，但是方程数较多。

列表法不再采用复合支路，而是把每一个元件都视为一条支路。

支路方程的矩阵形式：

$$F\dot{U} + H\dot{i} = \dot{U}_s + \dot{I}_s$$

（$F\dot{U} + H\dot{i}$：b 阶方阵，支路电压、电流列向量；$\dot{U}_s + \dot{I}_s$：电源列向量）

结点列表方程的矩阵形式：

$$\begin{bmatrix} 0 & 0 & A \\ -A^T & 1_b & 0 \\ 0 & F & H \end{bmatrix} \begin{bmatrix} \dot{U}_n \\ \dot{U} \\ \dot{I} \end{bmatrix} = \begin{bmatrix} 0 \\ 0 \\ \dot{U}_s + \dot{I}_s \end{bmatrix}$$

→ 总共 $2b+n-1$ 个方程

由于列表法不是重点（很多学校对此不作要求），并且不同支路的对应的系数都很容易推出，因此这里不再赘述。

15-8 状态方程

一、状态变量

状态：任何时刻必需的最少量的信息。→ 这些信息和以后的输入足以确定电路此后的状态

状态变量：描述电路状态的一组变量。→ 这组变量在任意时刻的值表征着当前电路的状态

→ 在动态电路中，我们一般选取电容电压、电感电流作为状态变量

状态变量的个数：取决于电路的阶数。

二、状态方程

状态方程：

$$\dot{x} = Ax + Bv$$

式中，x 是 n 维状态向量，$x = [x_1, x_2, \cdots, x_n]^T$；

$\dot{x}$ 是 n 维状态变量一阶导数向量，$\dot{x} = [\dot{x}_1, \dot{x}_2, \cdots, \dot{x}_n]^T$；→ 式中，$\dot{x}_i = \dfrac{dx_i}{dt}$

A 是 $n \times n$ 常数矩阵；→ A 又称系数矩阵

v 是 r 维输入向量，$v = [v_1, v_2, \cdots v_r]^T$；

B 是 $n \times r$ 常数矩阵。→ B 又称控制矩阵

三、输出方程

输出方程：

$$y = Cx + Dv$$

式中，$y = [y_1, y_2, \cdots y_m]^T$ 是输出向量；

C 和 D 是仅和电路结构和元件值有关的系数矩阵。

斩题型

题型　写出各类方程的矩阵形式

步骤：

（1）准备工作。

如果没有图，则要根据电路的结构画出图，并给定支路的方向。

写出矩阵形式的方程，明确待求矩阵和向量。→例如，写回路电流方程的矩阵形式，需要求出 B、Z、$\dot{U}_s$、$\dot{I}_s$

回路电流方程：　　　　　　　$BZB^T\dot{I}_l = B\dot{U}_s - BZ\dot{I}_s$

结点电压方程：　　　　　　　$AYA^T\dot{U}_n = A\dot{I}_s - AY\dot{U}_s$

割集电压方程：　　　　　　　$Q_fYQ_f^T\dot{U}_t = Q_f\dot{I}_s - Q_fY\dot{U}_s$

（2）写出各个待求矩阵和向量。→一定要注意，各个矩阵和向量的列排序必须是一致的，我们一般按照支路编号从小到大来排

具体来说：

①求降阶关联矩阵 A：

逐列写出，每一列对应一条支路，支路背离的结点对应的行写 $+1$，支路指向的结点对应的行写 -1，其他行写 0。

②求回路矩阵 B 或基本回路矩阵 B_f：

先确定回路和绕行方向（求 B_f 时是单连支回路组），然后逐行写出，每一行对应一个回路，与回路关联且绕行方向一致的支路对应的列写 $+1$，与回路关联且绕行方向相反的支路对应的列写 -1，其他列写 0。

③求割集矩阵 Q 或基本割集矩阵 Q_f：

先确定割集和方向（求 Q_f 时是单树支割集组），然后逐行写出，每一行对应一个割集，与割集关联且方向一致的支路对应的列写 $+1$，与割集关联且方向相反的支路对应的列写 -1，其他列写 0。

④求支路阻抗矩阵 Z 或支路导纳矩阵 Y：

分三种情况：无互感且无受控源、有互感、有受控源。

不同情况的具体方法在"划重点"部分已经给出，这里不再赘述。

⑤求支路电压源的电压列向量 $\dot{U}_s$ 和支路电流源的电流列向量 $\dot{I}_s$。

写 $\dot{U}_s$：如果支路 i 有独立电压源 U_{si}，方向和支路电压方向相反，则在 $\dot{U}_s$ 的第 i 列写 U_{si}，方向相同、写 $-U_{si}$，如果没有独立电压源则写 0。写 $\dot{I}_s$ 也是类似的。

（3）将（2）中结果代入矩阵形式的方程。

解习题

15-1 以结点⑤为参考，写出如题 15-1 图所示有向图的关联矩阵 **A**。

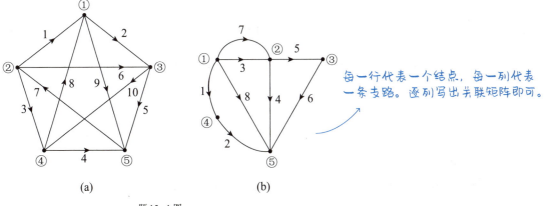

题 15-1 图

解：（a）

$$A = \begin{array}{c} \\ ① \\ ② \\ ③ \\ ④ \end{array} \begin{array}{cccccccccc} 1 & 2 & 3 & 4 & 5 & 6 & 7 & 8 & 9 & 10 \\ \left[\begin{array}{cccccccccc} -1 & 1 & 0 & 0 & 0 & 0 & 0 & -1 & 1 & 0 \\ 1 & 0 & 1 & 0 & 0 & 1 & -1 & 0 & 0 & 0 \\ 0 & -1 & 0 & 0 & 1 & -1 & 0 & 0 & 0 & 1 \\ 0 & 0 & -1 & 1 & 0 & 0 & 0 & 1 & 0 & -1 \end{array}\right] \end{array}$$

（b）

$$A = \begin{array}{c} \\ ① \\ ② \\ ③ \\ ④ \end{array} \begin{array}{cccccccc} 1 & 2 & 3 & 4 & 5 & 6 & 7 & 8 \\ \left[\begin{array}{cccccccc} 1 & 0 & 1 & 0 & 0 & 0 & 1 & 1 \\ 0 & 0 & -1 & 1 & 1 & 0 & -1 & 0 \\ 0 & 0 & 0 & 0 & -1 & 1 & 0 & 0 \\ -1 & 1 & 0 & 0 & 0 & 0 & 0 & 0 \end{array}\right] \end{array}$$

15-2 对于如题 15-2 图所示，与用虚线画出的闭合面 S 相切割的支路集合是否构成割集？为什么？

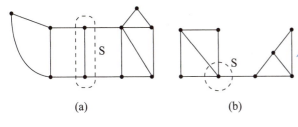

题 15-2 图

解：（a）将所画支路去除，图分为三个部分，如题解 15-2（a）图所示。

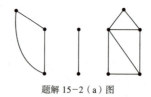

题解 15-2（a）图

所以不构成割集。

（b）将所画支路去除，图分为三个部分，如题解 15-2（b）图所示。

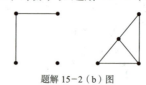

题解 15-2（b）图

所以不构成割集。

15-3 对于如题 15-3 图所示有向图，若选支路 1、2、3、7 为树支，试写出基本割集矩阵和基本回路矩阵；另外，以网孔作为回路写出回路矩阵。

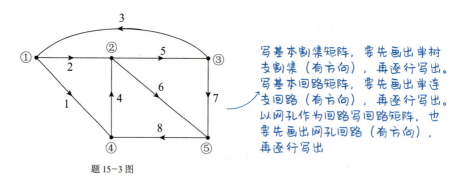

题 15-3 图

解：按照树的树支编号和方向作出所有的单树支割集，如题解 15-3（a）图所示。

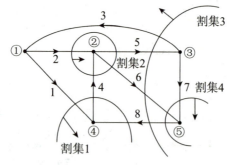

题解 15-3（a）图

按照"先树后连"的顺序写出基本割集矩阵：

$$Q_L = \begin{matrix} & \begin{matrix} 1 & 2 & 3 & 7 & 4 & 5 & 6 & 8 \end{matrix} \\ \begin{matrix} 1 \\ 2 \\ 3 \\ 4 \end{matrix} & \begin{bmatrix} 1 & 0 & 0 & 0 & -1 & 0 & 0 & 1 \\ 0 & 1 & 0 & 0 & 1 & -1 & -1 & 0 \\ 0 & 0 & 1 & 0 & 0 & -1 & -1 & 1 \\ 0 & 0 & 0 & 1 & 0 & 0 & 1 & -1 \end{bmatrix} \end{matrix}$$

按照树的连支编号和方向作出所有的单连支回路，如题解 15-3（b）图所示。

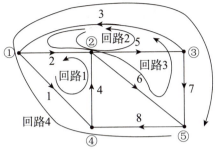

题解 15-3（b）图

按照"先连后树"的顺序写出基本回路矩阵：

$$B_t = \begin{matrix} & \begin{matrix} 4 & 5 & 6 & 8 & 1 & 2 & 3 & 7 \end{matrix} \\ \begin{matrix} 1 \\ 2 \\ 3 \\ 4 \end{matrix} & \begin{bmatrix} 1 & 0 & 0 & 0 & 1 & -1 & 0 & 0 \\ 0 & 1 & 0 & 0 & 0 & 1 & 1 & 0 \\ 0 & 0 & 1 & 0 & 0 & 1 & 1 & -1 \\ 0 & 0 & 0 & 1 & -1 & 0 & -1 & 1 \end{bmatrix} \end{matrix}$$

选取网孔回路，如题解 15-3（c）图所示。

法二：基本回路矩阵可以由基本割集矩阵写出：

由 $Q_L = \begin{bmatrix} -1 & 0 & 0 & 1 \\ 1 & -1 & -1 & 0 \\ 0 & -1 & -1 & 1 \\ 0 & 0 & 1 & -1 \end{bmatrix}$，

得 $B_t = -Q_L^T = \begin{bmatrix} 1 & -1 & 0 & 0 \\ 0 & 1 & 1 & 0 \\ 0 & 1 & 1 & -1 \\ -1 & 0 & -1 & 1 \end{bmatrix}$

进而写出基本回路矩阵

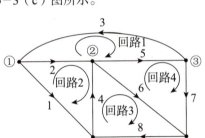

题解 15-3（c）图

回路矩阵：

$$B = \begin{matrix} & \begin{matrix} 1 & 2 & 3 & 4 & 5 & 6 & 7 & 8 \end{matrix} \\ \begin{matrix} 1 \\ 2 \\ 3 \\ 4 \end{matrix} & \begin{bmatrix} 0 & -1 & -1 & 0 & -1 & 0 & 0 & 0 \\ -1 & 1 & 0 & -1 & 0 & 0 & 0 & 0 \\ 0 & 0 & 0 & 1 & 0 & 1 & 0 & 1 \\ 0 & 0 & 0 & 0 & 1 & -1 & 1 & 0 \end{bmatrix} \end{matrix}$$

15-4 对于如题 15-4 图所示有向图，若选支路 1、2、3、5、8 为树支，试写出基本割集矩阵和基本回路矩阵。

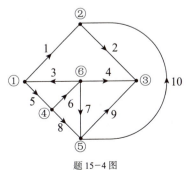

题 15-4 图

解：按照树的树支编号和方向作出所有的单树支割集，如题解 15-4（a）图所示。

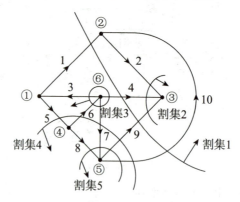

题解 15-4（a）图

按照"先树后连"的顺序写出基本割集矩阵：

$$Q_L = \begin{array}{c} \\ 1 \\ 2 \\ 3 \\ 4 \\ 5 \end{array} \begin{array}{cccccccccc} 1 & 2 & 3 & 5 & 8 & 4 & 6 & 7 & 9 & 10 \\ \left[\begin{array}{cccccccccc} 1 & 0 & 0 & 0 & 0 & 1 & 0 & 0 & 1 & 1 \\ 0 & 1 & 0 & 0 & 0 & 1 & 0 & 0 & 1 & 0 \\ 0 & 0 & 1 & 0 & 0 & 1 & -1 & 1 & 0 & 0 \\ 0 & 0 & 0 & 1 & 0 & 0 & -1 & 1 & -1 & -1 \\ 0 & 0 & 0 & 0 & 1 & 0 & 0 & 1 & -1 & -1 \end{array}\right] \end{array}$$

按照树的连支编号和方向作出所有的单连支回路，如题解 15-4（b）图所示。

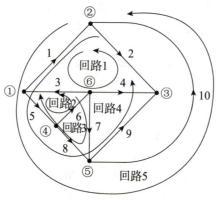

题解 15-4（b）图

法二：基本回路矩阵可以由基本割集矩阵写出：

$$由\ Q_L = \begin{bmatrix} 1 & 0 & 0 & 1 & 1 \\ 1 & 0 & 0 & 1 & 0 \\ 1 & -1 & 1 & 0 & 0 \\ 0 & -1 & 1 & -1 & -1 \\ 0 & 0 & 1 & -1 & -1 \end{bmatrix}$$

得 $B_t = -Q_L^T = \begin{bmatrix} -1 & -1 & -1 & 0 & 0 \\ 0 & 0 & 1 & 1 & 0 \\ 0 & 0 & -1 & -1 & -1 \\ -1 & -1 & 0 & 1 & 1 \\ -1 & 0 & 0 & 1 & 1 \end{bmatrix}$

进而写出基本回路矩阵

按照"先连后树"的顺序写出基本回路矩阵：

$$B_f = \begin{array}{c} \\ 1 \\ 2 \\ 3 \\ 4 \\ 5 \end{array} \begin{array}{ccccccccc} 4 & 6 & 7 & 9 & 10 & 1 & 2 & 3 & 5 & 8 \\ \left[\begin{array}{ccccccccc} 1 & 0 & 0 & 0 & 0 & -1 & -1 & -1 & 0 & 0 \\ 0 & 1 & 0 & 0 & 0 & 0 & 0 & 1 & 1 & 0 \\ 0 & 0 & 1 & 0 & 0 & 0 & 0 & -1 & -1 & -1 \\ 0 & 0 & 0 & 1 & 0 & -1 & -1 & 0 & 1 & 1 \\ 0 & 0 & 0 & 0 & 1 & -1 & 0 & 0 & 1 & 1 \end{array}\right] \end{array}$$

15-5 对如题 15-5 图所示有向图，若选结点⑤为参考，并选支路 1、2、4、5 为树。试写出关联矩阵、基本回路矩阵和基本割集矩阵，并验证 $B_t^T = -A_t^{-1}A_l$ 和 $Q_l = -B_t^T$。

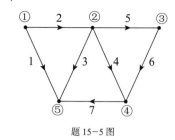

题 15-5 图

解: 关联矩阵:

$$A = \begin{array}{c} \\ 1 \\ 2 \\ 3 \\ 4 \end{array} \begin{array}{c} 1 \quad 2 \quad 4 \quad 5 \quad 3 \quad 6 \quad 7 \\ \begin{bmatrix} 1 & 1 & 0 & 0 & 0 & 0 & 0 \\ 0 & -1 & 1 & 1 & 1 & 0 & 0 \\ 0 & 0 & 0 & -1 & 0 & 1 & 0 \\ 0 & 0 & -1 & 0 & 0 & -1 & 1 \end{bmatrix} \end{array}$$

单连支回路如题解 15-5 (a) 图所示。

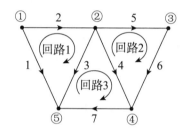

题解 15-5 (a) 图

按照"先连后树"的顺序写出基本回路矩阵:

$$B_f = \begin{array}{c} \\ 1 \\ 2 \\ 3 \end{array} \begin{array}{c} 3 \quad 6 \quad 7 \quad 1 \quad 2 \quad 4 \quad 5 \\ \begin{bmatrix} 1 & 0 & 0 & -1 & 1 & 0 & 0 \\ 0 & 1 & 0 & 0 & 0 & -1 & 1 \\ 0 & 0 & 1 & -1 & 1 & 1 & 0 \end{bmatrix} \end{array}$$

单树支割集如题解 15-5 (b) 图所示。

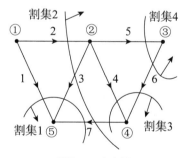

题解 15-5 (b) 图

按照"先树后连"的顺序写出基本割集矩阵:

$$Q_f = \begin{array}{c} \\ 1 \\ 2 \\ 3 \\ 4 \end{array} \begin{array}{cccccccc} 1 & 2 & 4 & 5 & 3 & 6 & 7 \\ \begin{bmatrix} 1 & 0 & 0 & 0 & 1 & 0 & 1 \\ 0 & 1 & 0 & 0 & -1 & 0 & -1 \\ 0 & 0 & 1 & 0 & 0 & 1 & -1 \\ 0 & 0 & 0 & 1 & 0 & -1 & 0 \end{bmatrix} \end{array}$$

> 求四阶矩阵的逆矩阵，是线性代数的知识，可以采取笔者给出的分块矩阵的方法，也可以用线性代数里面的矩阵初等变换的方法

$$A_t^{-1} = \begin{bmatrix} 1 & 1 & 0 & 0 \\ 0 & -1 & 1 & 1 \\ 0 & 0 & 0 & -1 \\ 0 & 0 & -1 & 0 \end{bmatrix}^{-1} = \begin{bmatrix} C & D \\ O & F \end{bmatrix}^{-1} = \begin{bmatrix} C^{-1} & -C^{-1}DF^{-1} \\ D & F^{-1} \end{bmatrix} = \begin{bmatrix} 1 & 1 & 1 & 1 \\ 0 & -1 & -1 & -1 \\ 0 & 0 & 0 & -1 \\ 0 & 0 & -1 & 0 \end{bmatrix}$$

$$-A_t^{-1} A_l = -\begin{bmatrix} 1 & 1 & 1 & 1 \\ 0 & -1 & -1 & -1 \\ 0 & 0 & 0 & -1 \\ 0 & 0 & -1 & 0 \end{bmatrix} \begin{bmatrix} 0 & 0 & 0 \\ 1 & 0 & 0 \\ 0 & 1 & 0 \\ 0 & -1 & 1 \end{bmatrix} = \begin{bmatrix} -1 & 0 & -1 \\ 1 & 0 & 1 \\ 0 & -1 & 1 \\ 0 & 1 & 0 \end{bmatrix}$$

$$B_t^T = \begin{bmatrix} -1 & 1 & 0 & 0 \\ 0 & 0 & -1 & 1 \\ -1 & 1 & 1 & 0 \end{bmatrix}^T = \begin{bmatrix} -1 & 0 & -1 \\ 1 & 0 & 1 \\ 0 & -1 & 1 \\ 0 & 1 & 0 \end{bmatrix}$$

所以 $B_t^T = -A_t^{-1} A_l$，即

$$-B_t^T = \begin{bmatrix} 1 & 0 & 1 \\ -1 & 0 & -1 \\ 0 & 1 & -1 \\ 0 & -1 & 0 \end{bmatrix} = Q_l$$

15-6 对如题 15-6 图所示电路，选支路 1、2、4、7 为树，用矩阵形式列出其回路电流方程。各支路电阻均为 5 Ω，各电压源电压均为 3 V，各电流源电流均为 2 A。

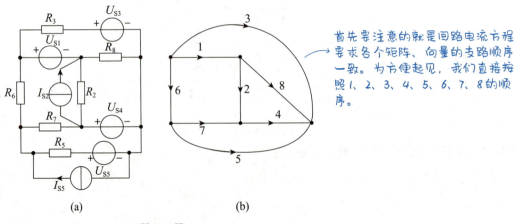

题 15-6 图

> 首先要注意的就是回路电流方程要求各个矩阵、向量的支路顺序一致。为方便起见，我们直接按照 1、2、3、4、5、6、7、8 的顺序。

解: 根据连支，画出各个单连支回路，如题解 15-6 图所示。

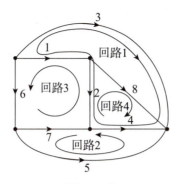

题解 15-6 图

据此写出：

$$\mathbf{B} = \begin{array}{c} \\ 1 \\ 2 \\ 3 \\ 4 \end{array} \begin{array}{c} \begin{array}{cccccccc} 1 & 2 & 3 & 4 & 5 & 6 & 7 & 8 \end{array} \\ \left[\begin{array}{cccccccc} -1 & -1 & 1 & -1 & 0 & 0 & 0 & 0 \\ 0 & 0 & 0 & -1 & 1 & 0 & -1 & 0 \\ -1 & -1 & 0 & 0 & 0 & 1 & 1 & 0 \\ 0 & -1 & 0 & -1 & 0 & 0 & 0 & 1 \end{array} \right] \end{array}$$

$$\mathbf{Z} = \mathrm{diag}[0, R_2, R_3, 0, R_5, R_6, R_7, R_8]$$

$$\dot{\mathbf{I}}_l = [\dot{I}_{l1} \quad \dot{I}_{l2} \quad \dot{I}_{l3} \quad \dot{I}_{l4}]^T$$

$$\dot{\mathbf{U}}_s = [-\dot{U}_{s1} \quad 0 \quad -\dot{U}_{s3} \quad -\dot{U}_{s4} \quad -\dot{U}_{s5} \quad 0 \quad 0 \quad 0]^T$$

$$\dot{\mathbf{I}}_s = [0 \quad \dot{I}_{s2} \quad 0 \quad 0 \quad \dot{I}_{s5} \quad 0 \quad 0 \quad 0]^T$$

$$\mathbf{BZB}^T \dot{\mathbf{I}}_l = \mathbf{B}\dot{\mathbf{U}}_s - \mathbf{BZ}\dot{\mathbf{I}}_s$$

(高阶矩阵相乘，具体计算较为烦琐，只要掌握思路，能够正确写出各个矩阵、向量以及方程即可。)

15-7 对如题 15-7 图所示电路，用运算形式（设零值初始条件）在下列 2 种不同情况下列出网孔电流方程：

（1）电感 L_5 和 L_6 之间无互感；

（2）L_5 和 L_6 之间有互感 M。

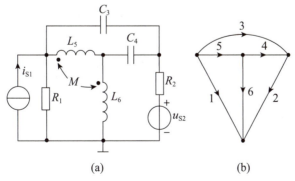

题 15-7 图

解: （1）先设出网孔电流，如题解 15-7 图所示。

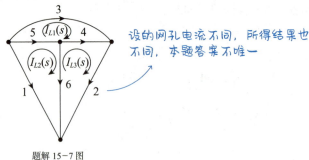

题解 15-7 图

$$B = \begin{matrix} & 1 & 2 & 3 & 4 & 5 & 6 \\ 1 & \\ 2 & \\ 3 & \end{matrix} \begin{bmatrix} 0 & 0 & 1 & -1 & -1 & 0 \\ -1 & 0 & 0 & 0 & 1 & 1 \\ 0 & 1 & 0 & 1 & 0 & -1 \end{bmatrix}$$

$$Z(s) = \mathrm{diag}\left[R_1, R_2, \frac{1}{sC_3}, \frac{1}{sC_4}, sL_5, sL_6\right]$$

$$U_S(s) = [0 \quad -U_{S2}(s) \quad 0 \quad 0 \quad 0 \quad 0]^T$$

$$I_S(s) = [I_{S1}(s) \quad 0 \quad 0 \quad 0 \quad 0 \quad 0]^T$$

$$I_l(s) = [I_{l1}(s) \quad I_{l2}(s) \quad I_{l3}(s)]^T$$

$$BZ(s)B^T I_l(s) = BU_S(s) - BZ(s)I_S(s)$$

（2）

$$Z(s) = \begin{bmatrix} R_1 & 0 & 0 & 0 & 0 & 0 \\ 0 & R_2 & 0 & 0 & 0 & 0 \\ 0 & 0 & \dfrac{1}{sC_3} & 0 & 0 & 0 \\ 0 & 0 & 0 & \dfrac{1}{sC_4} & 0 & 0 \\ 0 & 0 & 0 & 0 & sL_5 & sM \\ 0 & 0 & 0 & 0 & sM & sL_6 \end{bmatrix}$$

支路5和支路6之间有互感，所以应该把 sM 或 $-sM$ 添在第五行第六列和第六行第五列。又因为支路5和支路6的方向是从同名端流入，所以添的应该是 sM

15-8 对如题 15-8 图所示电路，选支路 1、2、3、4、5 为树，试写出此电路回路电流方程的矩阵形式。

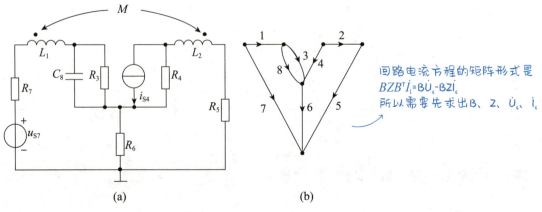

题 15-8 图

回路电流方程的矩阵形式是 $BZB^T\dot{I}_l = B\dot{U}_s - BZ\dot{I}_s$
所以需要先求出 B、Z、$\dot{U}_s$、$\dot{I}_s$

解： 根据连支画出各单连支回路，如题解 15-8 图所示。

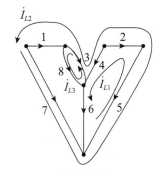

题解 15-8 图

$$\mathbf{B} = \begin{array}{c} \\ 1 \\ 2 \\ 3 \end{array} \begin{array}{cccccccc} 1 & 2 & 3 & 4 & 5 & 6 & 7 & 8 \\ \left[\begin{array}{cccccccc} 0 & -1 & 0 & 1 & -1 & 1 & 0 & 0 \\ -1 & -1 & -1 & 1 & -1 & 0 & 1 & 0 \\ 0 & 0 & -1 & 0 & 0 & 0 & 0 & 1 \end{array}\right] \end{array}$$

当不考虑互感时，有

$$\mathbf{Z}_1 = \mathrm{diag}\left[\mathrm{j}\omega L_1, \mathrm{j}\omega L_2, R_3, R_4, R_5, R_6, R_7, \frac{1}{\mathrm{j}\omega C_8}\right]$$

然后考虑互感，写出支路阻抗矩阵：

$$\mathbf{Z} = \begin{bmatrix} \mathrm{j}\omega L_1 & -\mathrm{j}\omega M & 0 & 0 & 0 & 0 & 0 & 0 \\ -\mathrm{j}\omega M & \mathrm{j}\omega L_2 & 0 & 0 & 0 & 0 & 0 & 0 \\ 0 & 0 & R_3 & 0 & 0 & 0 & 0 & 0 \\ 0 & 0 & 0 & R_4 & 0 & 0 & 0 & 0 \\ 0 & 0 & 0 & 0 & R_5 & 0 & 0 & 0 \\ 0 & 0 & 0 & 0 & 0 & R_6 & 0 & 0 \\ 0 & 0 & 0 & 0 & 0 & 0 & R_7 & 0 \\ 0 & 0 & 0 & 0 & 0 & 0 & 0 & \dfrac{1}{\mathrm{j}\omega C_8} \end{bmatrix}$$

支路1和支路2之间有互感，所以应该在第一行第二列和第二行第一列添加相应元素。又因为支路1和支路2的方向是从非同名端流入，所以是添加 $-\mathrm{j}\omega M$。

$$\dot{\mathbf{U}}_s = \begin{bmatrix} 0 & 0 & 0 & 0 & 0 & 0 & -\dot{U}_{s7} & 0 \end{bmatrix}^{\mathrm{T}}$$

$$\dot{\mathbf{I}}_s = \begin{bmatrix} 0 & 0 & 0 & -\dot{I}_{s4} & 0 & 0 & 0 & 0 \end{bmatrix}^{\mathrm{T}}$$

$$\mathbf{BZB}^{\mathrm{T}}\dot{\mathbf{I}}_l = \mathbf{B}\dot{\mathbf{U}}_s - \mathbf{BZ}\dot{\mathbf{I}}_s$$

15-9 写出如题 15-9 图所示电路网孔电流方程的矩阵形式。

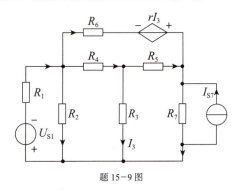

题 15-9 图

解：画出有向图并选取网孔电流，如题解 15-9 图所示。

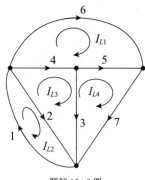

题解 15-9 图

回路矩阵：

$$B = \begin{array}{c} \\ 1 \\ 2 \\ 3 \\ 4 \end{array} \begin{array}{c} 1 2 3 4 5 6 7 \\ \begin{bmatrix} 0 & 0 & 0 & -1 & -1 & 1 & 0 \\ 1 & 1 & 0 & 0 & 0 & 0 & 0 \\ 0 & -1 & 1 & 1 & 0 & 0 & 0 \\ 0 & 0 & -1 & 0 & 1 & 0 & 1 \end{bmatrix} \end{array}$$

$Z_1 = \text{diag}[R_1, R_2, R_3, R_4, R_5, R_6, R_7]$

$$Z = \begin{bmatrix} R_1 & 0 & 0 & 0 & 0 & 0 & 0 \\ 0 & R_2 & 0 & 0 & 0 & 0 & 0 \\ 0 & 0 & R_3 & 0 & 0 & 0 & 0 \\ 0 & 0 & 0 & R_4 & 0 & 0 & 0 \\ 0 & 0 & 0 & 0 & R_5 & 0 & 0 \\ 0 & 0 & -r & 0 & 0 & R_6 & 0 \\ 0 & 0 & 0 & 0 & 0 & 0 & R_7 \end{bmatrix}$$

受控源是电流控制电压源。受控源在支路6，受控源的电压的参考方向与支路6方向相反。控制量是支路3的支路电流。所以应该在第六行第三列添加元素 $-r$

$\dot{U}_s = [-\dot{U}_{s1} \ 0 \ 0 \ 0 \ 0 \ 0 \ 0]^T$

$\dot{I}_s = [0 \ 0 \ 0 \ 0 \ 0 \ 0 \ \dot{I}_{s7}]^T$

$BZB^T \dot{I}_1 = B\dot{U}_s - BZ\dot{I}_s$

15-10 如题 15-10 图所示电路中电源角频率为 ω，试以结点④为参考结点，列写出该电路结点电压方程的矩阵形式。

结点电压方程的矩阵形式是 $AYA^T \dot{U}_n = A\dot{I}_s - AY\dot{U}_s$
所以先求出 A、Y、$\dot{I}_s$、$\dot{U}_s$

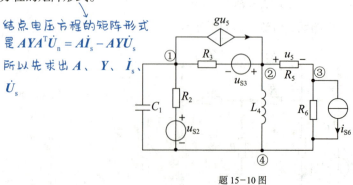

题 15-10 图

解：画出有向图如题解 15-10 图所示。

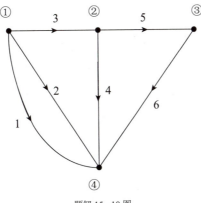

题解 15-10 图

降阶关联矩阵：

$$A = \begin{matrix} & 1 & 2 & 3 & 4 & 5 & 6 \\ 1 & \begin{bmatrix} 1 & 1 & 1 & 0 & 0 & 0 \\ 2 & 0 & 0 & -1 & 1 & 1 & 0 \\ 3 & 0 & 0 & 0 & 0 & -1 & 1 \end{bmatrix} \end{matrix}$$

不考虑受控源时，有

$$Y_1 = \text{diag}\left[j\omega C_1, \frac{1}{R_2}, \frac{1}{R_3}, \frac{1}{j\omega L_4}, \frac{1}{R_5}, \frac{1}{R_6}\right]$$

考虑受控源，有

$$Y = \begin{bmatrix} j\omega C_1 & 0 & 0 & 0 & 0 & 0 \\ 0 & \dfrac{1}{R_2} & 0 & 0 & 0 & 0 \\ 0 & 0 & \dfrac{1}{R_3} & 0 & g & 0 \\ 0 & 0 & 0 & \dfrac{1}{j\omega L_4} & 0 & 0 \\ 0 & 0 & 0 & 0 & \dfrac{1}{R_5} & 0 \\ 0 & 0 & 0 & 0 & 0 & \dfrac{1}{R_6} \end{bmatrix}$$

受控电流源位于支路3，控制量是支路5的支路电压，所以应该在第三行第五列添加元素。

受控电流源方向与支路3的方向"相同"，所以添加的元素是 g。

$$\dot{U}_s = [0 \ -\dot{U}_{s2} \ \dot{U}_{s3} \ 0 \ 0 \ 0]^T$$
$$\dot{I}_s = [0 \ 0 \ 0 \ 0 \ 0 \ -\dot{I}_{s6}]^T$$
$$AYA^T\dot{U}_n = A\dot{I}_s - AY\dot{U}_s$$

15-11 试以结点④为参考结点，列出如题 15-11 图所示电路矩阵形式的结点电压方程。

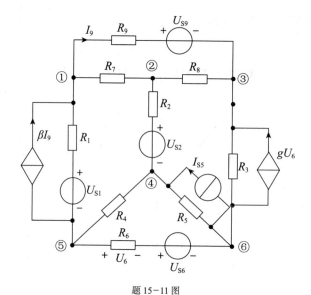

题 15-11 图

解： 按照元件编号给出支路编号，并给定支路方向（按照从左向右、从上到下），如题解 15-11 图所示。

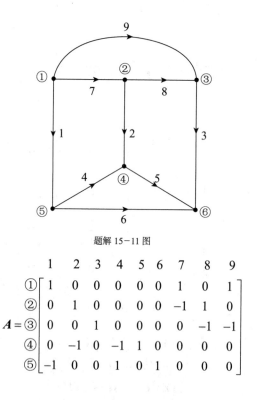

题解 15-11 图

$$A = \begin{array}{c} \\ ① \\ ② \\ ③ \\ ④ \\ ⑤ \end{array} \begin{array}{c} 1\ 2\ 3\ 4\ 5\ 6\ 7\ 8\ 9 \\ \begin{bmatrix} 1 & 0 & 0 & 0 & 0 & 0 & 1 & 0 & 1 \\ 0 & 1 & 0 & 0 & 0 & 0 & -1 & 1 & 0 \\ 0 & 0 & 1 & 0 & 0 & 0 & 0 & -1 & -1 \\ 0 & -1 & 0 & -1 & 1 & 0 & 0 & 0 & 0 \\ -1 & 0 & 0 & 1 & 0 & 1 & 0 & 0 & 0 \end{bmatrix} \end{array}$$

先不考虑受控源，则

$$Y_1 = \mathrm{diag}\left[\frac{1}{R_1}, \frac{1}{R_2}, \frac{1}{R_3}, \frac{1}{R_4}, \frac{1}{R_5}, \frac{1}{R_6}, \frac{1}{R_7}, \frac{1}{R_8}, \frac{1}{R_9}\right]$$

考虑受控源：

$$Y = \begin{bmatrix} \dfrac{1}{R_1} & 0 & 0 & 0 & 0 & 0 & 0 & 0 & -\dfrac{\beta}{R_9} \\ 0 & \dfrac{1}{R_2} & 0 & 0 & 0 & 0 & 0 & 0 & 0 \\ 0 & 0 & \dfrac{1}{R_3} & 0 & 0 & -g & 0 & 0 & 0 \\ 0 & 0 & 0 & \dfrac{1}{R_4} & 0 & 0 & 0 & 0 & 0 \\ 0 & 0 & 0 & 0 & \dfrac{1}{R_5} & 0 & 0 & 0 & 0 \\ 0 & 0 & 0 & 0 & 0 & \dfrac{1}{R_6} & 0 & 0 & 0 \\ 0 & 0 & 0 & 0 & 0 & 0 & \dfrac{1}{R_7} & 0 & 0 \\ 0 & 0 & 0 & 0 & 0 & 0 & 0 & \dfrac{1}{R_8} & 0 \\ 0 & 0 & 0 & 0 & 0 & 0 & 0 & 0 & \dfrac{1}{R_9} \end{bmatrix}$$

电路右侧受控源符合"情形1"，受控源位于支路3，控制量是支路6阻抗电压，所以应该在第三行第六列添加元素。

受控源电流参考方向与支路3方向相反，支路6阻抗电压参考方向和支路6参考方向相同，所以添加的元素是$-g$。

电路左侧受控源符合"情形2"，$\beta I_9 = \dfrac{\beta}{R_9} U_9$（$U_9$是支路9阻抗电压，参考方向左正右负），这样就转化为了"情形1"。

受控源位于支路1，控制量是支路9阻抗电压，所以应该在第一行、第九列添加元素。

受控源电流参考方向与支路1方向相反，支路9阻抗电压的参考方向与支路9方向相同，所以添加的元素是$-\dfrac{\beta}{R_9}$。

$$\dot{U}_s = [-\dot{U}_{s1} \quad -\dot{U}_{s2} \quad 0 \quad 0 \quad 0 \quad -\dot{U}_{s6} \quad 0 \quad 0 \quad -\dot{U}_{s9}]^T$$
$$\dot{I}_s = [0 \quad 0 \quad 0 \quad 0 \quad \dot{I}_{s5} \quad 0 \quad 0 \quad 0 \quad 0]^T$$
$$AYA^T \dot{U}_n = A\dot{I}_s - AY\dot{U}_s$$

15-12 电路如题15-12（a）图所示，题15-12（b）图为其有向图。选支路1、2、6、7为树，列出矩阵形式的割集电压方程。

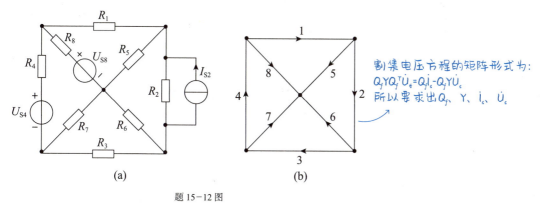

题 15-12 图

割集电压方程的矩阵形式为：
$Q_f Y Q_f^T \dot{U}_t = Q_f \dot{I}_s - Q_f Y \dot{U}_s$
所以要求出Q_f、Y、$\dot{I}_s$、$\dot{U}_s$

解：画出割集，如题解15-12图所示。

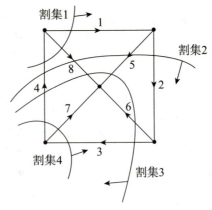

题解 15-12 图

$$\boldsymbol{Q}_f = \begin{matrix} & 1 & 2 & 3 & 4 & 5 & 6 & 7 & 8 \\ 1 \\ 2 \\ 3 \\ 4 \end{matrix} \begin{bmatrix} 1 & 0 & 0 & -1 & 0 & 0 & 0 & 1 \\ 0 & 1 & 0 & -1 & 1 & 0 & 0 & 1 \\ 0 & 0 & 1 & -1 & 1 & 1 & 0 & 1 \\ 0 & 0 & -1 & 1 & 0 & 0 & 1 & 0 \end{bmatrix}$$

$$\boldsymbol{Y} = \mathrm{diag}\left[\frac{1}{R_1}, \frac{1}{R_2}, \frac{1}{R_3}, \frac{1}{R_4}, \frac{1}{R_5}, \frac{1}{R_6}, \frac{1}{R_7}, \frac{1}{R_8}\right]$$

$$\dot{\boldsymbol{U}}_s = \begin{bmatrix} 0 & 0 & 0 & \dot{U}_{s4} & 0 & 0 & 0 & -\dot{U}_{s8} \end{bmatrix}^T$$

$$\dot{\boldsymbol{I}}_s = \begin{bmatrix} 0 & \dot{I}_{s2} & 0 & 0 & 0 & 0 & 0 & 0 \end{bmatrix}^T$$

$$\boldsymbol{Q}_f \boldsymbol{Y} \boldsymbol{Q}_f^T \dot{\boldsymbol{U}}_t = \boldsymbol{Q}_f \dot{\boldsymbol{I}}_s - \boldsymbol{Q}_f \boldsymbol{Y} \dot{\boldsymbol{U}}_s$$

15-13 电路如题 15-13（a）图所示，题 15-13（b）图为其有向图。试写出结点列表法中支路方程的矩阵形式。

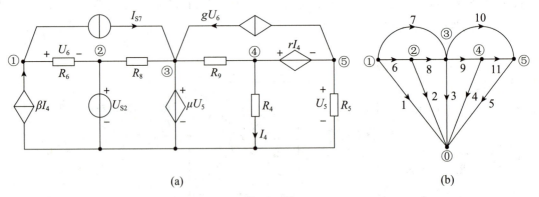

题 15-13 图

解：写出各个支路方程：

$I_1 + \beta I_4 = 0$, $U_2 = U_{S2}$, $U_3 - \mu U_5 = 0$, $-U_4 + R_4 I_4 = 0$, $-U_5 + R_5 I_5 = 0$, $-U_6 + R_6 I_6 = 0$, $I_7 = I_{S7}$, $-U_8 + R_8 I_8 = 0$, $-U_9 + R_9 I_9 = 0$, $I_{10} + g U_6 = 0$, $U_{11} - r I_4 = 0$

据此得到各个矩阵和向量：

$$F = \begin{bmatrix} 0 & & & & & & & & & & \\ & 1 & & & & & & & & & \\ 3 & & 1 & -\mu & & & 0 & & & & \\ & & & -1 & & & & & & & \\ & & & & -1 & & & & & & \\ & & & & & -1 & & & & & \\ & 0 & & & & & 0 & & & & \\ & & & & & & & -1 & & & \\ & & & & & & & & -1 & & \\ 10 & & & g & & & & & & 0 & \\ & & & & & & & & & & 1 \end{bmatrix}$$

- 如果第 i 个方程含有 U_i 项，则第 i 个主对角线元素写 U_i 的系数，否则写 0。
- 另外，如果第 i 个方程中，含有控制量电压 U_j，则需要在第 i 行第 j 列加上方程中 U_j 的系数，否则写 0。

$$H = \begin{bmatrix} 1 & \beta & & & & & & & & & \\ & 0 & & & & & & & & & \\ & & 0 & & & & & & & & \\ & & & R_4 & & 0 & & & & & \\ & & & & R_5 & & & & & & \\ 0 & & & & & R_6 & & & & & \\ & & & & & & 1 & & & & \\ & & & & & & & R_8 & & & \\ & & & & & & & & R_9 & & \\ & & & & & & & & & 1 & \\ 11 & & -r & & & & & & & & 0 \end{bmatrix}$$

- 如果第 i 个方程含有 I_i 项，则第 i 个主对角线元素写 I_i 的系数，否则写 0。
- 另外，如果第 i 个方程中，含有控制量电压 I_j，则需要在第 i 行第 j 列加上方程中 I_j 的系数，否则写 0。

$$\dot{U}_s + \dot{I}_s = [0 \ \dot{U}_{s2} \ 0 \ 0 \ 0 \ 0 \ \dot{I}_{s7} \ 0 \ 0 \ 0 \ 0]^T$$

将上述结果代入 $F\dot{U} + H\dot{I} = \dot{U}_s + \dot{I}_s$，即为支路方程的矩阵形式。

15-14 电路如题 15-14(a) 图所示，题 15-14(b) 图为其有向图。列出结点列表方程的矩阵形式。

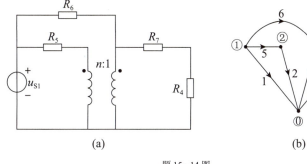

题 15-14 图

解： 降阶关联矩阵：

$$A = \begin{array}{c} \\ ① \\ ② \\ ③ \\ ④ \end{array} \begin{array}{c} 1\ 2\ 3\ 4\ 5\ 6\ 7 \\ \begin{bmatrix} 1 & 1 & 1 & 1 & 1 & 1 & 0 \\ 0 & 0 & 0 & 0 & -1 & 0 & 0 \\ 0 & 0 & 0 & 0 & 0 & -1 & 1 \\ 0 & 0 & 0 & 0 & 0 & 0 & -1 \end{bmatrix} \end{array}$$

各个支路的方程：

$\dot{U}_1 = \dot{U}_{s1}$, $\quad \dot{U}_2 - n\dot{U}_3 = 0$, $\quad \dot{I}_3 + n\dot{I}_2 = 0$, $\quad -\dot{U}_4 + R_4\dot{I}_4 = 0$, $\quad -\dot{U}_5 + R_5\dot{I}_5 = 0$, $\quad -\dot{U}_6 + R_6\dot{I}_6 = 0$,

$-\dot{U}_7 + R_7\dot{I}_7 = 0$

所以 $\boldsymbol{F} = \begin{bmatrix} 1 & & & & & & \\ & 1 & -n & & 0 & & \\ & & 0 & & & & \\ & & & -1 & & & \\ & & & & -1 & & \\ & 0 & & & -1 & & \\ & & & & & & -1 \end{bmatrix}$, $\boldsymbol{H} = \begin{bmatrix} 0 & & & & & & \\ & 0 & & & 0 & & \\ & n & 1 & & & & \\ & & & R_4 & & & \\ & & & & R_5 & & \\ & 0 & & & & R_6 & \\ & & & & & & R_7 \end{bmatrix}$

$$\dot{U}_n = \begin{bmatrix} \dot{U}_{n1} & \dot{U}_{n2} & \dot{U}_{n3} & \dot{U}_{n4} \end{bmatrix}^T$$

$$\dot{U} = \begin{bmatrix} \dot{U}_1 & \dot{U}_2 & \dot{U}_3 & \dot{U}_4 & \dot{U}_5 & \dot{U}_6 & \dot{U}_7 \end{bmatrix}^T$$

$$\dot{I} = \begin{bmatrix} \dot{I}_1 & \dot{I}_2 & \dot{I}_3 & \dot{I}_4 & \dot{I}_5 & \dot{I}_6 & \dot{I}_7 \end{bmatrix}^T$$

$$\dot{U}_s + \dot{I}_s = \begin{bmatrix} \dot{U}_{s1} & 0 & 0 & 0 & 0 & 0 & 0 \end{bmatrix}^T$$

将以上矩阵、向量代入 $\begin{bmatrix} 0 & 0 & A \\ -A^T & 1_b & 0 \\ 0 & F & H \end{bmatrix} \begin{bmatrix} \dot{U}_n \\ \dot{U} \\ \dot{I} \end{bmatrix} = \begin{bmatrix} 0 \\ 0 \\ \dot{U}_s + \dot{I}_s \end{bmatrix}$

即为结点列表方程的矩阵形式。

15-15 列出如题 15-15 图所示电路的状态方程。若选结点①和②的结点电压为输出量，写出输出方程。

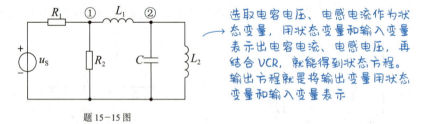

选取电容电压、电感电流作为状态变量，用状态变量和输入变量表示出电容电流、电感电压，再结合VCR，就能得到状态方程。输出方程就是将输出变量用状态变量和输入变量表示

题 15-15 图

解：运算电路如题解 15-15 图所示。

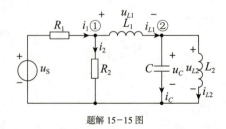

题解 15-15 图

由 KCL，
$$i_C = i_{L1} - i_{L2}$$
$$i_2 = \frac{u_{L1} + u_C}{R_2}$$

由 KCL，有
$$i_1 = i_2 + i_{L1} = \frac{u_{L1} + u_C}{R_2} + i_{L1}$$

由 KVL，有
$$u_S = R_1 i_1 + u_{L1} + u_C = \left(\frac{R_1}{R_2} + 1\right)(u_{L1} + u_C) + R_1 i_{L1}$$

由上式解出 u_{L_1}，有
$$u_{L1} = -u_C - \frac{R_1 R_2}{R_1 + R_2} i_{L1} + \frac{R_2}{R_1 + R_2} u_S$$

$$u_{L2} = u_C$$

$$\begin{cases} i_C = C\dfrac{du_C}{dt} = i_{L1} - i_{L2} \\ u_{L1} = L_1 \dfrac{di_{L1}}{dt} = -u_C - \dfrac{R_1 R_2}{R_1 + R_2} i_{L1} + \dfrac{R_2}{R_1 + R_2} u_S \\ u_{L2} = L_2 \dfrac{di_{L2}}{dt} = u_C \end{cases}$$

所以，状态方程为

$$\begin{cases} \dfrac{du_C}{dt} = \dfrac{1}{C} i_{L1} - \dfrac{1}{C} i_{L2} \\ \dfrac{di_{L1}}{dt} = -\dfrac{1}{L_1} u_C - \dfrac{R_1 R_2}{(R_1 + R_2) L_1} i_{L1} + \dfrac{R_2}{(R_1 + R_2) L_1} u_S \\ \dfrac{di_{L2}}{dt} = \dfrac{1}{L_2} u_C \end{cases}$$

写成矩阵形式：

$$\begin{bmatrix} \dfrac{du_C}{dt} \\ \dfrac{di_{L1}}{dt} \\ \dfrac{di_{L2}}{dt} \end{bmatrix} = \begin{bmatrix} 0 & \dfrac{1}{C} & -\dfrac{1}{C} \\ -\dfrac{1}{L_1} & -\dfrac{R_1 R_2}{(R_1 + R_2) L_1} & 0 \\ \dfrac{1}{L_2} & 0 & 0 \end{bmatrix} \begin{bmatrix} u_C \\ i_{L1} \\ i_{L2} \end{bmatrix} + \begin{bmatrix} 0 \\ \dfrac{R_2}{(R_1 + R_2) L_1} \\ 0 \end{bmatrix} u_S$$

输出方程：

$$\begin{cases} U_{n1} = u_{L1} + u_C = -\dfrac{R_1 R_2}{R_1 + R_2} i_{L1} + \dfrac{R_2}{R_1 + R_2} u_S \\ U_{n2} = u_C \end{cases}$$

写成矩阵形式：

$$\begin{bmatrix} U_{n1} \\ U_{n2} \end{bmatrix} = \begin{bmatrix} 0 & -\dfrac{R_1 R_2}{R_1 + R_2} & 0 \\ 1 & 0 & 0 \end{bmatrix} \begin{bmatrix} u_C \\ i_{L1} \\ i_{L2} \end{bmatrix} + \begin{bmatrix} \dfrac{R_2}{R_1 + R_2} \\ 0 \end{bmatrix} u_S$$

15-16 列出如题 15-16 图所示电路的状态方程。设 $C_1 = C_2 = 1\,\text{F}$，$L_1 = 1\,\text{H}$，$L_2 = 2\,\text{H}$，$R_1 = R_2 = 1\,\Omega$，$R_3 = 2\,\Omega$，$u_S(t) = 2\sin t\,\text{V}$，$i_S(t) = 2\text{e}^{-t}\,\text{A}$。

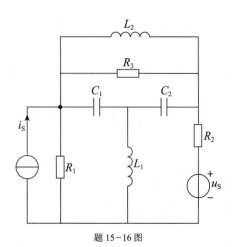

题 15-16 图

解： 运算电路如题解 15-16 图所示。

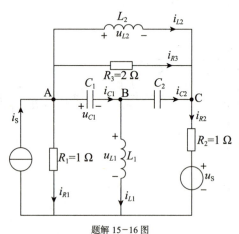

题解 15-16 图

由 KVL，有
$$u_{L2} = u_{C1} + u_{C2}$$

$$i_{R3} = \frac{u_{C1} + u_{C2}}{R_3} = \frac{1}{2}u_{C1} + \frac{1}{2}u_{C2}$$

$$i_{R1} = \frac{u_{C1} + u_{L1}}{R_1} = u_{C1} + u_{L1}$$

对结点 A，由 KCL，有

$$i_S = i_{R1} + i_{C1} + i_{R3} + i_{L2} = u_{C1} + u_{L1} + \frac{1}{2}u_{C1} + \frac{1}{2}u_{C2} + i_{L2} = \frac{3}{2}u_{C1} + \frac{1}{2}u_{C2} + i_{L2} + u_{L1} + i_{C1} \quad ①$$

对结点 B，有
$$i_{C1} = i_{C2} + i_{L1} \quad ②$$

对结点 C，有
$$i_{R2} = i_{L2} + i_{R3} + i_{C2} = i_{L2} + \frac{1}{2}u_{C1} + \frac{1}{2}u_{C2} + i_{C2}$$

由 KVL，有
$$u_{L1} = u_{C2} + u_S + i_{R2}R_2 = \frac{1}{2}u_{C1} + \frac{3}{2}u_{C2} + i_{L2} + i_{C2} + u_S \quad ③$$

联立①②③，解得

$$i_{C1} = -u_{C1} - u_{C2} + \frac{1}{2}i_{L1} - i_{L2} - \frac{1}{2}u_S + \frac{1}{2}i_S$$

$$i_{C2} = -u_{C1} - u_{C2} - \frac{1}{2}i_{L1} - i_{L2} - \frac{1}{2}u_S + \frac{1}{2}i_S$$

$$u_{L1} = -\frac{1}{2}u_{C1} + \frac{1}{2}u_{C2} - \frac{1}{2}i_{L1} + \frac{1}{2}u_S + \frac{1}{2}i_S$$

所以

$$\begin{cases} i_{C2} = \dfrac{du_{C1}}{dt} = -u_{C1} - u_{C2} + \dfrac{1}{2}i_{L1} - i_{L2} - \dfrac{1}{2}u_S + \dfrac{1}{2}i_S \\ i_{C2} = \dfrac{du_{C2}}{dt} = -u_{C1} - u_{C2} - \dfrac{1}{2}i_{L1} - i_{L2} - \dfrac{1}{2}u_S + \dfrac{1}{2}i_S \\ u_{L1} = \dfrac{di_{L1}}{dt} = -\dfrac{1}{2}u_{C1} + \dfrac{1}{2}u_{C2} - \dfrac{1}{2}i_{L1} + \dfrac{1}{2}u_S + \dfrac{1}{2}i_S \\ u_{L2} = 2\dfrac{di_{L2}}{dt} = u_{C1} + u_{C2} \end{cases}$$

写出状态方程的矩阵形式：

$$\begin{bmatrix} \dfrac{du_{C1}}{dt} \\ \dfrac{du_{C2}}{dt} \\ \dfrac{di_{L1}}{dt} \\ \dfrac{di_{L2}}{dt} \end{bmatrix} = \begin{bmatrix} -1 & -1 & \dfrac{1}{2} & -1 \\ -1 & -1 & -\dfrac{1}{2} & -1 \\ -\dfrac{1}{2} & \dfrac{1}{2} & -\dfrac{1}{2} & 0 \\ \dfrac{1}{2} & \dfrac{1}{2} & 0 & 0 \end{bmatrix} \begin{bmatrix} u_{C1} \\ u_{C2} \\ i_{L1} \\ i_{L2} \end{bmatrix} + \begin{bmatrix} -\dfrac{1}{2} & \dfrac{1}{2} \\ -\dfrac{1}{2} & \dfrac{1}{2} \\ \dfrac{1}{2} & \dfrac{1}{2} \\ 0 & 0 \end{bmatrix} \begin{bmatrix} 2\sin t \\ 2e^{-t} \end{bmatrix}$$

第十六章 二端口网络

16-1 二端口网络

二端口网络需要满足以下两个条件：

（1）网络有两个端口、四个端子。

（2）一个端口中，从一个端子流出的电流等于从另一个端子流入的电流。

拓扑结构：

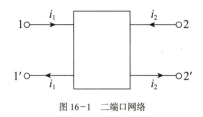

图 16-1 二端口网络

16-2 二端口的方程和参数

本节中所有的二端口方程，都是按照如图 16-2 所示的参考方向。

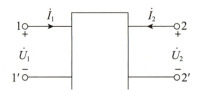

图 16-2 二端口电压、电流的参考方向

一、Y 参数

二端口方程：

$$\begin{bmatrix} \dot{I}_1 \\ \dot{I}_2 \end{bmatrix} = \begin{bmatrix} Y_{11} & Y_{12} \\ Y_{21} & Y_{22} \end{bmatrix} \begin{bmatrix} \dot{U}_1 \\ \dot{U}_2 \end{bmatrix} = Y \begin{bmatrix} \dot{U}_1 \\ \dot{U}_2 \end{bmatrix}$$

其中 $Y = \begin{bmatrix} Y_{11} & Y_{12} \\ Y_{21} & Y_{22} \end{bmatrix}$，是 Y 参数矩阵，或称为短路导纳矩阵。Y_{11}、Y_{12}、Y_{21}、Y_{22} 称为 Y 参数。

对于互易性网络，有 $Y_{12} = Y_{21}$。

对于对称性网络，有 $Y_{12} = Y_{21}$ 且 $Y_{11} = Y_{22}$。

二、Z 参数

二端口方程：

$$\begin{bmatrix} \dot{U}_1 \\ \dot{U}_2 \end{bmatrix} = \begin{bmatrix} Z_{11} & Z_{12} \\ Z_{21} & Z_{22} \end{bmatrix} \begin{bmatrix} \dot{I}_1 \\ \dot{I}_2 \end{bmatrix} = \mathbf{Z} \begin{bmatrix} \dot{I}_1 \\ \dot{I}_2 \end{bmatrix}$$

其中，$\mathbf{Z} = \begin{bmatrix} Z_{11} & Z_{12} \\ Z_{21} & Z_{22} \end{bmatrix}$，是 Z 参数矩阵，或称为开路阻抗矩阵。

对于互易性网络，有 $Z_{12} = Z_{21}$。

对于对称性网络，有 $Z_{12} = Z_{21}$ 且 $Z_{11} = Z_{22}$。

三、T 参数

二端口方程：

$$\begin{bmatrix} \dot{U}_1 \\ \dot{I}_1 \end{bmatrix} = \begin{bmatrix} A & B \\ C & D \end{bmatrix} \begin{bmatrix} \dot{U}_2 \\ -\dot{I}_2 \end{bmatrix} = \mathbf{T} \begin{bmatrix} \dot{U}_2 \\ -\dot{I}_2 \end{bmatrix}$$

其中，$\mathbf{T} = \begin{bmatrix} A & B \\ C & D \end{bmatrix}$，是 T 参数矩阵，或称为转移参数矩阵。

对于互易性网络，有 $AD - BC = 1$。

对于对称性网络，有 $AD - BC = 1$ 且 $A = D$。

四、H 参数

二端口方程：

$$\begin{bmatrix} \dot{U}_1 \\ \dot{I}_2 \end{bmatrix} = \begin{bmatrix} H_{11} & H_{12} \\ H_{21} & H_{22} \end{bmatrix} \begin{bmatrix} \dot{I}_1 \\ \dot{U}_2 \end{bmatrix} = \mathbf{H} \begin{bmatrix} \dot{I}_1 \\ \dot{U}_2 \end{bmatrix}$$

其中，$\mathbf{H} = \begin{bmatrix} H_{11} & H_{12} \\ H_{21} & H_{22} \end{bmatrix}$，是 H 参数矩阵，或称为混合参数矩阵。

对于互易性网络，有 $H_{21} = -H_{12}$。

对于对称性网络，有 $H_{21} = -H_{12}$ 或 $H_{11}H_{22} - H_{12}H_{21} = 1$。

五、各参数之间的关系

Y 矩阵和 Z 矩阵之间的关系为：$\mathbf{Y} = \mathbf{Z}^{-1}$，$\mathbf{Z} = \mathbf{Y}^{-1}$。

其他参数之间的关系不要求记忆，但是也可以由一组参数，求另一组参数。求解时，可以先由原来的参数写出二端口方程，然后把方程整理成另一组参数对应的方程形式，最后根据新的方程组写出另一组参数。

16-3 二端口的等效电路

一、由 Z 参数得到 T 形等效电路

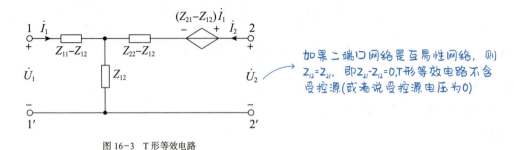

图 16-3　T 形等效电路

如果二端口网络是互易性网络，则 $Z_{12}=Z_{21}$，即 $Z_{21}-Z_{12}=0$，T 形等效电路不含受控源（或者说受控源电压为0）

二、由 Y 参数得到等效 π 形电路

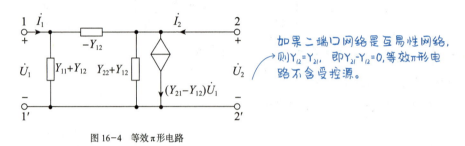

图 16-4　等效 π 形电路

如果二端口网络是互易性网络，则 $Y_{12}=Y_{21}$，即 $Y_{21}-Y_{12}=0$，等效 π 形电路不含受控源。

16-4 二端口的转移函数

二端口的转移函数，就是用拉普拉斯变换形式表示的输出电压或电流与输入电压或电流的比。

16-5 二端口的连接

一、级联

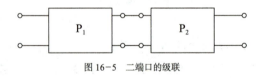

图 16-5　二端口的级联

设 P_1 的 T 参数矩阵是 $\boldsymbol{T}_1$，P_2 的 T 参数矩阵是 $\boldsymbol{T}_2$。则整个二端口的 T 参数矩阵为 $\boldsymbol{T}=\boldsymbol{T}_1\boldsymbol{T}_2$。

二、串联

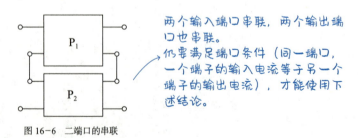

图 16-6　二端口的串联

两个输入端口串联，两个输出端口也串联。

仍要满足端口条件（同一端口，一个端子的输入电流等于另一个端子的输出电流），才能使用下述结论。

设 P_1 的 Z 参数矩阵是 $\boldsymbol{Z}_1$，P_2 的 Z 参数矩阵是 $\boldsymbol{Z}_2$，则整个二端口的 Z 参数矩阵为 $\boldsymbol{Z} = \boldsymbol{Z}_1 + \boldsymbol{Z}_2$。

三、并联

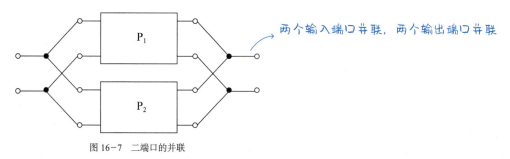

图 16-7 二端口的并联

> 两个输入端口并联，两个输出端口并联

设 P_1 的 Y 参数矩阵是 $\boldsymbol{Y}_1$，P_2 的 Y 参数矩阵是 $\boldsymbol{Y}_2$，则整个二端口的 Y 参数矩阵为 $\boldsymbol{Y} = \boldsymbol{Y}_1 + \boldsymbol{Y}_2$。

6-6 回转器和负阻抗变换器

一、回转器

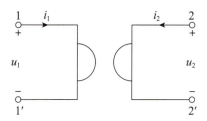

图 16-8 回转器

$\begin{cases} u_1 = -ri_2 \\ u_2 = ri_1 \end{cases}$ 或 $\begin{cases} i_1 = gu_2 \\ i_2 = -gu_1 \end{cases}$，其中 $g = \dfrac{1}{r}$

Z 参数矩阵：$\boldsymbol{Z} = \begin{bmatrix} 0 & -r \\ r & 0 \end{bmatrix}$，Y 参数矩阵：$\boldsymbol{Y} = \begin{bmatrix} 0 & g \\ -g & 0 \end{bmatrix}$。

回转器可以将电容"回转"为电感，或者将电感"回转"为电容。

二、负阻抗变换器

> 如果在 2-2' 端接电容，从 1-1' 端看过去等效为一个电感；如果在 2-2' 端接电感，从 1-1' 端看过去等效为一个电容

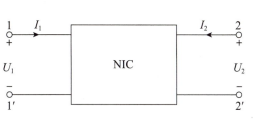

图 16-9 负阻抗变换器

NIC 分为电流反向型的 NIC 和电压反向型的 NIC。

电流反向型的 NIC，有 $\begin{cases} u_1 = u_2 \\ i_1 = ki_2 \end{cases}$。

电压反向型的 NIC，有 $\begin{cases} u_1 = -ku_2 \\ i_1 = -i_2 \end{cases}$。

负阻抗变换器可以把正阻抗变换为负阻抗。

斩题型

题型 求二端口的各种参数

法一：列写端口方程（首选）。

根据 KCL、KVL、VCR 列写端口方程，再整理成得到相应参数所需要的形式，根据此方程组直接写出二端口参数。有时候也可以用回路电流法、结点电压法列写方程。

比如求 Z 参数的话，将方程写成 $\begin{cases} \dot{U}_1 = Z_{11}\dot{I}_1 + Z_{12}\dot{I}_2 \\ \dot{U}_2 = Z_{21}\dot{I}_1 + Z_{22}\dot{I}_2 \end{cases}$ 的形式；也可以考虑回路电流法，将端口电流视为激励。

法二：用公式（不推荐）。

这里的公式是指，比如说求 Z 参数，就可以用以下公式：

$$Z_{11} = \left.\frac{\dot{U}_1}{\dot{I}_1}\right|_{\dot{I}_2=0}, \quad Z_{21} = \left.\frac{\dot{U}_2}{\dot{I}_1}\right|_{\dot{I}_2=0}, \quad Z_{12} = \left.\frac{\dot{U}_1}{\dot{I}_2}\right|_{\dot{I}_1=0}, \quad Z_{22} = \left.\frac{\dot{U}_2}{\dot{I}_2}\right|_{\dot{I}_1=0}$$

这类公式不必背诵，临时推导就可以。

步骤（以求 Y 参数为例）：

（1）写出所求参数对应的方程的形式 $\begin{cases} \dot{I}_1 = Y_{11}\dot{U}_1 + Y_{12}\dot{U}_2 \\ \dot{I}_2 = Y_{21}\dot{U}_1 + Y_{22}\dot{U}_2 \end{cases}$。

（2）由上述方程得到 Y 参数公式 $Y_{11} = \left.\frac{\dot{I}_1}{\dot{U}_1}\right|_{\dot{U}_2=0}, \quad Y_{12} = \left.\frac{\dot{I}_1}{\dot{U}_2}\right|_{\dot{U}_1=0}, \quad Y_{21} = \left.\frac{\dot{I}_2}{\dot{U}_1}\right|_{\dot{U}_2=0}, \quad Y_{22} = \left.\frac{\dot{I}_2}{\dot{U}_2}\right|_{\dot{U}_1=0}$。

（3）用上述公式求参数。

令 $\dot{U}_2 = 0$（即令 2-2' 端口短路），求出 $Y_{11} = \left.\frac{\dot{I}_1}{\dot{U}_1}\right|_{\dot{U}_2=0}, \quad Y_{21} = \left.\frac{\dot{I}_2}{\dot{U}_1}\right|_{\dot{U}_2=0}$。

令 $\dot{U}_1 = 0$（即令 1-1' 端口短路），求出 $Y_{12} = \left.\frac{\dot{I}_1}{\dot{U}_2}\right|_{\dot{U}_1=0}, \quad Y_{22} = \left.\frac{\dot{I}_2}{\dot{U}_2}\right|_{\dot{U}_1=0}$。

注：采用这种方法求解参数时，要画出两种不同拓扑结构的电路，分别再求参数，较为烦琐，所以一般不推荐采用这种方法。

补充：其他方法。

（1）用端口的互易性或者对称性，可以得到参数之间的关系，这样可以由部分参数得到另外的部分参数。

比如已知对称二端口的 Y_{11} 和 Y_{21}，那么可以得到 $Y_{21} = Y_{12}$、$Y_{22} = Y_{11}$。

（2）利用各类参数之间的关系，可以由一组参数求出另一组参数，参数之间的转换公式不必背住。一般来说，可以根据已知的一组参数，写出二端口方程，然后把方程变换为需要的形式。

比如，已知 Z 参数求 T 参数，先根据 Z 参数写出二端口方程 $\begin{cases} \dot{U}_1 = Z_{11}\dot{I}_1 + Z_{12}\dot{I}_2 \\ \dot{U}_2 = Z_{21}\dot{I}_1 + Z_{22}\dot{I}_2 \end{cases}$，然后将方程整理成 $\begin{cases} \dot{U}_1 = A\dot{U}_2 + B(-\dot{I}_2) \\ \dot{I}_1 = C\dot{U}_2 + D(-\dot{I}_2) \end{cases}$ 的形式，从而得到 T 参数。

特别地，Z 参数矩阵和 Y 参数矩阵互为逆矩阵。

（3）利用二端口的连接关系：

并联二端口的 Y 参数矩阵 = 两个二端口的 Y 参数矩阵相加

串联二端口的 Z 参数矩阵 = 两个二端口的 Z 参数矩阵相加

级联二端口的 T 参数矩阵 = 两个二端口的 T 参数矩阵相乘

（4）有时候也可以根据 T 形等效电路写出 Z 参数，根据等效 π 形电路写出 Y 参数。但是这种方法有很大的局限性，只有等效电路完全符合 16-3 节所示的电路形式时才可以采用。

解习题

16-1 求如题 16-1 图所示二端口的 Y 参数、Z 参数和 T 参数矩阵。

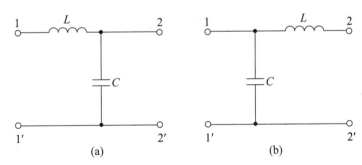

题 16-1 图

解：（a）运算电路如题解 16-1（a）图所示：

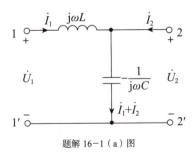

题解 16-1（a）图

$$\begin{cases} \dot{I}_1 = \dfrac{\dot{U}_1 - \dot{U}_2}{\mathrm{j}\omega L} = \dfrac{1}{\mathrm{j}\omega L}\dot{U}_1 - \dfrac{1}{\mathrm{j}\omega L}\dot{U}_2 \\ \dot{I}_2 = (\dot{I}_1 + \dot{I}_2) - \dot{I}_1 = \mathrm{j}\omega C\dot{U}_2 - \left(\dfrac{1}{\mathrm{j}\omega L}\dot{U}_1 - \dfrac{1}{\mathrm{j}\omega L}\dot{U}_2\right) = -\dfrac{1}{\mathrm{j}\omega L}\dot{U}_1 + \left(\mathrm{j}\omega C + \dfrac{1}{\mathrm{j}\omega L}\right)\dot{U}_2 \end{cases}$$

Y 参数矩阵：
$$Y = \begin{bmatrix} \dfrac{1}{j\omega L} & -\dfrac{1}{j\omega L} \\ -\dfrac{1}{j\omega L} & j\omega C + \dfrac{1}{j\omega L} \end{bmatrix}$$

$$\begin{cases} \dot{U}_1 = j\omega L \dot{I}_1 + \dfrac{1}{j\omega C}(\dot{I}_1 + \dot{I}_2) = \left(j\omega L + \dfrac{1}{j\omega C}\right)\dot{I}_1 + \dfrac{1}{j\omega C}\dot{I}_2 \\ \dot{U}_2 = \dfrac{1}{j\omega C}(\dot{I}_1 + \dot{I}_2) = \dfrac{1}{j\omega C}\dot{I}_1 + \dfrac{1}{j\omega C}\dot{I}_2 \end{cases}$$

Z 参数矩阵：
$$Z = \begin{bmatrix} j\omega L + \dfrac{1}{j\omega C} & \dfrac{1}{j\omega C} \\ \dfrac{1}{j\omega C} & \dfrac{1}{j\omega C} \end{bmatrix}$$

$$\begin{cases} \dot{U}_1 = j\omega L(\dot{I}_1 + \dot{I}_2 - \dot{I}_2) + \dot{U}_2 = j\omega L(j\omega C \dot{U}_2 - \dot{I}_2) + \dot{U}_2 = (1 - \omega^2 LC)\dot{U}_2 + j\omega L(-\dot{I}_2) \\ \dot{I}_1 = \dfrac{1}{j\omega L}\dot{U}_1 - \dfrac{1}{j\omega L}\dot{U}_2 = \left(\dfrac{1}{j\omega L} + j\omega C\right)\dot{U}_2 - \dot{I}_2 - \dfrac{1}{j\omega L}\dot{U}_2 = j\omega C \dot{U}_2 + (-\dot{I}_2) \end{cases}$$

T 参数矩阵：
$$T = \begin{bmatrix} 1 - \omega^2 LC & j\omega L \\ j\omega C & 1 \end{bmatrix}$$

（b）运算电路如题解 16-1（b）图所示：

题解 16-1（b）图

求 Y 参数矩阵之前，先写出 $\begin{cases} \dot{I}_1 = Y_{11}\dot{U}_1 + Y_{12}\dot{U}_2 \\ \dot{I}_2 = Y_{21}\dot{U}_1 + Y_{22}\dot{U}_2 \end{cases}$

求 Y 参数矩阵：

$Y_{11} = \dfrac{\dot{I}_1}{\dot{U}_1}\bigg|_{\dot{U}_2=0} = j\omega C + \dfrac{1}{j\omega L}$

$Y_{21} = \dfrac{\dot{I}_2}{\dot{U}_1}\bigg|_{\dot{U}_2=0} = -\dfrac{1}{j\omega L}$

这两个参数对应的图为

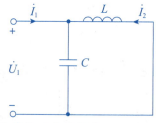

这两个参数对应的图为

$Y_{12} = \dfrac{\dot{I}_1}{\dot{U}_2}\bigg|_{\dot{U}_1=0} = 0$

$Y_{22} = \dfrac{\dot{I}_2}{\dot{U}_2}\bigg|_{\dot{U}_1=0} = \dfrac{1}{j\omega L}$

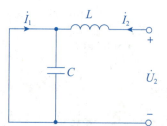

所以 Y 参数矩阵为
$$Y = \begin{bmatrix} j\omega C + \dfrac{1}{j\omega L} & 0 \\ -\dfrac{1}{j\omega L} & \dfrac{1}{j\omega L} \end{bmatrix}$$

求 Z 参数矩阵: 求Z参数矩阵之前,先写出 $\begin{cases} \dot{U}_1 = Z_{11}\dot{I}_1 + Z_{12}\dot{I}_2 \\ \dot{U}_2 = Z_{21}\dot{I}_1 + Z_{22}\dot{I}_2 \end{cases}$

这两个参数对应的图为

$Z_{11} = \dfrac{\dot{U}_1}{\dot{I}_1}\bigg|_{\dot{I}_2=0} = \dfrac{1}{j\omega C}$

$Z_{21} = \dfrac{\dot{U}_2}{\dot{I}_1}\bigg|_{\dot{I}_2=0} = \dfrac{1}{j\omega C}$

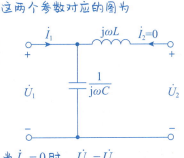

当 $\dot{I}_2 = 0$ 时,$\dot{U}_1 = \dot{U}_2$

这两个参数对应的图为

$Z_{12} = \dfrac{\dot{U}_1}{\dot{I}_2}\bigg|_{\dot{I}_1=0} = \dfrac{1}{j\omega C}$

$Z_{22} = \dfrac{\dot{U}_2}{\dot{I}_2}\bigg|_{\dot{I}_1=0} = j\omega L + \dfrac{1}{j\omega C}$

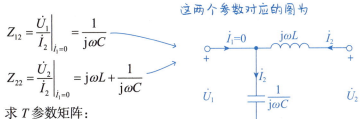

求 T 参数矩阵:

这两个参数对应的图为

$A = \dfrac{\dot{U}_1}{\dot{U}_2}\bigg|_{\dot{I}_2=0} = 1$

$C = \dfrac{\dot{I}_1}{\dot{U}_2}\bigg|_{\dot{I}_2=0} = j\omega C$

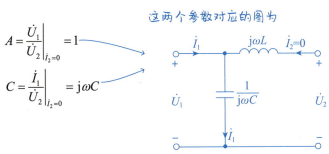

这两个参数对应的图为

$B = \dfrac{\dot{U}_1}{-\dot{I}_2}\bigg|_{\dot{U}_2=0} = j\omega L$

$D = \dfrac{\dot{I}_1}{-\dot{I}_2}\bigg|_{\dot{U}_2=0} = \dfrac{\dfrac{1}{j\omega C} + j\omega L}{\dfrac{1}{j\omega C}} = 1 - \omega^2 LC$

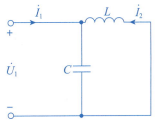

由并联分流,我们可以很容易表示 $\dfrac{-\dot{I}_2}{\dot{I}_1}$,这里的 D 是其倒数

449

T 参数矩阵：
$$T = \begin{bmatrix} 1 & j\omega L \\ j\omega C & 1-\omega^2 LC \end{bmatrix}$$

16-2 求如题 16-2 图所示二端口的 Y 参数和 Z 参数矩阵。

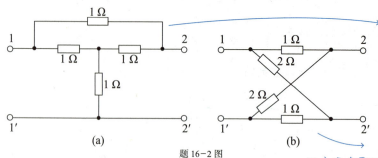

题 16-2 图

题16-2(a)图电路较为复杂，但是其中含有三角形连接的三个电阻，可以通过 Y-Δ 变换，变换为星形连接，进而电路变为 T 形电路，可以很方便地得到 Z 参数矩阵。求逆就是 Y 参数矩阵

不方便像题16-2(a)图那样化为 T 形或 π 形等效电路，也不好直接写出两个端口方程，所以我们采用公式求解

解：（a）进行 Y-Δ 变换，得到等效电路如题解 16-2 图所示：

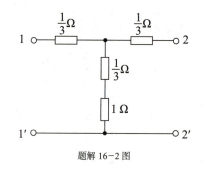

题解 16-2 图

二端口是一个对称二端口，即

$$Z_{12} = Z_{21} = \frac{4}{3} \ \Omega$$

$$Z_{11} = Z_{22} = \frac{4}{3} + \frac{1}{3} = \frac{5}{3} \ \Omega$$ →由 Z 参数和 T 形二端口的对应关系得到这些 Z 参数

Z 参数矩阵：
$$Z = \begin{bmatrix} \frac{5}{3} & \frac{4}{3} \\ \frac{4}{3} & \frac{5}{3} \end{bmatrix} \Omega$$

Y 参数矩阵：
$$Y = Z^{-1} = \frac{1}{|Z|}\begin{bmatrix} \frac{5}{3} & -\frac{4}{3} \\ -\frac{4}{3} & \frac{5}{3} \end{bmatrix} = \begin{bmatrix} \frac{5}{3} & -\frac{4}{3} \\ -\frac{4}{3} & \frac{5}{3} \end{bmatrix} \text{S}$$ →二阶矩阵求逆：主对调，副取反，再除以行列式

（b）先求 Z 参数： → 求 Z 参数矩阵之前，先写出 $\begin{cases} \dot{U}_1 = Z_{11}\dot{I}_1 + Z_{12}\dot{I}_2 \\ \dot{U}_2 = Z_{21}\dot{I}_1 + Z_{22}\dot{I}_2 \end{cases}$

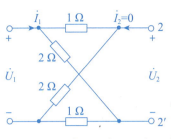

由图，$\dot{U}_1 = \frac{2}{3}\dot{U}_2 - \frac{1}{3}\dot{U}_2 = \frac{1}{3}\dot{U}_2$

Z_{11} 就是从二端口左侧看过去的输入阻抗

$Z_{11} = \left.\frac{\dot{U}_1}{\dot{I}_1}\right|_{\dot{I}_2=0} = 3//3 = 1.5\,\Omega$

$Z_{21} = \left.\frac{\dot{U}_2}{\dot{I}_1}\right|_{\dot{I}_2=0} = \frac{1}{3}Z_{11} = 0.5\,\Omega$

$Z_{12} = \left.\frac{\dot{U}_1}{\dot{I}_2}\right|_{\dot{I}_1=0} = \frac{1}{3}\left.\frac{\dot{U}_2}{\dot{I}_2}\right|_{\dot{I}_1=0} = 0.5\,\Omega$

$Z_{22} = \left.\frac{\dot{U}_2}{\dot{I}_2}\right|_{\dot{I}_1=0} = 3//3 = 1.5\,\Omega$

由图，$\dot{U}_2 = \frac{2}{3}\dot{U}_1 - \frac{1}{3}\dot{U}_1 = \frac{1}{3}\dot{U}_1$

Z 参数矩阵：$\quad Z = \begin{bmatrix} 1.5 & 0.5 \\ 0.5 & 1.5 \end{bmatrix}\Omega$

Y 参数矩阵：$\quad Y = Z^{-1} = \frac{1}{1.5^2 - 0.5^2}\begin{bmatrix} 1.5 & -0.5 \\ -0.5 & 1.5 \end{bmatrix} = \begin{bmatrix} 0.75 & -0.25 \\ -0.25 & 0.75 \end{bmatrix}S$

> **电路一点通**
>
> 事实上，题 16-2（b）图也是对称电路，从两个端口看过去，电路结构是相同的，当求得 $\dot{I}_2 = 0$ 时的参数 Z_{11} 和 Z_{21} 后，可以由对称二端口的参数关系及 $Z_{11} = Z_{22}$，直接写出另外两个 Z 参数，从而更加快速地求解。

16-3 求如题 16-3 图所示二端口的 T 参数矩阵。

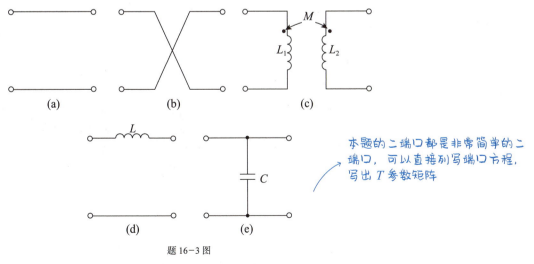

题 16-3 图

解：（a）电路如题解 16-3（a）图所示：

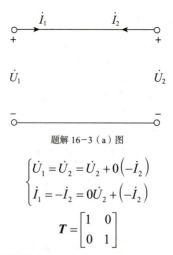

题解 16-3（a）图

$$\begin{cases} \dot{U}_1 = \dot{U}_2 = \dot{U}_2 + 0(-\dot{I}_2) \\ \dot{I}_1 = -\dot{I}_2 = 0\dot{U}_2 + (-\dot{I}_2) \end{cases}$$

T 参数矩阵：
$$T = \begin{bmatrix} 1 & 0 \\ 0 & 1 \end{bmatrix}$$

（b）电路图如题解 16-3（b）图所示：

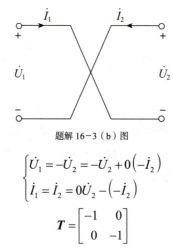

题解 16-3（b）图

$$\begin{cases} \dot{U}_1 = -\dot{U}_2 = -\dot{U}_2 + 0(-\dot{I}_2) \\ \dot{I}_1 = \dot{I}_2 = 0\dot{U}_2 - (-\dot{I}_2) \end{cases}$$

T 参数矩阵：
$$T = \begin{bmatrix} -1 & 0 \\ 0 & -1 \end{bmatrix}$$

（c）电路图如题解 16-3（c）图所示：

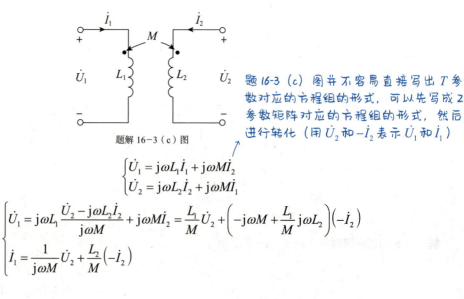

题解 16-3（c）图

题 16-3（c）图并不容易直接写出 T 参数对应的方程组的形式，可以先写成 Z 参数矩阵对应的方程组的形式，然后进行转化（用 $\dot{U}_2$ 和 $-\dot{I}_2$ 表示 $\dot{U}_1$ 和 $\dot{I}_1$）

$$\begin{cases} \dot{U}_1 = j\omega L_1 \dot{I}_1 + j\omega M \dot{I}_2 \\ \dot{U}_2 = j\omega L_2 \dot{I}_2 + j\omega M \dot{I}_1 \end{cases}$$

所以
$$\begin{cases} \dot{U}_1 = j\omega L_1 \dfrac{\dot{U}_2 - j\omega L_2 \dot{I}_2}{j\omega M} + j\omega M \dot{I}_2 = \dfrac{L_1}{M}\dot{U}_2 + \left(-j\omega M + \dfrac{L_1}{M}j\omega L_2\right)(-\dot{I}_2) \\ \dot{I}_1 = \dfrac{1}{j\omega M}\dot{U}_2 + \dfrac{L_2}{M}(-\dot{I}_2) \end{cases}$$

T 参数矩阵：
$$T = \begin{bmatrix} \dfrac{L_1}{M} & -\mathrm{j}\omega M + \mathrm{j}\omega \dfrac{L_1 L_2}{M} \\ \dfrac{1}{\mathrm{j}\omega M} & \dfrac{L_2}{M} \end{bmatrix}$$

（d）电路图如题解 16-3（d）图所示：

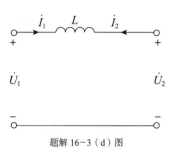

题解 16-3（d）图

$$\begin{cases} \dot{U}_1 = \mathrm{j}\omega L \dot{I}_1 + \dot{U}_2 = \dot{U}_2 + \mathrm{j}\omega L(-\dot{I}_2) \\ \dot{I}_1 = -\dot{I}_2 = 0\dot{U}_2 + (-\dot{I}_2) \end{cases}$$

T 参数矩阵：
$$T = \begin{bmatrix} 1 & \mathrm{j}\omega L \\ 0 & 1 \end{bmatrix}$$

（e）电路图如题解 16-3（e）图所示：

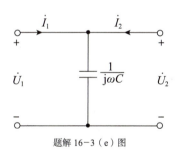

题解 16-3（e）图

$$\begin{cases} \dot{U}_1 = \dot{U}_2 = \dot{U}_2 + 0(-\dot{I}_2) \\ \dot{I}_1 = \mathrm{j}\omega C \dot{U}_1 = \mathrm{j}\omega C \dot{U}_2 + 0(-\dot{I}_2) \end{cases}$$

T 参数矩阵：
$$T = \begin{bmatrix} 1 & 0 \\ \mathrm{j}\omega C & 0 \end{bmatrix}$$

16-4 求如题 16-4 图所示二端口的 Y 参数矩阵。

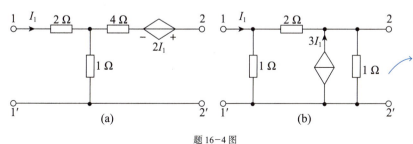

题 16-4 图

题16-4（a）图可以根据Z参数的T型等效电路，对比得到Z参数，进而得到Y参数

题16-4（b）图在形式上很像Y参数的等效π型电路，但是这里的控制量是I_1而不是U_1，所以要用不同的方法

解：（a）由 Z 参数矩阵对应的 T 形等效电路，有 $\begin{cases} Z_{12}=1 \\ Z_{11}-Z_{12}=2 \\ Z_{22}-Z_{12}=4 \\ Z_{21}-Z_{12}=2 \end{cases}$，解得 $\begin{cases} Z_{11}=3 \\ Z_{12}=1 \\ Z_{21}=3 \\ Z_{22}=5 \end{cases}$。

所以 $\mathbf{Z} = \begin{bmatrix} 3 & 1 \\ 3 & 5 \end{bmatrix} \Omega$，$\mathbf{Y} = \mathbf{Z}^{-1} = \dfrac{1}{15-3}\begin{bmatrix} 5 & -1 \\ -3 & 3 \end{bmatrix} = \begin{bmatrix} \dfrac{5}{12} & -\dfrac{1}{12} \\ -\dfrac{1}{4} & \dfrac{1}{4} \end{bmatrix}$ S。

（b）运算电路如题解 16-4 图所示：

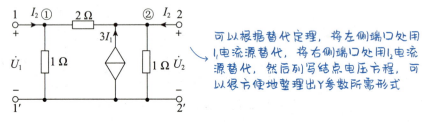

题解 16-4 图

列写结点电压方程：

$$\begin{cases} \left(1+\dfrac{1}{2}\right)U_1 - \dfrac{1}{2}U_2 = I_1 \\ -\dfrac{1}{2}U_1 + \left(1+\dfrac{1}{2}\right)U_2 = I_2 + 3I_1 \end{cases}$$

整理，得 $\begin{cases} I_1 = \dfrac{3}{2}U_1 - \dfrac{1}{2}U_2 \\ I_2 = -5U_1 + 3U_2 \end{cases}$。

Y 参数矩阵：$\mathbf{Y} = \begin{bmatrix} \dfrac{3}{2} & -\dfrac{1}{2} \\ -5 & 3 \end{bmatrix}$ S

16-5 求如题 16-5 图所示二端口的混合（H）参数矩阵。

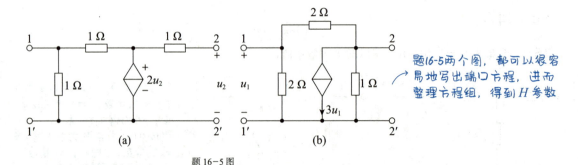

题 16-5 图

解：（a）运算电路如题解 16-5（a）图所示：

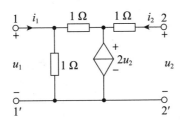

题解 16-5（a）图

$$i_1 = \frac{u_1}{1} + \frac{u_1 - 2u_2}{1} = 2u_1 - 2u_2$$

$$i_2 = \frac{u_2 - 2u_2}{1} = -u_2$$

整理，得 $\begin{cases} u_1 = \frac{1}{2}i_1 + u_2 \\ i_2 = 0i_1 - u_2 \end{cases}$。

H 参数矩阵：
$$H = \begin{bmatrix} \frac{1}{2} & 1 \\ 0 & -1 \end{bmatrix}$$

（b）运算电路如题解 16-5（b）图所示：

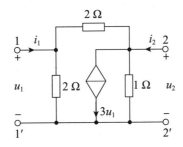

题解 16-5（b）图

$$i_1 = \frac{u_1}{2} + \frac{u_1 - u_2}{2} = u_1 - \frac{1}{2}u_2$$

$$i_2 = u_2 + 3u_1 + \frac{u_2 - u_1}{2} = \frac{5}{2}u_1 + \frac{3}{2}u_2$$

整理，得
$$\begin{cases} u_1 = i_1 + \frac{1}{2}u_2 \\ i_2 = \frac{5}{2}\left(i_1 + \frac{1}{2}u_2\right) + \frac{3}{2}u_2 = \frac{5}{2}i_1 + \frac{11}{4}u_2 \end{cases}$$

H 参数矩阵：
$$H = \begin{bmatrix} 1 & \frac{1}{2} \\ \frac{5}{2} & \frac{11}{4} \end{bmatrix}$$

16-6 已知如题 16-6 图所示二端口的 Z 参数矩阵为

$$Z = \begin{bmatrix} 10 & 8 \\ 5 & 10 \end{bmatrix} \Omega$$

求 R_1, R_2, R_3 和 r 的值。

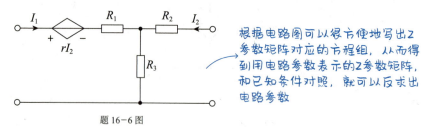

题 16-6 图

根据电路图可以很方便地写出Z参数矩阵对应的方程组，从而得到用电路参数表示的Z参数矩阵，和已知条件对照，就可以反求出电路参数

解：根据电路图写出方程：

$$\begin{cases} U_1 = rI_2 + R_1I_1 + R_3(I_1 + I_2) = (R_1 + R_3)I_1 + (r + R_3)I_2 \\ U_2 = R_2I_2 + R_3(I_1 + I_2) = R_3I_1 + (R_2 + R_3)I_2 \end{cases}$$

根据上述方程写出 Z 参数矩阵：

$$\mathbf{Z} = \begin{bmatrix} R_1 + R_3 & r + R_3 \\ R_3 & R_2 + R_3 \end{bmatrix}$$

与已知 Z 参数矩阵对比，得方程组 $\begin{cases} R_1 + R_3 = 10 \\ r + R_3 = 8 \\ R_3 = 5 \\ R_2 + R_3 = 10 \end{cases}$，解得 $\begin{cases} R_1 = 5\,\Omega \\ R_2 = 5\,\Omega \\ R_3 = 5\,\Omega \\ r = 3\,\Omega \end{cases}$。

16-7 已知二端口的 Y 参数矩阵为

$$\mathbf{Y} = \begin{bmatrix} 1.5 & -1.2 \\ -1.2 & 1.8 \end{bmatrix} \mathrm{S}$$

由一组参数求另外一组参数，先写出二端口方程，然后整理成另一组参数对应的形式，最后可以直接写出相应的参数矩阵

求 H 参数矩阵，并说明该二端口中是否有受控源。

解：由 Y 参数矩阵，有

$$\begin{cases} \dot{I}_1 = 1.5\dot{U}_1 - 1.2\dot{U}_2 \\ \dot{I}_2 = -1.2\dot{U}_1 + 1.8\dot{U}_2 \end{cases}$$

整理，得

$$\begin{cases} \dot{U}_1 = \dfrac{\dot{I}_1 + 1.2\dot{U}_2}{1.5} = \dfrac{2}{3}\dot{I}_1 + 0.8\dot{U}_2 \\ \dot{I}_2 = -1.2\left(\dfrac{2}{3}\dot{I}_1 + \dfrac{4}{5}\dot{U}_2\right) + 1.8\dot{U}_2 = -0.8\dot{I}_1 + 0.84\dot{U}_2 \end{cases}$$

所以 H 参数矩阵为 $\mathbf{H} = \begin{bmatrix} \dfrac{2}{3} & 0.8 \\ -0.8 & 0.84 \end{bmatrix}$

16-8 求如题 16-8 图所示二端口的 Z 参数、T 参数矩阵。

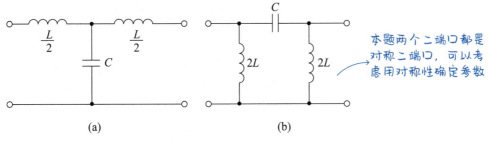

题 16-8 图

解：（a）电路图如题解 16-8（a）图所示：

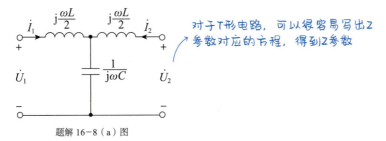

题解 16-8（a）图

二端口方程：

$$\begin{cases} \dot{U}_1 = j\dfrac{\omega L}{2}\dot{I}_1 + \dfrac{1}{j\omega C}(\dot{I}_1 + \dot{I}_2) = \left(j\dfrac{\omega L}{2} + \dfrac{1}{j\omega C}\right)\dot{I}_1 + \dfrac{1}{j\omega C}\dot{I}_2 \\ \dot{U}_2 = j\dfrac{\omega L}{2}\dot{I}_2 + \dfrac{1}{j\omega C}(\dot{I}_1 + \dot{I}_2) = \dfrac{1}{j\omega C}\dot{I}_1 + \left(j\dfrac{\omega L}{2} + \dfrac{1}{j\omega C}\right)\dot{I}_2 \end{cases}$$

Z 参数矩阵：

$$\mathbf{Z} = \begin{bmatrix} j\dfrac{\omega L}{2} + \dfrac{1}{j\omega C} & \dfrac{1}{j\omega C} \\ \dfrac{1}{j\omega C} & j\dfrac{\omega L}{2} + \dfrac{1}{j\omega C} \end{bmatrix}$$

整理，得

$$\dot{I}_1 = j\omega C\dot{U}_2 - j\omega C\left(j\dfrac{\omega L}{2} + \dfrac{1}{j\omega C}\right)\dot{I}_2 = j\omega C\dot{U}_2 + \left(-\dfrac{1}{2}\omega^2 LC + 1\right)(-\dot{I}_2)$$

$$\dot{U}_1 = \left(j\dfrac{\omega L}{2} + \dfrac{1}{j\omega C}\right)\left[j\omega C\dot{U}_2 + \left(1 - \dfrac{1}{2}\omega^2 CL\right)(-\dot{I}_2)\right] + \dfrac{1}{j\omega C}\dot{I}_2$$

$$= \left(1 - \dfrac{1}{2}\omega^2 LC\right)\dot{U}_2 + \left(j\dfrac{\omega L}{2} + \dfrac{1}{j\omega C} - j\dfrac{1}{4}\omega^3 CL^2 + \dfrac{1}{2}j\omega L - \dfrac{1}{j\omega C}\right)(-\dot{I}_2)$$

$$= \left(1 - \dfrac{1}{2}\omega^2 LC\right)\dot{U}_2 + j\omega L\left(1 - \dfrac{1}{4}\omega^2 LC\right)(-\dot{I}_2)$$

T 参数矩阵：

$$\mathbf{T} = \begin{bmatrix} 1 - \dfrac{1}{2}\omega^2 LC & j\omega L\left(1 - \dfrac{1}{4}\omega^2 LC\right) \\ j\omega C & 1 - \dfrac{1}{2}\omega^2 LC \end{bmatrix}$$

（b）先令 $\dot{I}_2 = 0$，求 Z_{11} 和 Z_{12}。画出电路图如题解 16-8（b）图所示：

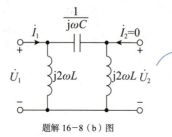

题解 16-8（b）图

> 题16-8(b)图是π形电路，可以列节程整理得到Y参数，但是如果由此求Z参数(也就是求Y参数矩阵的逆矩阵)，计算量仍然比较大。所以本题考虑直接求Z参数，用公式先求两个Z参数，另外两个Z参数由二端口的对称性得到

$$Z_{11} = \left.\frac{\dot{U}_1}{\dot{I}_1}\right|_{\dot{I}_2=0} = j2\omega L // \left(\frac{1}{j\omega C} + j2\omega L\right) = \frac{j2\omega L \left(\frac{1}{j\omega C} + j2\omega L\right)}{j2\omega L + \frac{1}{j\omega C} + j2\omega L} = \frac{j2\omega L (1-2\omega^2 LC)}{1-4\omega^2 LC}$$

$$Z_{12} = \left.\frac{\dot{U}_2}{\dot{I}_1}\right|_{\dot{I}_2=0} = \frac{j2\omega L}{j2\omega L + \frac{1}{j\omega C}} Z_{11} = \frac{-2\omega^2 LC}{1-2\omega^2 LC} \cdot \frac{j2\omega L (1-2\omega^2 LC)}{1-4\omega^2 LC} = \frac{-j4\omega^3 L^2 C}{1-4\omega^2 LC}$$

由于二端口是对称性二端口，所以 $Z_{22} = Z_{11}$，$Z_{21} = Z_{12}$。

Z 参数矩阵：

$$\mathbf{Z} = \begin{bmatrix} \dfrac{j2\omega L(1-2\omega^2 LC)}{1-4\omega^2 LC} & \dfrac{-j4\omega^2 L^2 C}{1-4\omega^2 LC} \\ \dfrac{-j4\omega^2 L^2 C}{1-4\omega^2 LC} & \dfrac{j2\omega L(1-2\omega^2 LC)}{1-4\omega^2 LC} \end{bmatrix}$$

> 已知了Z参数，去求T参数，如果直接由Z参数对应的方程去整理得到我们想要的方程形式，表达式非常复杂，容易出错。可以先导出T参数和Z参数的关系，再求出T参数

由 $\begin{cases} \dot{U}_1 = Z_{11}\dot{I}_1 + Z_{12}\dot{I}_2 \\ \dot{U}_2 = Z_{21}\dot{I}_1 + Z_{22}\dot{I}_2 \end{cases}$

整理，得

$$\begin{cases} \dot{U}_1 = Z_{11}\left[\dfrac{1}{Z_{21}}\dot{U}_2 + \dfrac{Z_{22}}{Z_{21}}(-\dot{I}_2)\right] + Z_{21} = \dfrac{Z_{11}}{Z_{21}}\dot{U}_2 + \left(\dfrac{Z_{11}Z_{22}}{Z_{21}} - Z_{12}\right)(-\dot{I}_2) \\ \dot{I}_1 = \dfrac{1}{Z_{21}}\dot{U}_2 + \dfrac{Z_{22}}{Z_{21}}(-\dot{I}_2) \end{cases}$$

$$A = \frac{Z_{11}}{Z_{21}} = \frac{j2\omega L(1-2\omega^2 LC)}{-j4\omega^3 L^2 C} = -\frac{1-2\omega^2 LC}{2\omega^2 LC}$$

$$B = \frac{Z_{11}Z_{22}}{Z_{21}} - Z_{12} = -\frac{1-2\omega^2 LC}{2\omega^2 LC} \cdot \frac{j2\omega L(1-2\omega^2 LC)}{1-4\omega^2 LC} - \frac{-j4\omega^2 L^2 C}{1-4\omega^2 LC}$$

$$= \frac{-j(1-2\omega^2 LC)^2 + j4\omega^4 L^2 C^2}{\omega C(1-4\omega^2 LC)} = \frac{-j + j4\omega^2 LC}{\omega C(1-4\omega^2 LC)} = -j\frac{1}{\omega C}$$

$$C = \frac{1}{Z_{21}} = \frac{1-4\omega^2 LC}{-j4\omega^3 L^2 C} = j\frac{1-4\omega^2 LC}{4\omega^3 L^2 C}$$

$$D = A$$

T 参数矩阵：

$$T = \begin{bmatrix} -\dfrac{1-2\omega^2 LC}{2\omega^2 LC} & -j\dfrac{1}{\omega C} \\ j\dfrac{1-4\omega^2 LC}{4\omega^3 L^2 C} & -\dfrac{1-2\omega^2 LC}{2\omega^2 LC} \end{bmatrix}$$

16-9 电路如题 16-9 图所示，已知二端口的 H 参数矩阵为

$$H = \begin{bmatrix} 40 & 0.4 \\ 10 & 0.1 \end{bmatrix}$$

求电压转移函数 $\dfrac{U_2(s)}{U_1(s)}$。

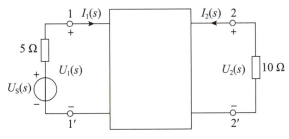

题 16-9 图

解：
$$\begin{cases} U_1(s) = 40I_1(s) + 0.4U_2(s) & \text{①}\\ I_2(s) = 10I_1(s) + 0.1U_2(s) & \text{②} \end{cases}$$

对右侧端口，有 $\qquad U_2(s) = -10I_2(s)$

代入②，得 $\qquad I_2(s) = 10I_1(s) - I_2(s)$

所以 $\qquad I_1(s) = \dfrac{1}{5}I_2(s) = -\dfrac{1}{50}U_2(s)$

再代入①，得
$$U_1(s) = -0.8U_2(s) + 0.4U_2(s) = -0.4U_2(s)$$

所以 $\dfrac{U_2(s)}{U_1(s)} = -2.5$。

16-10 已知二端口参数矩阵为

(a) $Z = \begin{bmatrix} \dfrac{60}{9} & \dfrac{40}{9} \\ \dfrac{40}{9} & \dfrac{100}{9} \end{bmatrix} \Omega$；

(b) $Y = \begin{bmatrix} 5 & -2 \\ 0 & 3 \end{bmatrix}$ S。

试问二端口是否有受控源，并求它们的等效π形电路。

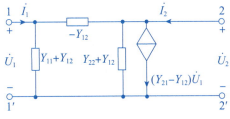

解：（a）

$$Y = Z^{-1} = \dfrac{1}{\dfrac{6\,000}{9} - \dfrac{1\,600}{9}} \begin{bmatrix} \dfrac{100}{9} & -\dfrac{40}{9} \\ -\dfrac{40}{9} & \dfrac{60}{9} \end{bmatrix} = \dfrac{9}{4\,400} \begin{bmatrix} \dfrac{100}{9} & -\dfrac{40}{9} \\ -\dfrac{40}{9} & \dfrac{60}{9} \end{bmatrix} = \begin{bmatrix} \dfrac{1}{44} & -\dfrac{1}{110} \\ -\dfrac{1}{110} & \dfrac{3}{220} \end{bmatrix}$$ S

459

因为 $Y_{12} = Y_{21}$，所以二端口具有互易性，其等效π形电路不含有受控源。

> 事实上，本题的（a）不能判断是否含有受控源，因为含有受控源的电路也可能满足互易性。但是我们可以说，等效π形电路不含有受控源，因为等效π形电路和Y参数有一一对应关系，当 $Y_{12} = Y_{21}$ 时，等效π形电路不含有受控源

$$-Y_{12} = \frac{1}{110} \text{S}$$

$$Y_{11} + Y_{12} = \frac{1}{44} - \frac{1}{110} = \frac{10-4}{440} = \frac{3}{220} (\text{S})$$

$$Y_{22} + Y_{12} = \frac{3}{220} - \frac{1}{110} = \frac{1}{220} (\text{S})$$

等效π形电路如题解 16-10（a）图所示：

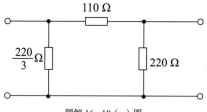

题解 16-10（a）图

（b）因为 $Y_{12} \neq Y_{21}$，所以等效π形电路含有受控源。

$$-Y_{12} = 2 \text{ S}$$

$$Y_{11} + Y_{12} = 5 - 2 = 3(\text{S})$$

$$Y_{22} + Y_{12} = 3 - 2 = 1(\text{S})$$

$$Y_{21} - Y_{12} = 0 + 2 = 2(\text{S})$$

等效π形电路如题解 16-10（b）图所示：

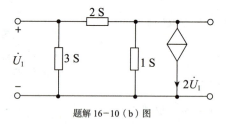

题解 16-10（b）图

16-11 求如题 16-11 图所示双 T 电路的 Y 参数矩阵。

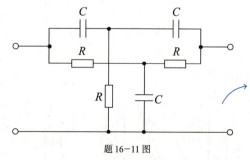

题 16-11 图

> 本题二端口可以看做两个二端口并联，对于并联二端口，有 $Y = Y_1 + Y_2$，可以先分别求出两个二端口的Y参数矩阵，相加之后就是双T电路的Y参数矩阵

解： 运算电路如题解 16-11（a），（b）图所示：

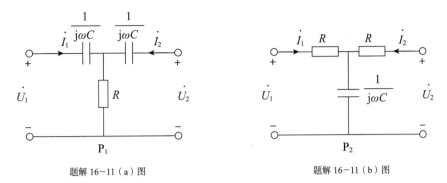

题解 16-11（a）图　　　　　　　　题解 16-11（b）图

对 P_1，列写方程：

$$\begin{cases} \dot{U}_1 = \dfrac{1}{j\omega C}\dot{I}_1 + R(\dot{I}_1 + \dot{I}_2) = \left(\dfrac{1}{j\omega C} + R\right)\dot{I}_1 + R\dot{I}_2 \\ \dot{U}_2 = \dfrac{1}{j\omega C}\dot{I}_2 + R(\dot{I}_1 + \dot{I}_2) = R\dot{I}_1 + \left(\dfrac{1}{j\omega C} + R\right)\dot{I}_2 \end{cases}$$

P_1 的 Z 参数矩阵：

$$\mathbf{Z}_1 = \begin{bmatrix} \dfrac{1}{j\omega C} + R & R \\ R & \dfrac{1}{j\omega C} + R \end{bmatrix}$$

P_1 的 Y 参数矩阵：

$$\mathbf{Y}_1 = \dfrac{1}{\left(\dfrac{1}{j\omega C} + R\right)^2 - R^2} \begin{bmatrix} \dfrac{1}{j\omega C} + R & -R \\ -R & \dfrac{1}{j\omega C} + R \end{bmatrix} = \dfrac{-\omega^2 C^2}{1 + j2\omega CR} \begin{bmatrix} \dfrac{1}{j\omega C} + R & -R \\ -R & \dfrac{1}{j\omega C} + R \end{bmatrix}$$

$$= \begin{bmatrix} \dfrac{j\omega C - \omega^2 C^2 R}{1 + j2\omega CR} & \dfrac{\omega^2 C^2 R^2}{1 + j2\omega CR} \\ \dfrac{\omega^2 C^2 R^2}{1 + j2\omega CR} & \dfrac{j\omega C - \omega^2 C^2 R}{1 + j2\omega CR} \end{bmatrix}$$

同理，P_2 的 Z 参数矩阵：

$$\mathbf{Z}_2 = \begin{bmatrix} \dfrac{1}{j\omega C} + R & \dfrac{1}{j\omega C} \\ \dfrac{1}{j\omega C} & \dfrac{1}{j\omega C} + R \end{bmatrix}$$

P_2 的 Y 参数矩阵：

$$Y_2 = \frac{1}{\left(\frac{1}{j\omega C}+R\right)^2 - \left(\frac{1}{j\omega C}\right)^2} \begin{bmatrix} \frac{1}{j\omega C}+R & -\frac{1}{j\omega C} \\ -\frac{1}{j\omega C} & \frac{1}{j\omega C}+R \end{bmatrix} = \frac{j\omega C}{2R+j\omega CR^2} \begin{bmatrix} \frac{1}{j\omega C}+R & -\frac{1}{j\omega C} \\ -\frac{1}{j\omega C} & \frac{1}{j\omega C}+R \end{bmatrix}$$

$$= \begin{bmatrix} \frac{1+j\omega CR}{2R+j\omega CR^2} & -\frac{1}{2R+j\omega CR^2} \\ -\frac{1}{2R+j\omega CR^2} & \frac{1+j\omega CR}{2R+j\omega CR^2} \end{bmatrix}$$

所以双 T 电路的 Y 参数矩阵：

$$Y = Y_1 + Y_2 = \begin{bmatrix} \frac{j\omega C - \omega^2 C^2 R}{1+j2\omega CR} + \frac{1+j\omega CR}{2R+j\omega CR^2} & \frac{\omega^2 C^2 R^2}{1+j2\omega CR} - \frac{1}{2R+j\omega CR^2} \\ \frac{\omega^2 C^2 R^2}{1+j2\omega CR} - \frac{1}{2R+j\omega CR^2} & \frac{j\omega C - \omega^2 C^2 R}{1+j2\omega CR} + \frac{1+j\omega CR}{2R+j\omega CR^2} \end{bmatrix}$$

16-12 求如题 16-12 图所示二端口的 T 参数矩阵，设内部二端口 P_1 的 T 参数矩阵为

$$T_1 = \begin{bmatrix} A & B \\ C & D \end{bmatrix}$$

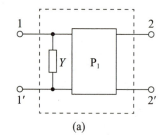
(a)

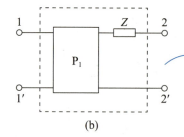
(b)

题 16-12 图

本题已知P_1的T参数矩阵，求整个二端口的T参数矩阵，如果对P_1列写方程，再得到整个二端口的方程来求T参数，那么我说，你就慢啦。
本题可以看作两个二端口的级联，用级联关于T参数的结论来求。

解：（a）设二端口网络 P_2 [见题解 16-12（a）图]：

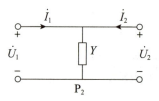

题解 16-12（a）图

$$\begin{cases} \dot{U}_1 = \dot{U}_2 \\ \dot{I}_1 = Y\dot{U}_2 - \dot{I}_2 = Y\dot{U}_2 + (-\dot{I}_2) \end{cases}$$

所以 P_2 的 T 参数矩阵为 $T_2 = \begin{bmatrix} 1 & 0 \\ Y & 1 \end{bmatrix}$。

原二端口网络可以看作 P_2 和 P_1 的级联，所以

$$T = T_2 T_1 = \begin{bmatrix} 1 & 0 \\ Y & 1 \end{bmatrix}\begin{bmatrix} A & B \\ C & D \end{bmatrix} = \begin{bmatrix} A & B \\ YA+C & YB+D \end{bmatrix}$$

注意，一定是按照二端口的连接顺序来得到 $T = T_2 T_1$。$T = T_1 T_2$ 是错误的，因为二端口的级联和T参数具有方向性。

（b）设二端口网络 P_3 [见题解16-12（b）图]：

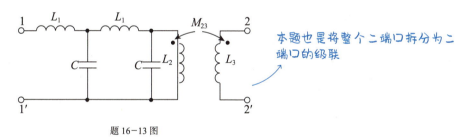

题解 16-12（b）图

$$\begin{cases} \dot{U}_1 = \dot{U}_2 \\ \dot{I}_1 = Y\dot{U}_2 - \dot{I}_2 = Y\dot{U}_2 + (-\dot{I}_2) \end{cases}$$

所以 P_3 的 T 参数矩阵是 $\boldsymbol{T}_3 = \begin{bmatrix} 1 & Z \\ 0 & 1 \end{bmatrix}$。

原二端口网络可以看作 P_1 和 P_3 的级联，则

$$\boldsymbol{T} = \boldsymbol{T}_1 \boldsymbol{T}_3 = \begin{bmatrix} A & B \\ C & D \end{bmatrix} \begin{bmatrix} 1 & Z \\ 0 & 1 \end{bmatrix} = \begin{bmatrix} A & AZ+B \\ C & CZ+D \end{bmatrix}$$

16-13 利用题16-1、题16-3的结果，求出如题16-13图所示二端口的 T 参数矩阵。设已知 $\omega L_1 = 10\,\Omega, \dfrac{1}{\omega C} = 20\,\Omega, \omega L_2 = \omega L_3 = 8\,\Omega, \omega M_{23} = 4\,\Omega$。

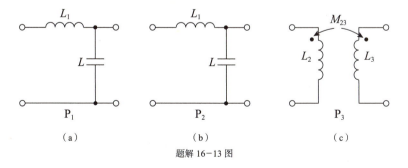

题 16-13 图

解： 此二端口可以看作 P_1、P_2、P_3 三个二端口网络的级联 [见题解16-13（a）、（b）、（c）图]：

题解 16-13 图

由题 16-1：

P_1 的 T 参数矩阵为

$$T_1 = \begin{bmatrix} 1-\omega^2 L_1 C & j\omega L_1 \\ j\omega C & 1 \end{bmatrix} = \begin{bmatrix} 1-10\cdot\dfrac{1}{20} & j10 \\ j\cdot\dfrac{1}{20} & 1 \end{bmatrix} = \begin{bmatrix} 0.5 & j10 \\ j0.05 & 1 \end{bmatrix}$$

P_2 的 T 参数矩阵为

$$T_2 = T_1 = \begin{bmatrix} 0.5 & j10 \\ j0.05 & 1 \end{bmatrix}$$

由题 16-3，P_3 的 T 参数矩阵为

$$T_3 = \begin{bmatrix} \dfrac{L_2}{M_{23}} & -j\omega M_{23} + j\omega\dfrac{L_2 L_3}{M_{23}} \\ \dfrac{1}{j\omega M_{23}} & \dfrac{L_3}{M_{23}} \end{bmatrix} = \begin{bmatrix} \dfrac{8}{4} & -j4 + j\dfrac{8\times 8}{4} \\ \dfrac{1}{j4} & \dfrac{8}{4} \end{bmatrix} = \begin{bmatrix} 2 & j12 \\ -j0.25 & 2 \end{bmatrix}$$

$$T = T_1 T_2 T_3 = \begin{bmatrix} 0.5 & j10 \\ j0.05 & 1 \end{bmatrix}\begin{bmatrix} 0.5 & j10 \\ j0.05 & 1 \end{bmatrix}\begin{bmatrix} 2 & j12 \\ -j025 & 2 \end{bmatrix}$$

$$= \begin{bmatrix} -0.25 & j15 \\ j0.075 & 0.5 \end{bmatrix}\begin{bmatrix} 2 & j12 \\ -j0.25 & 2 \end{bmatrix} = \begin{bmatrix} 3.25 & j27 \\ j0.025 & 0.1 \end{bmatrix}$$

16-14 试证明两个回转器级联后 [见题 16-14（a）图]，可等效为一个理想变压器 [见题 16-14（b）图]，并求出变比 n 与两个回转器的回转电导 g_1 和 g_2 的关系。

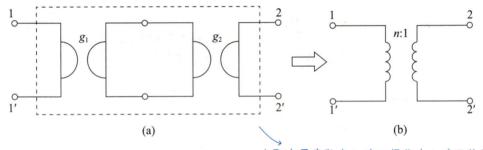

题 16-14 图

解： 对左侧回转器（见题解 16-14 图）：

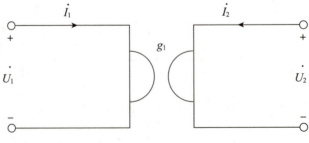

题解 16-14 图

端口方程：$\begin{cases} \dot{I}_1 = g_1 \dot{U}_2 \\ -\dot{I}_2 = g_1 \dot{U}_1 \end{cases}$，整理得 $\begin{cases} \dot{U}_1 = \dfrac{1}{g_1}(-\dot{I}_2) \\ \dot{I}_1 = g_1 \dot{U}_2 \end{cases}$。

所以左侧回转器的 T 参数矩阵为 $\boldsymbol{T}_1 = \begin{bmatrix} 0 & \dfrac{1}{g_1} \\ g_1 & 0 \end{bmatrix}$。

同理，右侧回转器的 T 参数矩阵为 $\boldsymbol{T}_2 = \begin{bmatrix} 0 & \dfrac{1}{g_2} \\ g_2 & 0 \end{bmatrix}$。

由两个二端口的级联关系：

$$\boldsymbol{T} = \boldsymbol{T}_1 \boldsymbol{T}_2 = \begin{bmatrix} 0 & \dfrac{1}{g_1} \\ g_1 & 0 \end{bmatrix} \begin{bmatrix} 0 & \dfrac{1}{g_2} \\ g_2 & 0 \end{bmatrix} = \begin{bmatrix} \dfrac{g_2}{g_1} & 0 \\ 0 & \dfrac{g_1}{g_2} \end{bmatrix}$$

所以整个二端口的端口方程为 $\begin{cases} \dot{U}_1 = \dfrac{g_2}{g_1} \dot{U}_2 \\ \dot{I}_1 = -\dfrac{g_1}{g_2} \dot{I}_2 \end{cases}$，这正满足理想变压器的电压电流关系，即二端口可以等效为一个理想变压器，变比为 $n = \dfrac{g_2}{g_1}$。

> 求输入阻抗，宜从右往左推算。本题难点在于回转器的处理：需要列写端口方程，导出等效阻抗（或导纳）

16-15 试求如题16-15图所示电路的输入阻抗 Z_i。已知 $C_1 = C_2 = 1\,\text{F}$，$G_1 = G_2 = 1\,\text{S}$，$g = 2\,\text{S}$。

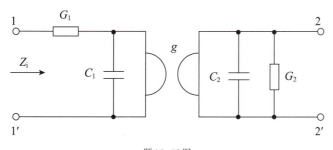

题 16-15 图

解： 运算电路如题解 16-15 图所示：

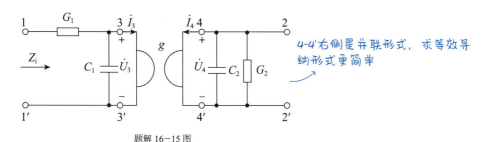

> 4-4'右侧是并联形式，求等效导纳形式更简单

题解 16-15 图

4-4' 右侧，等效导纳为

$$Y_4 = j\omega C_2 + G_2 = j\omega + 1$$

所以，$\dfrac{-\dot I_4}{\dot U_4} = j\omega + 1$。

对回转器列写方程：

$$\begin{cases} \dot I_3 = g\dot U_4 = 2\dot U_4 \\ \dot I_4 = -g\dot U_3 = -2\dot U_3 \end{cases}$$

所以 3–3′ 右侧的等效导纳为

$$Y_3 = \dfrac{\dot I_3}{\dot U_3} = \dfrac{2\dot U_4}{-\dfrac{1}{2}\dot I_4} = 4\dfrac{\dot U_4}{-\dot I_4} = \dfrac{4}{1+j\omega}$$

所以输入阻抗为

$$Z_i = \dfrac{1}{G_1} + \dfrac{1}{j\omega C_1 + Y_3} = 1 + \dfrac{1}{j\omega + \dfrac{4}{1+j\omega}} = 1 + \dfrac{1+j\omega}{4-\omega^2+j\omega} = \dfrac{5-\omega^2+j2\omega}{4-\omega^2+j\omega}\ \Omega$$

第十七章 非线性电路

17-1 非线性电阻 —→ 非线性电路不能用叠加定理

一、非线性电阻的介绍

对于线性电阻，$u = Ri$，即电压和电流满足线性关系，而非线性电阻的电压、电流不满足线性关系。

非线性电阻包括：电流控制型电阻、电压控制型电阻、其他类型。

电流控制型电阻：元件两端的电压是其电流的单值函数，$u = f(i)$。

电压控制型电阻：元件中的电流是其两端电压的单值函数，$i = g(u)$。

如果伏安特性是单调增长或单调下降，那么此电阻既是电流控制型电阻，也是电压控制型电阻。

二、静态电阻和动态电阻

→ 伏安特性单调，意味着电流和电压有一一对应关系

静态电阻：工作点处的电压和电流之比，$R = \dfrac{u}{i}$。

动态电阻：工作点处的电压对电流的导数值，$R_d = \dfrac{\mathrm{d}u}{\mathrm{d}i}$。 →在伏安特性曲线中，动态电阻是工作点处曲线斜率的倒数

三、非线性电阻的串并联

非线性电阻的串联：只有当两个非线性电阻都是电流控制型电阻时，才可能写出伏安特性的解析表达式，$u = f_1(i) + f_2(i)$，其中 $f_1(i)$、$f_2(i)$ 分别为两个非线性电阻的电压表达式。

非线性电阻的并联：只有当两个非线性电阻都是电压控制型电阻时，才可能写出伏安特性的解析表达式，$i = g_1(u) + g_2(u)$，其中 $g_1(u)$、$g_2(u)$ 分别为两个非线性电阻的电流表达式。

四、图解法求静态工作点

在同一个图中，分别作出非线性电阻的伏安特性曲线、其所在端口的伏安特性曲线，两条曲线的交点就是静态工作点。

17-2 非线性电容和非线性电感

非线性电容和非线性电感，与非线性电阻非常类似，只不过：

非线性电阻关注伏安特性（电压和电流）。

非线性电容关注库伏特性（电荷和电压）。

非线性电感关注韦安特性（磁通链和电流）。

非线性电容的电荷和电压是非线性关系，对于电压控制型电容有 $q = f(u)$，对于电荷控制型电容有 $u = h(q)$，静态电容 $C = \dfrac{q}{u}$，动态电容 $C_d = \dfrac{\mathrm{d}q}{\mathrm{d}u}$。

非线性电感的磁通链和电流是非线性关系，对于磁通链控制型电感有 $i = h(\psi)$，对于电流控制型电感有 $\psi = f(i)$，静态电感 $L = \dfrac{\psi}{i}$，动态电感 $L_d = \dfrac{\mathrm{d}\psi}{\mathrm{d}i}$。

17-3 非线性电路的方程

在非线性电路中，基尔霍夫定律仍然适用。非线性电阻电路列出非线性代数方程，含有非线性动态元件的电路列出非线性微分方程。

17-4 小信号分析法

小信号分析法的原理是工作点处的泰勒展开（忽略掉高次项），思想是非线性电路的局部线性化思想。

具体求解方法将在本章"斩题型"部分呈现。

17-5 分段线性化方法

顾名思义，分段线性化方法就是将非线性的量分解为几个线性区段来处理，最后可以根据线性化之后的解析式或图解法求出工作点。

17-6 工作在非线性范围的运算放大器

假设运放的放大倍数 A 为无穷大，$u_d = u^+ - u^-$，则 $u_d \neq 0$ 时，运放工作在非线性区。具体来说：

（1）$u_d > 0$ 时，输出 $u_o = U_{sat}$ 为正的饱和电压，运放工作在正饱和区。

（2）$u_d < 0$ 时，输出 $u_o = -U_{sat}$ 为负的饱和电压，运放工作在负饱和区。

17-7 小扰动下的动态电路分析

非线性动态电路（含有非线性电容或电感）在直流激励下受到小扰动，电路状态会受到影响。小扰动下的动态电路也可以用小信号分析法求解。

17-8 二阶非线性电路的状态平面

一、自治方程和非自治方程

自治方程的形式：$\begin{cases}\dfrac{\mathrm{d}x_1}{\mathrm{d}t} = f_1(x_1, x_2) \\ \dfrac{\mathrm{d}x_2}{\mathrm{d}t} = f_2(x_1, x_2)\end{cases}$，时间 t 不以显含形式出现。

非自治方程的形式：$\begin{cases}\dfrac{\mathrm{d}x_1}{\mathrm{d}t} = f_1(x_1, x_2, t) \\ \dfrac{\mathrm{d}x_2}{\mathrm{d}t} = f_2(x_1, x_2, t)\end{cases}$，时间 t 以显含形式出现。

零输入或直流激励下的非线性二阶电路的方程是自治方程，对应的电路称为自治电路。

二、状态平面

对于自治方程，把状态变量 x_1、x_2 看作平面上的坐标点，这样的平面就称为状态平面。给定初始条件，可以画出随着时间 t 变化的 (x_1,x_2) 的轨迹（或称相轨道）。不同的初始条件下，可以画出一簇这样的轨迹，称为相图。

17-9 非线性振荡电路

非线性振荡电路至少含有两个储能元件和至少一个非线性元件。

17-10 混沌电路简介

混沌的特点：状态变量的初始值对波形有很大影响。在一定的参数值条件下，电路会出现很复杂的解。

17-11 人工神经元电路

人工神经元模型根据生物神经元构成，其输入和输出的关系可以用具有饱和特性的一种 S 型非线性转移函数来描述，它可以用来识别、分类、联想、优化。

题型 用小信号分析法求解非线性电路的响应

步骤：
（1）将小信号置零，直流单独作用，求非线性元件的静态工作点，并求出直流响应 R。
（2）求动态参数。
对非线性元件的特性公式求导，并代入其静态工作点。
（3）画出小信号等效电路。
将直流源置零，小信号单独作用，非线性元件用其动态参数来表征，电路其他部分不变。
（4）由小信号等效电路求出小信号单独作用时的响应 $\Delta r(t)$。
（5）相加得到近似解答，即总的响应为 $r(t) = R + \Delta r(t)$。

解习题

17-1 如果通过非线性电阻的电流为 $\cos(\omega t)\mathrm{A}$，要使该电阻两端的电压中含有 4ω 角频率的电压分量，试求该电阻的伏安特性，写出其解析表达式。→本题答案不唯一，只要保证电压含有4ω角频率的电压分量即可

解：假设电阻两端的电压为 $u = \cos(4\omega t)$，则

$$u = \cos(4\omega t) = 2\cos^2(2\omega t) - 1 = 2\left[2\cos^2(\omega t) - 1\right]^2 - 1$$
$$= 2\left[4\cos^4(\omega t) - 4\cos^2(\omega t) + 1\right] - 1$$

$$= 8\cos^4(\omega t) - 8\cos^2(\omega t) + 1$$

电阻伏安特性的解析表达式：
$$u = 8i^4 - 8i^2 + 1$$

17-2 写出如题 17-2 图所示电路的结点电压方程，假设电路中各非线性电阻的伏安特性为 $i_1 = u_1^3, i_2 = u_2^2, i_3 = u_3^{\frac{3}{2}}$。

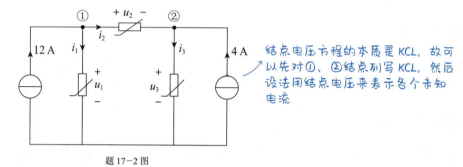

题 17-2 图

解： 对结点①列写 KCL，有
$$i_1 + i_2 = 12$$

代入非线性电阻的 VCR，得
$$u_1^3 + u_2^2 = 12$$

对结点②列写 KCL，有
$$i_3 - i_2 = 4$$

代入非线性电阻的 VCR，得
$$u_3^{\frac{3}{2}} - u_2^2 = 4$$

结点电压和各电阻电压之间的关系：
$$\begin{cases} u_1 = U_{n1} \\ u_2 = U_{n1} - U_{n2} \\ u_3 = U_{n2} \end{cases}$$

所以结点电压方程为
$$\begin{cases} U_{n1}^3 + (U_{n1} - U_{n2})^2 = 12 \\ U_{n2}^{\frac{3}{2}} - (U_{n1} - U_{n2})^2 = 4 \end{cases}$$

17-3 一个非线性电容的库伏特性为 $u = 1 + 2q + 3q^2$，如果电容从 $q(t_0) = 0$ 充电至 $q(t) = 1\text{C}$。试求此电容储存的能量。

解： 电流和电荷的关系：$i = \dfrac{\mathrm{d}q}{\mathrm{d}t}$。

储存的能量：

$$W = \int_{t_0}^{t} ui\,\mathrm{d}t = \int_{t_0}^{t} u\dfrac{\mathrm{d}q}{\mathrm{d}t}\mathrm{d}t = \int_{t_0}^{t}(1 + 2q + 3q^2)\mathrm{d}q = \left.(q + q^2 + q^3)\right|_{t_0}^{t} = (1 + 1 + 1) - (0 + 0 + 0) = 3\text{J}$$

17-4 非线性电感的韦安特性为 $\Psi = i^3$，当有 2 A 电流通过该电感时，试求此时的静态电感值。

解：磁通链：

$$\Psi = 2^3 = 8 \text{ Wb}$$ →欲求静态电感的值，只需要求出磁通链和电流的值

静态电感的值：

$$L = \frac{\Psi}{i} = \frac{8}{2} = 4 \text{ H}$$

17-5 已知如题 17-5 图所示电路中，$U_S = 84 \text{ V}$，$R_1 = 2 \text{ k}\Omega$，$R_2 = 10 \text{ k}\Omega$，非线性电阻 R_3 的伏安特性可表示为 $i_3 = 0.3u_3 + 0.04u_3^2$。试求电流 i_1 和 i_3。→非线性电阻左侧的戴维南等效电路容易得到，进而可以得到非线性电阻端口的伏安特性关系，和非线性电阻的特性方程联立，就能解得非线性电阻的状态

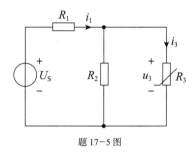

题 17-5 图

解：先求非线性电阻左侧的戴维南等效电路。

开路电压：
$$U_{oc} = \frac{R_2}{R_1 + R_2} U_S = \frac{10}{2+10} \times 84 = 70 \text{ V}$$

等效电阻：
$$R_{eq} = R_1 // R_2 = (2 \times 10^3) // (10 \times 10^3) = \frac{20}{12} \times 10^3 = \frac{5}{3} \text{ k}\Omega$$

所以等效电路如题解 17-5 图所示。

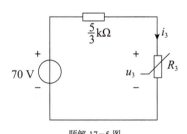

题解 17-5 图

根据等效电路和非线性电阻 R_3 的伏安特性，有

$$\begin{cases} u_3 = 70 - \dfrac{5\,000}{3} i_3 \\ i_3 = 0.3u_3 + 0.04u_3^2 \end{cases}$$

解得 $u_3 = 0.137 \text{ V}$ 或 $u_3 = -7.652 \text{ V}$。→非线性电路有两个解

① 若 $u_3 = 0.137 \text{ V}$，则

$$i_3 = 0.3 \times 0.137 + 0.04 \times (0.137)^2 = 0.0419 \text{ A}$$

$$i_1 = i_3 + \frac{u_3}{R_2} = 0.0419 + \frac{0.137}{10^4} = 0.0419 \text{ A}$$ →回到原来的电路中求 i_1

②若 $u_3 = -7.652 \text{ V}$，则

$$i_3 = 0.3 \times (-7.652) + 0.04 \times (-7.652)^2 = 0.046\ 5 \text{ A}$$

$$i_1 = i_3 + \frac{u_3}{R_2} = 0.046\ 5 + \frac{-7.652}{10^4} = 0.045\ 7 \text{ A}$$

综上所述，$\begin{cases} i_1 = 0.041\ 9 \text{ A} \\ i_3 = 0.041\ 9 \text{ A} \end{cases}$ 或 $\begin{cases} i_1 = 0.045\ 7 \text{ A} \\ i_3 = 0.046\ 5 \text{ A} \end{cases}$。

17-6 如题 17-6 图所示电路由一个线性电阻 R，一个理想二极管和一个直流电压源串联组成。已知 $R = 2\ \Omega, U_S = 1 \text{ V}$，在 $u-i$ 平面上画出对应的伏安特性。

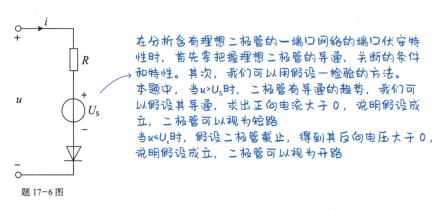

题 17-6 图

解： 当 $u > U_S$ 时，二极管导通，相当于导线

$$u = Ri + U_S = 2i + 1$$

即 $i = \frac{1}{2}u - \frac{1}{2}$。

当 $u \leq U_S$ 时，二极管截止，$i = 0$。

综上所述，画出伏安特性曲线如题解 17-6 图所示：

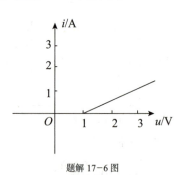

题解 17-6 图

17-7 如题 17-7 图所示电路由一个线性电阻 R、一个理想二极管和一个直流电流源并联组成。已知 $R = 1\ \Omega$，$I_S = 1 \text{ A}$，在 $u-i$ 平面上画出对应的伏安特性。

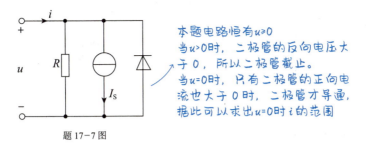

题 17-7 图

解： 当 $u > 0$ 时，二极管截止，即二极管上电流为 0。

$$i = \frac{u}{R} + I_S = u + 1$$

当 $u = 0$ 时，二极管应该正向导通。

此时电阻上的电流为 0，沿二极管正向的电流大于 0，所以有 $I_S > i$。

$u < 0$ 不能成立。

综上所述，画出伏安特性曲线如题解 17-7 图所示：

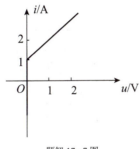

题解 17-7 图

17-8 试设计一个由线性电阻、独立电源和理想二极管组成的一端口网络，要求它的伏安特性具有如题 17-8 图所示特性。

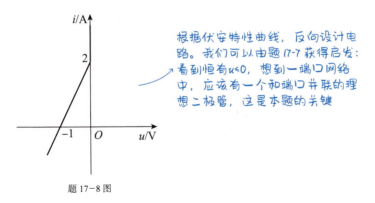

题 17-8 图

解： 根据伏安特性曲线，必有 $u \leqslant 0$，而不能有 $u > 0$，所以端口处应该并联一个理想二极管，方向如题解 17-8（a）图所示。

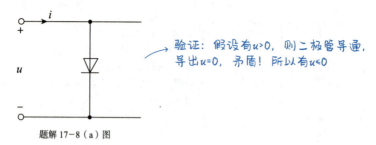

题解 17-8（a）图

根据图像，当 $u < 0$ 时，$i = 2u + 2$，即 $u = \frac{1}{2}i - 1$。

此时二极管截止，视为开路，右侧可以看作 $0.5\,\Omega$ 电阻和 $1\,V$ 电压源串联。

综上，设计的一端口网络如题解 17-8（b）图所示：

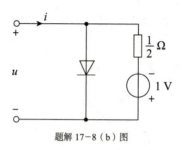

题解 17-8（b）图

17-9 设如题 17-9 图所示电路中二极管的伏安特性可用下式表示：

$$i_D = 10^{-6}(e^{40u_D} - 1)\,A$$

式中 u_D 为二极管的电压，其单位为 V，已知 $R_1 = 0.5\,\Omega$，$R_2 = 0.5\,\Omega$，$R_3 = 0.75\,\Omega$，$U_S = 2\,V$。试用图解法求出静态工作点。

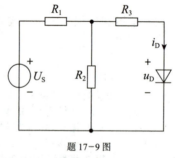

题 17-9 图

解： 先求二极管左侧的戴维南等效电路［见题解 17-9（a）图］：

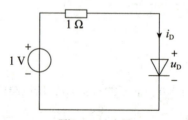

题解 17-9（a）图

开路电压：
$$U_{oc} = \frac{R_2}{R_1 + R_2}U_S = \frac{0.5}{0.5 + 0.5} \times 2 = 1\,V$$

等效电阻：
$$R_{eq} = R_3 + R_1 // R_2 = 0.75 + 0.5 \mid 0.5 = 1\,\Omega$$

所以 $u_D = 1 - i_D$。

和二极管的伏安特性 $i_D = 10^{-6}(e^{40u_D} - 1)\,\text{A}$ 对应的曲线画在同一个图中，交点就是静态工作点〔见题解17-9（b）图〕：

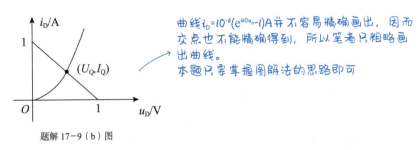

曲线 $i_D = 10^{-6}(e^{40u_D}-1)$A 并不容易精确画出，因而交点也不能精确得到，所以笔者只粗略画出曲线。
本题只要掌握图解法的思路即可

题解17-9（b）图

17-10 如题17-10图所示非线性电阻电路中，非线性电阻的伏安特性为 $u = 2i + i^3$，现已知当 $u_S(t) = 0$ 时，回路中的电流为 1 A。如果 $u_S(t) = \cos(\omega t)\,\text{V}$，试用小信号分析法求回路中的电流 i。

相当于题目直接给出了静态工作点

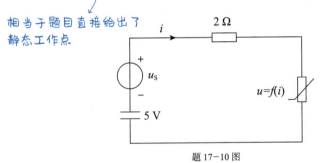

题17-10图

解： 动态电阻：
$$R_d = \left.\frac{du}{di}\right|_{i=1\,\text{A}} = (2+3i^2)\big|_{i=1\,\text{A}} = 5\,\Omega$$

小信号等效电路如题解17-10图所示：

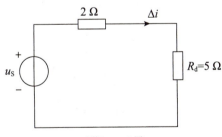

题解17-10图

$$\Delta i = \frac{u_S}{2+5} = \frac{1}{7}\cos(\omega t)\,\text{A}$$

电流：
$$i = \left[1 + \frac{1}{7}\cos(\omega t)\right]\,\text{A}$$

17-11 如题17-11图所示电路中，$R = 2\,\Omega$。直流电压源 $U_S = 9\,\text{V}$，非线性电阻的伏安特性 $u = -2i + \frac{1}{3}i^3$，若 $u_S(t) = \cos t\,\text{V}$，试求电流 i。→用小信号分析法求解

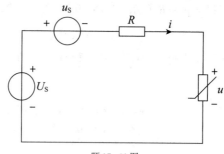

题 17-11 图

解： 直流单独作用时，有

$$u = 9 - 2i$$

又因为非线性电阻的伏安特性为

$$u = -2i + \frac{1}{3}i^3$$

两式联立，解得静态工作点 $I_Q = 3\text{ A}$。

动态电阻：

$$R_d = \left.\frac{du}{di}\right|_{i=3\text{ A}} = (-2 + i^2)\big|_{i=3\text{ A}} = 7\ \Omega$$

小信号等效电路如题解 17-11 图所示：

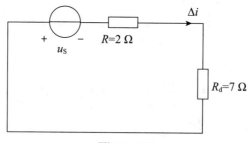

题解 17-11 图

根据上图，有

$$\Delta i = -\frac{u_S}{2+7} = -\frac{1}{9}\cos t\text{ A}$$

所以

$$i = I_Q + \Delta i = \left(3 - \frac{1}{9}\cos t\right)\text{A}$$

17-12 如题 17-12（a）图所示电路中，直流电压源 $U_S = 3.5\text{ V}$，$R = 1\ \Omega$，非线性电阻的伏安特性曲线如题 17-12（b）图所示。

（1）试用图解法求静态工作点。

（2）如将曲线分成 OC、CD 和 DE 三段，试用分段线性化方法求静态工作点，并与（1）的结果相比较。

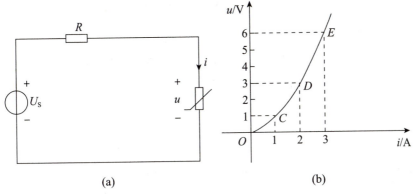

题 17-12 图

解：（1）图解法：

根据非线性电阻左侧电路，我们有

$$u = U_s - Ri = 3.5 - i$$

在图中画出（见题解 17-12 图），两条曲线的交点就是静态工作点：

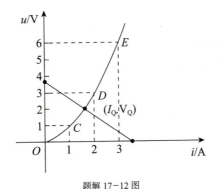

题解 17-12 图

由图可得，静态工作点为 $I_Q = 1.6 \text{ A}$，$U_Q = 1.9 \text{ V}$。→估计一下，差不多就可以，图解法求得的不是精确解

（2）分段线性化法：

将曲线分成 OC、CD 和 DE 三段，分段线性化之后，曲线变为三个线段的叠加。

同（1），有

$$u = 3.5 - i$$

易知曲线 $u = 3.5 - i$ 和分段线性化之后的曲线，交于线段 CD，而 CD 的方程是

$$u = 2i - 1$$

联立 $\begin{cases} u = 3.5 - i \\ u = 2i - 1 \end{cases}$，解得静态工作点：$I_Q = 1.5 \text{ A}$，$U_Q = 2 \text{ V}$。

与（1）中的结果比较，发现图解法和分段线性化法所得到的静态工作点比较接近。

17-13 如题 17-13 图所示电路中，非线性电阻的伏安特性为 $i = u^2$，试求电路的静态工作点及该点的动态电阻 R_d。

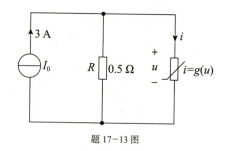

题 17-13 图

解： 根据电路结构和非线性电阻的伏安特性，列出方程组 $\begin{cases} i = I_0 - \dfrac{u}{R} = 3 - 2u \\ i = u^2 \end{cases}$，解得 $\begin{cases} I_Q = 1\,\text{A} \\ U_Q = 1\,\text{V} \end{cases}$ 或

$\begin{cases} I_Q = 9\,\text{A} \\ U_Q = -3\,\text{V} \end{cases}$。 →解方程可得，本题有两组静态工作点，不同的静态工作点对应不同的动态电阻

① 对于 $\begin{cases} I_Q = 1\,\text{A} \\ U_Q = 1\,\text{V} \end{cases}$ 这组静态工作点，动态电导 $G_d = \left.\dfrac{\mathrm{d}i}{\mathrm{d}u}\right|_{u=1\text{V}} = 2 \times 1 = 2\,\text{S}$，所以动态电阻为 $R_d = 0.5\,\Omega$。

② 对于 $\begin{cases} I_Q = 9\,\text{A} \\ U_Q = -3\,\text{V} \end{cases}$ 这组静态工作点，动态电导 $G_d = \left.\dfrac{\mathrm{d}i}{\mathrm{d}u}\right|_{u=-3\text{V}} = -6\,\text{S}$，所以动态电阻为 $R_d = -\dfrac{1}{6}\,\Omega$。

17-14 如题 17-14 图所示电路中，非线性电阻的伏安特性为 $u = i^3$，如将此电阻突然与一个充电的电容接通，试求电容两端的电压 u_C，设 $u_C(0_+) = U_0$。

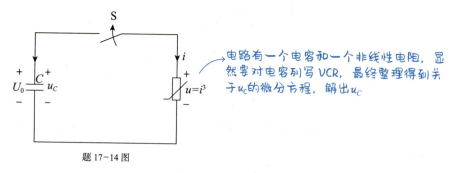

题 17-14 图

电路有一个电容和一个非线性电阻，显然要对电容列写 VCR，最终整理得到关于 u_C 的微分方程，解出 u_C

解： 对电容，有

$$i = -C\dfrac{\mathrm{d}u_C}{\mathrm{d}t}$$

因为 $u = u_C$，所以由非线性电阻的伏安特性，有

$$i = u^{\frac{1}{3}} = u_C^{\frac{1}{3}}$$

联立以上两式，得到微分方程

$$u_C^{\frac{1}{3}} = -C\dfrac{\mathrm{d}u_C}{\mathrm{d}t}$$

整理，得

$$-\dfrac{1}{C}\mathrm{d}t = u_C^{-\frac{1}{3}}\mathrm{d}u_C \quad \text{→将两个微元放在方程两侧}$$

方程两边对 t 积分，$-\dfrac{1}{C}t = \dfrac{3}{2}u_C^{\frac{2}{3}} + A$，其中 A 为常数。→积分的时候会出现积分常数

代入 $u_C(0_+) = U_0$，得

$$\dfrac{3}{2}U_0^{\frac{2}{3}} + A = 0$$

即 $A = -\dfrac{3}{2}U_0^{\frac{2}{3}}$，所以

$$-\dfrac{1}{C}t = \dfrac{3}{2}u_C^{\frac{2}{3}} - \dfrac{3}{2}U_0^{\frac{2}{3}}$$

整理，得 $u_C = \left(U_0^{\frac{2}{3}} - \dfrac{2}{3C}t\right)^{\frac{3}{2}}$ V。

17-15 在如题 17-15（a）图所示电路中，线性电容通过非线性电阻放电，非线性电阻伏安特性如题 17-15（b）图所示。已知 $C = 1\,\text{F}, u_C(0_-) = 3\,\text{V}$，试求 u_C。

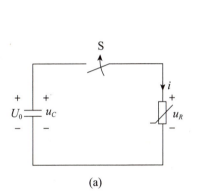
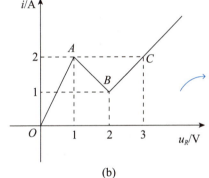

题 17-15 图

解： 对电容，有

$$i = -C\dfrac{\mathrm{d}u_C}{\mathrm{d}t} = -\dfrac{\mathrm{d}u_C}{\mathrm{d}t}$$

由 KVL，有

$$u_C = u_R$$

区间 1：

由换路定则，$u_C(0_+) = u_C(0_-) = 3\,\text{V}$，在题 17-15（b）图中对应点 C，即电阻的伏安特性为

$$i = u_R - 1 = u_C - 1$$

即得到微分方程：

$$u_C - 1 = -\dfrac{\mathrm{d}u_C}{\mathrm{d}t}$$

整理，得

$$-\mathrm{d}t = \dfrac{1}{u_C - 1}\mathrm{d}u_C$$

两边积分，得

$$-t = \ln(u_C - 1) + A$$

→方程两边积分，最后要加个积分常数 A，根据初值求出积分常数

因为 $u_C(0_+) = 3$ V，所以 $0 = \ln(3-1) + A$，解得 $A = -\ln 2$。

所以 $\ln(u_C - 1) = \ln 2 - t$，整理得

$$u_C = (e^{\ln 2 - t} + 1) \text{V}$$

此式说明，u_C 随时间 t 在减小，在题 17-15（b）图中就是从状态 C 过渡到状态 B。

对 B 点，$u_C = u_R = 2$ V，解得 $t = \ln 2$ s 时到达状态 B。

区间 2：

到达状态 B 之后，非线性电阻的伏安特性变为 AB 段，所以

$$i = 3 - u_R = 3 - u_C$$

得到微分方程：

$$3 - u_C = -\frac{du_C}{dt}$$

整理，得

$$dt = \frac{1}{u_C - 3} du_C$$

两边积分，有

$$t = \ln|u_C - 3| + B$$

代入 $u_C(\ln 2) = 2$ V，得 $\ln 2 = B$。

所以 $\ln(3 - u_C) = t - \ln 2$，整理得

$$u_C = \left(3 - e^{t - \ln 2}\right) \text{V}$$

u_C 随着时间 t 在减小，在题 17-15 图（b）中就是从状态 B 过渡到状态 A。

对 A 点，$u_C = u_R = 1$ V，代入得 $1 = 3 - e^{t - \ln 2}$，解得 $t = 2\ln 2$ s，达到点 A。

区间 3：

到达状态 A 之后，非线性电阻的伏安特性变为 OA 段。

伏安特性： $i = 2u_R = 2u_C$

得到微分方程：

$$2u_C = -\frac{du_C}{dt}$$

整理，得

$$-2dt = \frac{1}{u_C} du_C$$

两边积分，得

$$-2t = \ln u_C + D$$

代入 $u_C(2\ln 2) = 1$ V，得 $-4\ln 2 = D$。

所以 $\ln u_C = 4\ln 2 - 2t$，整理，得 $u_C = \left(e^{4\ln 2 - 2t}\right)$ V。

u_C 随着时间 t 在减小，且无限趋近于 0。

提问：为什么伏安特性变为 AB 段，而不是再回到 BC 段？

回答：刚到 B 点时，$\dfrac{du_C}{dt} = -1$，u_C 有继续减小的趋势，故应该过渡到 AB 段。

综上所述，$u_C = \begin{cases} e^{\ln 2 - t} + 1, & 0 \leq t < \ln 2 \text{ s}, \\ 3 - e^{t - \ln 2}, & \ln 2 \text{ s} \leq t < 2\ln 2 \text{ s}, \\ e^{4\ln 2 - 2t}, & t \geq 2\ln 2 \text{ s}. \end{cases}$

17-16 含有非线性电感的一阶动态电路如题 17-16 图所示，已知直流电压源 $U_S = 40\text{ V}$，小扰动电压源 $u_S(t) = 1.2e^{-10t}\varepsilon(t)\text{V}$，线性电阻 $R_1 = 10\text{ }\Omega$，$R_2 = 40\text{ }\Omega$，非线性电感 $\psi = 0.5i^3$（ψ 单位为 Wb，i 单位为 A）。求 $t > 0$ 时的响应 $i_L(t)$，$u_2(t)$。

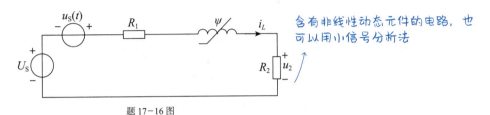

题 17-16 图

解： 直流作用下，求静态工作点 [见题解 17-16（a）图]：

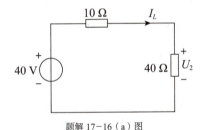

题解 17-16（a）图

$$I_L = \frac{40}{10 + 40} = 0.8\text{ A}$$
$$U_2 = 40 \times 0.8 = 32\text{ V}$$

动态电感：
$$L_d = \left.\frac{d\psi}{di}\right|_{i=0.8\text{A}} = 1.5i^2\big|_{i=0.8\text{A}} = 0.96\text{ H}$$

画出小信号等效电路如题解 17-16（b）图所示：

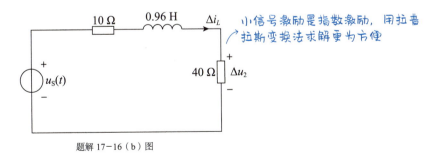

题解 17-16（b）图

画出运算电路如题解 17-16（c）图所示：

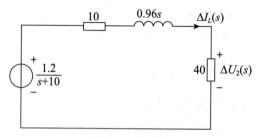

题解 17-16（c）图

$$\Delta I_L(s) = \frac{\frac{1.2}{s+10}}{10+0.96s+40} = \frac{1.25}{(s+10)(s+52.08)} = \frac{0.0297}{s+10} + \frac{-0.0297}{s+52.8}$$

$$\Delta i_L = \left(0.0297e^{-10t} - 0.0297e^{-52.8t}\right)\text{A}$$

$$\Delta u_2 = 40\Delta i_L = \left(1.188e^{-10t} - 1.188e^{-52.8t}\right)\text{A}$$

将两个结果叠加：

$$i_L = I_L + \Delta i_L = \left(0.8 + 0.0297e^{-10t} - 0.0297e^{-52.8t}\right)\text{A}$$

$$u_2 = U_2 + \Delta u_2 = \left(32 + 1.188e^{-10t} - 1.188e^{-52.8t}\right)\text{V}$$

17-17

略

第十八章　均匀传输线

18-1 分布参数电路

我们前面章节讨论的都是集总参数电路，但是实际电路中的电磁现象往往具有分布性。我们可以用如图 18-1 所示的分布参数模型来表示导线：

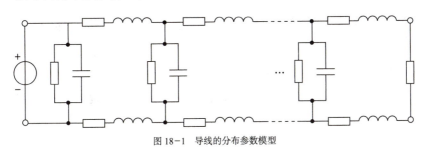

图 18-1　导线的分布参数模型

一般来说，当线路长度 l 远小于波长 λ 时，我们可以用集总参数模型；当线路长度 l 不满足远小于波长 λ 时，我们必须采用分布参数模型。

波长 $\lambda = \dfrac{v}{f} = vT$，其中 v 为波速，f 为工作频率，T 为周期

18-2 均匀传输线及其方程

原参数：R_0、L_0、C_0、G_0（分别为单位长度的电阻、电感、电容、电导）。

如果以上原参数沿线处处相等，则传输线为均匀传输线。

均匀传输线的方程：
$$\begin{cases} -\dfrac{\partial u}{\partial x} = R_0 i + L_0 \dfrac{\partial i}{\partial t} \\ -\dfrac{\partial i}{\partial x} = G_0 u + C_0 \dfrac{\partial u}{\partial t} \end{cases}$$

18-3 均匀传输线方程的正弦稳态解

一、正弦稳态解

设 $Z_0 = R_0 + j\omega L_0$，$Y_0 = G_0 + j\omega C_0$，$Z_c = \sqrt{\dfrac{Z_0}{Y_0}}$ 是特性阻抗或波阻抗，$\gamma = \alpha + j\beta = \sqrt{Z_0 Y_0}$ 是传播常数。

如果已知始端电压 $\dot{U}_1$ 和电流 $\dot{I}_1$，那么传输线上与始端距离为 x 处的电压、电流为
$$\begin{cases} \dot{U} = \dot{U}_1 \cosh(\gamma x) - Z_c \dot{I}_1 \sinh(\gamma x) \\ \dot{I} = \dot{I}_1 \cosh(\gamma x) - \dfrac{\dot{U}_1}{Z_c} \sinh(\gamma x) \end{cases}$$

① *双曲线函数*
$\cosh(\gamma x) = \dfrac{1}{2}\left(e^{\gamma x} + e^{-\gamma x}\right)$
$\sinh(\gamma x) = \dfrac{1}{2}\left(e^{\gamma x} - e^{-\gamma x}\right)$

如果已知终端电压 $\dot{U}_2$ 和电流 $\dot{I}_2$，那么传输线上与终端距离为 x 处的电压、电流为

$$\begin{cases} \dot{U} = \dot{U}_2 \cosh(\gamma x) + Z_c \dot{I}_2 \sinh(\gamma x) \\ \dot{I} = \dot{I}_2 \cosh(\gamma x) + \dfrac{\dot{U}_2}{Z_c} \sinh(\gamma x) \end{cases}$$

二、正弦稳态解的分解

①式也可以写为

$$\begin{cases} \dot{U} = \dfrac{1}{2}(\dot{U}_1 + Z_c \dot{I}_1) e^{-\gamma x} + \dfrac{1}{2}(\dot{U}_1 - Z_c \dot{I}_1) e^{\gamma x} = \dot{U}^+ + \dot{U}^- \\ \dot{I} = \dfrac{1}{2}\left(\dfrac{\dot{U}_1}{Z_c} + \dot{I}_1\right) e^{-\gamma x} - \dfrac{1}{2}\left(\dfrac{\dot{U}_1}{Z_c} - \dot{I}_1\right) e^{\gamma x} = \dot{I}^+ - \dot{I}^- \end{cases}$$

其中，$\dot{U}^+ = \dfrac{1}{2}(\dot{U}_1 + Z_c \dot{I}_1) e^{-\gamma x}$ 为 入射电压波（正向行波），随时间增加向 x 增加方向运动且幅值衰减，传播速度 $v_\varphi = \dfrac{\omega}{\beta}$。

$\dot{U}^- = \dfrac{1}{2}(\dot{U}_1 - Z_c \dot{I}_1) e^{\gamma x}$ 为 反射电压波（反向行波），随时间增加向 x 减小方向运动且幅值衰减，传播速度也是 $v_\varphi = \dfrac{\omega}{\beta}$。

$\dot{I}^+ = \dfrac{\dot{U}^+}{Z_c}$ 为入射电流波，$\dot{I}^- = \dfrac{\dot{U}^-}{Z_c}$ 为反射电流波。

另外，在波的传播方向上，相位差 2π 的两点间的距离称为波长，即波长 $\lambda = \dfrac{2\pi}{\beta}$。

三、反射系数

我们将终端的反射系数定义为：终端反射波与入射波电压相量之比或电流相量之比，经计算

注意，这个反射系数的公式，只适用于终端处。而对于传输线上其他点处，反射系数的公式有所不同

可得，反射系数 $n = \dfrac{Z_2 - Z_c}{Z_2 + Z_c}$，其中，$Z_2$ 是终端所接负载阻抗。

当 $Z_2 = Z_c$ 时，反射系数 $n = 0$，不存在反射，我们称之为 阻抗匹配。→ 反射波为 0

当终端开路时，$Z_2 = \infty$，反射系数 $n = 1$，称为全反射。→ 反射波等于入射波

当终端短路时，$Z_2 = 0$，反射系数 $n = -1$，也称为全反射。→ 反射波与入射波幅值相等，但相位相反

18-4 均匀传输线的原参数和副参数

原参数：R_0、L_0、C_0、G_0；副参数：$\gamma = \alpha + j\beta = \sqrt{Z_0 Y_0}$，$Z_c = \sqrt{\dfrac{Z_0}{Y_0}}$。

满足 $\dfrac{R_0}{G_0} = \dfrac{L_0}{C_0}$ 的传输线称为 无畸变线。

对于无畸变线，有以下结论：

$$\alpha = \sqrt{R_0 G_0}, \quad \beta = \omega\sqrt{L_0 C_0}, \quad v_\varphi = \frac{\omega}{\beta} = \frac{1}{\sqrt{L_0 C_0}}, \quad Z_c = \sqrt{\frac{L_0}{C_0}}$$

无损耗线、角频率 ω 很高的传输线都是无畸变线。

18-5 无损耗传输线

$R_0 = 0$ 且 $G_0 = 0$ 的传输线称为无损耗传输线，由 18-4 节，无损耗传输线的传播常数 $\gamma = j\omega\sqrt{L_0 C_0}$，特性阻抗 $Z_c = \sqrt{\frac{L_0}{C_0}}$。

无损耗传输线距离终端 x 处的电压、电流为

$$\begin{cases} \dot{U}_x = \dot{U}_2 \cos(\beta x) + jZ_c \dot{I}_2 \sin(\beta x) \\ \dot{I}_x = \dot{I}_2 \cos(\beta x) + j\dfrac{\dot{U}_2}{Z_c} \sin(\beta x) \end{cases}$$

→ 此式由传输线方程的解中，令 $\gamma = j\beta$ 得到

距终端 x 处的入端阻抗为

$$Z_{ix} = \frac{Z_2 \cos(\beta x) + jZ_c \sin(\beta x)}{Z_c \cos(\beta x) + jZ_2 \sin(\beta x)} Z_c$$

①当阻抗匹配，即 $Z_2 = Z_c$ 时，则 $\dot{U}_x = \dot{U}_2 e^{j\beta x}$，$\dot{I}_x = \dot{I}_2 e^{j\beta x}$，$Z_{ix} = Z_c$。即电压、电流是<u>正向行波</u>，从始端向终端移动，且<u>没有幅值的衰减</u>。距终端 x 处的入端阻抗始终等于特性阻抗。

②当终端开路，即 $Z_2 \to \infty$ 时，则

$$\dot{U}_x = \dot{U}_2 \cos(\beta x), \quad \dot{I}_x = j\frac{\dot{U}_2}{Z_c} \sin(\beta x),$$

$$Z_{ix} = \frac{\dot{U}_x}{\dot{I}_x} = -jZ_c \cot(\beta x) = -jZ_c \cot\left(\frac{2\pi}{\lambda} x\right) = jX_{oc}$$

→ 事实上，驻波可以看作幅值相等的入射波和反射波的合成

即电压、电流是<u>驻波</u>，波腹（极值）、波节（零点）的<u>位置固定不变</u>。电压的波腹始终是电流的波节，电压的波节始终是电流的波腹。

<u>输入阻抗是一个纯电抗</u>，输入阻抗的性质随距终端的距离 x 变化，变化情况如图 18-2 所示：

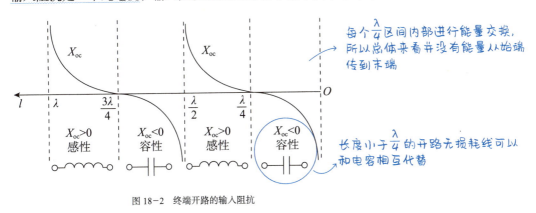

→ 每个 $\frac{\lambda}{4}$ 区间内部进行能量交换，所以总体来看并没有能量从始端传到末端

→ 长度小于 $\frac{\lambda}{4}$ 的开路无损耗线可以和电容相互代替

图 18-2 终端开路的输入阻抗

③当终端短路，即 $Z_2 = 0$ 时，则

$$\dot{U}_x = jZ_c \dot{I}_2 \sin(\beta x), \quad \dot{I}_x = \dot{I}_2 \cos(\beta x)$$

$$Z_{ix} = \frac{\dot{U}_x}{\dot{I}_x} = jZ_c \tan(\beta x) = jZ_c \tan\left(\frac{2\pi}{\lambda}x\right) = jX_{sc}$$

电压、电流也是驻波，但是相比于②，电压、电流的波腹、波节的位置移动 $\frac{\lambda}{4}$。

输入阻抗也是纯电抗，电抗性质随距离的变化情况如图 18-3 所示：

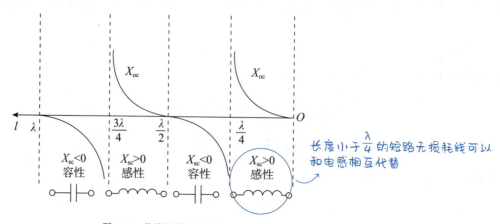

图 18-3 终端短路的输入阻抗

④当终端接纯电抗，即 $Z_2 = \pm jX_2$ 时，沿线电压、电流也是驻波，因为纯电抗可以由一段长度小于 $\frac{\lambda}{4}$ 的开路或者短路无损耗线代替。

18-6 无损耗线方程的通解

一、通解

无损耗线方程的通解为

$$\begin{cases} u(x,t) = f_1(x-vt) + f_2(x+vt) = u^+ + u^- \\ i(x,t) = \sqrt{\dfrac{C_0}{L_0}}\left[f_1(x-vt) - f_2(x+vt)\right] = i^+ - i^- \end{cases}$$

其中，$v = \dfrac{1}{\sqrt{L_0 C_0}}$ 是波速；

$u^+ = f_1(x-vt)$ 和 $i^+ = \sqrt{\dfrac{C_0}{L_0}}f_1(x-vt)$ 是入射波；

$u^- = f_2(x+vt)$ 和 $i^- = \sqrt{\dfrac{C_0}{L_0}}f_2(x+vt)$ 是反射波。

此外，有

$$\frac{u^+}{i^+} = \frac{u^-}{i^-} = Z_c = \sqrt{\frac{L_0}{C_0}}$$

二、入射波沿线的传播

假设入射波由直流电压源 $U_0\varepsilon(t)$ 产生，那么入射波以波速 v 从始端向终端传播，入射波所经之处

电压都为 U_0，入射波未到之处电压都为 0。

在图 18-4 中表示：

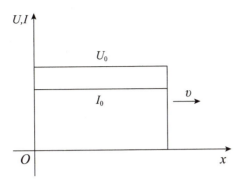

图 18-4　入射波的传播

也可以写出各个位置的电压、电流表达式：

$$u(x,t) = U_0 \varepsilon \left(t - \frac{x}{v} \right), \quad i(x,t) = \frac{U_0}{\sqrt{\frac{L_0}{C_0}}} \varepsilon \left(t - \frac{x}{v} \right)$$

如果激励电压为任意波形 $u_S(t)\varepsilon(t)$，也可以写出各个位置的电压表达式：

$$u(x,t) = u_S \left(t - \frac{x}{v} \right) \varepsilon \left(t - \frac{x}{v} \right)$$

18-7 无损耗线的波过程

某一时刻，某一点的电压、电流等于所有经过该点的入射波和反射波的叠加，据此研究无损耗线的波过程。

 斩题型

题型 1　由原参数求副参数、相位速度、波长等参数

已知原参数 R_0、L_0、C_0、G_0，求各种参数时，主要就是套用公式。

求特性阻抗：$Z_c = \sqrt{\dfrac{Z_0}{Y_0}}$。

求传播常数：$\gamma = \sqrt{Z_0 Y_0}$。

求相位速度：先由 $\gamma = \sqrt{Z_0 Y_0} = \alpha + \mathrm{j}\beta$ 得到 β，再由 $v_\varphi = \dfrac{\omega}{\beta}$ 得到相位速度。

求波长：$\lambda = \dfrac{v_\varphi}{f} = v_\varphi T$ 或 $\lambda = \dfrac{2\pi}{\beta}$。

题型2 求传输线某一位置的电压、电流（正弦稳态下）

这类题型一般要么已知始端电压、电流，要么已知终端电压、电流。

①如果已知始端电压 $\dot{U}_1$ 和电流 $\dot{I}_1$，那么传输线上与始端距离为 x 处的电压、电流为

$$\begin{cases} \dot{U} = \dot{U}_1 \cosh(\gamma x) - Z_c \dot{I}_1 \sinh(\gamma x) \\ \dot{I} = \dot{I}_1 \cosh(\gamma x) - \dfrac{\dot{U}_1}{Z_c} \sinh(\gamma x) \end{cases}$$

对于无损耗传输线，有

$$\begin{cases} \dot{U}_x = \dot{U}_1 \cos(\beta x) - jZ_c \dot{I}_1 \sin(\beta x) \\ \dot{I}_x = \dot{I}_1 \cos(\beta x) - j\dfrac{\dot{U}_1}{Z_c} \sin(\beta x) \end{cases}$$

②如果已知终端电压 $\dot{U}_2$ 和电流 $\dot{I}_2$，那么传输线上与终端距离为 x 处的电压、电流为

$$\begin{cases} \dot{U} = \dot{U}_2 \cosh(\gamma x) + Z_c \dot{I}_2 \sinh(\gamma x) \\ \dot{I} = \dot{I}_2 \cosh(\gamma x) + \dfrac{\dot{U}_2}{Z_c} \sinh(\gamma x) \end{cases}$$

对于无损耗传输线，有

$$\begin{cases} \dot{U}_x = \dot{U}_2 \cos(\beta x) + jZ_c \dot{I}_2 \sin(\beta x) \\ \dot{I}_x = \dot{I}_2 \cos(\beta x) + j\dfrac{\dot{U}_2}{Z_c} \sin(\beta x) \end{cases}$$

题型3 求输入阻抗

套用公式，距终端 x 处的入端阻抗：

$$Z_{ix} = \dfrac{Z_2 \cos(\beta x) + jZ_c \sin(\beta x)}{Z_c \cos(\beta x) + jZ_2 \sin(\beta x)} Z_c$$

其中，Z_2 是负载阻抗，Z_c 是传输线的特性阻抗。

解习题

18-1 一对架空传输线的原参数是 $L_0 = 2.89 \times 10^{-3}\,\text{H/km}$，$C_0 = 3.85 \times 10^{-9}\,\text{F/km}$，$R_0 = 0.3\,\Omega/\text{km}$，$G_0 = 0$。试求当工作频率为 50 Hz 时的特性阻抗 Z_c、传播常数 γ、相位速度 v_φ 和波长 λ。如果频率为 10^4 Hz，重求上述各参数。

解： 当 $f = 50$ Hz 时，

复数开根号时，宜先求出其极坐标形式，对其开根号时，模值开根号，幅角减半

$$\omega = 2\pi f = 100\pi\,\text{rad/s}$$

$$Z_c = \sqrt{\dfrac{Z_0}{Y_0}} = \sqrt{\dfrac{R_0 + j\omega L_0}{G_0 + j\omega C_0}} = \sqrt{\dfrac{0.3 + j100\pi \times 2.89 \times 10^{-3}}{j100\pi \cdot 3.85 \times 10^{-9}}} = (877.65 - j141.28)\,\Omega$$

$$\gamma = \sqrt{Z_0 Y_0} = \sqrt{(0.3 + j100\pi \times 2.89 \times 10^{-3}) \cdot (j100\pi \cdot 3.85 \times 10^{-9})} = (1.71 \times 10^{-4} + j1.06 \times 10^{-3})\,1/\text{km}$$

所以 $\beta = 1.06 \times 10^{-3}\,\text{rad/km}$。

相位速度：

$$v_\varphi = \dfrac{\omega}{\beta} = \dfrac{100\pi}{1.06 \times 10^{-3}} = 2.96 \times 10^5\,\text{km/s}$$

波长：
$$\lambda = \frac{v_\varphi}{f} = \frac{2.96 \times 10^5}{50} = 5\,920 \text{ km}$$

当 $f = 10^4$ Hz 时，$\omega = 2\pi f = 2\pi \times 10^4$ rad/s，即

$$Z_c = \sqrt{\frac{Z_0}{Y_0}} = \sqrt{\frac{0.3 + j2\pi \times 10^4 \times 2.89 \times 10^{-3}}{j2\pi \times 10^4 \times 3.85 \times 10^{-9}}} = (0.086\,64 + j7 \times 10^{-5})\,\Omega$$

$$\gamma = \sqrt{Z_0 Y_0} = \sqrt{(0.3 + j2\pi \times 10^4 \times 2.89 \times 10^{-3})(j2\pi \times 10^4 \times 3.85 \times 10^{-9})} = (1.73 \times 10^{-4} + j0.21)\,1/\text{km}$$

所以 $\beta = 0.21$ rad/km。

相位速度：
$$v_\varphi = \frac{\omega}{\beta} = \frac{2\pi \times 10^4}{0.21} = 2.99 \times 10^5 \text{ (km/s)}$$

波长：
$$\lambda = \frac{v_\varphi}{f} = \frac{2.99 \times 10^5}{10^4} = 29.9 \text{ (km)}$$

18-2 一同轴电缆的原参数为 $R_0 = 7\,\Omega/\text{km}$，$L_0 = 0.3$ mH/km，$C_0 = 0.2\,\mu\text{F/km}$，$G_0 = 0.5 \times 10^{-6}$ S/km。试计算当工作频率为 800 Hz 时此电缆的特性阻抗 Z_c、传播常数 γ、相位速度 v_φ 和波长 λ。

解： 当 $f = 800$ Hz 时，$\omega = 2\pi f = 1\,600\pi$ rad/s

$$Z_c = \sqrt{\frac{Z_0}{Y_0}} = \sqrt{\frac{1 + j1\,600\pi \times 0.3 \times 10^{-3}}{0.5 \times 10^{-6} + j1\,600\pi \times 0.2 \times 10^{-12}}} = (65.67 - j53.01)\,\Omega$$

$$\gamma = \sqrt{Z_0 Y_0} = \sqrt{(1 + j1\,600\pi \times 0.3 \times 10^{-3}) \cdot (0.5 \times 10^{-6} + j1\,600\pi \times 0.2 \times 10^{-12})}$$
$$= (5.33 \times 10^{-2} + j6.60 \times 10^{-2})\,1/\text{km}$$

所以 $\beta = 6.6 \times 10^{-2}$ rad/km。

相位速度：
$$v_\varphi = \frac{\omega}{\beta} = \frac{1\,600\pi}{6.6 \times 10^{-2}} = 7.62 \times 10^4 \text{ km/s}$$

波长：
$$\lambda = \frac{v_\varphi}{f} = \frac{7.62 \times 10^4}{800} = 95.25 \text{ km}$$

18-3 传输线的长度 $l = 70.8$ km，其中 $R_0 = 1\,\Omega/\text{km}$，$\omega C_0 = 4 \times 10^{-4}$ S/km，而 $G_0 = 0$，$L_0 = 0$。在线的终端所接阻抗 $Z_2 = Z_c$。终端的电压 $U_2 = 3$ V。试求始端的电压 U_1 和电流 I_1。

解： 特性阻抗：
$$Z_c = \sqrt{\frac{Z_0}{Y_0}} = \sqrt{\frac{R_0}{j\omega C_0}} = \sqrt{\frac{1}{j4 \times 10^{-4}}} = 50\angle -45° = (25\sqrt{2} - j25\sqrt{2})\,\Omega$$

传播常数：
$$\gamma = \sqrt{Z_0 Y_0} = \sqrt{R_0 j\omega C_0} = \sqrt{j4 \times 10^{-4}} = 0.02\angle 45° = (0.01\sqrt{2} + j0.01\sqrt{2})\,1/\text{km}$$

我们知道距离终端 x 处的电压、电流为：

$$\begin{cases} \dot{U} = \dot{U}_2 \cosh(\gamma x) + Z_c \dot{I}_2 \sinh(\gamma x) \\ \dot{I} = \dot{I}_2 \cosh(\gamma x) + \dfrac{\dot{U}_2}{Z_c} \sinh(\gamma x) \end{cases}$$

结合 $Z_2 = Z_c$，$\dot{U}_2 = \dot{I}_2 Z_2$，推出 $\begin{cases} \dot{U} = \dot{U}_2 e^{\gamma x} \\ \dot{I} = \dot{I}_2 e^{\gamma x} \end{cases}$。

设 $\dot{U}_2 = 3\angle 0° \text{ V}$，则

$$\dot{U}_1 = \dot{U}_2 e^{\gamma l} = 3\angle 0° \cdot e^{(0.01\sqrt{2} + j0.01\sqrt{2})\cdot 70.8} = 3e^1 \cdot e^{j1} = 3e\angle 1 = 8.15\angle 57.3° \text{ V}$$

$$\dot{I}_1 = \frac{\dot{U}_1}{Z_c} = \frac{8.15\angle 57.3°}{50\angle -45°} = 0.163\angle 102.3° \text{ A}$$

综上所述，始端电压 $U_1 = 8.15$ V，电流 $I_1 = 0.163$ A。

18-4 一高压输电线长 300 km，线路原参数 $R_0 = 0.06 \text{ }\Omega/\text{km}$，$L_0 = 1.40\times 10^{-3}$ H/km，$G_0 = 3.75\times 10^{-8}$ S/km，$C_0 = 9.0\times 10^{-9}$ F/km，电源的频率为 50 Hz，终端为一电阻负载，终端的电压为 220 kV，电流为 455 A。试求始端的电压 $\dot{U}_1$ 和电流 $\dot{I}_1$。

解： 频率 $f = 50$ Hz，角频率 $\omega = 2\pi f = 100\pi$ rad/s。

$$Z_c = \sqrt{\frac{Z_0}{Y_0}} = \sqrt{\frac{0.06 + j100\pi \cdot 1.40\times 10^{-3}}{3.75\times 10^{-8} + j100\pi \times 9.0\times 10^{-9}}} = 396.21\angle -3.5° = (395.47 - j24.19) \text{ }\Omega$$

$$\gamma = \sqrt{Z_0 Y_0} = \sqrt{(0.06 + j100\pi \cdot 1.40\times 10^{-3})(3.75\times 10^{-1} + j100\pi \times 9.0\times 10^{-9})}$$

$$= 1.12\times 10^{-3}\angle 85.74° = (8.33\times 10^{-5} + j1.12\times 10^{-3}) \text{ 1/km}$$

设 $\dot{U}_2 = 220\angle 0°$ kV，$\dot{I}_2 = 455\angle 0°$ A。

由距离终端 x 处的电压、电流

$$\begin{cases} \dot{U} = \dot{U}_2 \cosh(\gamma x) + Z_c \dot{I}_2 \sinh(\gamma x) \\ \dot{I} = \dot{I}_2 \cosh(\gamma x) + \dfrac{\dot{U}_2}{Z_c} \sinh(\gamma x) \end{cases}$$

令 $x = l$，得始端电压、电流为

$$\begin{cases} \dot{U}_1 = \dot{U}_2 \cosh(\gamma l) + Z_c \dot{I}_2 \sinh(\gamma l) \\ \dot{I}_1 = \dot{I}_2 \cosh(\gamma l) + \dfrac{\dot{U}_2}{Z_c} \sinh(\gamma l) \end{cases}$$

> 本题思路简单，但是计算复杂，涉及双曲函数值的计算。我们这里先求出 $e^{\gamma l}$ 和 $e^{-\gamma l}$，再求出双曲函数 $\cosh(\gamma l)$ 和 $\sinh(\gamma l)$，最后将结果代入此式

先计算双曲函数 $\cosh(\gamma l)$ 和 $\sinh(\gamma l)$ 的值：

$$e^{\gamma l} = e^{(8.33\times 10^{-3} + 31.12\times 10^{-3})300} = e^{0.025}\cdot e^{j0.336} = 1.025\angle 0.336 = 1.025\angle 19.25°$$

$$e^{-\gamma l} = e^{-(8.33\times 10^{-5} + j1.12\times 10^{-3})\times 300} = e^{-0.025}\cdot e^{-j0.336} = 0.975\angle -19.25°$$

所以

$$\cosh(\gamma l) = \frac{1}{2}(e^{\gamma l} + e^{-\gamma l}) = \frac{1}{2}(1.025\angle 19.25° + 0.975\angle -19.25°) = 0.944\angle 0.5°$$

$$\sinh(\gamma l) = \frac{1}{2}(e^{\gamma l} - e^{-\gamma l}) = \frac{1}{2}(1.025\angle 19.25° - 0.975\angle -19.25°) = 0.33\angle 85.9°$$

$$\dot{U}_1 = \dot{U}_2 \cosh(\gamma l) + Z_c \dot{I}_2 \sinh(\gamma l)$$

$$= 220\times 0.944\angle 0.5° + 396.21\angle -3.5°\times 455\times 0.33\angle 85.9°\times 10^{-3}$$

$$= 223.95\angle 15.75° \text{ kV}$$

$$\dot{I}_1 = \dot{I}_2 \cosh(\gamma l) + \frac{\dot{U}_2}{Z_c} \sinh(\gamma l)$$

$$= 455 \times 0.944 \angle 0.5° + \frac{220 \times 10^3}{396.21 \angle -3.5°} \times 0.33 \angle 85.9°$$

$$= 470.20 \angle 23.43° \text{ A}$$

18-5 两段特性阻抗分别为 Z_{c1} 和 Z_{c2} 的无损耗线连接的传输线如题 18-5 图所示。已知终端所接负载为 $Z_2 = (50+j50)\Omega$。设 $Z_{c1} = 75\,\Omega$,$Z_{c2} = 50\,\Omega$。两段线的长度都为 0.2λ(λ 为线的工作波长),试求 1–1′ 端的输入阻抗。

输入阻抗由公式

$$Z_{ix} = \frac{Z_2 \cos(\beta x) + jZ_c \sin(\beta x)}{Z_c \cos(\beta x) + jZ_2 \sin(\beta x)} Z_c$$

来求得

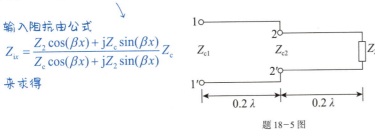

题 18-5 图

解:

$$\beta \cdot 0.2\lambda = \frac{2\pi}{\lambda} \cdot 0.2\lambda = 0.4\pi = 72°$$

2–2′ 端的输入阻抗为

$$Z_{i2} = \frac{Z_2 \cos(\beta 0.2\lambda) + jZ_{c2} \sin(\beta \cdot 0.2\lambda)}{Z_{c2} \cos(\beta \cdot 0.2\lambda) + jZ_2 \sin(\beta \cdot 0.2\lambda)} Z_{c2}$$

$$= \frac{(50+j50)\cos(72°) + j50\sin(72°)}{j50\cos(72°) + j(50+j50)\sin(72°)} \cdot 50$$

$$= (37.97 - j41.88)\,\Omega$$

1–1′ 端的输入阻抗为:

$$Z_{i1} = \frac{Z_{i2} \cos(\beta \cdot 0.2\lambda) + jZ_{c1} \sin(\beta \cdot 0.2\lambda)}{Z_{c1} \cos(\beta \cdot 0.2\lambda) + jZ_{i2} \sin(\beta \cdot 0.2\lambda)} \cdot Z_{c1}$$

$$= \frac{(39.97 - j41.88)\cos(72°) + j75\sin(72°)}{75\cos(72°) + j(37.97 - j41.88)\sin(72°)} \cdot 75$$

$$= (40.45 + j46.29)\,\Omega$$

在求 1–1′ 端的输入阻抗时,负载阻抗就相当于是 2–2′ 端的输入阻抗

18-6 特性阻抗为 50 Ω 的同轴线,其中介质为空气,终端连接负载 $Z_2 = (50+j100)\,\Omega$。试求终端处的反射系数,距负载 2.5 cm 处的输入阻抗和反射系数。已知线的工作波长为 10 cm。

解: 终端处的反射系数:

$$n = \frac{Z_2 - Z_c}{Z_2 + Z_c} = \frac{50 + j100 - 50}{50 + j100 + 50} = \frac{j100}{100 + j100} = \frac{\sqrt{2}}{2} \angle 45°$$

距终端的距离 x 与波长的关系:

$$x = \frac{2.5}{10}\lambda = \frac{1}{4}\lambda$$

所以 $\beta x = \dfrac{2\pi}{\lambda} \cdot \dfrac{1}{4}\lambda = \dfrac{\pi}{2}$。

所以距负载 2.5 cm 处的输入阻抗：

$$Z_i = \dfrac{Z_2\cos(\beta x)+\mathrm{j}Z_c\sin(\beta x)}{Z_c\cos(\beta x)+\mathrm{j}Z_2\sin(\beta x)}\cdot Z_c = \dfrac{\mathrm{j}50}{\mathrm{j}(50+\mathrm{j}100)}\cdot 50 = \dfrac{2\,500}{50+\mathrm{j}100} = (10-\mathrm{j}20)\,\Omega$$

距负载 2.5 cm 处的反射系数：

$$n = \dfrac{Z_i-Z_c}{Z_i+Z_c} = \dfrac{10-\mathrm{j}20-50}{10-\mathrm{j}20+50} = \dfrac{-40-\mathrm{j}20}{60-\mathrm{j}20} = \dfrac{\sqrt{2}}{2}\angle -135°$$

在求这个反射系数时，将 2.5 cm 右侧的传输线直接视为阻抗 Z_i，这样就相当于求终端反射系数，仍然可以用公式 $n = \dfrac{Z_2-Z_c}{Z_2+Z_c}$

18-7 试证明无损耗线沿线电压和电流的分布及输入导纳可以表示为下面的形式：

$$\dot{U} = \dot{U}_2\left[\cos(\beta x)+\mathrm{j}\dfrac{Y_2}{Y_c}\sin(\beta x)\right]$$

$$\dot{I} = \dot{I}_2\left[\cos(\beta x)+\mathrm{j}\dfrac{Y_c}{Y_2}\sin(\beta x)\right]$$

$$Y_i = Y_c\dfrac{Y_2+\mathrm{j}Y_c\tan(\beta x)}{Y_c+\mathrm{j}Y_2\tan(\beta x)}$$

本题实际非常简单，按照公式整理成所需形式即可

其中，$Y_c = \dfrac{1}{Z_c}$，$Y_2 = \dfrac{1}{Z_2}$，Z_2 为负载阻抗。

解：

$$\dot{U} = \dot{U}_2\cos(\beta x)+\mathrm{j}Z_c\dot{I}_2\sin(\beta x) = \dot{U}_2\cos(\beta x)+\mathrm{j}\dfrac{1}{Y_c}Y_2\dot{U}_2\sin(\beta x)$$

$$= \dot{U}_2\left[\cos(\beta x)+\mathrm{j}\dfrac{Y_2}{Y_c}\sin(\beta x)\right]$$

$$\dot{I} = \dot{I}_2\cos(\beta x)+\mathrm{j}\dfrac{\dot{U}_2}{Z_c}\sin(\beta x) = \dot{I}_2\cos(\beta x)+\mathrm{j}Y_c\dfrac{\dot{I}_2}{Y_2}\sin(\beta x)$$

$$= \dot{I}_2\left[\cos(\beta x)+\mathrm{j}\dfrac{Y_c}{Y_2}\sin(\beta x)\right]$$

$$Y_i = \dfrac{\dot{I}}{\dot{U}} = \dfrac{\dot{I}_2\left[\cos(\beta x)+\mathrm{j}\dfrac{Y_c}{Y_2}\sin(\beta x)\right]}{\dot{U}_2\left[\cos(\beta x)+\mathrm{j}\dfrac{Y_2}{Y_c}\sin(\beta x)\right]}$$

$$= Y_2\cdot\dfrac{Y_c}{Y_2}\cdot\dfrac{Y_2\cos(\beta x)+\mathrm{j}Y_c\sin(\beta x)}{Y_c\cos(\beta x)+\mathrm{j}Y_2\sin(\beta x)}$$

$$= Y_c\dfrac{Y_2+\mathrm{j}Y_c\tan(\beta x)}{Y_c+\mathrm{j}Y_2\tan(\beta x)}$$